婴幼儿装 · 童装

婴儿

娃娃服
制作方法
见第 95 页

娃娃服
制作方法见第 92 页

夏季穿短袖婴儿裙
制作方法见第 80 页

婴儿裙
婴儿帽
婴儿鞋
围兜
制作方法见 72 ～ 133 页

幼儿

婴儿套装
制作方法见第 106 页

短披肩和裤子
制作方法见第 102 页

连衣罩衫
制作方法见第 110 页

肚兜背带裤和无扣短上衣
制作方法见第 98 页

连衣罩衫
制作方法见第 112 页

背带裤
制作方法见第 120 页

连衣裙

连衣裙

基本型见第 43、44 页
变化款见第 134 页

围裙式连衣裙
制作方法见第 138 页

背带裙
制作方法见第 144 页

裙子

抽细褶裙基本型见第 32 页
制作方法见第 153 ~ 158 页

裙子基本型见第 22 页
半窄裙 A、B 制作方法见第 146 ~ 152 页

百褶裙
制作方法见第
33 ~ 40 页

半圆裙基本
型见第 41 页
制作方法见
第 159 页

茄克、披肩

男女兼用马甲
制作方法见
第 168 页

插肩短茄克
制作方法见
第 164 页

套头披肩
身高 90 ～ 160 cm
制作方法见第 170 页

外套

短外套
制作方法见第 172 页

插肩袖外套
制作方法见第 174 页

防寒短外套
制作方法见第 178 页

裤子

少年穿短
裤基本型
在第 51 页
制作方法
见第 191 页

幼儿短裤
制作方法
见第 184 页

少女紧身裤
制作方法见第 181 页

幼儿短裤
制作方法见
第 182 页

幼儿裙裤基本型见第
53 页制作方法见第
192 页

少年穿长裤基本型见
第 46 页制作方法见第
186 页

少女裙裤基
本型见第 53
页制作方法
见第 194 页

国际时装系列丛书

登丽美时装造型设计与工艺

（新版）

⑧

婴幼儿装·童装

日本登丽美服装学院 编著

刘成霞 译　阎玉秀 袁观洛 校

东华大学出版社

上　海

本书由日本杉野学园 / 登丽美学院出版公司授权出版．

版权登记号 图字 :09-2014-237 号

Title:ドレメファツション 造型讲座⑧——ベビイウ・ニども服

Original Copyright:2001/2002 学校法人杉野学园 / 登丽美学院

Original edition published by 学校法人杉野学园 / 登丽美学院 .in 2010 年 1 月

Chinese translation rights arranged with 学校法人杉野学园 / 登丽美学院 through Joie,Inc.Tokyo.

图书在版编目 (CIP) 数据

　　登丽美时装造型设计与工艺 . 8, 婴幼儿装・童装 / 日本登丽美服装学院编著；刘成霞译 . –– 上海：
东华大学出版社 , 2015.1

　　ISBN 978-7-5669-0683-0

　　Ⅰ . ①登… Ⅱ . ①日… ②刘… Ⅲ . ①童服—服装设计②童服—服装工艺 Ⅳ . ① TS941

　　中国版本图书馆 CIP 数据核字 (2014) 第 284865 号

责任编辑：竺海娟

封面设计：潘志远

登丽美时装造型设计与工艺⑧　婴幼儿装・童装

日本登丽美服装学院编著

东华大学出版社出版

上海延安西路 1882 号

邮政编码：200051 电话：（021）62193056

新华书店上海发行所发行　上海盛通时代印刷有限公司印刷

2015 年 1 月第 1 版　2022 年 6 月第 5 次印刷

开本：889mm×1194mm 1/16　印张：15.25　字数：536 千字

ISBN 978-7-5669-0683-0

定价：78.00 元

登丽美时装造型设计与工艺 ① ~ ⑧ 内容简介

《登丽美时装造型设计与工艺 ①　基础（上）》

　　学习服装制作与技术的入门篇、基础篇，从服装用具讲起，详解了领子的款式、纸样及缝制工艺。

《登丽美时装造型设计与工艺 ②　基础（下）》

　　学习服装制作与技术的入门篇，详解了门襟、袖等的款式、纸样及缝制工艺。

《登丽美时装造型设计与工艺 ③　裙子·裤子》

　　裙子、裤子的各种款式、纸样及缝制工艺。

《登丽美时装造型设计与工艺 ④　女衬衣·连衣裙》

　　女衬衣、连衣裙的各种款式、纸样及缝制工艺。

《登丽美时装造型设计与工艺 ⑤　套装》

　　套装的各种款式、纸样及缝制工艺。

《登丽美时装造型设计与工艺 ⑥　上衣·背心》

　　上衣、背心的各种款式、纸样及缝制工艺。

《登丽美时装造型设计与工艺 ⑦　大衣》

　　大衣的各种款式、纸样及缝制工艺。

《登丽美时装造型设计与工艺 ⑧　婴幼儿装·童装》

　　婴幼儿装、童装的各种款式、纸样及缝制工艺。

目　录

前言

　　人们为了抵御外界各种各样的刺激、保护身体而穿衣服。通过衣服产生了服装文化，服装产业也随之发展起来了。

　　刚出生的婴儿就要穿婴儿服。随着婴儿长大、能独立行走、直至可以去掉尿布时，就需要穿便于活动的衣服。随着孩子的成长发育以及周围环境的变化，儿童逐渐向穿成人衣服的体型变化。

　　随着服装产业的发展以及女性进入社会人数的增加，为自己的孩子亲手制作衣服的母亲的数量逐渐减少。这就使得婴儿、儿童服装业显著发展起来，消费者对服装制造商的要求和希望也越来越高。日常服中有适合成长规律、活动方便、又便于洗涤的休闲装，参加活动时又有相应的活动服，希望享受这样的服装的家庭也多起来了。

　　尽管现在已是任何东西都能买得到的时代了，但母亲那种想让自己新生的婴儿穿着亲手制作的衣服的愿望却是不变的。

　　本书是为服装业中那些想制作婴儿、儿童服装的人们，以及想亲手为自己的孩子制作衣服的妈妈们提供帮助而编写的婴儿、儿童服装的基础篇。

由于儿童成长过程因人而异，本书不同于以往的以年龄为差别的标准尺寸法，而是以身高作为标准尺寸的一种方法，这种方法较为简单。请在您的孩子的成长中，为您的孩子亲手制作一件衣服吧！通过服装文化，加强父母与孩子之间的联系，使之伴随孩子的成长过程，成为心灵像册中的一页！饱含着这样的愿望，作者编写了本书。

　　借此书发行之际，谨对来自各个方面的诸多帮助表示衷心感谢。并借此书对下列各位表示最诚挚的谢意：迄今在婴儿、儿童服装的研究中给予支持的出版社、电台、服装业的各位同仁，对新生儿服饰的设计给予顶力协助的各位朋友、小儿科医师、活跃在幼儿教育第一战线的各位朋友，正在抚育孩子的母亲们及她们的孩子、学校教职员工和毕业生以及直接参与本书编辑的待库社儿童服装研究室的全体成员。

　　今后也会继续编写能对大家有帮助的书籍，因此，如果您对本书有何意见和感想，请您邮寄给我们。

　　　　　　　　　　　　　　　　　儿童服装研究室

体型特征和随年龄增长的体型变化

在制作婴幼儿、儿童服装时，理解婴幼儿、儿童的体型特征和变化是非常重要的。

新生儿时期要考虑的服装

对那些出生后 2 ~ 3 个月、处在新生儿时期的儿童，睡觉、哺乳、换尿布等是主要的动作。为婴幼儿提供合适的衣服，使婴儿过得舒适，同时也便于大人照料孩子，这是非常重要的。

内衣衬衫

对于直接与肌肤接触的内衣来说，棉是四季皆宜的最适合的材料。穿脱方便，又不妨碍幼儿运动的要数薄的针织内衣衬衫了。款式如图所示，可以做成无袖、短袖、长袖等各种款式，除炎热地区的盛夏季节之外，穿短袖内衣衬衫比较方便。

选择好适合生活环境的款式，在婴儿出生前就为他们准备好吧！

新生儿（出生后 2 ~ 3 个月）

内衣衬衫

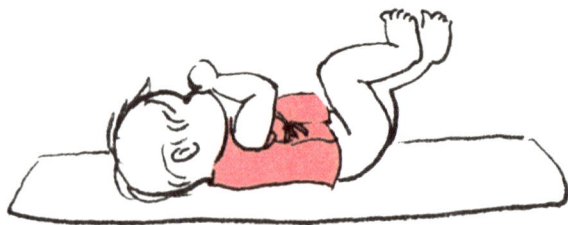

婴儿裙

由于刚出生的婴儿较难适应外界气温的变化，因此，不宜使婴儿手脚直接接触外界大气。

到出生后 3 个月，婴儿的头部比较稳定，且大多时间躺在床上，此时，穿长的婴儿裙对于哺乳、换尿布等照料活动比较方便，所以这种款式很受欢迎。由于每次换尿布都需要开闭前叠门，为使右手能握住门襟，开闭钮扣或按扣，在婴儿服中，我们将男女服的左衣片做成门襟，这样便于穿脱。

婴幼儿、儿童服装，不分年龄、季节都要准备3组，1组现在穿着，另外1组正在洗涤，剩下1组放入衣柜中。

从出生到 12 个月属于乳儿期，这个时期的儿童成长很显著。

出生后不久穿的婴儿礼仪服根据时期不同，领、脚处可以松也可以紧。由于礼仪活动随地区和家庭习惯的不同而存在形式和时期的差异，我们将婴儿成长早期的主要部位的尺寸表示出来，供您在准备婴儿礼仪服时参考。

婴儿裙的制作方法见第 72 ~ 133 页。

单位 /cm

	活动内容	身高	头围	胸围
刚出生时	洗礼仪式	50	33	33
出生后 30 天	参拜仪式	54	37	36
出生后 100 天	拍照留念	63	41	42

各部位数值为平均值

头部稳定能独自站立时的服装

　　制定好儿童的一年穿衣计划，这对儿童的成长是至关重要的。

　　新生儿期结束后，头部也稳定了，为其考虑接下来该穿的衣服吧。

　　由于独立行走时容易滑倒，加上婴儿头部较重，所以这个时期的儿童经常会摔破头。为了减少摔倒次数及程度，可以在他的室内鞋或袜子的脚底增加防滑加工。夏季赤脚的儿童较多，担心他们滑倒的可能也就少。而对那些在装有空调的起居室里度过夏季的儿童，可以给他们穿上第 131 ~ 133 页的室内鞋。也可以在脚底使用有黏着效果的橡胶状材料（可以在手工艺材料店或手工艺品店买到）、或在鞋底缝上起防滑作用的橡皮筋。

　　了解了儿童的成长阶段，就能推测做衣服时哪个地方该有放松量了。

　　儿童长大前，成长过程中要反复经过几个长胖期和长高期。

　　这是个离不开母亲照看的时期，做衣服时还要考虑到这个时期的儿童有爱动的特点。

　　由于这个时期的儿童需要用尿布，所以连裤罩衫、（裤子和上衣连在一起的）娃娃服等比较合适。像罩衫和婴儿服这样的下摆宽大的衣服，婴儿爬行时膝盖容易踩住衣服，还是等能独立行走后再穿为好。

　　生出乳牙后口水就多起来。随着能自己吃、喝东西，衣服上的脏物也多起来。这个时候，要用很多围兜。为他准备 5 件、甚至 10 件，让婴儿永保清洁吧！

连衣罩衫
根据 季节准备 3 套

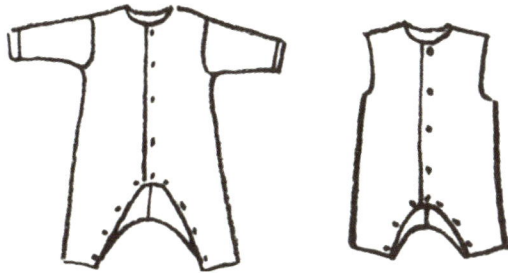

制作方法见第 110 、 115 页

生出乳牙时期围兜 5 ～ 10 件

外出时放入包中的漂亮的围兜。
制作方法见第 125 ～ 127 页

需要用尿布时期，娃娃服或灯笼短裤很合适

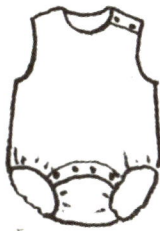

根据季节准备 3 套

制作方法在第 92 ～ 101 页

短披肩和婴儿裤

婴儿套装

外出服根据季节准备 1 套
制作方法见第 102- ～ 109 页

摇摇晃晃学步时，为防止滑倒而做
的连衣罩衫见第 116 ～ 124 页

婴儿鞋制作方法见第 131 ～ 133 页

2~4岁的服装

这个时期的儿童腹部突出，样子胖乎乎的，当穿上有很多褶裥的连衣裙时，既舒适，又可爱。

由于腹部突出，在腰部装上松紧带和背带，既能防止裤子下滑，又便于运动。

在运动衫或衬衫的外面穿上宽松的背带裤。

处在第一个成长期的儿童身体和腿脚都有弹性，样子胖乎乎的很可爱。这个时期的儿童适合穿有足够放松量的衣服。

这也是在保育园和幼儿园等开始集体生活的时期。

为这个时期的儿童准备好服装，让充满强烈好奇心的幼儿们满怀信心地加入到集体生活中去吧。

取掉了尿布，身子变轻，行动也便利。跑来跑去，滚来滚去，很容易把衣服弄脏、弄破。他们好奇心旺盛，什么都想知道，通过亲身体验而学习。这个时期的衣服需要选择耐用、便于洗涤的材料。

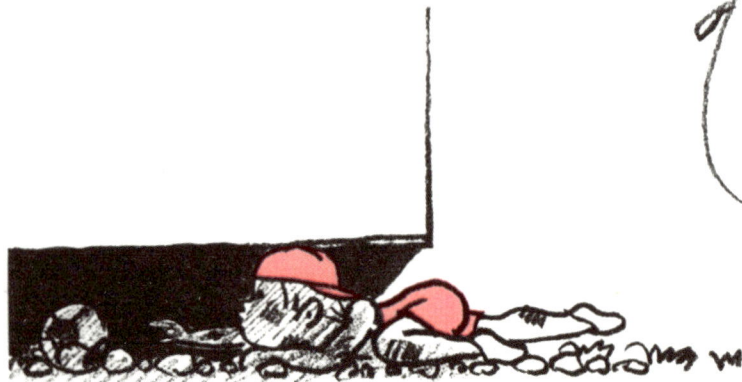

保育园时期的幼儿
幼儿园时期的幼儿
3 ~ 4 岁左右

把大钮扣钉
在容易看到
的位置。

想办法使 T 恤衫顺
利套过儿童头部。

这种拉链使儿童
显得成熟，但关
拉链比开拉链困
难。

女童

| T 恤衫和裙裤 | 衬衫和裙子 | 连衣裙 | 背心裙 | 围裙式连衣裙 |

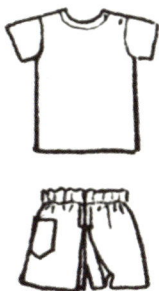    

男童

| T 恤衫和裤子 | 衬衫和裤子 | 茄克和裤子 | 运动衫 | 马甲 |

11

从5岁到小学低年级的服装

从5岁到小学低年级是第一个长高期。在这个时期的儿童腿一下长了起来。但由于围度的变化较小，因此仅调节衣长就能使这件衣服可穿2～3年。

这个时期也正好是儿童上小学的时候。所以儿童不得不自己换衣服，而且要快速完成。由于一天中早晨和中午的气温差相当明显，我们应为其准备便于搭配组合的衣服。

*右图背心裙在肩部备有10～12 cm的里襟量，以便调节衣长。

而右边的连衣裙，可以通过解开裙摆的褶裥量（1条褶裥约有3 cm的量）来调节。宽松造型的低腰连衣裙，对于处在长高期的女童来说，第二年还能继续穿。

少年

下表表示了服装种类和件数，请和插图一同作为参考。

	少年	少女	件数
上面	衬衫 T恤衫 （开领短袖式）衬衫 运动衫	衬衫 T恤衫 运动衫	3～5
下面	短裤 西装裤 半长裤	连衣裙 背心裙 裙子 裤裙 西装裤 短裹腿	3～4
上衣		马甲 茄克 蓬松茄克 外套	1～2

小学中年级的服装

小学中年级儿童进入第二个成长期，需要围度方向的放松量。这个时期的儿童食欲开始旺盛，运动量也开始剧烈，因此衣服上的污迹也就显眼起来。

从身高 130 cm 时，肥胖的儿童开始增加，（针对这一现象）做衣服也需要相应的对策。

★对于儿童 E 体型（大规格）的对策，请参照日本规格协会发行的少女衣料规格（JIS4003）和少年衣料规格（JIS4002）E 体型一项。

从小学高年级到中学的服装

从小学高年级到中学时期儿童进入第二个长高期，有的儿童个头快速增高，有的儿童个头慢慢变大，长高的方式上个体之间存在很大的差异。每个个体按照自己的特点，渐渐长成青年的体型。

服装方面，儿童们学习着装的礼仪和规则。他们希望服装制造商或监护人提供温暖的衣服能从中选出与环境恰好合适的衣服，穿在身上。

少女

原型和基本型

关于参考尺寸表

在制作婴幼儿和儿童服装时，把握尽可能多的部位的尺寸相当重要。

这个尺寸表是以本学院的尺寸表为基础，又考虑了近年来儿童的身体发育变化加以改进而成。由于儿童成长个体之间的差异很大，根据年龄来表示规格有不合理之处，不论厂家、销售商还是消费者都希望根据身高来表示服装规格。

本书把以往的年龄表示法改为身高表示法。表中表示了身高从 50 cm 开始每增加 10 cm 各部位的尺寸，根据由此算出的数据来制作原型和基本型。

从婴儿到小学低年级，男女使用同一尺寸，随成长的过程，有变化部位的尺寸男女分开来表示。由于儿童在身高显著增加的长高期和躯干部分发达的长胖期之间，存在个体差别，虽没有统一的、平衡兼顾的原型和基本型，比起制衣时需要表示多个部位的尺寸，先制作原型和基本型，供制衣时使用，就方便多了。身高的上限为 160 cm，与小学毕业时的儿童身高相对应。至于 160 cm 以上的尺寸，请参考少年和成人部分。

对于不熟悉的部位，请参照第 17 页的图和第 16 页的部分说明。

婴幼儿、童装制作时的参考尺寸表

大概月龄(月)			1	6	12 18 24	
大概年龄(年)					1	2
与成长阶段相对应的称呼 采寸部分 /cm		对称	婴儿 乳儿 新生儿		幼儿	
型号						
1	身高		50	60	70	80
2	体重(kg)		3	6	9	11
3	颈根围			23	24	25
3′	颈长		1	1	1.5	1
4	颈围	少年				
5	胸围	乳儿	33	42	45	48
6	胸下围	少女				
7	腋下胸围	少年				
8	腹围	乳儿		40	42	45
9	腰围					
10	下胴围	少年				
11	臀围			41	44	47
12	总肩宽			17	20	22
13	肩宽		(5.4)	6.1	6.8	7.5
14	背长			(16)	(18)	20
15	总长				56	64
16	袖长			18	21	25
17	上臂围			14	15	16
18	腕围			10	11	11
19	掌围(包含拇指)			11	12	13
19′	掌围(不包含拇指)			10	11	12
20′	胴纵围(从尿布往上)	乳儿		69	75	81
20	胴纵围					
21	大腿根围			25	26	27
22	小腿最大围			16	18	19
23	下裆高				25	30
24′	上裆(从尿布往上)	乳儿		(13)	14	15
24	上裆					
25	下裆			(17)	22	27
26	腰高				39	45
27	膝高				17	19
28	外踝高				3	3
29	脚长			9	11	13
30	头围		33	41	45	47
1	身高		50	60	70	80

( ) 内为推算尺寸

参考资料 日本规格协会 日本人的体格调查报告书 成衣尺寸 JIS 成衣尺寸推进协议会 日本纤维中心 纤维制品品质表示大全 厚生省儿童家庭局 1990 年 婴幼儿身体发育调查记录 文部科学省生涯学习政策局 2000 年度学校保健统计调查报告书 小儿科医生的新生儿、乳儿发育记录 由正在哺育孩子的母亲得到的体格调查记录

大概月龄（月）	36
大概年龄（年）	3　4　5　6　7　8　9　10　11　12　13

与成长阶段相对应的称呼：
- —— 学步的儿童 ——　　　　　　　少年 ——
- —— 幼儿 ——　　　　儿童
- 儿童、学童、小学生　　　青少年
- —— 孩子 ——

采寸部位 /cm

90 少女	90 少年	100 少女	100 少年	110 少女	110 少年	120 少女	120 少年	130 少女	130 少年	140 少女	140 少年	150 少女	150 少年	160 少女	160 少年	序号	采寸部位
90		100		110		120		130		140		150		160		1	身高
13		16		19		23		29		34		42	43	48	51	2	体重 (kg)
26		28		29		30		32	33	33	35	35	37	37	39	3	颈根围
3		3.5		4		4.5		5		5.5		6		6.5		3′	颈长
										30		32		33		4	颈围
50		54															
48		52		56		60		64		68		74		80		5	胸围
								65		66		70				6	胸下围
										70		76		83		7	腋下胸围
47		50														8	腹围
45		48		51		52		55		57		58		62		9	腰围
	45		48		52		53		57		60		65		68	10	下胴围
52		58		61		63	62	68	67	73	71	83	77	88	83	11	臀围
24		27		29		30		32		35		37		40	41	12	总肩宽
8.2		8.5		8.9		9.6		10.3		11		11.7		12.4		13	肩宽
22	23	24	25	26	28	28	30	30	32	32	34	34	37	37	42	14	背长
73		82		92		101		110		120		128	129	137	140	15	总长
28		31		35		38		41	42	45	46	48	49	52	52	16	袖长
16		17		18	17	19	18	20		21		23		25		17	上臂围
11		11		12		12		13	13	13	14	14	15	15	16	18	腕围
14		15		16		17		18	19	19	20	20	21	21	22	19	掌围 (a)
12		13		14		15		15	16	16	17	17	18	18	19	19′	掌围 (b)
87																20′	胴纵围
85		93		101		109		117		125		133		145	142	20	胴纵围
30	29	32	31	34	33	37	36	40	39	43	41	48	44	51	48	21	大腿根围
20		22		23		25		27		29	28	32	31	34	33	22	小腿最大围
36		42		48		54		60		65		70		75		23	下裆高
16																24′	上裆
(15)		17	16	18	16	19	17	20	18	22	20	24	22	25	23	24	上裆
32		38		43		49		54		59		63		68		25	下裆
52		59	58	66	64	73	71	80	78	87	85	94	92	100	98	26	腰高
22		25		28		31		34		37		40		42	43	27	膝高
4		4		5		5		6		6		7		7		28	外踝高
15		16		17	18	19	19	20	21	22	22	23	24	24	25	29	脚长
49		50		51		51		52		53		54		55		30	头围
90		100		110		120		130		140		150		160		1	身高

采寸方法

将各部位的采寸方法简单说明如下表，并请结合右页的图正确量取尺寸，乳儿是从仰卧状态而采寸的，腹围和总长等是以抱着或坐着的状态采寸的，或许存在不能正确测量的情况。

	部位	对象	
1	身高		
2	体重		
3	颈根围		从锁骨内侧，经过颈椎点，绕颈根一周的尺寸
3′	颈长		前颈长从腭与头相交处到颈根的距离，后颈长从后头部下方到颈椎点的距离
4	颈围	少年	通过少年喉结的部位绕颈一周
		乳儿	
5	胸围		通过胸高点绕胸部一周的尺寸
6	胸下围	少女	绕少女胸部半满处下面一周的尺寸
7	胸围	少年	通过少年腋下绕胸部一周的尺寸
8	腹复	乳儿	通过乳儿肚脐绕一周的尺寸
9	腰围		绕腰部最细的地方一周的尺寸
10	下胴围	少年	少年的腰围
11	臀围		绕后臀部最高点一周的尺寸
12	全肩宽		从左肩点，通过后中央颈点到右肩点沿身体测量的长度
13	肩宽		从后颈点到肩点的长度
14	背长		从后中央颈椎点到腰围（乳儿到腹围）沿身体测量
15	总长		从背长处继续测量，背长处到臀围沿身体测量，臀围到地面垂直测量
16	袖长		从肩点沿上臂量到肘点，从肘点量到手腕的长度之和。
17	上臀围		上臂稍向下处上臂最大围
18	腕围		通过手腕点一周的长度
19	掌围		包含拇指的手掌围
19′	掌围		不包含拇指的手掌围
20′	胴纵围	乳儿	婴幼儿从尿布向上量
20	胴纵围		绕躯干纵向一周的尺寸
21	大腿根围		大腿最胖位置一周的尺寸
22	小腿最大围		小腿最胖位置一周的尺寸
23	裆高		从裆到地面垂直测量
24	上裆		从腰围（少年从下胴位置）到地面
24′	下裆（从尿布往上）	乳儿	乳儿从尿布向上测量
25	下裆		从裆部到踝骨的垂直距离
26	腰高		从腰围（少年从下胴位置）到地面
27	膝高		膝盖到地面的高度
28	外踝高		从踝骨中央到地面
29	脚长		从脚后跟到最长的脚趾头端画直线测量长度
30	头围		通过眉间点与后头点，绕头一周的尺寸

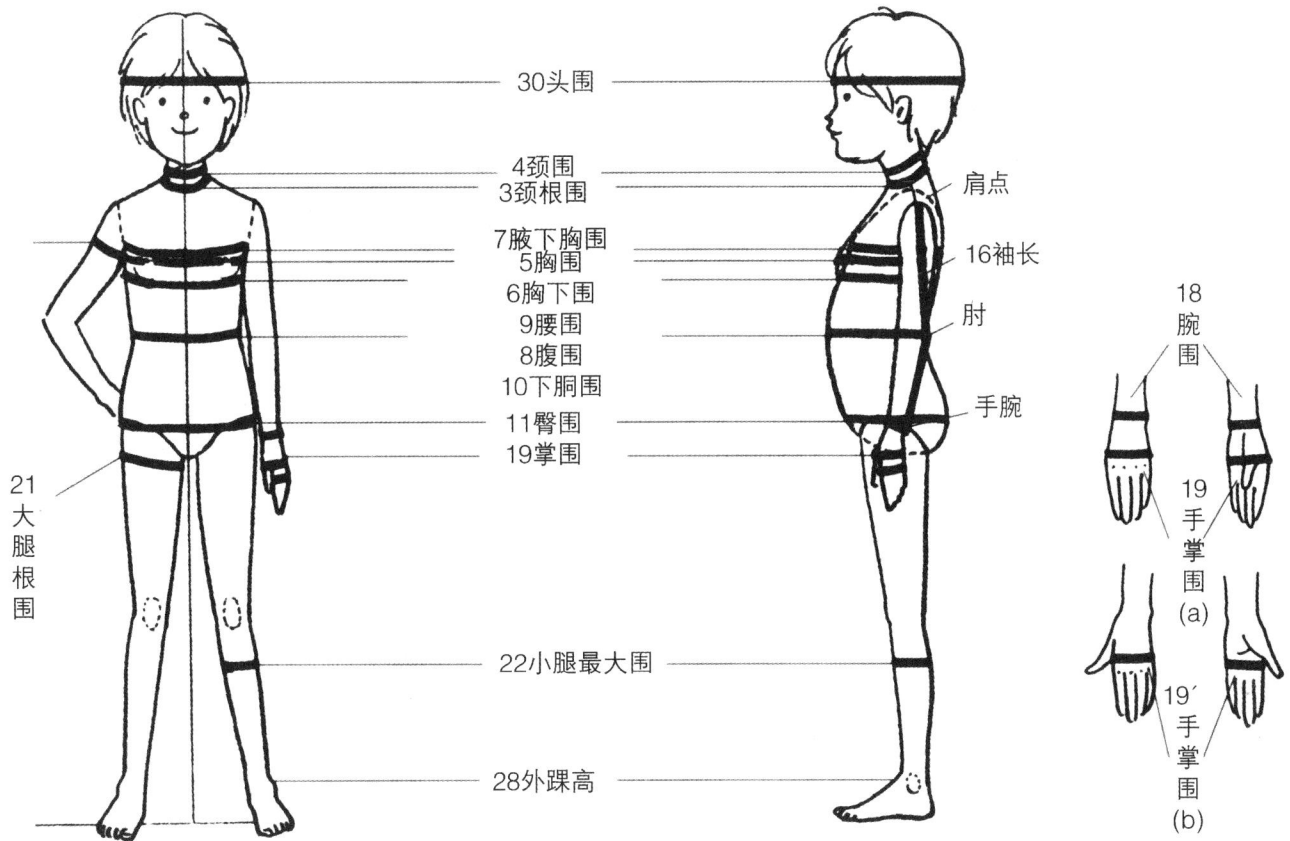

30头围

4颈围
3颈根围

7腋下胸围
5胸围
6胸下围
9腰围
8腹围
10下胴围
11臀围
19掌围

21大腿根围

22小腿最大围

28外踝高

肩点
16袖长
肘
手腕

18腕围
19手掌围(a)
19´手掌围(b)

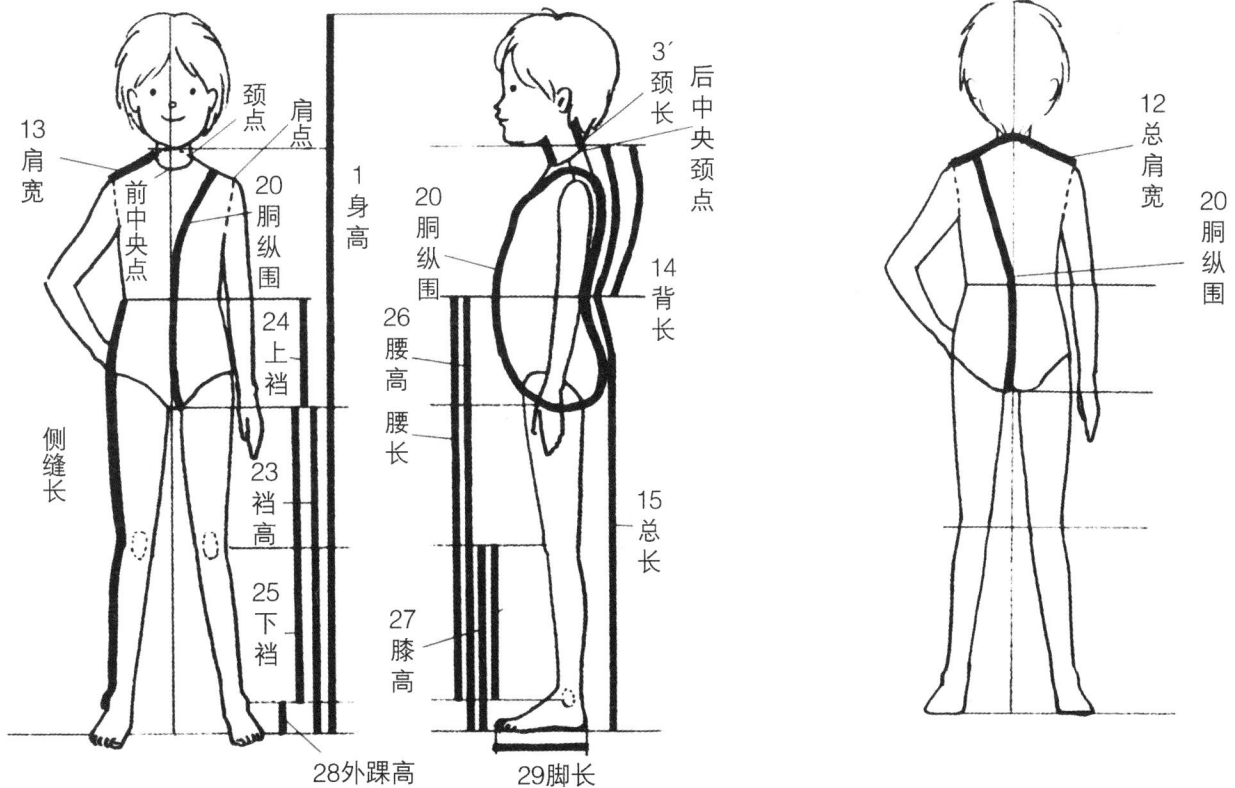

13肩宽
颈点
肩点
前中央点
20胴纵围
1身高
24上裆
23裆高
25下裆
侧缝长
28外踝高

3´颈长
后中央颈点
20胴纵围
26腰高
腰长
14背长
15总长
27膝高
29脚长

12总肩宽
20胴纵围

关于体型的表示

成人衣料的表示中有关于（身材）大小和体型的表示，将其分别表示为 A、B、E、Y 体型。儿童体型也这样表示。

A 体型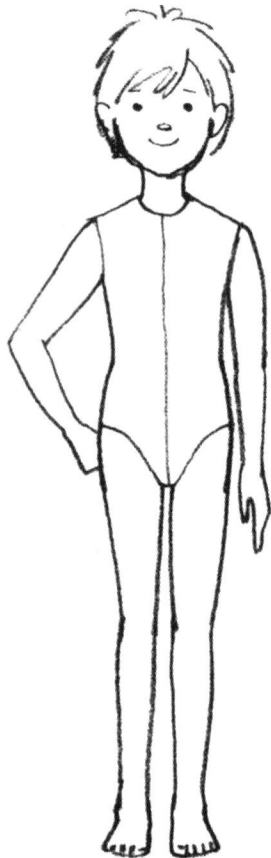

Y 体型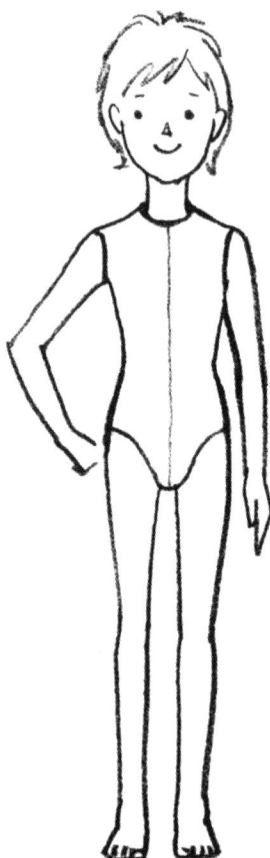

B 体型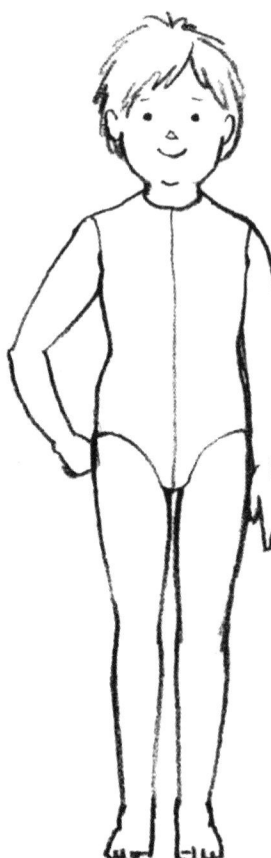

E 体型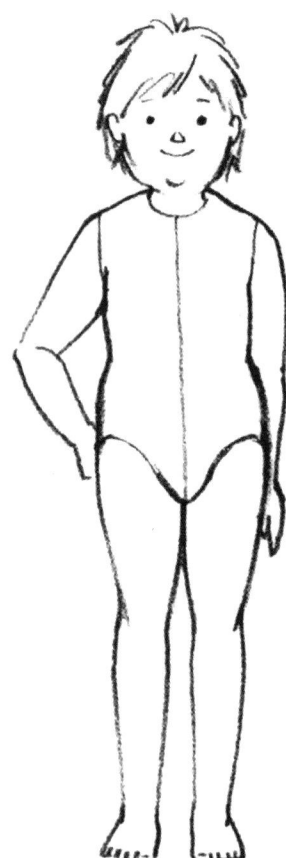

A 体型

　　身高 90 ～ 180 cm（从幼儿到中学时期）的儿童，约占全体儿童的 50%，属于标准的体型。

Y 体型

　　约占全体儿童的 18%，在身高显著增加的 120 cm 前后及处在青春期 140 ～ 170 cm 时，这种比例较常见。

B 体型

　　约占全体儿童的 18%。

E 体型

　　约占全体儿童的 4%，身高 140 cm 以上的儿童中，这种比例很常见。

　　生产商考虑这些体型，制作出与这些体型相适应的服装，并标出此服装相对应的体型，进行销售。把表示方法和所指对象举例如下：

[110Y] 身高 110 cm 的细长体型

[120A] 身高 120 cm 的标准体型

[130B] 身高 130 cm 的胖体型

[140E] 身高 130 cm 的超胖体型

　　生产商为约占总数 50% 的标准 A 体型生产的服装较多，而 B 体型和 E 体型的衣服数量和种类都较少，选择起来也困难。因此，B 体型和 E 体型的儿童也渴望（生产商）制作出穿着方便、外形又好看的服装。

　　参考体重和参考月龄在婴儿的服饰制品中都有表示。对有合体要求的紧身衣和裤子，腰围尺寸和侧缝长等也表示了出来。

　　生产商有义务为消费者标明尺寸和体型等规格。

原型制作方法

衣片原型

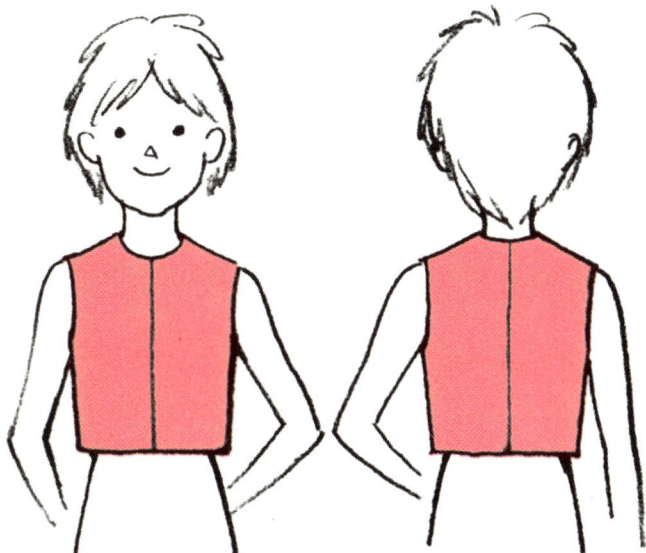

首先确定身高。

本页的尺寸表，是从第 14、15 页的尺寸表中选出来的原型制图的必要尺寸。

请从这个表中选出作为对象的儿童的身高，并确定各部位的尺寸。

这里以 120 cm 为例进行说明。

由于在儿童的不同生长阶段，存在成长期和长高期，身高不同，则原型的平衡性不同。

考虑儿童的成长和运动量，不论身高多少，胸围都加入 8 cm 的放松量。

前后衣片，都只要画出腰围线以上的左半身。前后衣片在肋缝处相接，按后片、前片的顺序来画。

制作原型时的参考尺寸　　　　　　　　　　　　　　　　单位 /cm

大概的 月龄（月）：0　1　3　6　12　18　24　36

大概的 年龄（岁）：0　……　1　2　3　4　5　6　7　8　9　10　11　12　13

不同成长阶段的称呼：婴儿　学步的儿童　儿童　少年　青少年　儿童、学童、小学生　幼儿　乳儿　新生儿　孩子

编号	采寸部位（cm）	性别	50	60	70	80	90	100	110	120	130	140	150	160
1	身高		50	60	70	80	90	100	110	120	130	140	150	160
3	颈根围	女	–	23	24	25	26	28	29	30	32	33	35	37
		男									33	35	37	39
5	胸围	乳儿	33	42	45	48	50	54	–	–	–	–	–	–
		–	–	–	–	–	48	52	56	60	64	68	74	80
6	胸下围	女	–	–	–	–	–	–	–	–	–	65	66	70
7	腋下胸围	男	–	–	–	–	–	–	–	–	–	70	76	83
13	肩宽		(5.4)	6.1	6.8	7.5	8.2	8.5	8.9	9.6	10.3	11	11.7	12.4
14	背长	女	–	(16)	(18)	20	22	24	26	28	30	32	34	37
		男					23	25	28	30	32	34	37	42
16	袖长	女	–	18	21	25	28	31	35	38	41	45	48	52
		男									42	46	49	52
17	臂围	女	–	14	15	16	16	17	18	19	20	21	23	25
		男							17	18	20	21	23	25
18	腕围	女	–	10	11	11	11	11	12	12	13	14	14	15
		男								13	13	14	15	16
19	掌围（包含拇指）	女	–	11	12	13	14	15	16	17	18	19	20	21
		男									19	20	21	22

（　）内为推算尺寸

衣片原型的各种名称

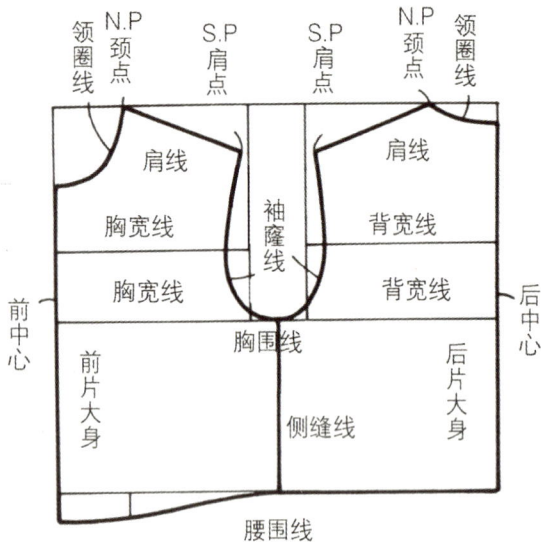

衣片原型的各种记号

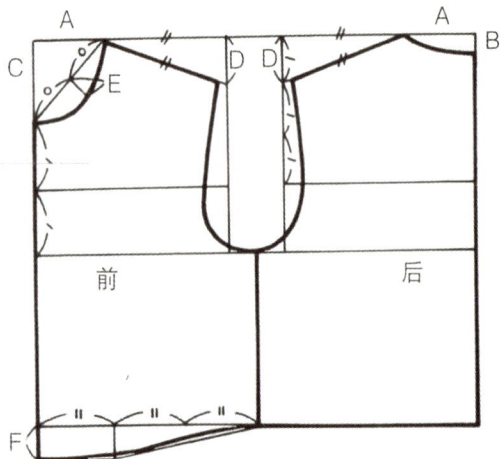

A	前横开领	$\dfrac{颈根围}{6} + 0.3\ cm$
B	后横开领	$\dfrac{A}{4}$
C	前直开领	$A + \dfrac{B}{2}$
D	落肩	$\dfrac{肩宽 + B}{3}$
E	前领圈下控量	$\dfrac{D}{2}$
F	前下降量	$\dfrac{C}{3}$

后衣片

1 在右上角画直角线。其纵线作为后中心线，横线作为肩线的基本线。

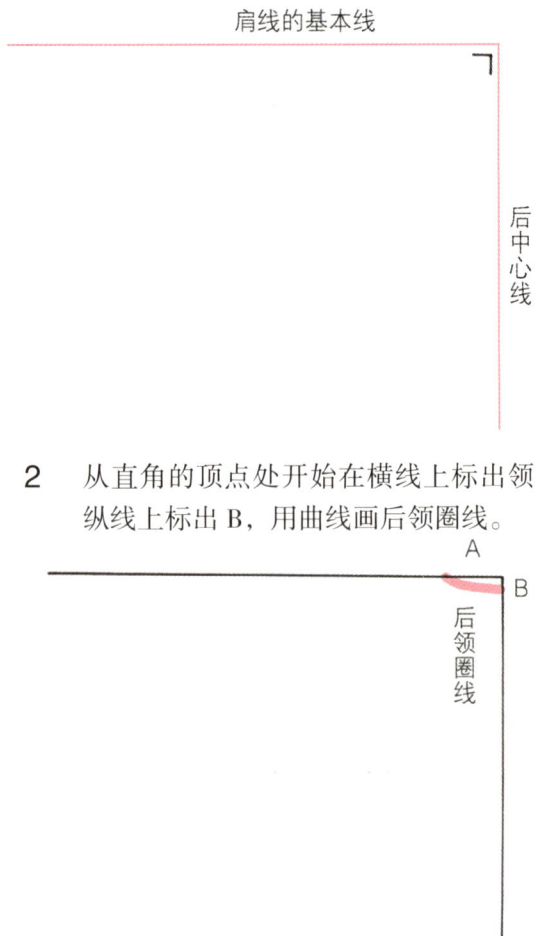

2 从直角的顶点处开始在横线上标出领圈尺寸 A，纵线上标出 B，用曲线画后领圈线。

3 在后中心线上从领圈线向下标出背长，从背长处开始向左画呈直角的横线，此线即为腰围线。

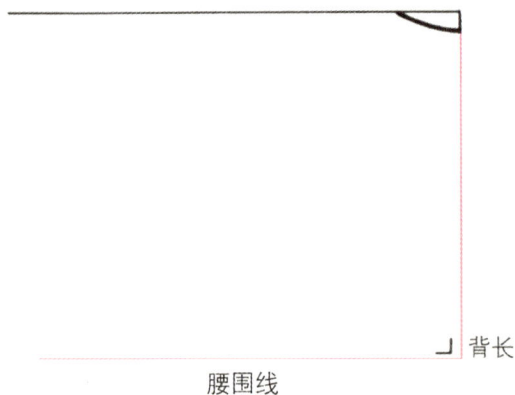

4 在后中心线上从领圈线向下标出背长$\frac{背长}{2}$+1 cm，从此处开始画直角线。在这条线上标出前后胸围线尺寸，即$\frac{胸围+8\,cm（放松量）}{2}$。在这点画直角线，向上画到肩线的基本线，向下画到腰围线。把这条线作为前中心线。

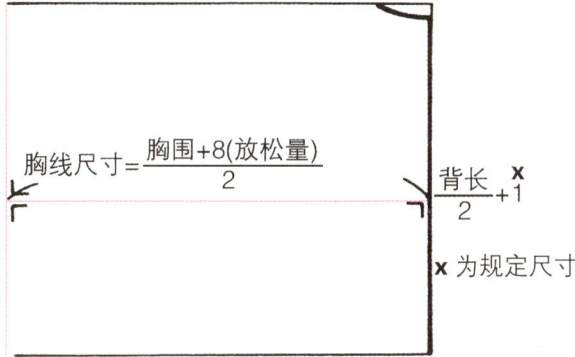

胸线尺寸＝$\frac{胸围+8（放松量）}{2}$ $\frac{背长}{2}$+1 **x**

x 为规定尺寸

5 把胸围线二等分，从等分点处向下引垂线一直到腰围线，作为侧缝线。

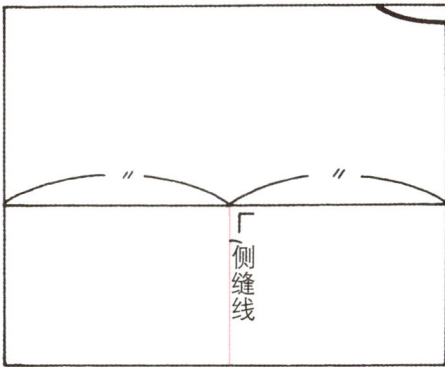

侧缝线

6 从后颈点开始，沿横向标出肩宽，向下做垂线一直到胸围线，作为落肩线。

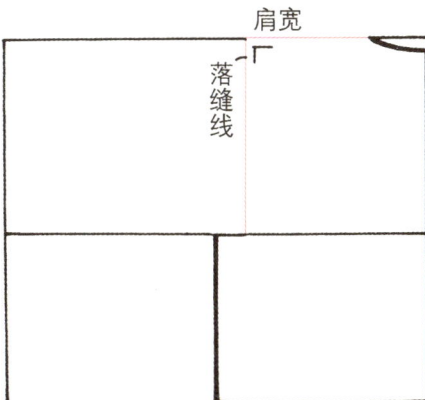

肩宽

落缝线

7 画背宽线。在后中心线上的领圈线开始向下标出与肩宽相同的尺寸，从此处画直角线一直到肩下线，并从此交点开始标出 B，作为背宽点。

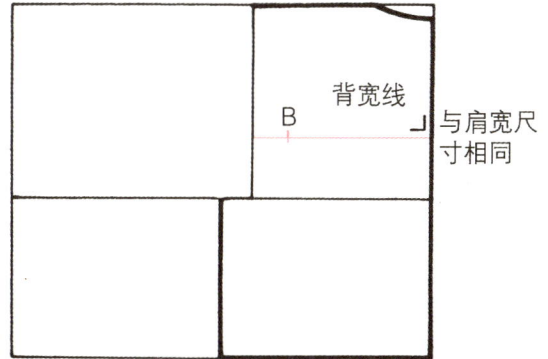

背宽线

B   与肩宽尺寸相同

8 从肩下线与背宽线的交点开始，向上三等分，上面开始的1/3作为肩下 D 点。用直线连结侧颈点与肩下点 D，从侧颈点开始重新测量并标出肩宽，作为肩点。

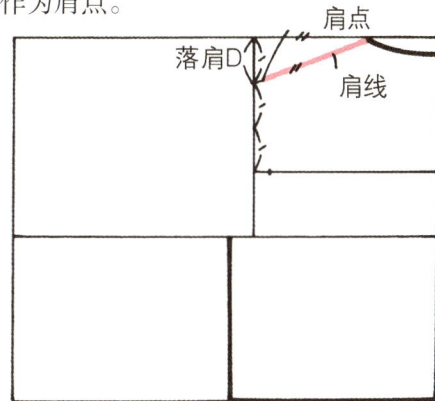

肩点

落肩D   肩线

9 画后袖窿线。把肩点、背宽点、胸围线上的侧缝点用曲线连结，作为后袖窿线。

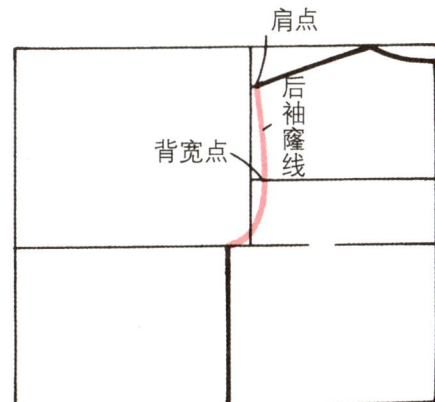

肩点

背宽点   后袖窿线

前衣片

1 在肩线的基本线上从前中心线开始标出领圈尺寸 A，前中心线上标出 C，把 A 和 C 用直线连结。标出前领圈的下挖量 E，用曲线画前领圈线。

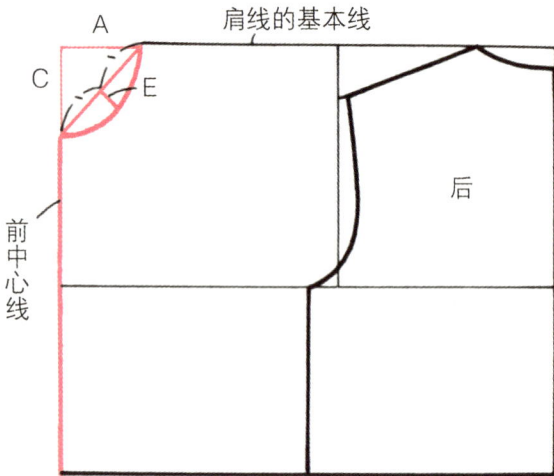

3 在前中心线上，把从领圈线到胸围线的距离二等分，从等分点画直角线一直到落肩线，作为胸宽线。

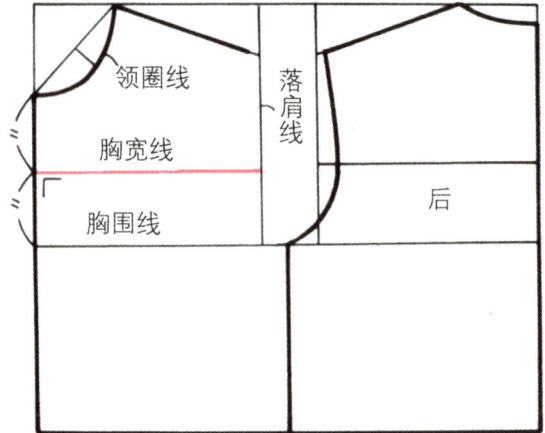

2 从前颈点开始，标出肩宽，从肩宽处向下画垂线一直到胸围线，作为肩下线。在此线上从上面开始标出落肩点 D，连结 D 点与侧颈点，作为肩线，重新测量肩宽并做出记号，作为肩点。

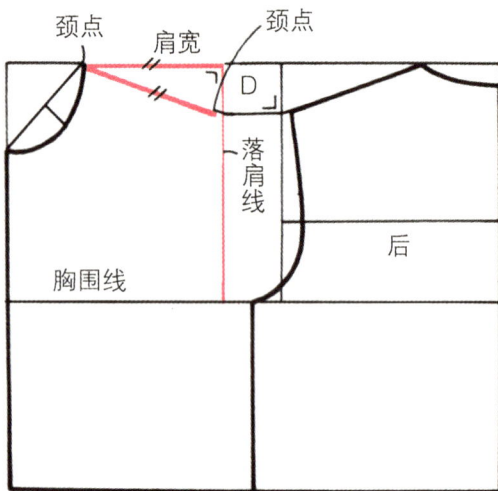

4 在胸宽线上标出背宽 0.5 cm 作为胸宽。

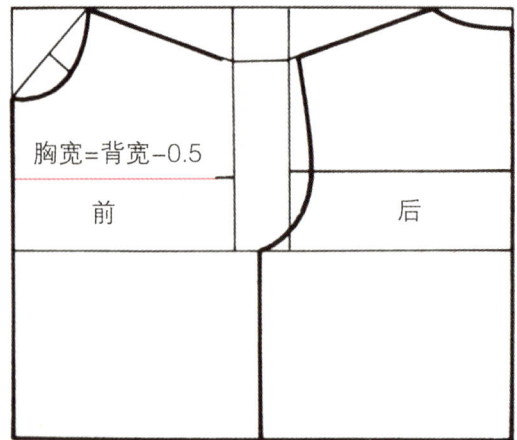

5 把肩点、胸宽点和胸围线上的侧缝点用曲线连结，作为前袖窿线。

7 完成。

肩点

前袖窿线

胸宽点

前　　　　　　　后

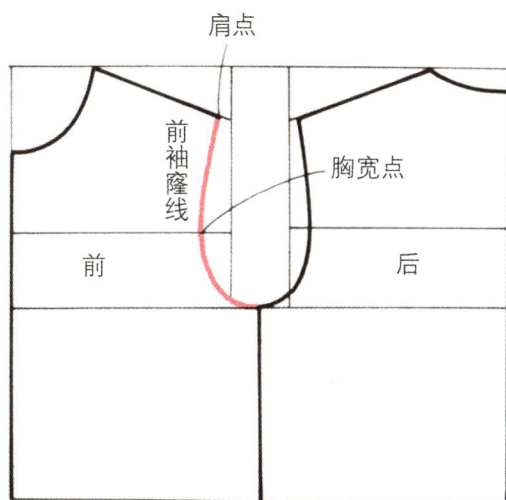

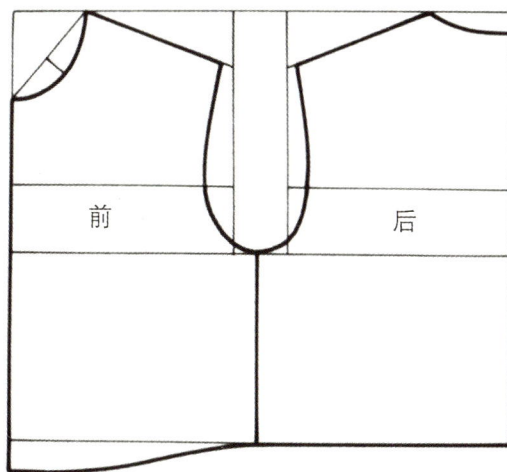

6 延长前中心线，标出前下降量 F，从 F 开始到侧缝线用曲线连结作为腰围线。

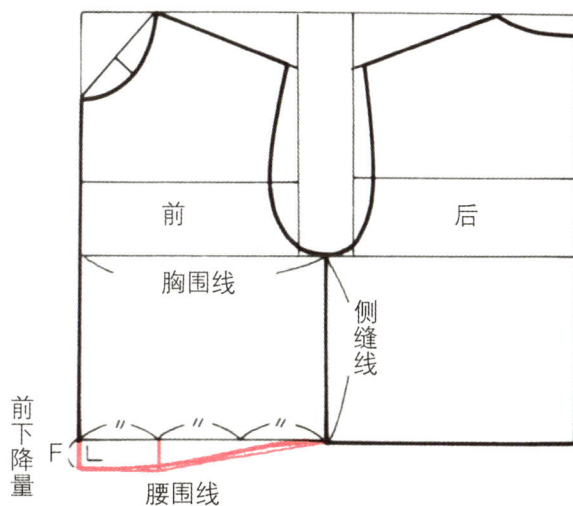

前　　　　　　　后

胸围线

侧缝线

前下降量

F

腰围线

袖原型
一片袖

分别量出前后片大身袖窿弧线长。先把软尺的刻度立起量取制图中袖窿弧线长，再用回转式尺子等正确测量。

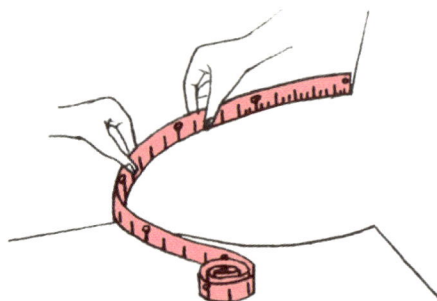

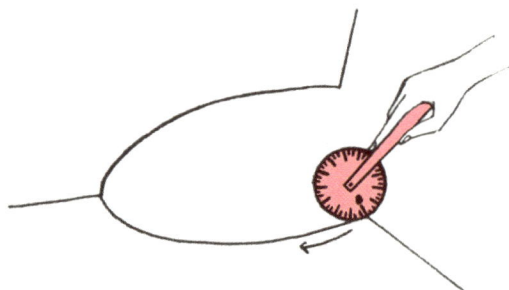

这是一种一片袖型，常用在儿童服装中。本页的尺寸表是从第 14、15 页的尺寸表中选出的原型制图的必要尺寸。确定身高，按照第 19 ~ 23 页的衣片原型的画法，准备好衣片原型。

大身原型

单位 /cm

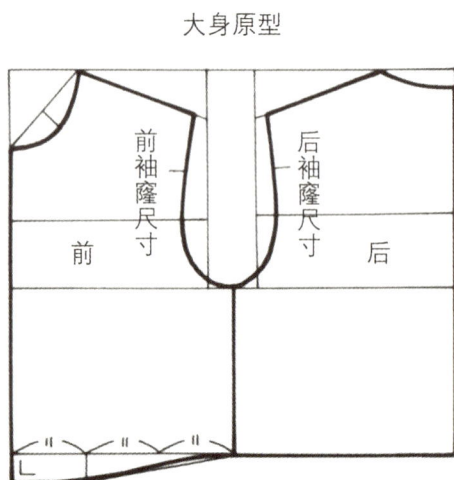

			50	60	70	80	90	100	110	120	130	140	150	160
1	身高		50	60	70	80	90	100	110	120	130	140	150	160
13	肩宽		(5.4)	6.1	6.8	7.5	8.2	8.5	8.9	9.6	10.3	11	11.7	12.4
14	背长	女	–	(16)	(18)	20	22	24	26	28	30	32	34	37
		男					23	25	28	30	32	34	37	42
16	袖长	女	–	18	21	25	28	31	35	38	41	45	48	52
		男									42	46	49	52
17	上臂围	女	–	14	15	16	16	17	18	19	20	21	23	25
		男							17	18	20	21	23	25
18	腕围	女	–	10	11	11	11	11	12	12	13	14	14	15
		男								13	13	14	15	16
19	掌围（包含拇指）	女	–	11	12	13	14	15	16	17	18	19	20	21
		男								19	19	20	21	22

（ ）为推算尺寸

袖的名称

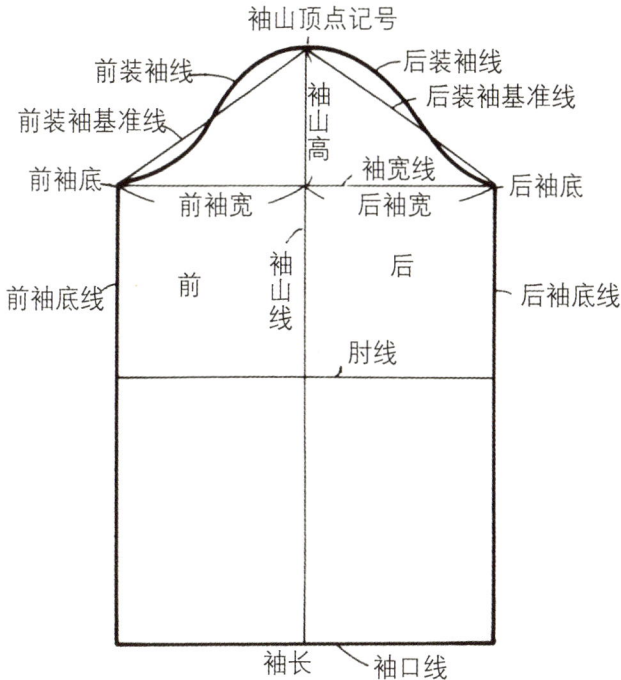

袖山顶点记号
前装袖线
后装袖线
前装袖基准线
后装袖基准线
袖山高
前袖底
袖宽线
后袖底
前袖宽
后袖宽
前袖底线
前
袖山线
后
后袖底线
肘线
袖长
袖口线

1　在纵线上标出袖长，作为袖山线。

2　在袖山线上面开始算出、并标出袖山高（★1），从此记号处开始分别向左、右方做袖山线的直角线，作为袖宽线。

★1 袖山高＝前后袖窿弧度线长 ×0.3

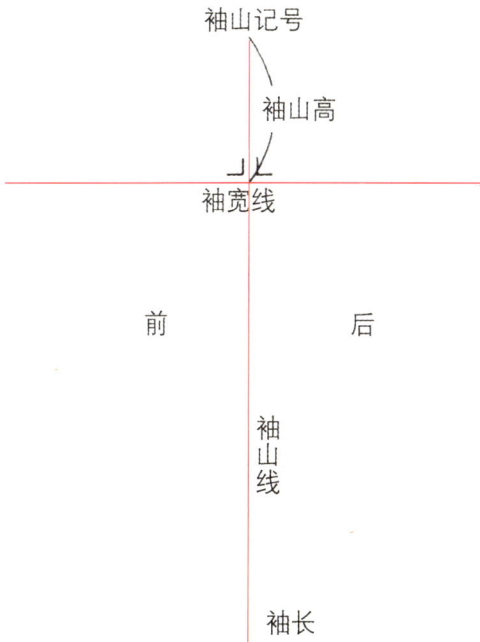

袖山记号
袖山高
袖宽线
前
后
袖山线
袖长

3　算出前装袖基准尺寸（★2），从袖山点开始向前袖宽线方向量取此尺寸，用斜线连接。把此斜线作为前装袖基准线。前装袖基准线和前袖宽线的交点作为前袖宽点。

★2 前装袖基准尺寸＝前衣片袖窿线长＋0.5 cm（宽松量）

4　算出后装袖基准尺寸（★3），与前装袖基准线相同的画法画后装袖基准线，确定后袖宽。

★3 后装袖基准尺寸＝后衣片袖窿线＋1 cm（宽松量）

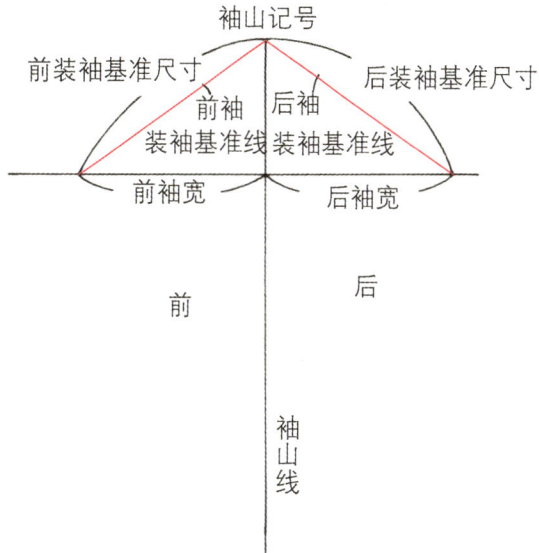

袖山记号
前装袖基准尺寸
后装袖基准尺寸
前袖装袖基准线
后袖装袖基准线
前袖宽
后袖宽
前
后
袖山线

5　从前后袖宽线开始分别画垂线，一直到袖长处，作为前袖底线和后袖底线。

6　从袖长处开始分别向左右画直角线，与前后袖底线相交，作为袖口线。

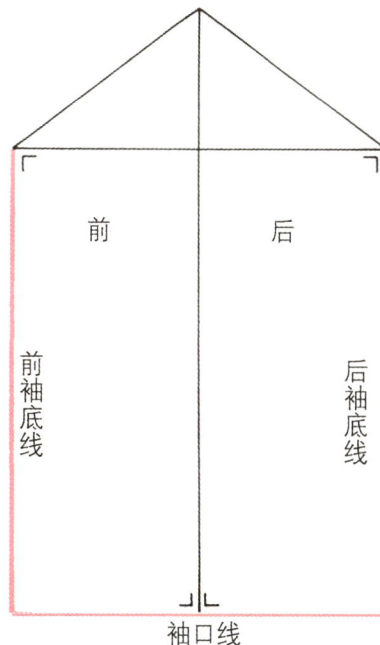

前
后
前袖底线
后袖底线
袖口线

7 在袖山线上做出肘长（★4）记号，与袖口线平行地画肘线。

★4 肘长 = $\dfrac{袖长}{2}$ + 2 cm

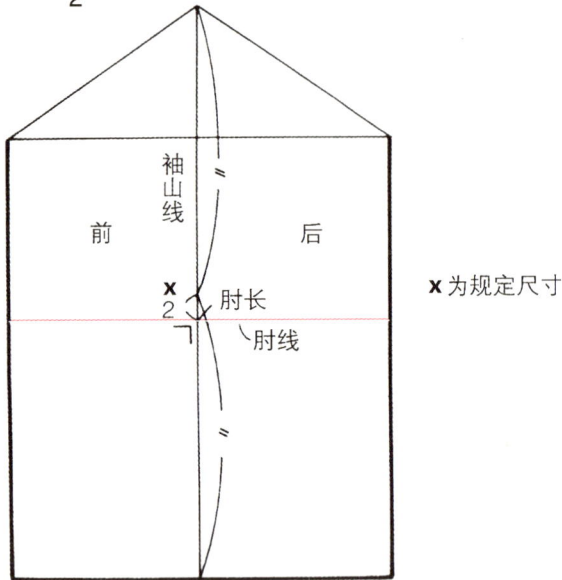

袖山线

前　　　　后

$\dfrac{x}{2}$　肘长

肘线

x为规定尺寸

8 画装袖线。将前袖宽三等分，从等分点做垂线并延长到装袖基准线，从左边开始依次作为 A 线和 C 线。在 A 线和 C 线的中间画 B 线。

9 将后袖宽线三等分，并从等分点做垂线并延长到装袖基准线，从左边开始依次作为 D 线和 E 线。

10 将 A 线四等分，上面 1/4 处做上记号，将 C 线四等分，在 C 线的延长线上标出其 1/4 处。将 D 线三等分，在 D 线的延长线上标出其 1/3 处。把 E 线的长度作为 a，在 E 和后袖底点的中间 F 点处 (向下) 标出$\dfrac{ⓐ}{10}$。

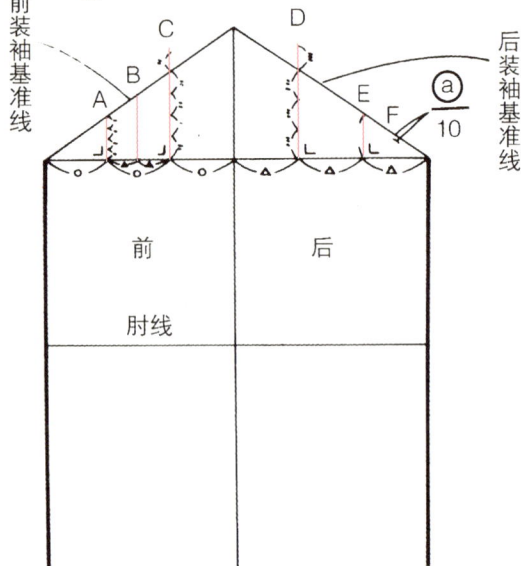

前装袖基准线

后装袖基准线

$\dfrac{ⓐ}{10}$

前　　　　后

肘线

11 参照制图，用曲线连接在 10 中做出记号的点，作为装袖线。

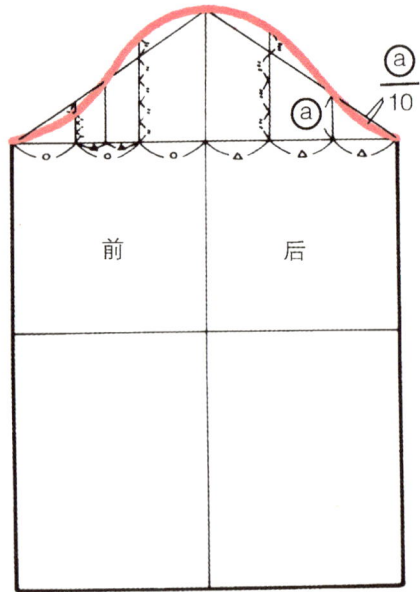

$\dfrac{ⓐ}{10}$

前　　　　后

12 正确测量前装袖线尺寸。(测量方法参照第 19 页)，把测量的数值与前片大身袖窿尺寸的差作为缩缝量。身高 60 cm 缩缝量在 1 cm 以内，身高 160 cm 缩缝量在 1.4 cm 较为合适。

以同样的方法测量后装袖线尺寸。身高 60 cm 缩缝量在 1.6 cm 以内，身高 160 cm 缩缝量在 1.8 cm 较为合适。缩缝量太多或太少时，要修正装袖线的弯曲度，画出平衡性好的装袖线。由于这种袖原型是制作各种袖子的基准，所以要把它做的与衣片协调平衡。

基本型的制作方法
裙子的基本型

在这种基本型中，裙摆应不阻碍儿童的运动。为了能根据用途确定裙长，我们列出了图示和相应尺寸的算法。(参照第 31 页)

由于儿童的腰围饭前和饭后会变化 5 cm，对应于这种变化，在腰围处加上 4 cm 的放松量，如果剧烈运动或由于成长的原因，在臀围处可加 8 cm 的放松量。腰部做得宽松时可以装上背带，也可将腰部装上松紧带(参照下图中的右图)，还可以做成裙子与大身相连的背心裙等裙子不会滑落的款式。

裙长的确定方法

基本型的裙长到膝盖中心。还可以根据流行、年龄、用途等以膝盖为基准来变化裙长。图中表示了：露出膝盖的裙长、盖住膝盖的裙长、到地面和到外踝高的裙长，以及适合儿童身高的迷你裙的长度(参照第 31 页的图示和样板)。第 28 页的尺寸表是从第 14、15 页的参考尺寸表中选出来的、做裙子的必要部位的尺寸。首先，选择作为对象的儿童身高，用这个身高的相应参考尺寸制作样板。当为某一特定儿童制作裙子时，要正确测量此儿童的尺寸，再做样板。

按照后裙片、前裙片的顺序来制作样板。

后背款式

各部位图

臀腰距

上裆

基本型的裙长

腰高

膝高

外踝高

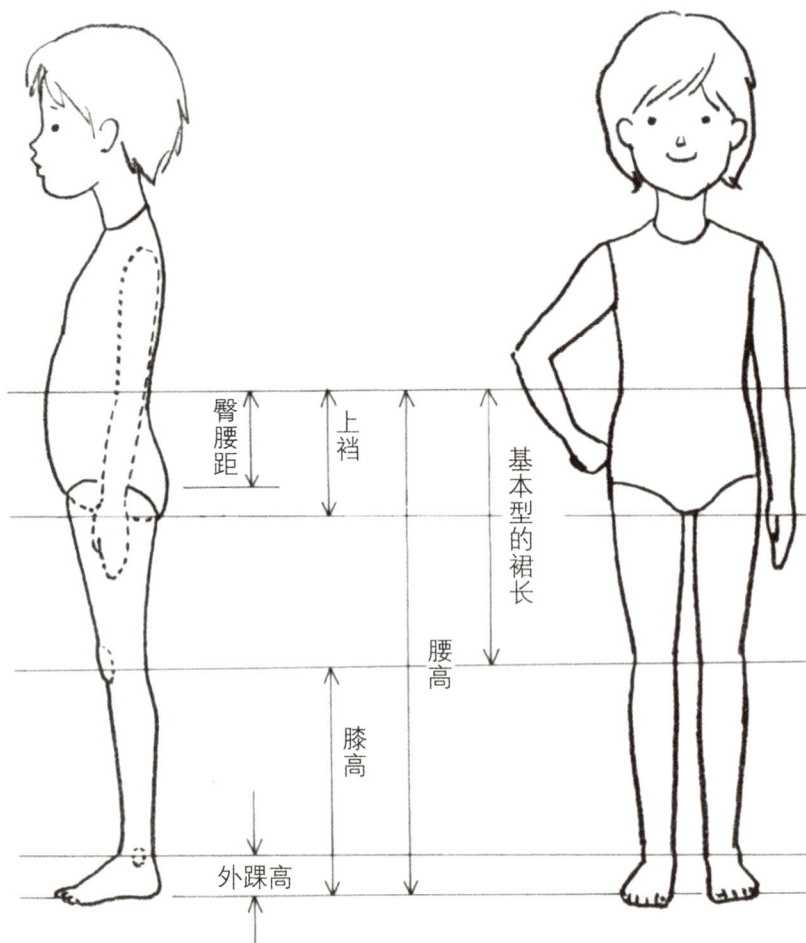

制作裙子基本型的参考尺寸

少女用尺寸 单位 /cm

1	身高	70	80	90	100	110	120	130	140	150	160
9	腰围	42	45	47	48	51	52	55	57	58	62
11	臀围	44	47	52	58	61	63	68	73	83	88
26	腰高（从腰围到地面）	39	45	52	59	66	73	80	87	94	100
27	膝高（从膝盖中心到地面）	17	19	22	25	28	31	34	37	40	42
	基本型的裙长（腰高－膝盖）	22	26	30	34	38	42	46	50	54	58
28	外踝高（从踝骨中心到地面）	3	3	4	4	5	5	6	6	7	7
24	上裆（腰围到裆的垂直距离）	14	15	16	17	18	19	20	22	24	25
	臀腰距（上裆 ×0.7）	10	11	11	12	13	13	14	15	17	18
	腰带宽（上裆 $\times\frac{1}{8}$）	1.8	1.9	2.0	2.1	2.3	2.4	2.5	2.8	3.0	3.1
	侧缝开口（上裆 ×0.6）	8	9	10	10	11	11	12	13	14	15
19	掌围 (a)（包含拇指）	12	13	14	15	16	17	18	19	20	21

后裙片

1　在右上角画直角线。横线作为腰围线，纵线作为后中心线。从右上角开始做出腰围下挖量 1 cm 的记号，从此记号向下标出裙长（★ 1），画裙摆线。

★ 1　裙长 = 腰高 − 膝高

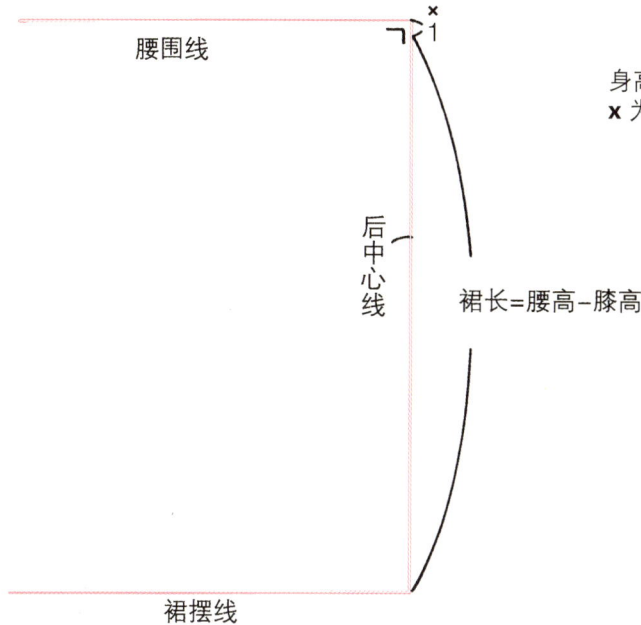

腰围线

×
1

后中心线

裙长 = 腰高 − 膝高

裙摆线

2　从后腰下挖量记号向下标出腰臀距（★ 2）从此处画后中心线的直角线，作为臀围线。

★ 2　腰臀距 = 上裆 ×0.7（腰臀距是从腰围线到臀围最高处的上裆尺寸中算出的尺寸）

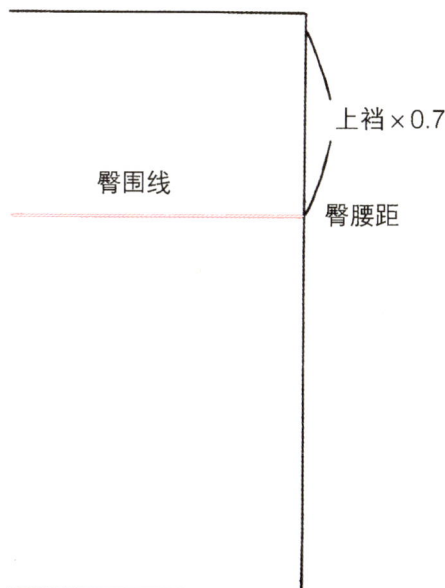

上裆 ×0.7

臀围线

臀腰距

3　在臀围线上做出后臀围尺寸记号（★ 3）从这点开始，分别向上下方做臀围线的垂线，与腰围线和裙摆线相连。

$$★\ 3\quad 后臀围尺寸 = \frac{臀围尺寸 + 8\ cm（放松量）}{4}$$

身高 120 cm
× 为规定尺寸

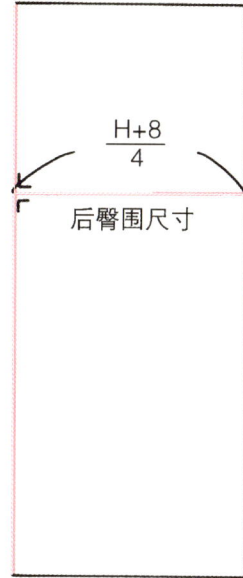

$\dfrac{H+8}{4}$

后臀围尺寸

4　延长裙摆线，延长量为裙摆的 1/4，将这点与臀围线相连。

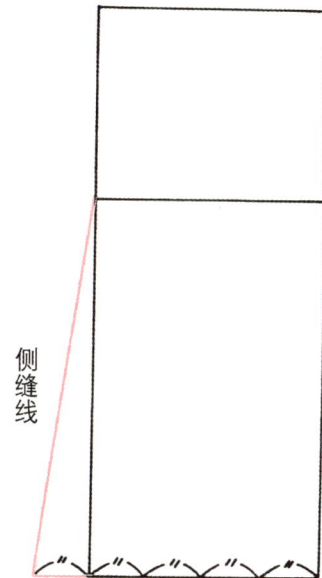

侧缝线

29

5 在腰围线上做出腰围尺寸★4及省道量★5记号，用曲线画腰线。

★4 后围腰尺寸 = $\dfrac{腰围尺寸 + 4\,cm（放松量）}{4}$

★5 省道量 = $\dfrac{后臀围尺寸 - 后腰围尺寸}{3}$

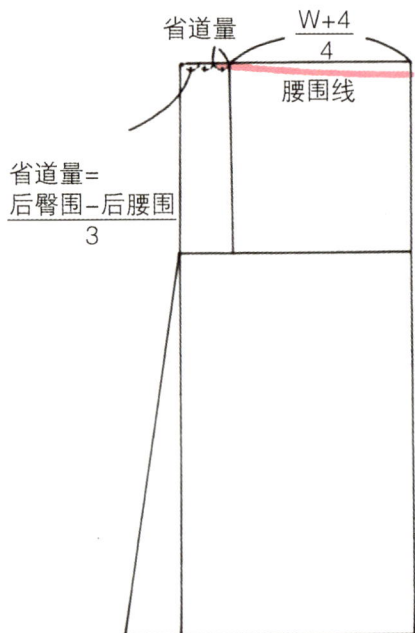

省道量
$\dfrac{W+4}{4}$
腰围线
省道量=$\dfrac{后臀围 - 后腰围}{3}$

6 把后腰围尺寸2等分，从等分点向中央方向做出省道量（参照★5）和省道长★6记号，画省道。

★6 省道长 = 上裆尺寸 × 0.4

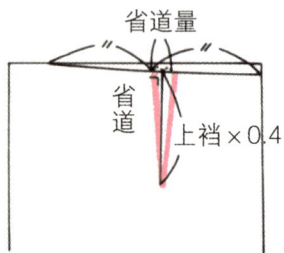

省道量
省道
上裆×0.4

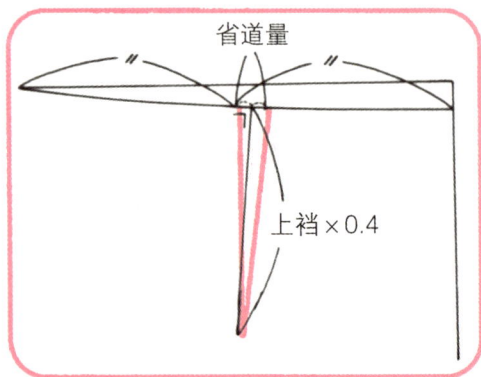

省道量
上裆×0.4

7 用曲线从腰到臀画侧缝线，在侧缝线上标出后央裙长尺寸，用曲线画裙摆。完成后裙片。

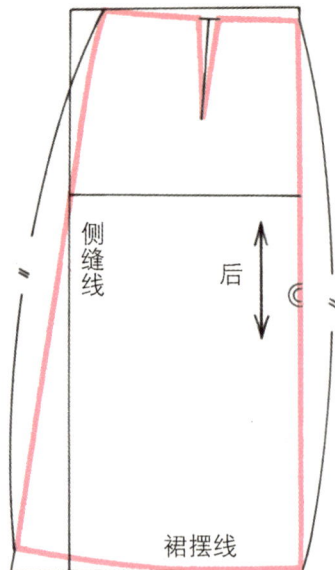

侧缝线
后
裙摆线

前裙片

- 与后裙片相同的顺序画前裙片。
- 省道量定为前臀围尺寸与前腰围尺寸差值的1/4。省道量在1 cm以内时，把此值作为缩缝量。
- 确定腰带宽，画腰带。
- 做左侧缝处标出开口尺寸记号。

开口尺寸 = 上裆尺寸 × 0.6

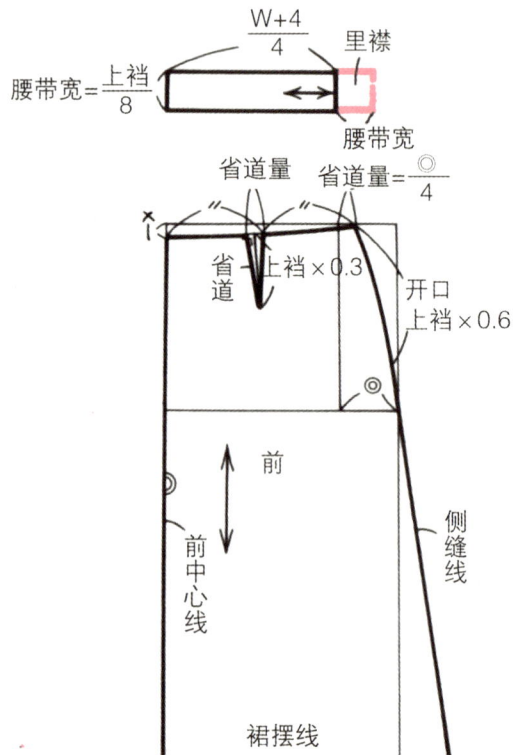

$\dfrac{W+4}{4}$
里襟
腰带宽 = $\dfrac{上裆}{8}$
腰带宽
省道量
省道量 = $\dfrac{\odot}{4}$
省道
上裆×0.3
开口
上裆×0.6
前
前中心线
侧缝线
裙摆线

裙长的变化

以裙子基本型为基础，来看一下裙长的变化。根据儿童不同成长阶段运动量的不同、成人服装流行对儿童服装的影响、季节等因素，会使童裙有所变化，所以选择适合儿童的裙长很重要。由于儿童运动比大人剧烈，所以超短裙不是很受欢迎。按照裙长变化的样板那样，以上裆×1.5作为裙长的最短值来制作。制作长裙的时候，以不会因踩住裙摆而摔倒的外踝高为界限。

虽然基本裙长到膝盖的中心，但可以根据流行、年龄、季节等调节裙长。选择短于膝盖的裙长时，可将基本型的裙长缩短1/6到1/7，选择盖位膝盖的裙长时，可将裙长延长为膝盖的1/3到1/6。（参照做裙子基本型时的参考尺寸表及裙长变化的图示）根据年龄、时代、用途，对裙子的基本型加以变化来制作裙子。

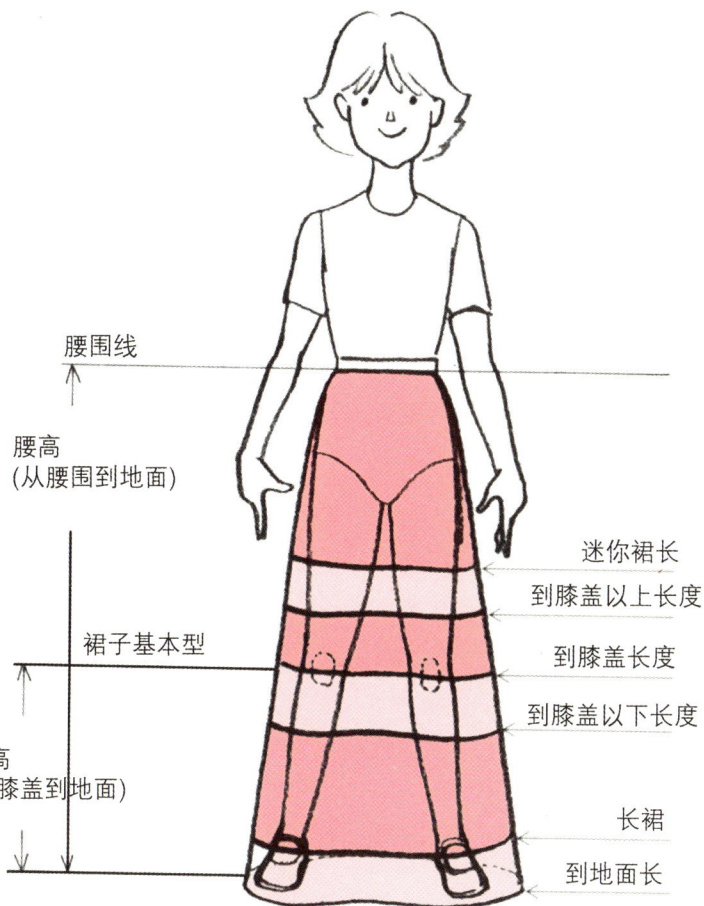

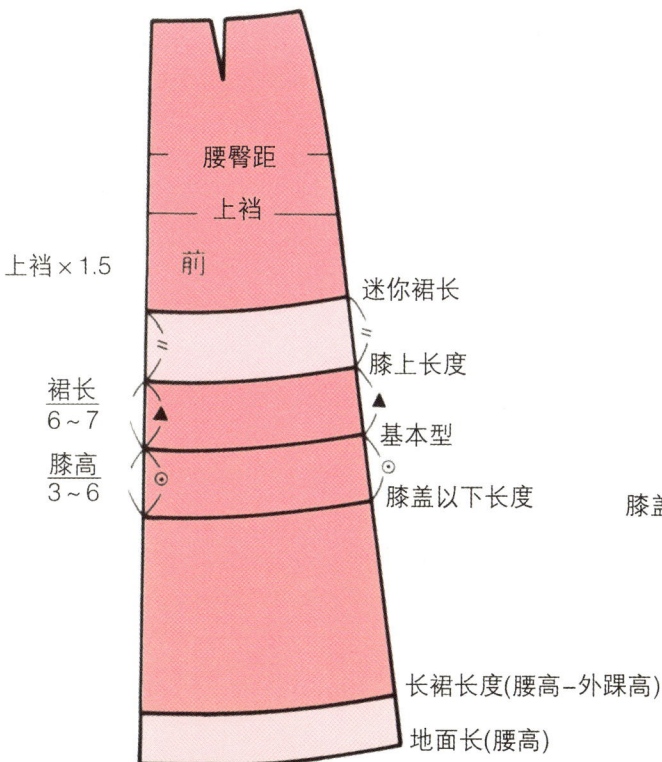

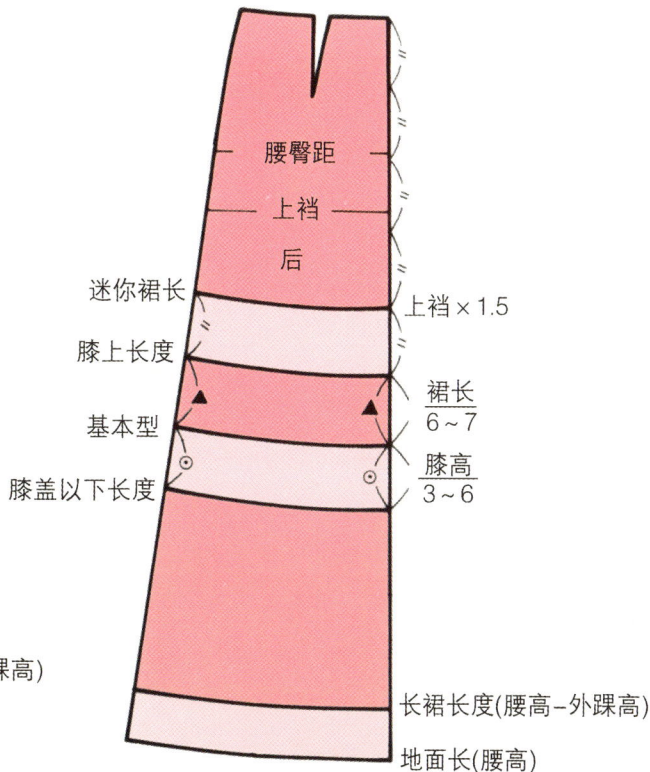

腰围线

腰高
(从腰围到地面)

迷你裙长
到膝盖以上长度
到膝盖长度
到膝盖以下长度

裙子基本型

长裙

到地面长

膝高
(从膝盖到地面)

上裆×1.5

腰臀距
上裆
前

迷你裙长

膝上长度

裙长
6~7

基本型

膝高
3~6

膝盖以下长度

长裙长度(腰高−外踝高)

地面长(腰高)

腰臀距
上裆
后

迷你裙长
膝上长度

上裆×1.5

基本型

裙长
6~7

膝盖以下长度

膝高
3~6

长裙长度(腰高−外踝高)

地面长(腰高)

裙子基本型应用
抽细褶裙

前裙片

1　做前裙片基本型，包括腰带。

2　腰围处不下挖，画中心线的直角线，把此线作为腰围线。将腰围线向侧缝方向延长，延长量为前腰围的1/2，把此延长量作为抽褶量。省道量包含在抽褶量内。做中心线的直角线，将直角线作为裙摆线，在这条线上标出裙摆宽的1/2，作为抽褶量。连结以上两个记号点，作为侧缝线。抽褶量的大小可根据布料的厚薄和柔软程度来调节。

3　在侧缝线上，从腰围处开始标出基本型的侧缝长，用曲线画裙摆线

4　画口袋。在右片侧缝线上，从腰围向下 2 cm 处开始标出掌围 / + 2 cm 作为口袋。袋布的做法：在侧缝线上从袋口处向下标出袋口尺寸，并向中央画水平线，与基本型腰围线上侧缝处开始向下做的垂线相交，如图，用曲线把袋布周围连结圆顺。

后裙片

1　做后裙片基本型。

2　与前片相同地将后腰围线向侧缝方向水平延长，延长量为后腰围的1/2，并将此作为抽褶量，重新画腰围线。基本型的省道量包含在抽褶量里。

3　做中心线的直角线并作为裙摆线，在这条线上，将基本型的裙摆宽度增加，增加量为1/2裙摆宽(作为抽褶量)。连结此点与腰围线上相应点，作为侧缝线，并量取前侧缝长，用曲线画裙摆线。

4　从后腰开始向上平行地放出与前腰带宽相同的尺寸，作为后腰带。

宽松的抽褶裙实现了女孩的梦想。

夏季请选透气好的棉料，春秋选择涤棉混纺或柔软的毛棉材料，冬季请选毛腈混纺、保暖性好的材料。

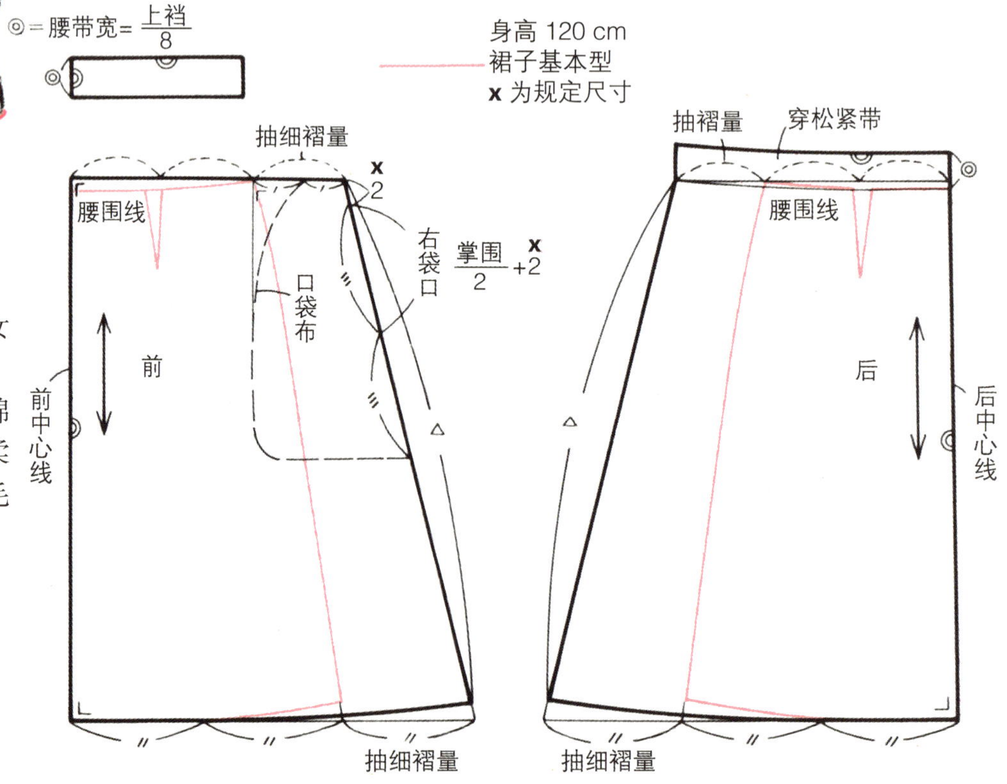

$\odot = 腰带宽 = \dfrac{上裆}{8}$

身高 120 cm
—— 裙子基本型
x 为规定尺寸

抽细褶量　　　穿松紧带

腰围线

抽细褶量

x
2

右袋口　$\dfrac{掌围}{2}$ **x** +2

口袋布

前中心线

前

后

后中心线

腰围线

抽细褶量

抽细褶量

打褶裥裙

　　褶裥裙是儿童服装中穿着方便的裙子之一。它是一种活动方便、不受流行影响、什么时候都好穿的裙子。最近由于褶裥加工技术的发展，已经生产出永保漂亮褶裥的裙子，这使洗涤次数较多的儿童制服的维护也容易起来。手工制作裙子时，使用褶裥加工专用的试剂，再用熨斗将褶裥牢牢固定。

　　裙子基本型以膝盖高作为基本裙长，而褶裙以露出膝盖的长度作为裙长，这样便于活动。就以基本型的裙长缩短 1/6 ~ 1/8 作为确定裙长的基准。

　　对于那些腹部突出、裙子腰围不固定的婴幼儿，可像第 39 页图中所示，在育克部分装上松紧带或做成高腰并装上吊带等。这里以基本型的裙长缩短 1/6 来说明。

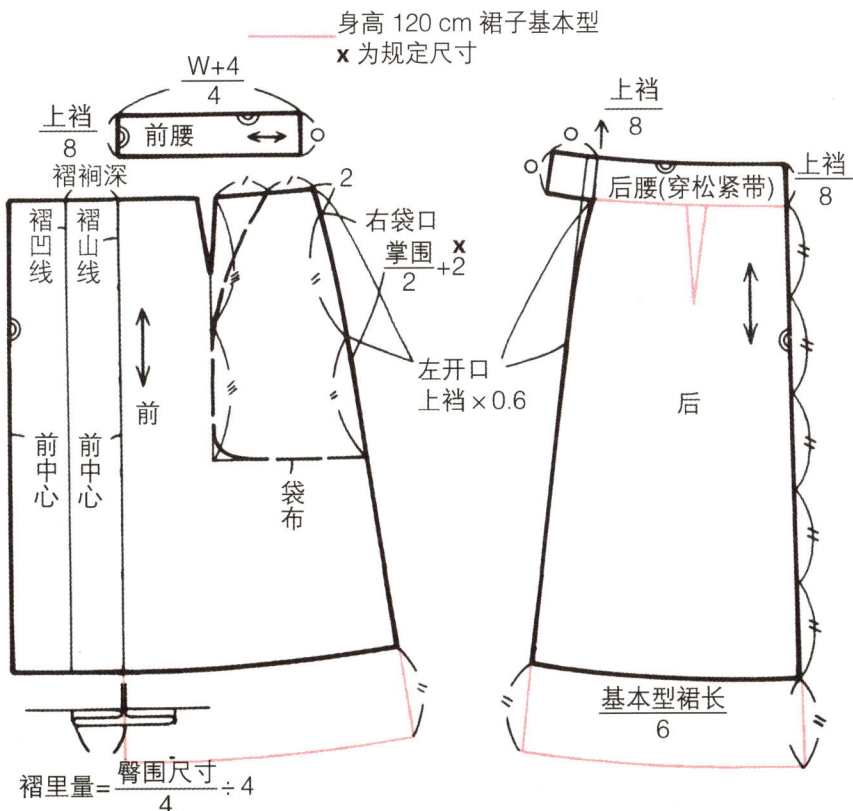

阴褶裥裙

（褶山线和褶山线对接的裙褶）

　　把半窄裙的长度稍微缩短，在前中心处折一个阴褶。适宜用斜纹粗棉布、涤毛混纺、纯羊毛等材料。首先，分别做出前后裙片的基本型。前后裙片都从裙摆处向上平行抬高裙长的 1/6，画裙摆线。

前裙片

1　画腰带。腰带宽为 $\frac{上裆}{8}$。
2　前裙片中央的褶裥的褶里量为 H/4÷4。如身高 120 cm 时褶里量为 63/4÷4=4，身高 150 cm 的褶里量为 52/4÷4=3.3。这样确定好褶里量后，将褶里部分向腰围线的中央方向延长，标出 2 倍褶里量，画褶里线和前中央线。
3　在左侧缝线上，从腰开始标出上裆 ×0.6，作为开口量，并将此点作为开口止点。

后裙片

1　在后中央处，从腰围线向上标出前腰带宽，与腰围线平行地画后腰带。
2　基本型的省道量加在抽褶量内。
3　在左侧缝线上标开口止点长度。
　　对于身高小于 110 cm 的幼儿，当腰臀差小于 10 cm 时，左开口可以不要。

身高 120 cm 裙子基本型
x 为规定尺寸

$\frac{W+4}{4}$

前腰

$\frac{上裆}{8}$

褶裥深

褶凹线　褶山线

前中心　前中心

前

2

右袋口 $\frac{掌围}{2}+2$ **x**

左开口 上裆×0.6

袋布

$褶里量 = \frac{臀围尺寸}{4} ÷ 4$

上裆/8

上裆/8

后腰(穿松紧带)

后

$\frac{基本型裙长}{6}$

背带箱型褶裥裙

1 画裙子基本型。从前裙片开始画。

裙长比基本型的裙长缩短 1/6 ~ 1/8。这里以缩短 1/8 为例来说明。

从省道的省尖开始画垂直线到裙摆，作为褶山线。在此褶山处将褶量剪开。

身高 120 cm 大身原型裙子基本型

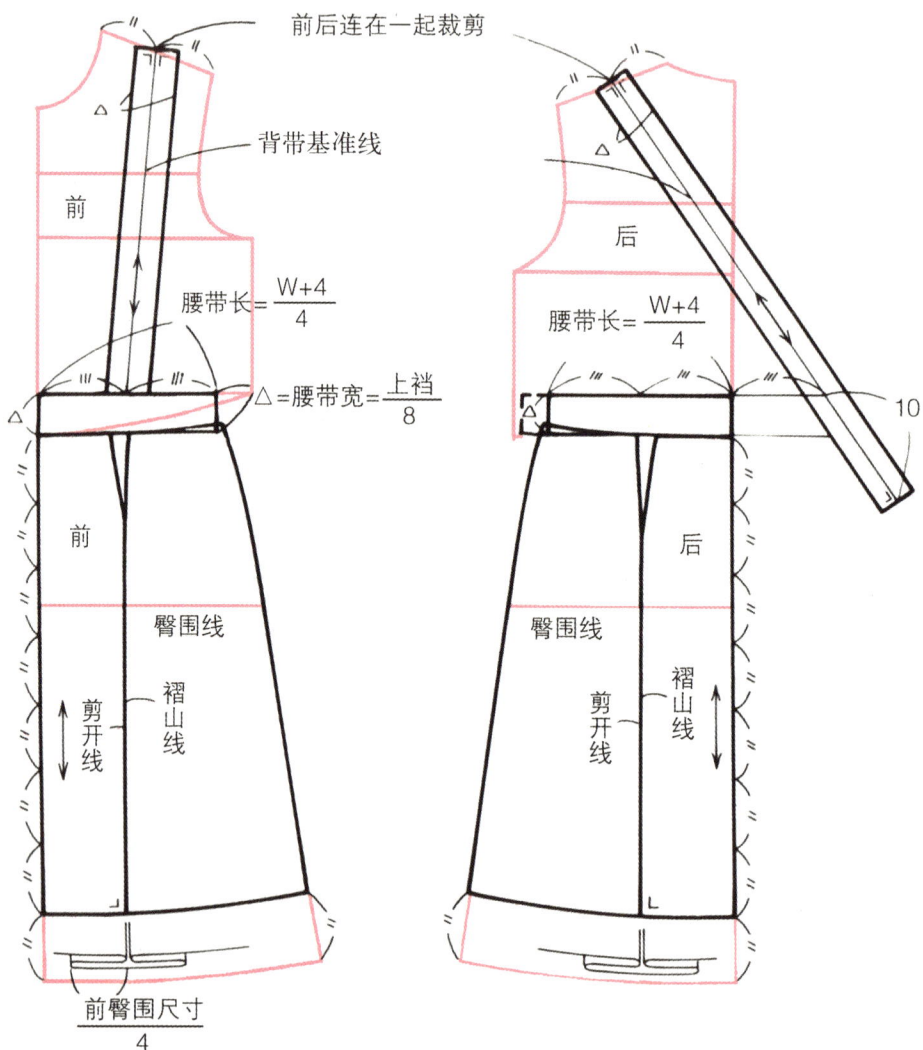

前后连在一起裁剪

背带基准线

前

腰带长 $= \dfrac{W+4}{4}$

$\triangle = $ 腰带宽 $= \dfrac{上裆}{8}$

后

腰带长 $= \dfrac{W+4}{4}$

10

前

臀围线

剪开线

褶山线

后

臀围线

褶山线

剪开线

$\dfrac{前臀围尺寸}{4}$

2 画背带。前后背带都以衣片原型为基础来画。

画前衣片原型。从腰围线向上标出裙子基本型的腰带宽，重新画腰围线。在腰围线上，在中心处将腰带长2等分，并将等分点与肩宽的中心用直线相连。以这条线为中心、以腰带宽为背带宽画背带。重新画肩线，使背带的肩线与背带的基准线在肩宽的中心处呈直角。

画后衣片原型，与前片相同地重新画腰围线，并标出腰带长。从后中央向外延长腰带的1/2，用直线将这点与肩宽的中点相连。将这条线向下延长10cm，作为长度的调节量。以这条线为中心画背带，使背带宽与腰带宽相同。与前片相同地重新画肩线。

前后片连在一起裁剪背带。在右侧缝处将腰带前后片连在一起裁剪。

3 剪开纸样。在褶山处将纸样剪开，并把纸样固定在大的纸样专用纸上，参照剪开图，平行地剪开纸样一直剪到下摆处，在臀围线上的剪开量为前臀围尺寸。将剪开量的1/4作为褶裥深。在左侧缝线上标出开口尺寸（上裆×0.6）。与前裙片相同地画后裙片。

褶量的剪开图

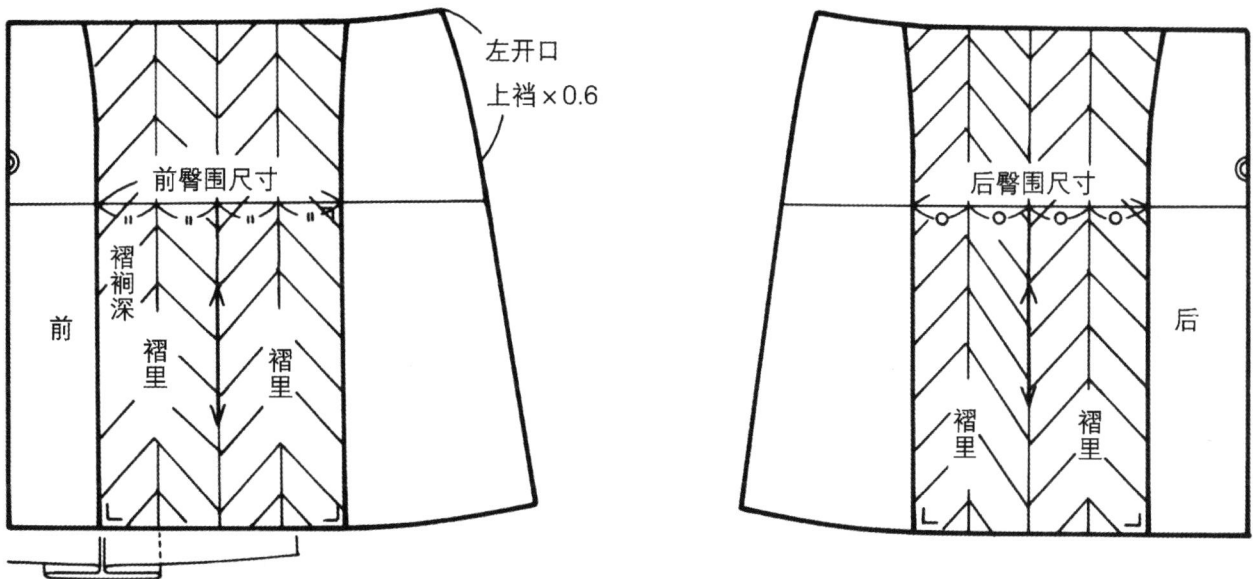

背带褶裥裙

II

身高 120 cm
裙子基本型

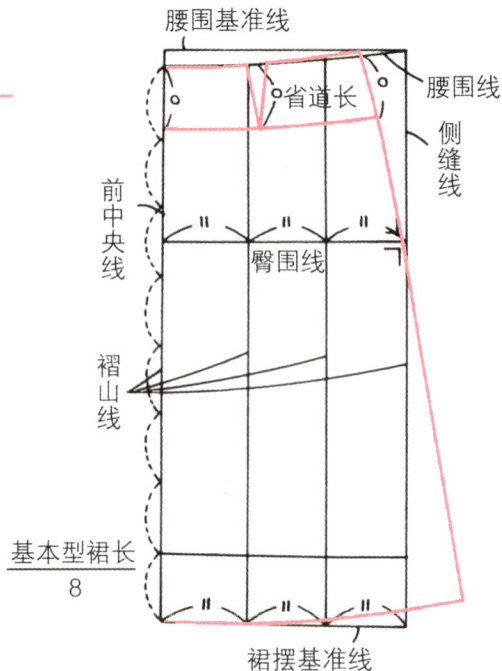

前裙片

1　做前裙片基本型。裙长在基本型裙长上缩短 1/8。在臀围线的侧缝处上下画垂线，向上与腰围线的基准线相连，向下与裙摆线的基准线相连，把这条线作为侧缝线。

重新画腰围线。

将臀围三等分，（在 3 个等分点处）上下画垂线并延长，作为褶山线。前中心线、侧缝线也作为褶山线。

腰围基准线
省道长
腰围线
侧缝线
前中央线
臀围线
褶山线
$\dfrac{\text{基本型裙长}}{8}$
裙摆基准线

2　分配省道量。

$$1/4 \text{ 片总省道量} = \frac{H+8}{4} - \frac{W+4}{4} = \blacktriangle$$

$$\text{半个省道量} = \blacktriangle/6 = \triangle$$

在腰围线上以褶山线为中心，各在两侧做省道长（上裆 ×0.3）记号，画省道线。同样地分别画出每条省道线。

褶里深定为 3 cm。

后裙片

3　做后裙片基本型，与前裙片相同地画裙摆线、侧缝线、褶山线、省道线。

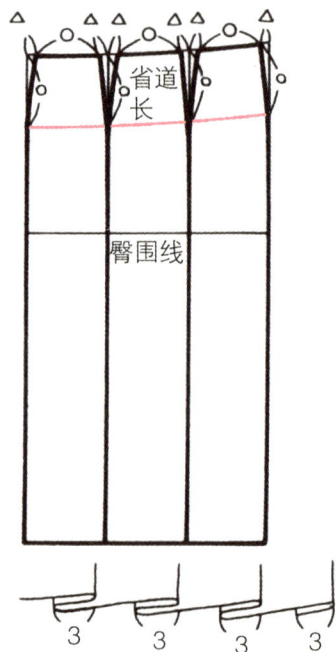

省道长
臀围线
3　3　3　3

4 画腰带和背带。

与第 34、35 页背带箱型褶裥裙的 2 相同。

5 确定褶里量。

以身高 120 cm 为例来说明。

折叠褶裥时，为了使褶里与下一个褶里不重叠，先计算最大褶里量。

腰带长 56 cm，褶数为 12 个。

56 cm/12=4.7 cm，腰围处褶与褶之间的间隔大约是 4.7 cm。

褶里如果超过 4.7 cm，将与下一个褶里重叠，装腰带就比较困难，所以褶里的最大值为 4.7 cm。

褶里量为 4.7 cm，裙子造型丰满。春夏季用轻薄材料时，褶里量定为 4.7 cm 的 2/3，裙子会轻盈凉快。这里为了使说明容易理解，舍弃了小数点以下的数，将褶里量定为 3 cm 来说明剪开图。

6 剪开褶量。

在制图专用纸上水平地画臀围线和裙摆线，为使褶里与裙摆线相垂直，照图示剪开 3 cm 的褶里量。

★ 制作褶裙时，特别是为防止破坏造型，应使褶山和褶里保持直丝缕。还要选用不会使造型破坏的材料。

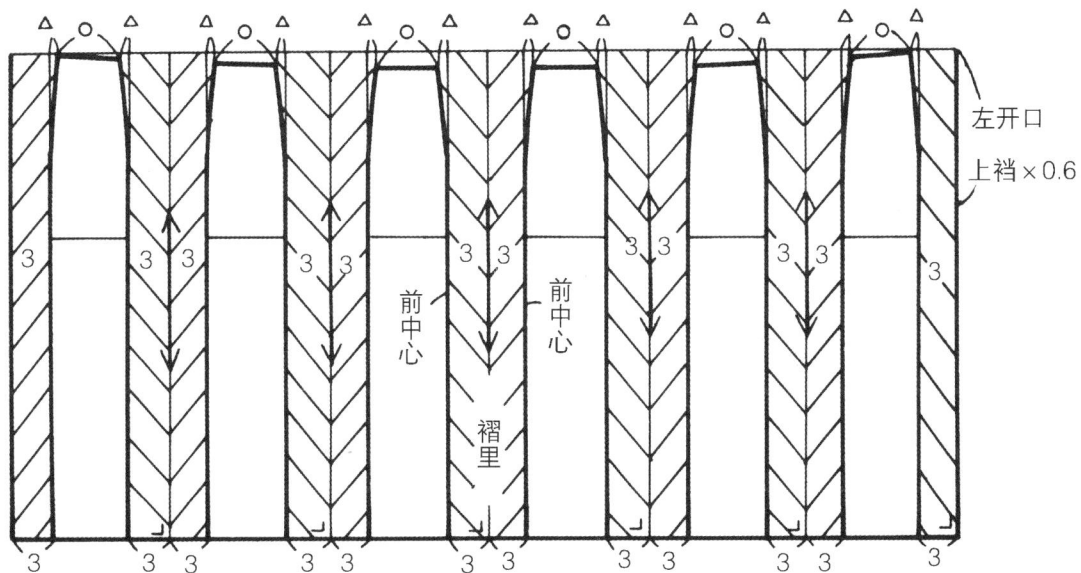

左开口

上裆×0.6

前中心

前中心

褶里

装衬里的褶裥裙

这是一种腰部宽松、装衬里的裙子。衬里若选用透气性好的材料，则穿着凉爽，若选用棉涤混纺的薄型材料，衬里和裙子用相同布料，则可做成夏季穿的连衣裙。

1 做裙子基本型。从前裙片开始。在前中央线上从裙摆向上抬高裙长的1/8，向侧缝方向画水平线，作为裙摆线。

在臀围线上侧缝处，上下延长垂线，向上到腰围线的基准线，向下与裙摆线相交，作为侧缝线。在前中央线的侧缝线上标出低腰围尺寸，并画低腰围线。

低腰尺寸（△）= 上裆 /4

2 将前片大身原型的中心线与裙片中心线的延长线在腰围线处对接，画大身原型。将侧缝线上的省道量（★）移到低腰围线上，重新画大身的低腰围线。将肩宽4等分，从靠近领圈线的1/4点向胸宽线方向画垂线，并将此垂线延长到胸宽线以下，延长量为 $\frac{肩宽}{4}$（○），与胸宽线平行地画水平线直到前中央。在胸宽线上向中央做 $\frac{○}{2}$ 记号，画领圈线。

在肩线上，从肩点向里进○的点，与胸宽线上袖窿向里进 $\frac{○}{2}$ 的点，以及袖底下降○的点，连结以上三点，作为袖窿线。

将臀围线四等分的点与裙摆四等分的点相连，作为褶山线。剪开褶山线。参照第37页褶量的剪开图。与前裙片相同地画后裙片。

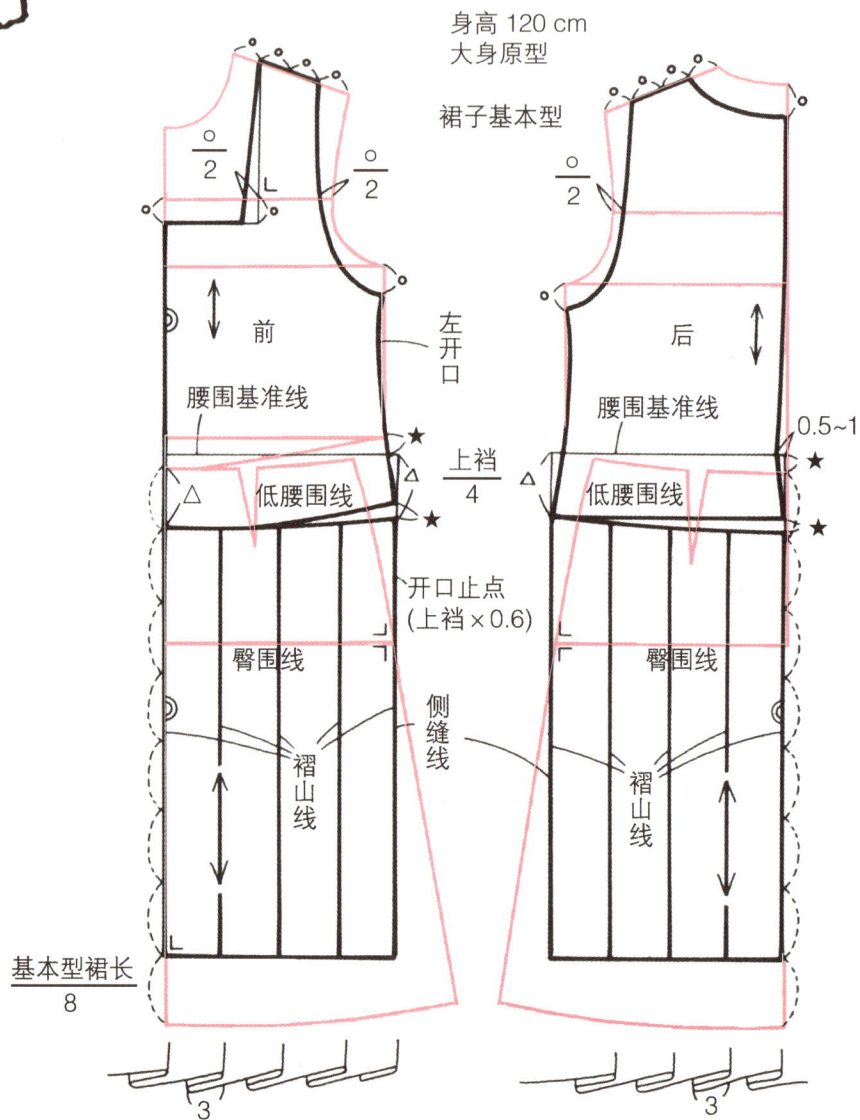

身高 120 cm
大身原型

裙子基本型

低腰褶裥裙

低腰褶裥裙和高腰背带褶裥裙的必要尺寸和算法表

单位 /cm

			90	100	110	120	130	140	150	160
1	身高		90	100	110	120	130	140	150	160
9	腰围		45	48	51	52	55	57	58	62
14	背长		22	24	26	28	30	32	34	37
24	上裆		16	17	18	19	20	22	24	25
△	低腰量	上裆 $\times \dfrac{1}{3}$	5.3	5.7	6	6.3	6.7	7.3	8	8.3
		上裆 $\times \dfrac{1}{4}$	4	4.3	4.5	4.8	5	5.5	6	6.3
●	腰带宽	上裆 $\times \dfrac{1}{8}$	2.0	2.1	2.3	2.4	2.5	2.8	3.0	3.1
○	高腰围	大身原型侧缝长 $\times \dfrac{1}{3}$	3.3	3.7	4	4.3	4.7	5	5.3	5.8

—— 身高 120 cm 裙子基本型

1　画裙片基本型。从前裙片开始画。裙长比基本型的裙长缩短 1/6 ~ 1/8。这里以缩短基本型裙长的 1/8 来水平地画裙摆线。

2　在臀围线的侧缝处上下画垂线并延长，作为侧缝线。

3　向侧缝方向延长腰围线，与侧缝线相交，从交点处向上量取腰带宽（●），向下做低腰量记号，画腰带宽线和低腰围线。

4　将臀围线五等分，在等分点上下做垂线并延长，作为褶山线。在这些褶山线处剪开纸样，剪开量为褶量的 2 倍。
　剪开方法参照第 37 页的褶量剪开图。与前裙片相同地画后裙片。

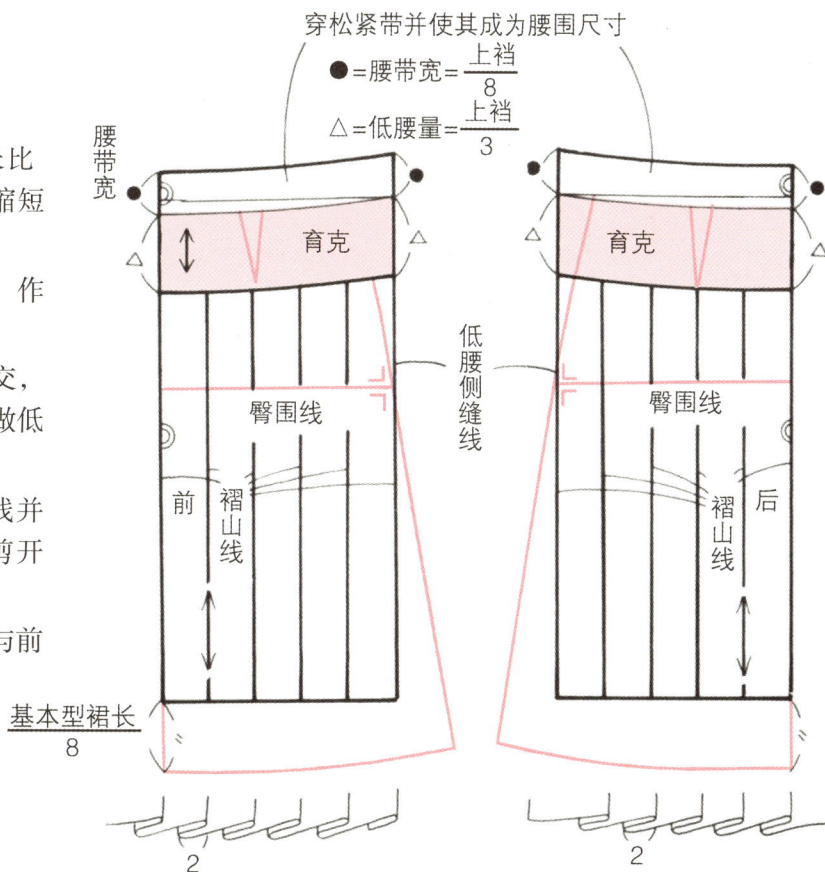

穿松紧带并使其成为腰围尺寸

●=腰带宽=$\dfrac{上裆}{8}$

△=低腰量=$\dfrac{上裆}{3}$

腰带宽

育克

育克

低腰侧缝线

臀围线

臀围线

前　褶山线

褶山线　后

$\dfrac{基本型裙长}{8}$

2

2

高腰背带褶裥裙

前裙片

1　画前裙片基本型。
　　将前片原型的中心线与前裙片中心线的延长线在腰部对接，画前衣片原型。

2　将衣片原型侧缝长的 1/3 作为高腰量（○），在前衣片原型的侧缝线上从腰围向上标出高腰量（○），并向前中心画水平线，作为高腰围线。

3　用直线连接衣片原型的袖底点与裙片基本型腰围线侧缝处，作为侧缝线。

4　从高腰围线向上标出腰带宽（●）＝$\frac{上裆}{8}$，画腰带线。将腰围线上前中央到与 3 中画的侧缝线的交点的距离作为前腰带长，垂直地画腰带的侧缝线直到高腰围线。

5　从腰带的侧缝线与高腰围线的交点开始，通过裙子基本型的臀围线与侧缝的交点，直到裙摆，用直线连结，作为裙子的侧缝线。开口从高腰围线开始计量。

6　分别将高腰围线、裙摆线 4 等分，用直线连结等分点作为褶山线。

7　将肩宽的二等分点与腰围基准线的二等分点用直线连结，作为背带基准线。以这条基准线为中心，画背带，背带宽与腰带宽相同。

后裙片

8　与前衣片相同地画后衣片原型、后裙片基本型。

9　在衣片原型的腰围线上标出后裙片基本型的腰围尺寸，并将其二等分。向右延长腰围线，延长量为后裙片基本型腰围尺寸的 $\frac{1}{2}$。

10　将肩宽二等分，将等分点与在 9 中做的记号点用直线连结，作为背带基准线。将背带基准线向腰带线以下延长 10 cm，作为裙长的调节量。以背带基准线为中心画背带，背带宽与腰带宽相同。

11　在肩部将前后片的背带连一起裁剪。

12　剪开褶量。参照第 37 页的褶量剪开图，使褶山方向与纵向布纹相一致，剪开纸样。

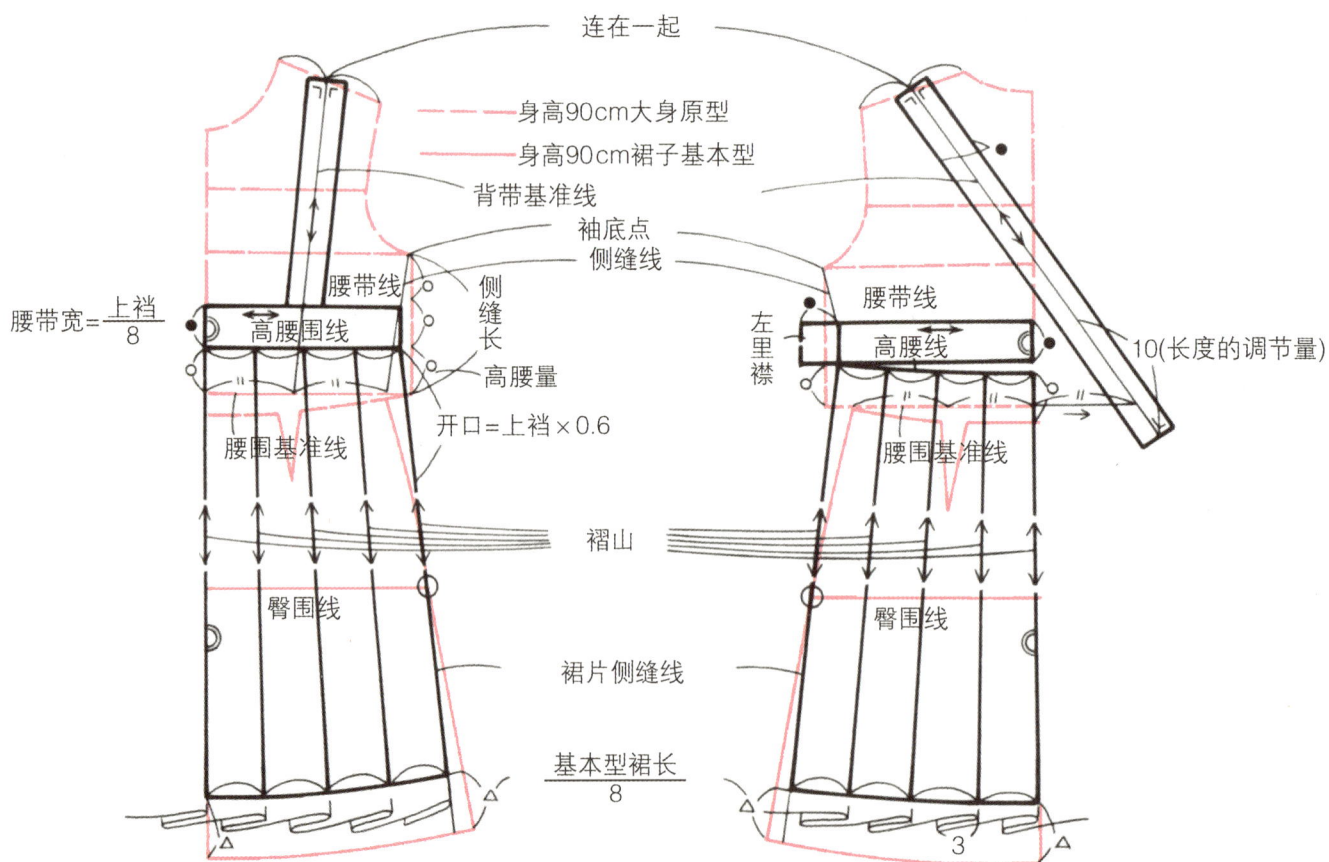

连在一起

身高90cm大身原型
身高90cm裙子基本型
背带基准线
袖底点
侧缝线

腰带宽＝$\frac{上裆}{8}$

腰带线
高腰围线
侧缝长
高腰量

开口＝上裆×0.6

腰围基准线

褶山

臀围线

裙片侧缝线

$\frac{基本型裙长}{8}$

左里襟
腰带线
高腰线
腰围基准线
臀围线

10(长度的调节量)

3

喇叭裙

　　女孩都喜欢喇叭裙，都梦想随着身体的转动，裙子就能轻飘漫舞起来。与每天去幼儿园和学校穿的服装不同，它具有浪漫情调。夏季穿可选用纯棉的轻盈材料，秋季可选用羊毛与合成纤维混纺的保暖材料。

　　这里选用夏季穿的棉材料做成腰部紧身的款式。样板的做法是：用圆规画圆，利用圆的 1/2 做成半圆裙。

　　前面合体、后面袖褶、下摆展开，后腰装松紧带。若腰臀差超过 10 cm，在后中央做开口。身高 120 cm 以上，做开口穿着方便。

半圆裙

腰带宽＝$\dfrac{上裆}{8}$

左里襟　与腰带宽尺寸相同

14　　16

前腰带　后腰带

前中心　　后中心

开口＝上裆×0.6

后中心

画半径19.1的圆

后腰围线

$\dfrac{B}{2}$＝16

$\dfrac{A}{2}$＝14

前腰围线

裙长 42

侧缝线

前中央

裙摆线

画半径19.1＋裙长42的圆

身高120cm
放松量　W+4

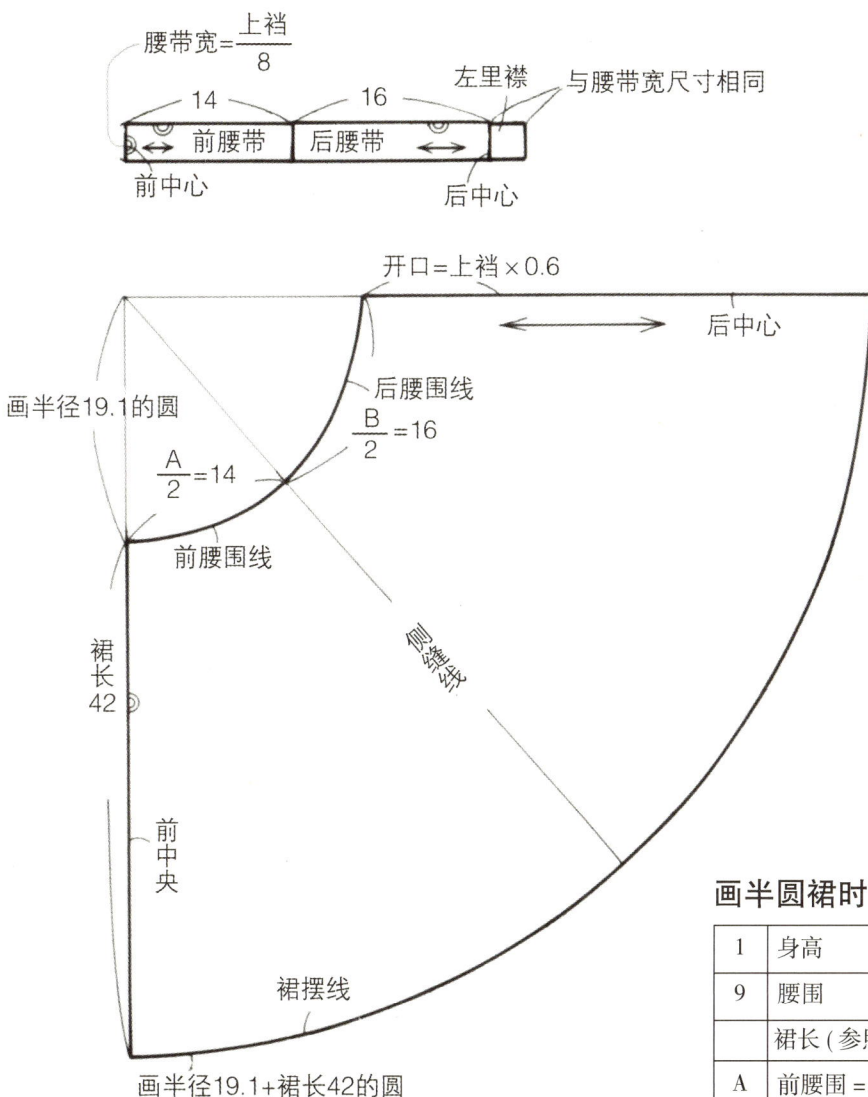

画半圆裙时半经的求法　　　　单位 /cm

		90	100	110	120	130	140	150	160
1	身高	90	100	110	120	130	140	150	160
9	腰围	45	48	51	52	55	57	58	62
	裙长（参照第 36 页）	30	34	38	42	46	50	54	58
A	前腰围＝$\dfrac{腰围＋放松量（4）}{2}$	24.5	26	27.5	28	29.5	30.5	31	33
B	后腰围 ＝A ＋抽细褶量（4）	28.5	30	31.5	32	33.5	34.5	35	37
C	腰围成圆的半径 ＝$\dfrac{A＋B}{圆周率（3.14）}$	16.9	17.8	18.9	19.1	20	20.7	21	22.3
	裙摆线圆的半 ＝C ＋裙长	46.9	51.8	56.9	61.1	66	70.7	75	80.3

喇叭裙

利用裙子基本型，剪开样板，放出展开量。

1 首先根据身高准备裙子基本型。前后裙片都是在腰围线和臀围线的中间画低腰围线。将低腰围线与裙摆线3等分，并将低腰围线与裙摆靠近前中央的3等分点用直线连接，作为剪开线。

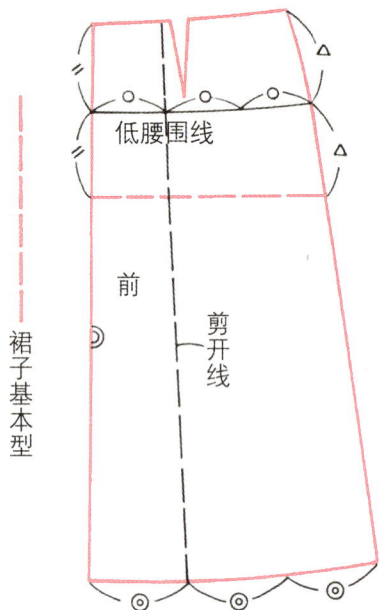

3 用顺滑曲线重新画剪开样板的腰围线、侧缝线和裙摆线。
   根据材料、花纹，前后中央的布纹可以为直丝缕、横丝缕或45°斜丝缕。

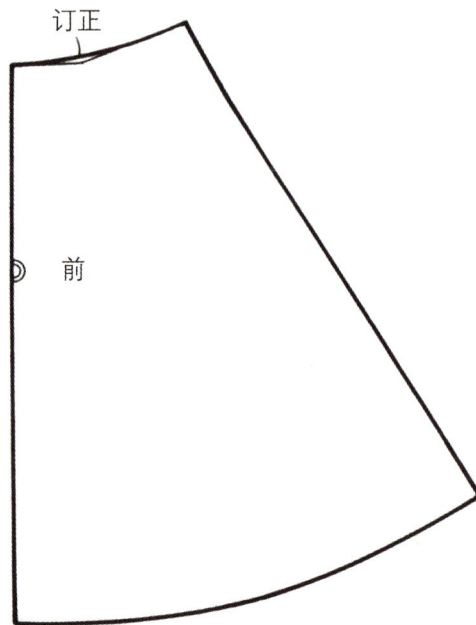

4 与前裙片相同地画后裙片。

2 在剪开线处剪开前后裙片样板，中央的样板与侧缝样板在腰围线上相互重叠，重叠量为省道量，在裙摆处剪开10 cm（★1）在侧缝线上裙摆处放出5 cm（★2）并与低腰围线相连。
   展开量可根据款式、材料而变化。

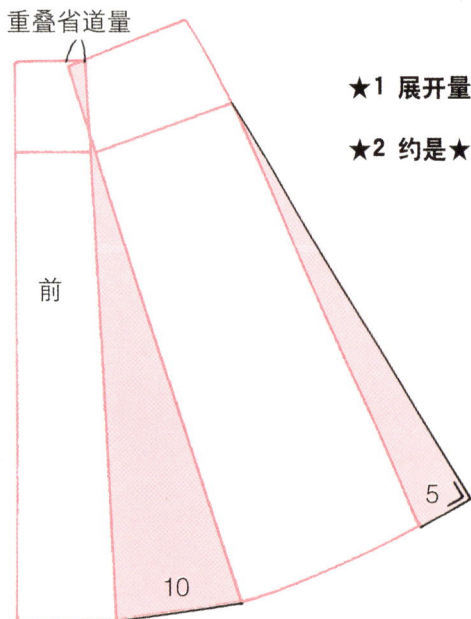

★1 展开量根据款式,材料而变化

★2 约是★1量的 $\frac{1}{2}$ 比较合适

连衣裙基本型

这是女孩必备的一种衣服。它是从取掉尿布、身高 90 cm 到小学毕业时的女裙的基本型，包括有腰部分割线和没有腰部分割线两种款式。我们把有腰部分割线的款式作为 A，没有腰部分割线的款式作为 B 来说明。

有腰部分割线的连衣裙

1　画衣片原型和裙子基本型。

2　画衣片腰省。在前后衣片与裙省相对应的位置，标出与裙省相同的量，作为大身腰省，省道长为腰围线到胸围线距离的 2/3。

3　在前后衣片腰围线上，标出 $\dfrac{\text{腰围} + 8\,\text{cm（放松量）}}{4}$ + 省道量，在胸围线上放出比原型多出的放松量的（即 1 cm）画侧缝线。

4　在前后裙片的腰围线上从大身侧缝线开始向下引垂线，画裙片的腰围线。在前后裙片的臀围线上放出比原型多出的放松量的 1/4（即 1 cm）在裙摆线上也放出相同的量，连结腰围、臀围和裙摆，作为侧缝线。省道量的算法参照第 30 页裙子基本型。

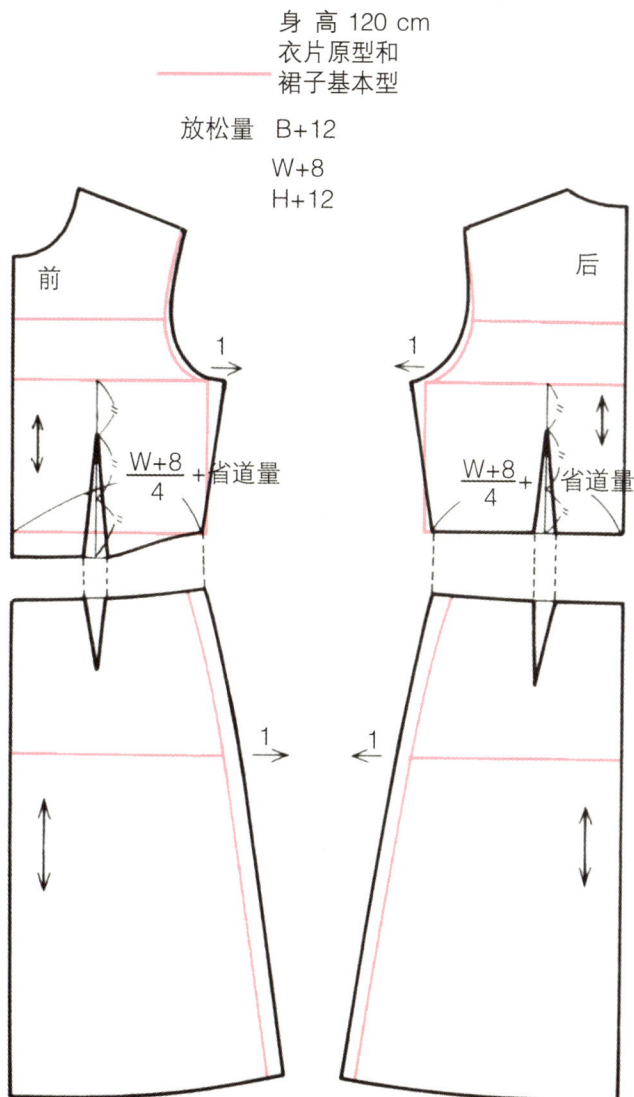

身 高 120 cm
衣片原型和
裙子基本型

放松量　B+12
　　　　W+8
　　　　H+12

前　　　　　　　　　　后

1　　　　　　　1

$\dfrac{\text{W+8}}{4}$ + 省道量　　　$\dfrac{\text{W+8}}{4}$ + 省道量

1　　　　　　　1

无腰部分割线的连衣裙

1. 与基本型 A 相同地画前后衣片原型和裙片基本型。
2. 由于胸围的放松量为 12 cm，与原型放松量 8 cm 的差值（4 cm）的 1/4 在前后胸围处放出，在裙摆处也放出相同的量，画侧缝线。
3. 延长后片裙摆线，标出裙摆线与侧缝线的交点，从胸围线到裙摆线作为侧缝长。在前侧缝线上标出后侧缝长，作为侧缝长，重新画裙摆线。

身 高 120 cm
衣片原型和
裙子基本型
放松量 B+12

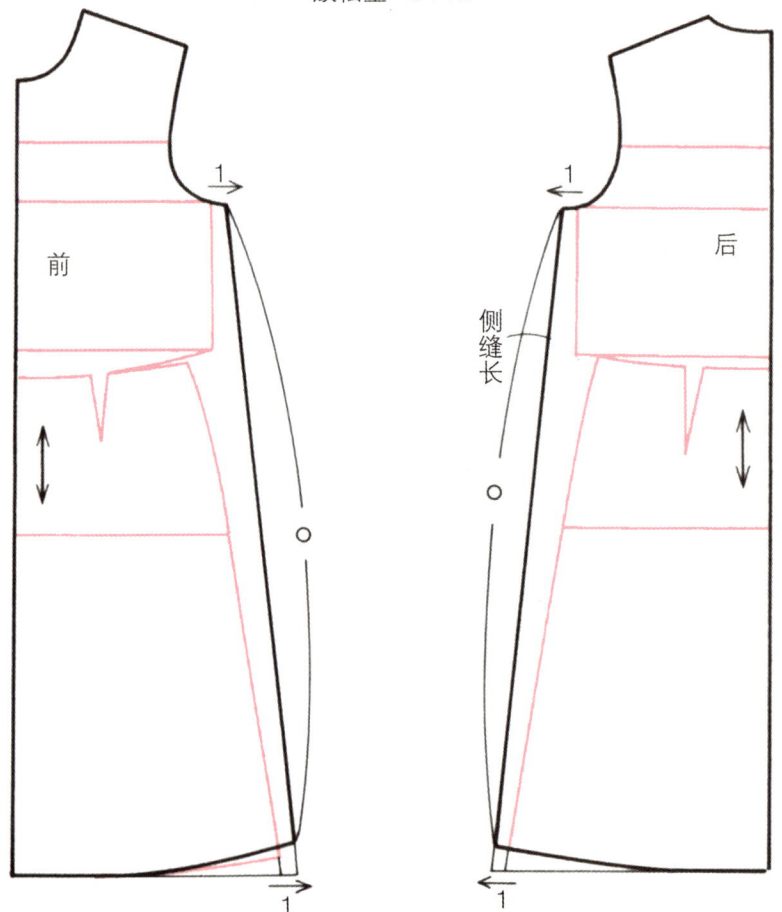

前

后

侧缝长

44

裤子基本型

随着儿童成长过程的进行和运动量的增加，裤型也有所变化。为适应这种变化，将裤子分为：

①刚刚取掉尿布的婴幼儿期穿的裤子；

②少年穿的短裤；

③少年穿的长裤；

④少女穿的裙裤；

⑤少女穿的紧身裤。

有 5 类，分别对每一类加以说明。

① 婴幼儿期穿的裤子

对那些腰臀差较小、刚刚取掉尿布的婴幼儿，在其裤子腰部装上松紧带，这样既便于穿着，又便于大小便。如果选用有伸缩性的材料，就更利于行动。对于下裆短的裤子，儿童从裤口处就能大小便就不必为方便大小便而装开口了，但对到膝盖的较长的短裤，就需要有开口。

②·③少年穿的裤子

少年穿的衣服主要有裤子、衬衫、防寒茄克服、西装茄克等。在这些衣服中，裤子尤其重要。

儿童体格健康、成长迅速，每人的体型又各不相同，所以在数量繁多的商品中找到适合自己孩子的衣服很重要。常常见到为挑选穿着舒适的裤子而烦恼的父母和孩子。因此这些用户就希望为他们提供品种丰富的商品。

这就要求生产商尽量为儿童们提供舒适的衣服。而且在儿童不同的成长阶段，裤子具备适当的运动量和合体性也很重要。

臀、腰放松量不足，上裆太长或太短都会妨碍儿童运动，裤长太长也不利于活动。所以，制作材料和大小都合适的裤子很关键。

与成人的体型相比，儿童的体型接近圆筒型、又有厚度，所以裆部里襟量被充分利用。由于下蹲的动作较多，上裆应有一定松量。随着少女和少年体型的变化，各部位的尺寸也呈现出变化。尤其是上裆尺寸、臀围尺寸、腰围尺寸等，将少年和少女分开表示。

为喜欢滑梯的儿童选用耐摩的材料，为那些常摔倒的幼儿穿上到膝盖以下的灯笼裤，对自己开关前开口处拉链有困难的儿童，可以在他们裤子的腰部装上松紧带，让我们努力为儿童制作优美的裤子吧。

少女穿的裤子

身高从 100 cm 开始，少女的腰围、臀围、背长、上裆、下裆、大腿根围、侧缝长等与男孩有差异，因此把这些尺寸表示出来。参考少女的尺寸表，用与少年穿裤子相同的方法制作样板。

④少女穿的裙裤

穿裙裤的感觉如同穿裙子，同时又便于活动。幼儿期采用短的款式、少女期采用长的款式。长度的确定方法参考第 44 页（长度的变化）。

对处在腰臀差较小的幼儿期的儿童，在腰部装上松紧带，如腰臀差超过 10 cm，可以在后腰装松紧带，前裤片打省道、装腰带，侧缝开口。

⑤少女穿的紧身裤

用伸缩性好的材料做成紧身裤，选择不同的材料，一年四季皆可穿着。供选择的材料可以是纵向有伸长性或横向有伸长性或纵横向都有伸长性的。可选用针织面料、弹性纤维（斯潘得克斯等）等，根据所选材料的伸缩性调节围度和长度的放松量，制作样板。关于紧身裤的做法在第 181 页有解说。

裤长的确定请参考第 49 页 [长度的变化]，并根据季节、流行性、目的来设计。

少年穿的裤子基本型的参考尺寸

（从第 14、15 页的尺寸表中选出）　单位 / cm

1	身高	90	100	110	120	130	140	150	160
10	腰围（下胴围）	45	48	52	53	57	60	65	68
11	臀围	52	58	61	62	67	71	77	83
24	上裆	(15)	16	16	17	18	20	22	23
25	下裆	32	38	43	49	54	59	63	68
	膝长（膝高 – 外踝高）	18	21	23	26	28	31	33	36
27	膝高	22	25	28	31	34	37	40	43
28	外踝高	4	4	5	5	6	6	7	7
21	大腿根围	29	31	33	36	39	41	44	48
22	小腿最大围（小腿肚）	20	22	23	25	27	28	31	33
19′	掌围（包含拇指）	12	13	14	15	16	17	18	19
	腰带宽（$\frac{上裆}{6}$）	2.5	2.6	2.7	2.8	3	3.3	3.6.	3.8

（　）内为推算尺寸

少年穿长裤及其变化

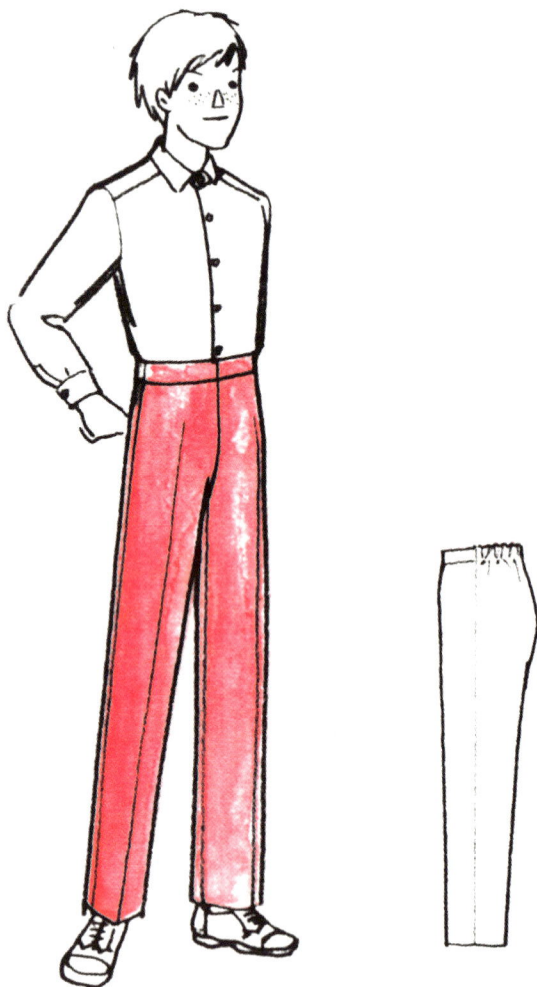

对应身高90～160 cm，选用身高150 cm来画样板。

前裤片

1 在前中心线上从上面标出上裆尺寸 + 3 cm（放松量），从记号处开始在横线上取 H/4 画长方形，上下水平线分别作为腰围线和臀围线。

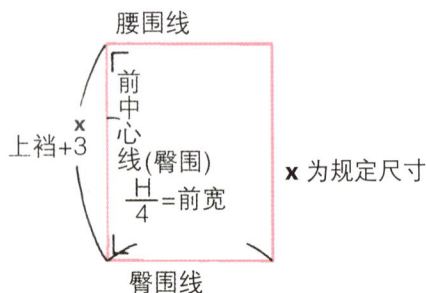

腰围线

上裆+3 ×

前中心线(臀围)

$\frac{H}{4}$=前宽

× 为规定尺寸

臀围线

2 前幅的 1/4 作为里襟量。向下延长前中心线，标出下裆尺寸，画裤口线。

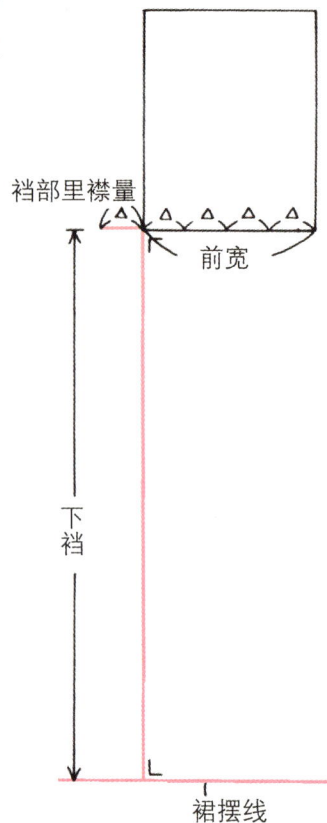

裆部里襟量

前宽

下裆

裙摆线

3 在臀围线上，二等分前宽与里襟量相加的和，从等分点处上下引垂线并延长，作为裤缝线。向左延长裤口线，超出前中央线2cm，以裤缝线为中心，右侧取相同的长度，作为裤口宽。

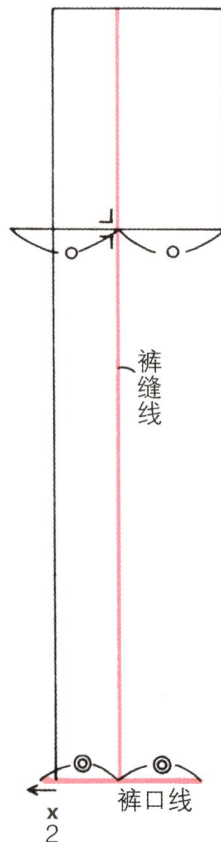

裤缝线

裤口线

×2

4 从前中央线的上面开始标出$\dfrac{\text{上裆}}{6}$，作为腰带宽，画腰带线。连结腰带线与里襟量的 1/3 点，作为上裆方向线。

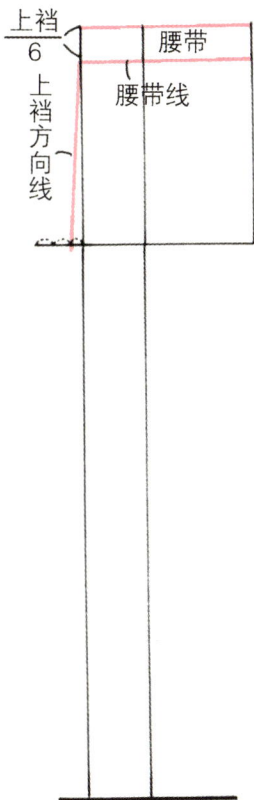

上裆

$\dfrac{\text{上裆}}{6}$

上裆方向线

腰带

腰带线

6 画膝线。从裤口开始标出膝长（膝高 – 外踝高），画裤口线的平行线，作为膝线。用直线连结裆点与裤口，膝线上挖进 1 cm，膝线以上用曲线连结，膝线以下用直线连结，作为下裆线。膝线上以裤缝线为中心，侧缝一侧量取相同尺寸。

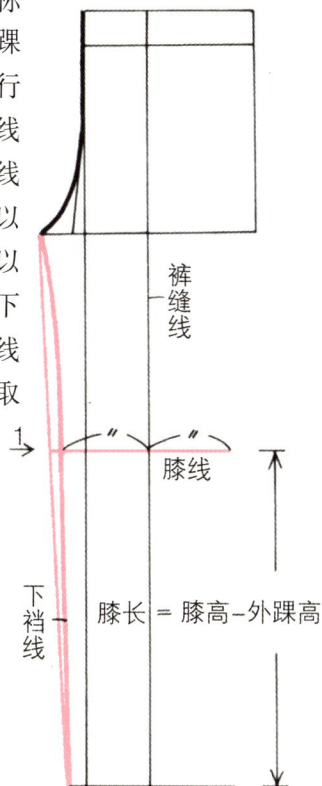

裤缝线

1

膝线

下裆线

膝长 = 膝高 – 外踝高

5 将前中心线的上端到臀围线的长度三等分，上面的 2/3 用直线，下面的 1/3 用曲线连结，作为上裆线。

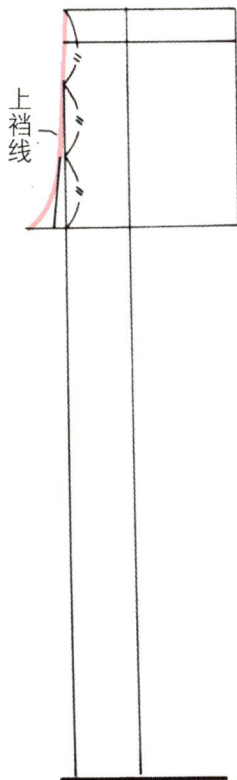

上裆线

前腰围 $= \dfrac{W+6(\text{放松量})}{4}$

7 在腰围线上标出前腰尺寸，臀围到膝盖用曲线连结，从膝盖到裤口用直线连结，作为侧缝线。在裤缝线上画布纹线。

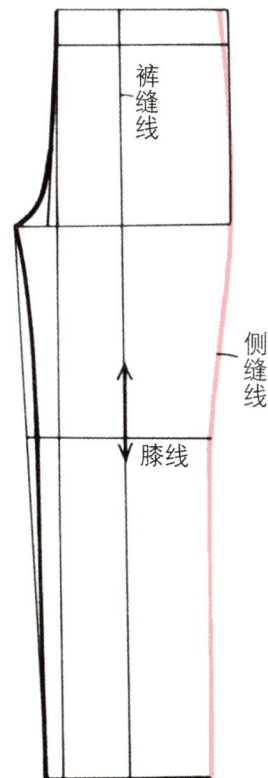

裤缝线

侧缝线

膝线

8 完成前裤片。

前

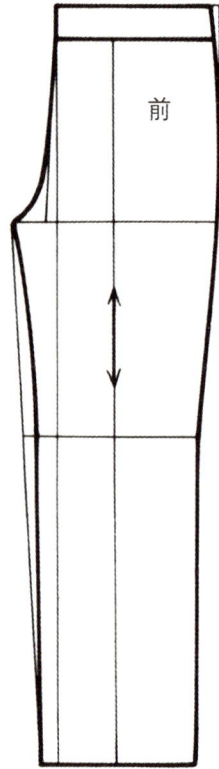

2 从前中心线与臀围线的交点向左上方画45°斜线。与前上裆线相交后再沿斜线方向向外延长1 cm。通过此点用曲线画后上裆线。在膝围线上前裤片向外放出1 cm，从后裆到膝盖用曲线连结，从膝盖到裤口用直线连结，作为后下裆线。

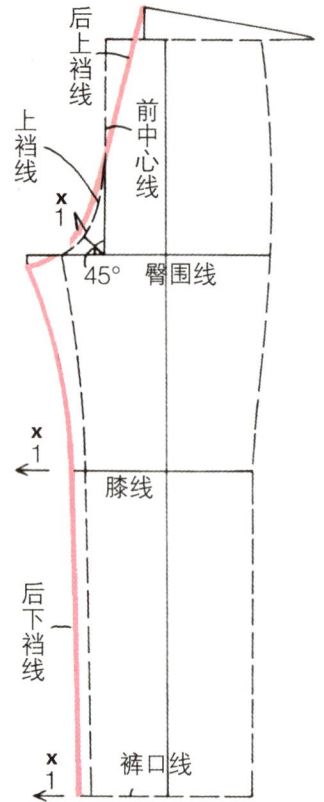

x 为规定尺寸

后上裆线
前上裆线
上裆线
前中心线
x
1
45°
臀围线
x
1
膝线
后下裆线
x
1
裤口线

后裤片

1 与前裤片（用点线表示）重叠地画后裤片。在腰围线上标出距离前中央 $\dfrac{前宽}{4}$（△）处。从此处垂直向上标出 $\dfrac{前宽}{4}-1$ cm，在前腰围线的延长线上标出前腰围尺寸，连结以上两个记号点，作为后腰围线。在臀围线上从前上裆里襟处开始延长 $\dfrac{前宽}{4}-1$ cm，此处垂直向下标出0.7 cm，作为后裆位置。

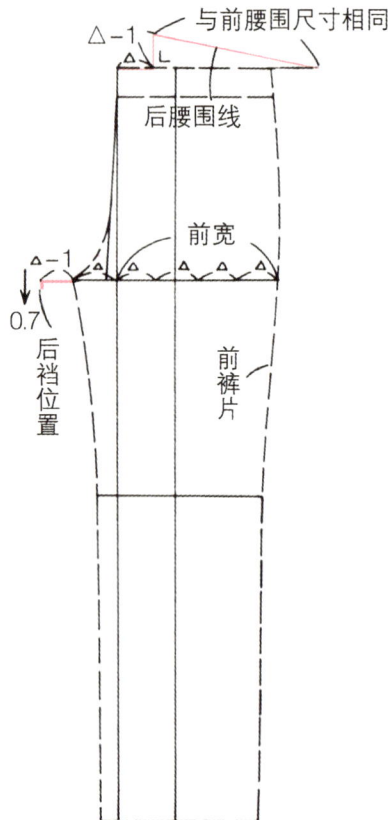

△ -1
与前腰围尺寸相同
后腰围线
前宽
△ -1
0.7
后裆位置
前裤片

---

3 臀围线上比前裤片放出 $\dfrac{前宽}{4}\times 1/2$ 的量膝围线上放出1 cm，裤口处放出1 cm，膝盖以下用直线连结，作为侧缝线。画裤口线。

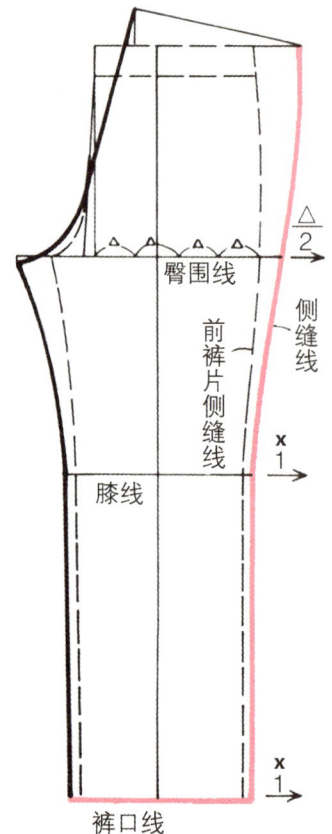

臀围线
$\dfrac{△}{2}$
侧缝线
前裤片侧缝线
膝线
x
1
裤口线

4 画与腰围线平行地后腰带线，腰带宽与前腰带宽相同。后腰带上装松紧带。布纹线画在前片裤缝线上。

5 完成后裤片。

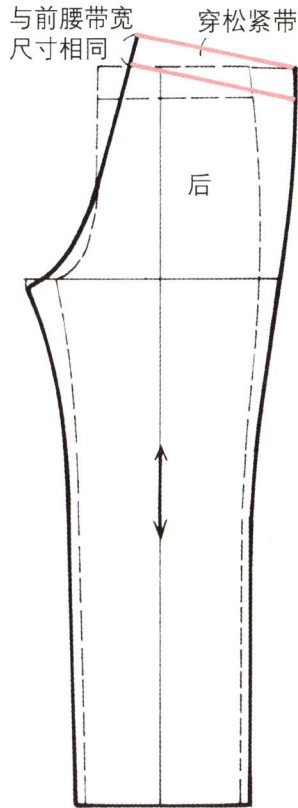

与前腰带宽尺寸相同　穿松紧带

后

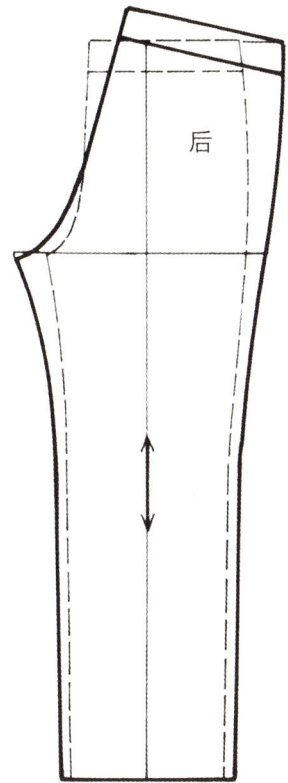

后

长度的变化

半长裤
短裤
裙裤

中长裤

八分裤

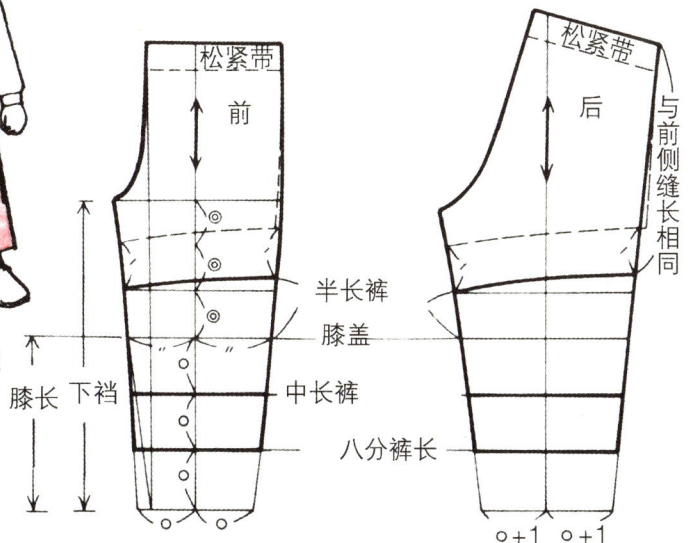

松紧带　前

半长裤
膝盖
中长裤
八分裤长

膝长　下裆

松紧带　后

与前侧缝长相同

○+1　○+1

宽度的变化 A

制作膝盖以上合体的、下面展开的喇叭裤造型

五等分臀围线到膝线的长度,为使膝盖 1/5 以上合体,收进所需要的量。

裤口线处前后裤片下裆与侧缝放出的量相同,并与膝盖上挖进的点用直线连结。臀围线以下 1/5 ～ 2/5 是大腿根围,此处是否加 2 ～ 4 cm 的松量请参照尺寸表来确认。在制作从膝盖到裤口狭窄的裤子时,为了不使小腿最大围处(小腿肚)尺寸不足,请参照尺寸表制作纸样。照以上做法,就能为儿童制作合体的裤子了。

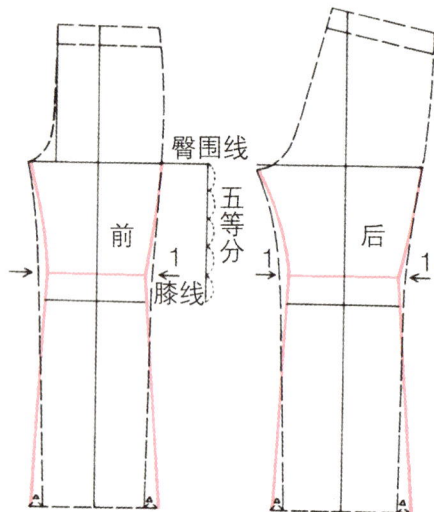

宽度的变化 B

裤口增大时

确定裤口宽,计算与裤子基本型裤口宽的差。不足量的 2/5 在前裤片的裤口宽处放出,其余 3/5 在后裤片裤口宽处放出。并将此量分别在下裆与侧缝处二等分。

例如不足量为 10 cm 时:

$10 \times 2/5 \times 1/2 = 2$, 则在前裤片的下裆与侧缝处各放 2 cm。

$10 \times 3/5 \times 1/3 = 3$, 则在后裤片的下裆与侧缝处各放 3 cm。

从前裆到加大的裤口用直线连结,前 1/3 处挖进 0.8 ～ 1 cm,用曲线连结。其余 2/3 用直线连接,作为下裆线。侧缝线上从臀围线到裤口宽用直线连结,作为侧缝线。

与前裤片相同地画后裤片的下裆线和侧缝线。

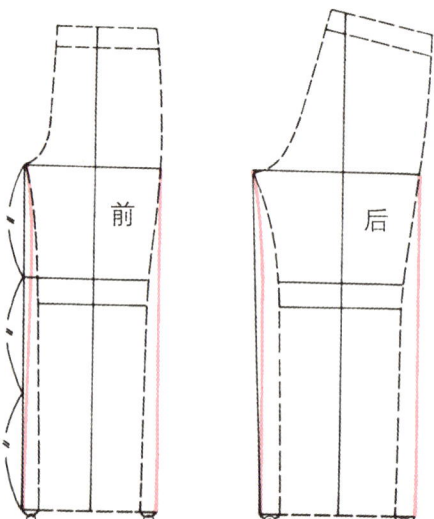

少年穿短裤

对应身高 90 ~ 160 cm，选用身高 120 cm 来画样板。

前裤片

1 在前中心线上从上面标出上裆尺寸 + 3 cm（放松量），在横线上取前宽 $\frac{H+4}{4}$ ，画长方形，上下水平线分别作为腰围线和臀围线，右侧纵线作为侧缝线。

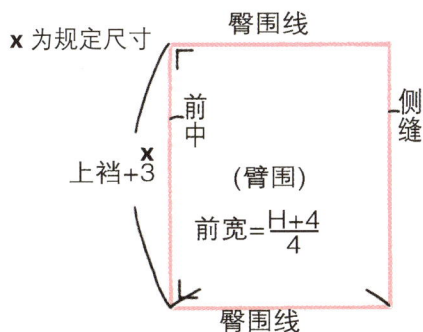

2 前宽的 1/4 作为裆部里襟量。延长前中央线到臀围线以下，延长量为下裆尺寸 $\frac{前宽}{4}$ + 1 cm。从此处水平地画裤口线，右侧画到侧缝线，左侧到超出前中央线 $\frac{前宽}{4}$ 。从前裆里襟端点到裤口线用垂直线连结。

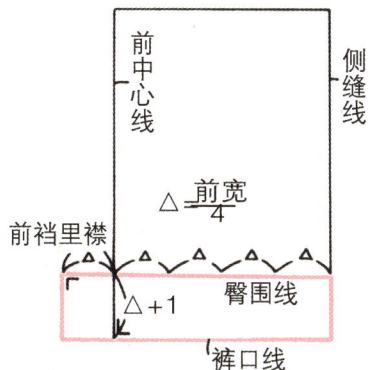

3 在臀围线上，把前宽加裆部里襟量的和二等分，并在等分点上下引垂线，作为裤缝线。

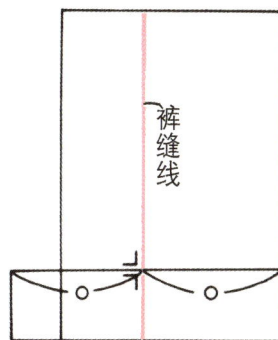

4 从前中心线上端开始标出 $\frac{上裆}{6}$ ，作为腰带宽，与腰围线平行地画腰带线。连结从腰带线到臀围线上里襟量的 1/3 点，作为上裆方向线。将前中央线从上面到臀围线的距离三等分，上面的 2/3 用直线，其余 1/3 用曲线，作为前上裆线。

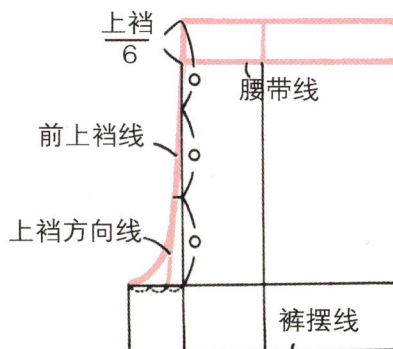

5 用直线连结前裆里襟端点与裤口收进 1 cm 的点，作为下裆线。在裤口线上将侧缝收进 1 cm，重新画侧缝线。在侧缝处将裤口向上抬高 1 cm，重新画裤口线。在裤缝线上画布纹线。

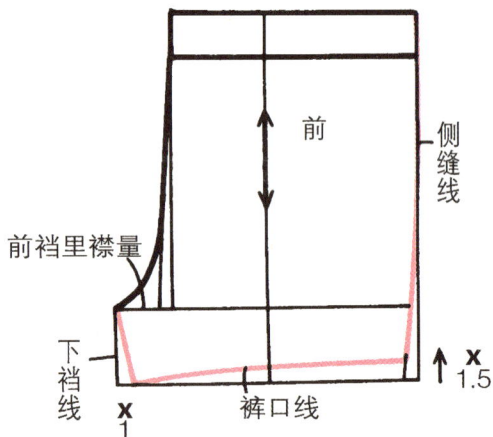

后裤片

1 与前裤片（用点线表示）重叠地画后裤片。在前腰围线上从前中央向右标出 $\frac{前宽}{4}$（△）。垂直向上标出 $\frac{前宽}{4}$（△），在前腰围线的延长线上标出前宽尺寸，连结以上两点，作为后腰围线。臀围线上从前裆里襟处再延长 $\frac{前宽}{4}$ −1 cm，从此处垂直向下画下裆线，直到裤口。后裆里襟端点向下 0.7 cm 处，作为后裆位置。

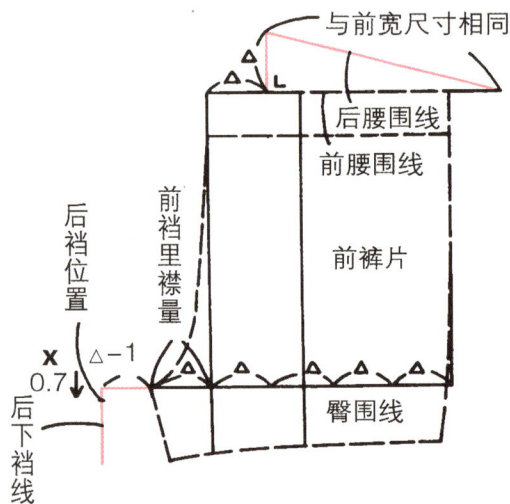

2 从前中心线与臀围线的交点向左上方画45°斜线，与前上裆线相交后再向外放出 1 cm。与前裤片相同地把前中心线上端开始到臀围线 3 等分，上面 2/3 用直线，下面 1/3 用曲线连结，作为后上裆线。在裤口线上将下裆线收进 1 cm，用直线连结后裆到裤口，作为下裆线。向右延长裤口线，延长到距前裤片外侧 2 cm，与后腰围线用直线连结作为侧缝线。在后下裆线上量取前下裆尺寸，画裤口线。与腰围线平行地画后腰带线，后腰带宽与前腰带宽相同。在后腰带上装松紧带。在前裤缝线上画布纹线。

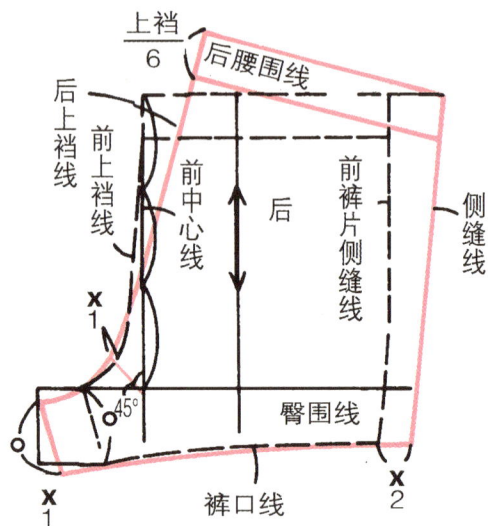

x 为规定尺寸

裙裤

前片裙裤

1 在前中央线上从上端开始标出上裆尺寸 + 3 cm（放松量），在横线上取 $\frac{臀围 + 4}{4}$，画长方形，上下水平线分别作为腰围线和臀围线。右侧纵线作为侧缝线。

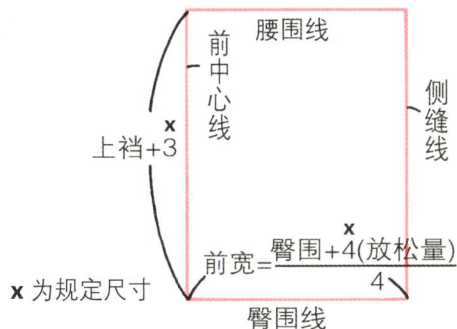

腰围线

前中心线

侧缝线

上裆+3

前宽 = $\frac{臀围+4(放松量)}{4}$

x 为规定尺寸

臀围线

2 前宽的 1/2 作为裆部里襟量。向下延长前中心线，标出下裆尺寸。

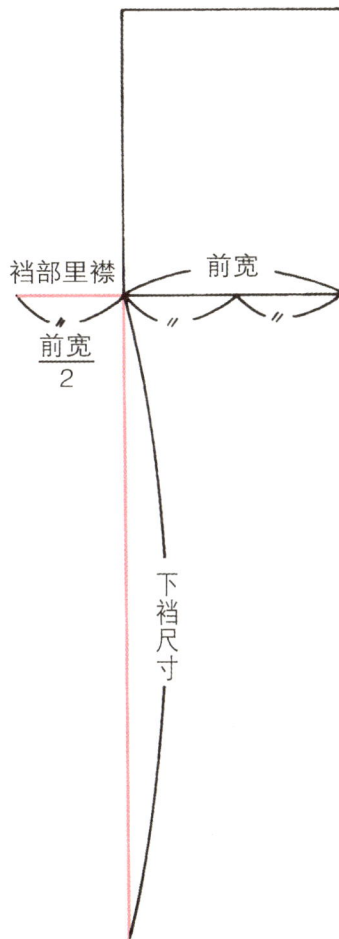

裆部里襟　前宽

$\frac{前宽}{2}$

下裆尺寸

对应身高 90 ~ 160 cm，样板选用身高 120 cm。

少女穿裤子・裙裤・紧身裤的参考尺寸表

单位 /cm

		90	100	110	120	130	140	150	160
1	身高	90	100	110	120	130	140	150	160
9	腰围	45	48	51	52	55	57	58	62
11	臀围	52	58	61	63	68	73	83	88
24	上裆	16	17	18	19	20	22	24	25
25	下裆	32	38	43	49	54	59	63	68
	膝长（膝高 – 外踝高）	18	21	23	26	28	31	33	35
27	膝高（从膝盖到地面）	22	25	28	31	34	37	40	42
28	外踝高（从踝骨到地面）	4	4	5	5	6	6	7	7
21	大腿根围	30	32	34	37	40	43	48	51
22	小腿最大围（小腿肚）	20	22	23	25	27	29	32	34
19	掌围 (a)（包含拇指）	14	15	16	17	18	19	20	21
	腰带宽（$\frac{上裆}{8}$）	2	2.1	2.3	2.4	2.5	2.8	3	3.1

3 从下裆尺寸向上做膝长记号，画膝线。向左延长膝线，分别标出裆部里襟量和里襟量的 1/2，与臀围线上里襟位置用直线连结，作为下裆基准线。向下延长侧缝线到膝线，从此处向右标出里襟量的 1/2，与腰围线用直线连结，作为侧缝线。

腰围线

侧缝线

裆部里襟量

臀围线

下裆基准线

与裆部里襟尺寸相同

$\dfrac{\text{裆部里襟尺寸}}{2}$

膝线

膝长

4 将前中心线上臀围线到膝围线的长度二等分，在下裆基准线上标出比等分尺寸短 1 cm 的长度，从记号处画裙摆线到侧缝线，使裙摆线与（前中心线）侧缝线呈直角。

前中心线

下裆基准线

○-1

臀围线

裤口线

膝线

5 从前中心线与臀围线的交点向左上方画 45° 的方向线，并在方向线上标出裆部里襟尺寸的 1/3。将这点与从腰围到臀围的二等分点用曲线连结，作为上裆线。

上裆线

前中心线

45°

臀围线

6 将下裆基准线向里平行移动，移动量为裆部里襟尺寸的 1/3 的 1/2（△），画前下裆线。

下裆基准线

○-1　○-1

前下裆线

7 从腰围线向下标出 $\dfrac{\text{上裆}}{8}$，作为腰带宽，从侧缝向里标出 $\dfrac{\text{前宽}}{10}$，作为省道量，画腰带。以前腰带长的 1/2 为中心画省道。

在腰围处装一条松紧带时，省道量成为抽褶量。

$\dfrac{\text{前宽}}{10}$

$\dfrac{\text{上裆}}{8}$　腰围线

腰带

$\dfrac{\text{上裆}}{3}$

前

前宽

后片裙裤

1 在前裙裤片（用点线表示）上画后裙裤片。从下裆基准线向外标出裆部里襟量（△），向外平行移动下裆基准线，画后下裆线到裙摆，在后下裆线上标出前下裆尺寸，作为后下裆。画后裙摆线。

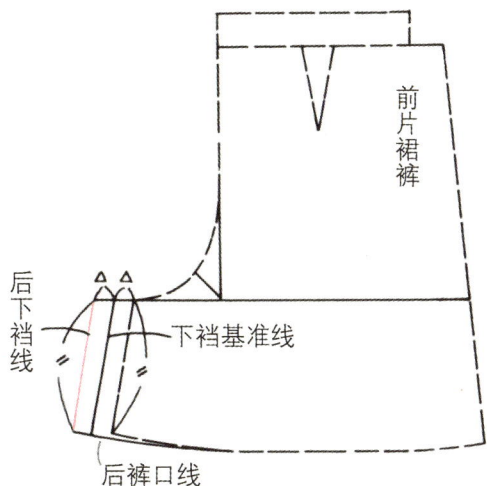

3 从前中心线与臀围线的交点向左上方做 45°斜线，此斜线与前上裆线相交，在斜线上标出两交线的中点，并在斜线上延长此等分量，从后腰线中心分别用直线和曲线画后上裆线。从后腰围线开始与前侧缝线平行地画后侧缝线直到裤口线。

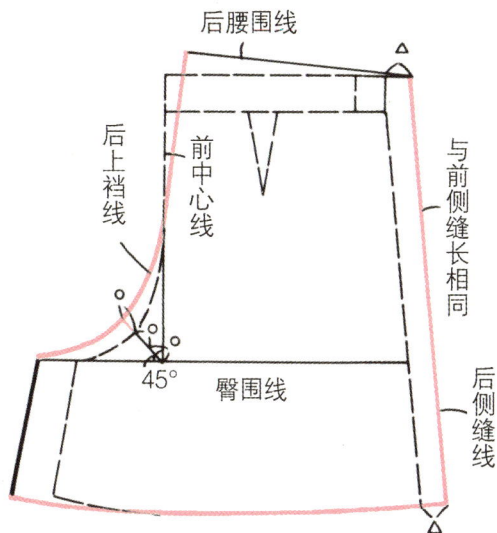

后腰围线

后上裆线

前中心线

45°　臀围线

与前侧缝长相同

后侧缝线

前片裙裤

后下裆线

下裆基准线

后裤口线

2 在腰围线上从前中心向里收进$\frac{前宽}{10}$，垂直向上标出$\frac{前宽}{10}$，在前腰围线的延长线上标出前宽尺寸，画后腰围线。

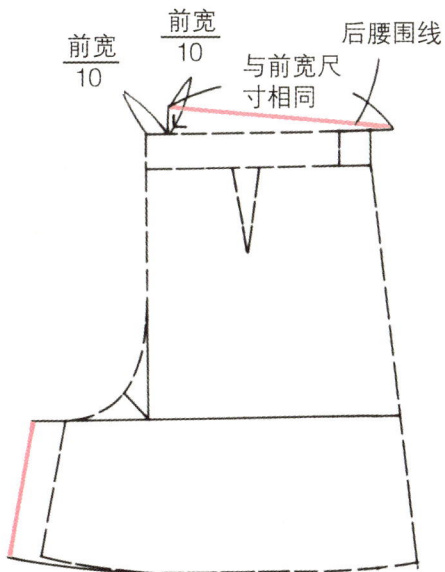

4 从腰围处向下标出$\frac{上裆}{8}$，作为腰带宽，画腰带线。在后腰上穿松紧带。

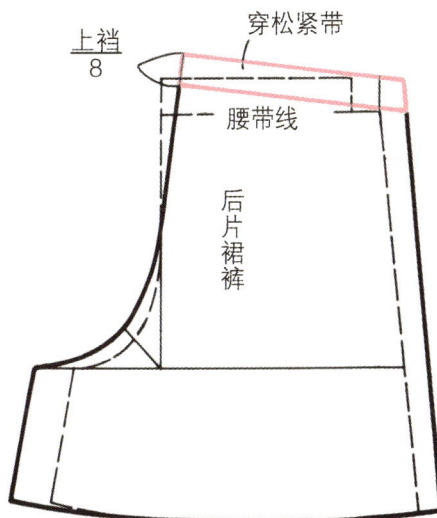

$\frac{前宽}{10}$　$\frac{前宽}{10}$　与前宽尺寸相同　后腰围线

$\frac{上裆}{8}$　穿松紧带

腰带线

后片裙裤

婴儿裤及其变化

画法与少年裤子基本型相同。婴儿由于还在使用尿布，所以制作基本型时，与幼儿期相比需要更多的放松量。

对应身高 60~100 cm，选用身高 70 cm 画样板。

婴儿裤参考尺寸表

单位 /cm

1	身高	60	70	80	90	100
8	腹围 (腰围)	40	42	45	47	50
11	臀围	41	44	47	52	58
24′	上裆	(13)	14	15	16	17
25	下裆	(17)	22	27	32	38
21	大腿根围	25	26	27	30	32
	膝长		14	16	18	21
27	膝高		17	19	22	25
28	外踝高		3	3	4	4

（ ）内为推算尺寸

前裤片

1　在左上方备好直角，画直角线。横线上标出（臀围 + 16）/4，作为前宽，以此作为腰围线。向下标出上裆 + 3 cm，作为上裆基准线。从标记处向右画直角线，在直角线上量取前宽尺寸，作为臀围线，与腰围线相连，画长方形。向下延长上裆基准线，标出下裆尺寸，向右画直角线，作为裤口线。

身高 70 cm
放松量 H+16
x 为规定尺寸

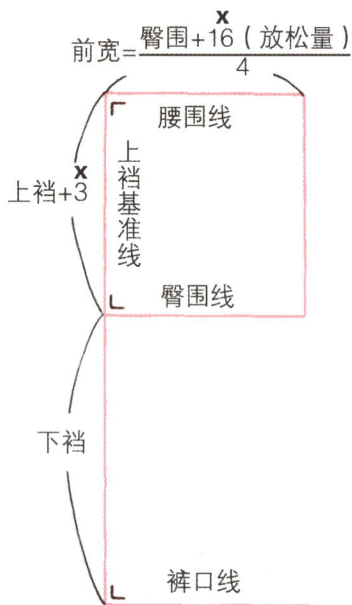

$$前宽 = \frac{臀围 + 16（放松量）}{4}$$

2　向左延长臀围线，延长量为前宽的 1/4，作为里襟。从臀围线与上裆基准线的交点向左上方引 45° 斜线，在这条线上标出里襟尺寸的 3/5，作为上裆下挖尺寸。

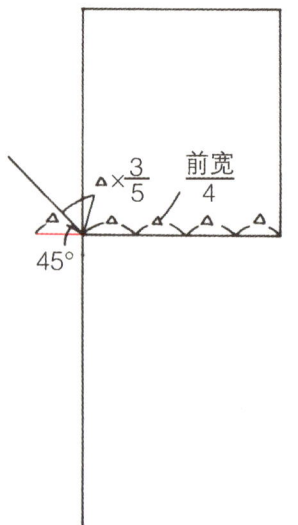

3 将上裆二等分点向下 1 cm 的点与 2 中上裆下挖尺寸点用曲线连结直到裆点，作为上裆线。将臀围线上裆点到侧缝的距离二等分，从等分点开始上下引垂线，作为裤缝线。

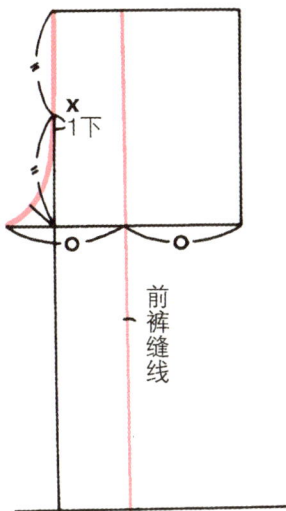

4 画下裆线。用直线连结臀围线上里襟端点及下裆与裤口线交点，上面 1/3 处挖进 0.8 cm，画下裆线。在裤口线上以裤缝线为起点，向右标出相同尺寸，作为裤口宽。在臀围线上，将侧缝收进 1 cm，从腰围线到此点用曲线连结，从此点到裤口宽用直线连结，作为侧缝线。从腰围线向下标出 $\dfrac{上裆}{6}$，作为腰带宽，画腰带线。腰带处穿松紧带。

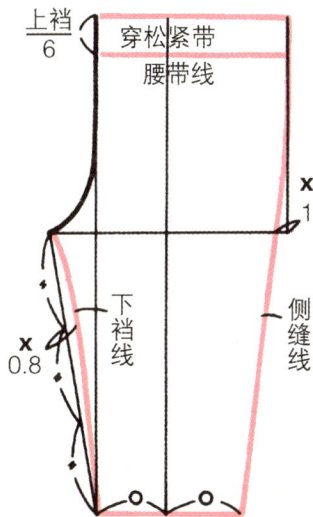

后裤片

5 在前裤片（用点线表示）上画后裤片。在前腰围线上标出 $\dfrac{前宽}{4}$（△），向上做垂线，并在垂线上标出 $\dfrac{前宽}{4}$（△）。在前腰围线的延长线上量取前宽尺寸，用直线连结，作为后腰围线。

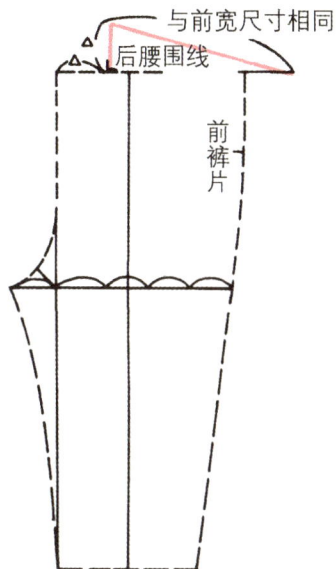

6 画上裆线。将前臀围线上里襟点向外放出 $\dfrac{前宽}{4}-1cm$，作为后里襟量，此点垂直向下 0.7 cm，作为后裆点。将前裤片在 2 中的 45° 斜线向外延长 1 cm，连结此点与前裤片在 3 中上裆线的记号点，以及后裤片中央，作为后上裆线。

7 画后裤口线。在前裤口宽的下裆与侧缝处分别放出 1 cm，连结这两点，作为裤口线。用直线连结后裆点与后裤口宽，上面的 1/3 处挖进 0.8 cm，作为后下裆线。用直线将腰围线与裤口处的侧缝相加，作为后侧缝线。在后中央线上腰围线向下标出 $\dfrac{上裆}{6}$，画腰带线。腰带处穿松紧带。

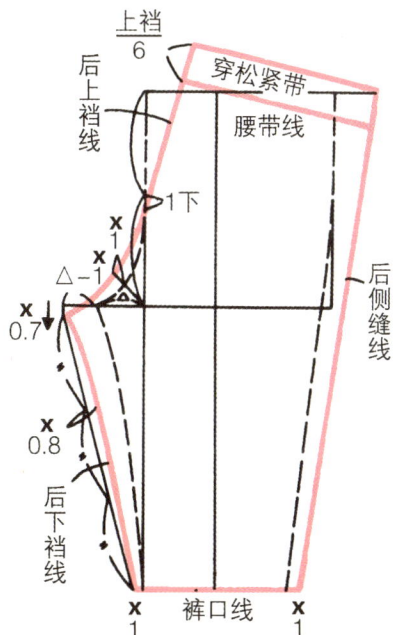

A-1
短裤

A-1 在腰围线到膝围线的中间做记号，在重叠点画臀围线的平行线，作为裤口基准线。在前后片侧缝线上从裤口基准线向上 2 cm 处做记号，用曲线将该点与下裆相连，作为裤口线。

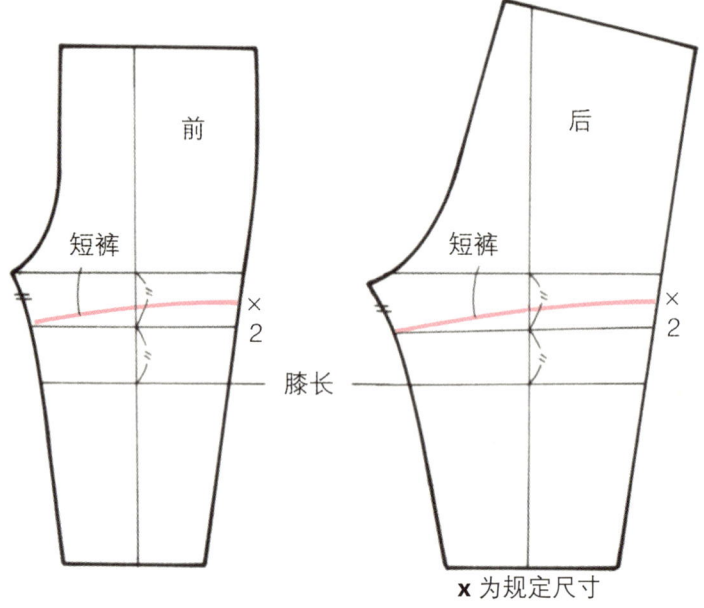

前　　后

短裤　　短裤

×2　　×2

膝长

x 为规定尺寸

A-2 把膝线作为裤长线。

A-3 在膝线到裤口线的重叠点做记号，在中点处画裤口线的平行线，作为裤口线。

A-2
半长裤

A-3
中长裤

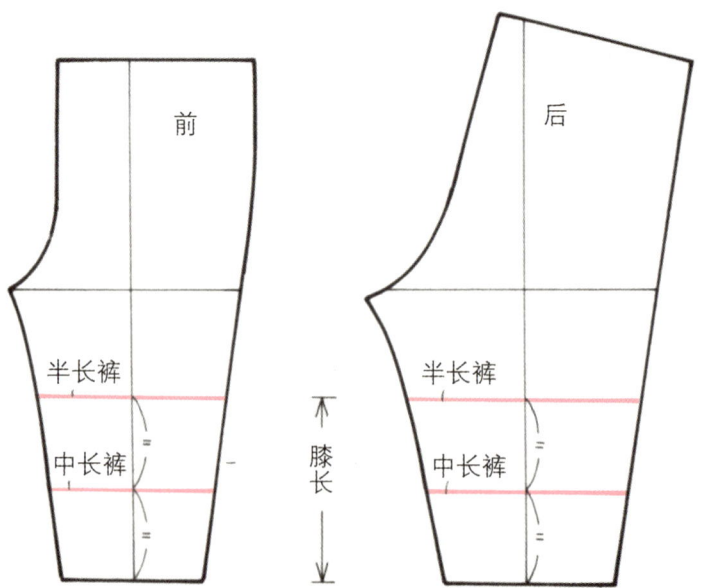

前　　后

半长裤　　半长裤

中长裤　　中长裤

膝长

婴儿灯笼短裤

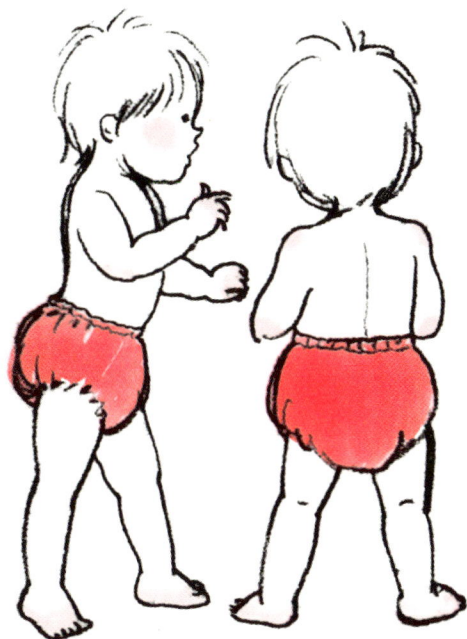

婴儿灯笼短裤的参考尺寸表

单位 /cm

1	身高	60	70	80	90	100
11	臀围	41	44	47	52	58
21	大腿根围	25	26	27	30	32
24'	上裆	(13)	14	15	16	17

（ ）内为推算尺寸

对应身高 60 ~ 100 cm，样板尺寸取身高为 70 cm。

1 横向取 $\dfrac{臀围+16}{2}$，纵向取上裆 + 2 cm（放松量），画长方形，上面的横线作为腰围线，下面的横线作为臀围线，左面的纵线作为前中心线，右面的纵线作为后中心线。

放松量　H+16
x 为规定尺寸

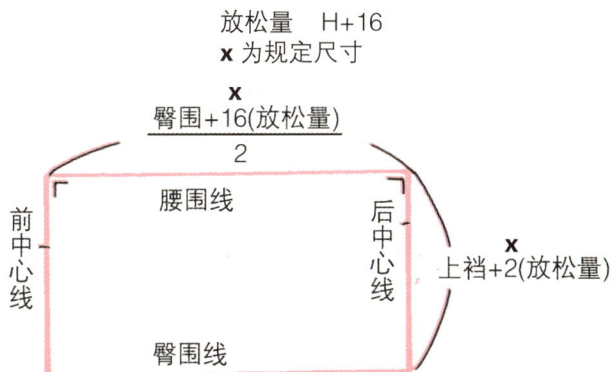

2 向下延长后中心线，在上裆 ×3/4 处做记号，作为裆深量，从这点向前中心线方向画直角线，与前中心线的延长线相交，作为裆宽基准线。将腰围线二等分，从等分点处向下引垂线，直到臀围线，作为侧缝线。

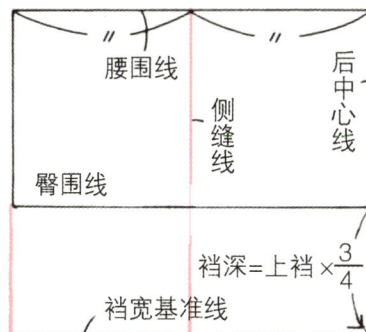

裆深=上裆× $\dfrac{3}{4}$

3 从后中心线开始，在裆宽基准线上标出上裆 × 1/4，作为在后裆宽量。将前臀围线到裆宽基准线的长度三等分，在下面的 1/3 处做直角线，取后裆宽尺寸，作为前裆宽。

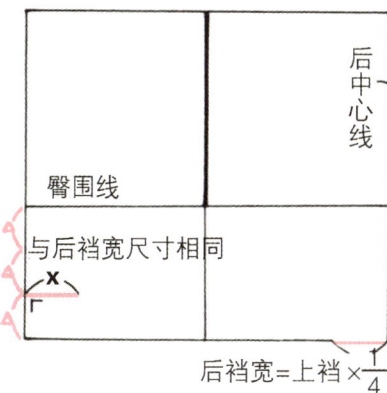

后裆宽=上裆× $\dfrac{1}{4}$

4 画裤口线。在后裆宽到臀围线与侧缝线的交点画直线。用直线连结此线与前裆宽线。后片挖进 1 cm，前片挖进前臀围线到裆宽基准线的 1/3，用曲线画裤口线。测量裤口线的长度。如果此长度不足大腿根围 + 3 cm，不足的量在侧缝线上平行地剪开。参照第 107 页。

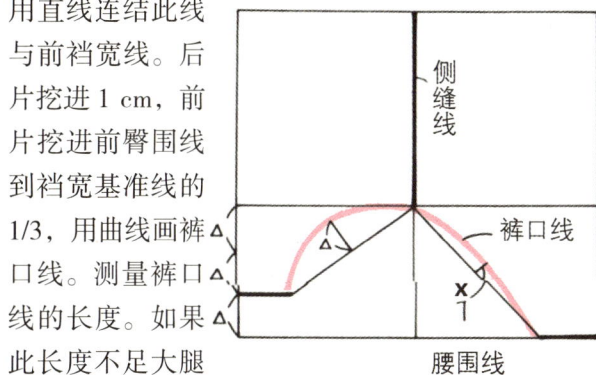

5 在后中心将后腰围线上抬 2 cm，重新画腰围线。

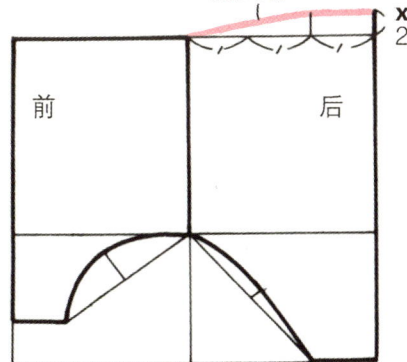

59

袖原型的应用
带克夫的长袖衬衫袖

2 画身高 120 cm 的袖原型。将袖山高四等分，向上平行移动袖宽线，移动量为 $\frac{袖山高}{4}$（△）。

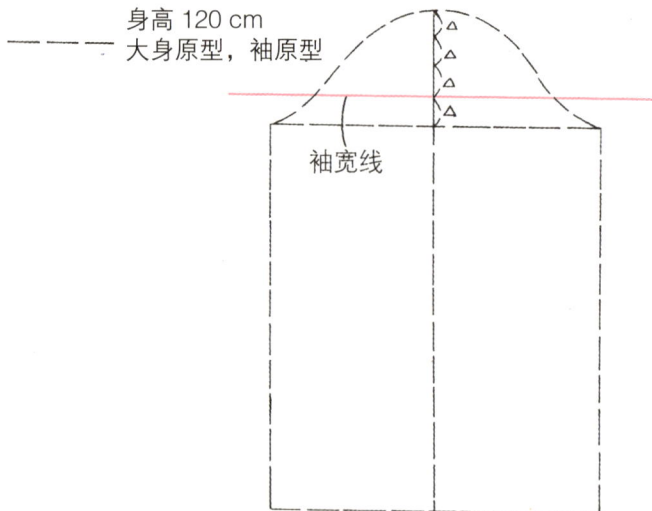

身高 120 cm
大身原型，袖原型

袖宽线

带克夫长袖衬衫的尺寸表

单位 /cm

1	身高		60	70	80	90	100	110	120	130	140	150	160
16	袖长	女	18	21	25	28	31	35	38	41	45	48	52
		男								42	46	49	52
13	肩宽		6.1	6.8	7.5	8.2	8.5	8.9	9.6	10.3	11	11.7	12.4
18	腕围	女	10	11	11	11	11	12	12	13	14	14	15
		男							13	13	14	15	16
19	掌围	女	11	12	13	14	15	16	17	18	19	20	21
		男								19	20	21	22
	肩宽 $\times \frac{1}{5}$ ◎		1.2	1.4	1.5	1.6	1.7	1.8	1.9	2.1	2.2	2.3	2.5

这是一种袖子和大身松量较多、宽松型的袖子。运动量较多时，袖山高要降低，袖宽要增大。这种袖子在短茄克、女衬衫、运动服中经常使用。

1 画身高 120 cm 的大身原型的前后片，做大身样板。胸部松量定为 12 cm。由于原型中已有 8 cm 的放松量，可把两者差值的 1/4 加到前后片大身上。将前后片的肩线抬到肩点高 0.5 cm，画肩线，并延长肩线，延长量为肩宽的 1/5，作为肩宽。在侧缝处下降袖窿，下降量为袖窿的 1/5，重新画袖窿线。

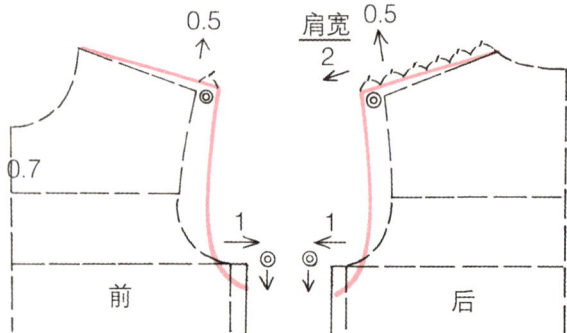

3 向下移动原型的袖山记号，移动量为大身中肩宽增大的尺寸（◎），作为新的袖山记号。从新的袖山记号向袖宽线方向画袖山基准线，画袖山基准线的目的在于确定前后片袖宽。做这种衬衫袖时，由于不需要袖子的归缩量，可以按照下面的方法求得袖山基准线尺寸。

前袖山基准线尺寸 = 前袖窿 $\times 0.99$

后袖山基准线尺寸 = 后袖窿 $\times 0.99$

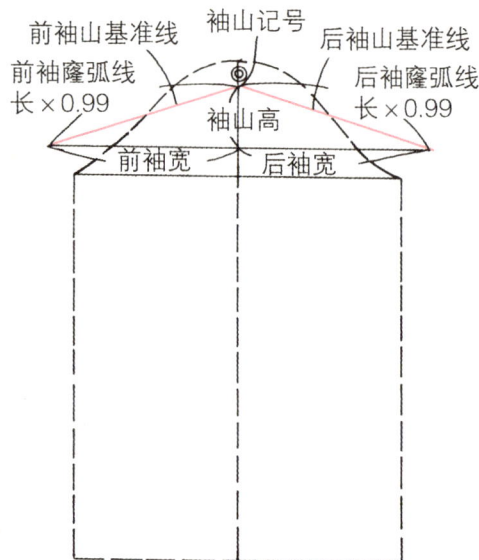

前袖山基准线　袖山记号　后袖山基准线
前袖窿弧线长 ×0.99　　袖山高　　后袖窿弧线长 ×0.99
前袖宽　后袖宽

4　用曲线画装袖线。根据指定的记号和算出的尺寸，用缓和的曲线画前后袖片的装袖线。

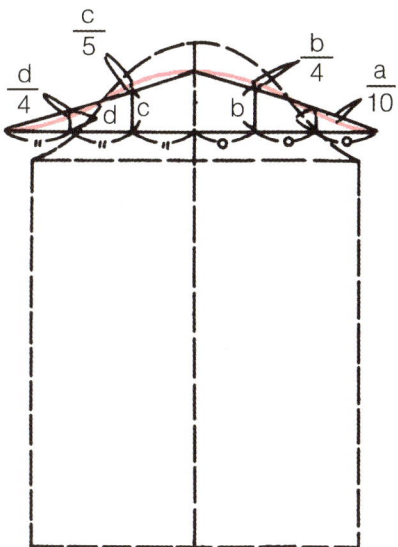

$\dfrac{c}{5}$　$\dfrac{d}{4}$　d　c　b　$\dfrac{b}{4}$　$\dfrac{a}{10}$

6　画克夫。纵向画克夫宽 3 cm（以原型袖山高的 1/3 为基准来确定），横向画克夫长：掌围 + 1 cm，以克夫宽的 1/2 作为里襟尺寸。里襟与克夫连在一起画。

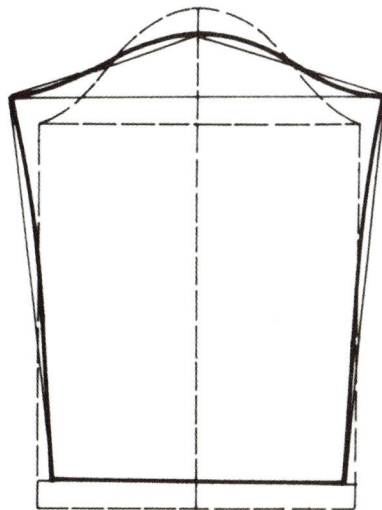

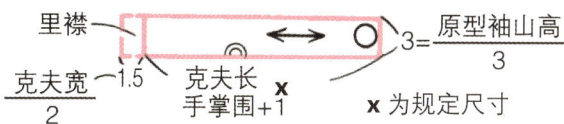

里襟　$\dfrac{克夫宽}{2}$　1.5　克夫长 x　手掌围+1　x 为规定尺寸　3 = $\dfrac{原型袖山高}{3}$

5　画袖口线和袖底线。将原型袖口上抬 2 cm（克夫宽 - 放松量）重新画袖口线。在前后片袖口处收进 1 cm，与袖宽用直线连结，挖进 0.7 cm，画袖底线。

0.7　袖底线　0.7
袖口线
3　1
2=克夫宽-松量

7　画袖口褶裥和开口。在后袖口中心向下放出 1 cm 松量，重新画袖口线。在后袖口中心标出开口尺寸 4 cm。以这条线为中心，做裥量 a 的记号。离 a 3 cm，做裥量 b 的记号。

裥量 a = 克夫宽尺寸

裥量 b = 袖口尺寸 -（克夫长 + 裥量 a）

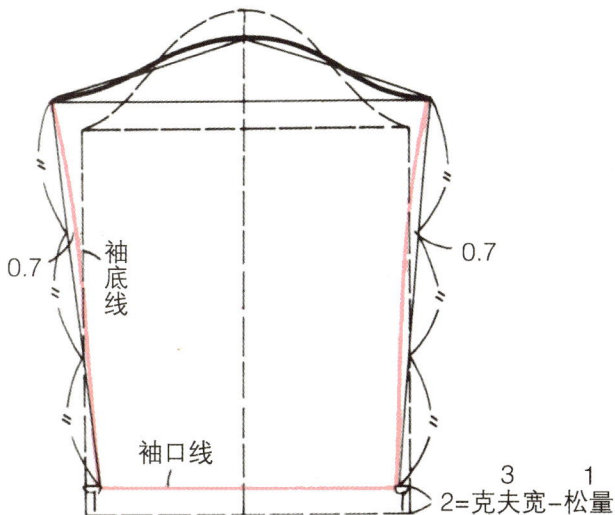

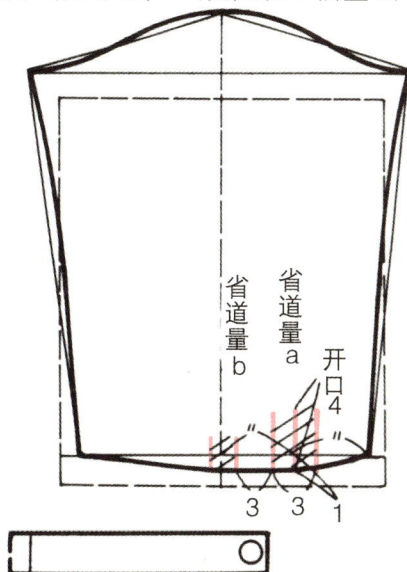

省道量 b　省道量 a　开口 4
3　3　1

带克夫的一片袖

——身高 120 cm 袖原型
x 为规定尺寸

这种袖型在儿童服装中经常使用。这种袖子松量合适、便于活动，因此经常用于幼儿到少女的衬衫和连衣裙。袖开口处用按钮或钮扣来固定袖底缝道。

1　画身高 120 cm 的袖原型。把原型的袖口线上抬 1 cm（克夫宽 – 放松量），画袖口线。

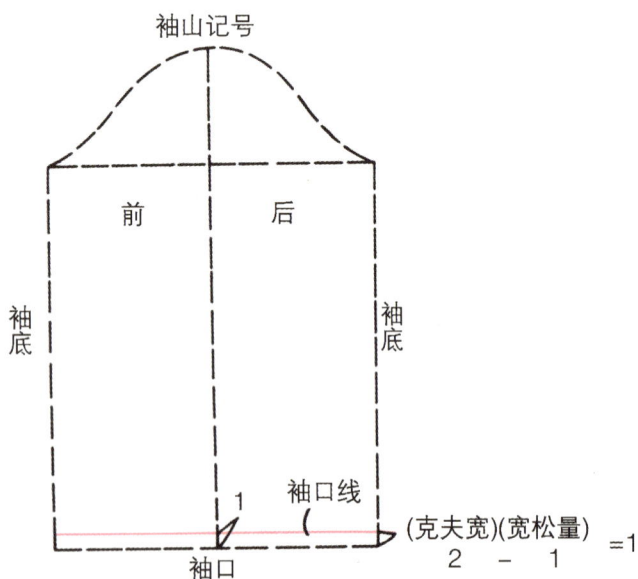

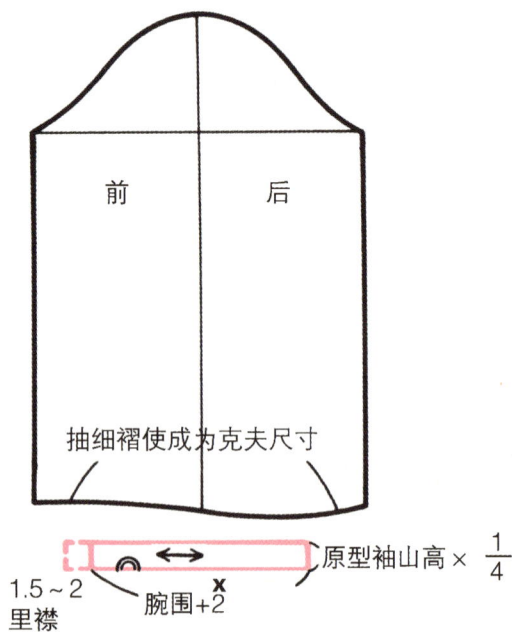

袖山记号

前　后

袖底　袖底

1

袖口线

袖口

$$\frac{(克夫宽)}{2} - (宽松量) = 1$$

2　在后袖口处放 1 cm 的松量，用曲线重新画袖口线。在袖底线上袖口向上 4～6 cm 处（根据身高而变化），做开口记号。

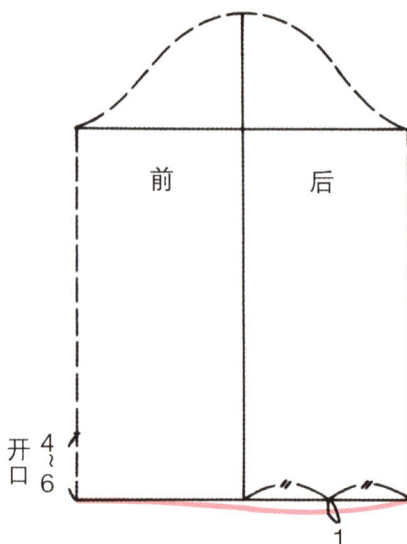

前　后

开口 4～6

1

3　画克夫。宽为原型袖山高的 1/4，长为掌围 + 2 cm，画克夫。配上 1.5～2 cm（根据身高而变化）的叠门量。把袖口尺寸 – 克夫尺寸作为抽褶量。

前　后

抽细褶使成为克夫尺寸

原型袖山高 × $\frac{1}{4}$

1.5～2
里襟

腕围+2
x

3 种泡泡袖

短袖泡泡袖实现了少女的梦想。它被广泛用于衬衫、裙摆展开的连衣裙、礼服中。

A 是小的泡泡袖，在装袖和袖口处都有抽褶。与A 相比，B 是大的泡泡袖，袖口呈荷叶状。C 只在袖口处蓬起。

请综合考虑材料、季节、年龄等因素来设计。可选用稍有刚度到刚度较大的材料。

请根据材料的厚度和张力，适当加减剪开量来确定 A、B、C 的剪开方法。

少女用尺寸

单位 /cm

1	身高	50	60	70	80	90	100	110	120	130	140	150	160
16	袖长		18	21	25	28	31	35	38	41	45	48	52
13	肩宽	(5.4)	6.1	6.8	7.5	8.2	8.5	8.9	9.6	10.3	11	11.7	12.4
18	腕围		10	11	11	11	11	12	12	13	14	14	15
19	掌围(包含拇指)		11	12	13	14	15	16	17	18	19	20	21
17	上臂围		14	15	16	16	17	18	19	20	21	23	25

（　）内为推算尺寸

A

—— 身高 120 cm 袖原型
x 为规定尺寸

1　画身高 120 cm 的袖原型。袖宽线向下延长 $\frac{袖山高}{3}$ 的量确定为袖长，在袖山线处放出 1 cm 的蓬松量，画袖口线。

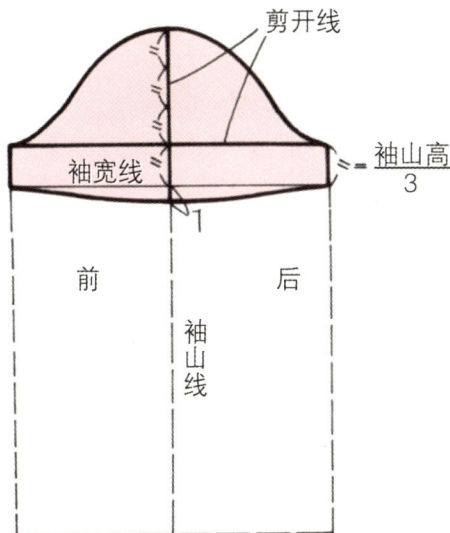

2　在袖山线上平行地剪开 $\frac{袖宽}{3}$ 作为抽褶量。

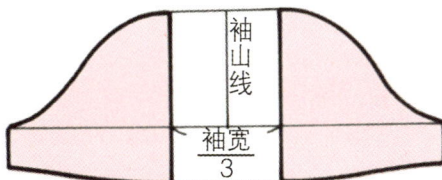

3　在袖宽线上，靠近袖山线一侧，将前后袖片剪开 3 cm 作为蓬松量，用直线连结 A 点和 B 点，在 B 点向上的袖山线上量取 AB 之间的尺寸，作为袖山记号。从新的袖山记号开始，分别与前、后袖山线，用曲线顺滑连结。

松紧带的长度是上臂围 ＋ 3 cm。

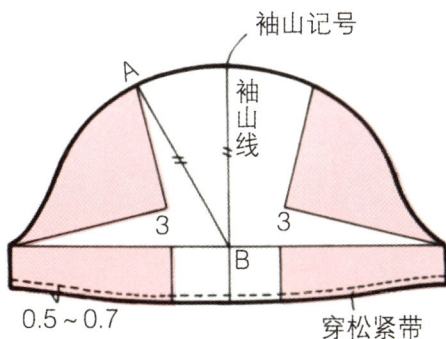

B

1　画身高 120 cm 的袖原型。从袖宽线向下延长袖山高 /2 作为袖长，画袖口线。将袖子沿纵向六等分，其分割线作为剪开线。

与 A 相同地在袖山线处平行地剪开 $\dfrac{开袖宽}{2}$，作为抽褶量。并且在袖宽线上靠近袖山线一侧，分别将前后袖片剪开 5 cm 作为蓬松量。与 A 相同地画装袖线。沿袖口线标出穿松紧带宽记号。在袖山高 /3 处做荷叶边宽记号，画袖口线。

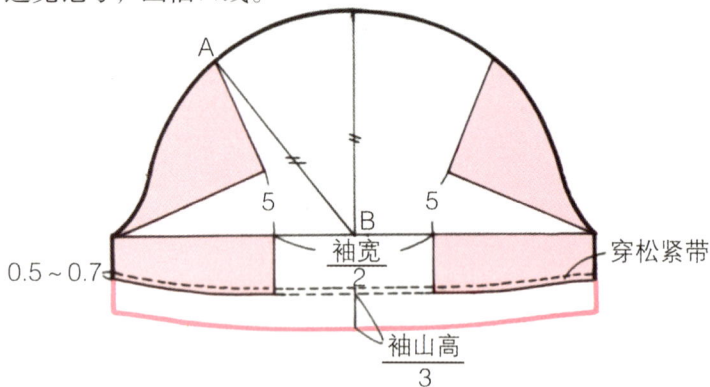

2　在各剪开线上按指定尺寸剪开袖宽线。

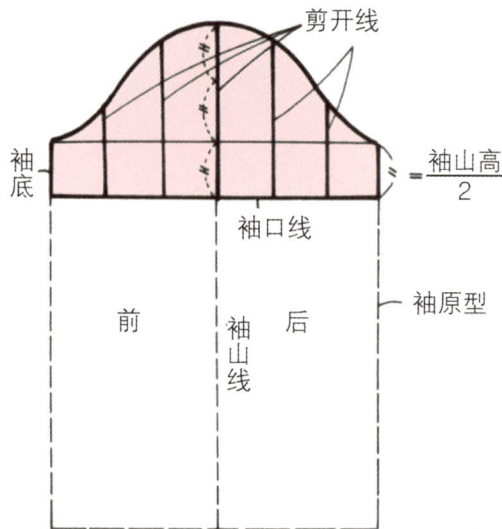

C

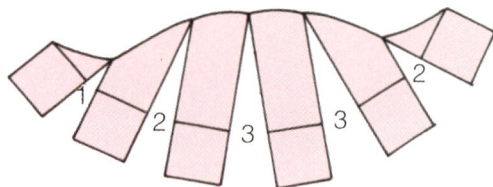

3　将袖口线向下延长 3 cm 作为蓬松量，将这点分别与前后袖底线用顺滑曲线连结，作为袖口线。在袖宽线处分别将前后袖片向外放出 0.5 cm，重新画前后袖底线和装袖线。

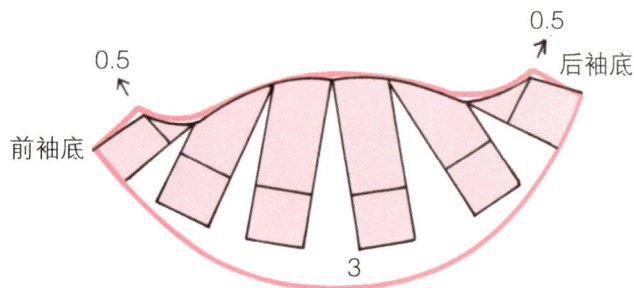

西装袖

以身高 120 cm 来说明。

西装袖在茄克、外套中经常使用。尽管婴幼儿服装里使用不多，不论身高多少，都能用算出的尺寸来画样板。

1 用袖原型画西装袖样板。

准备大身原型，以大身原型作为基准，算出袖宽、袖山高。修正大身原型袖窿。假定胸围放松量为 16 cm。

由于大身原型胸部已有 8 cm 的放松量，与西装袖的大身放松量之差是 8 cm。分别将 8 cm 的 1/4 加在前后胸围线上，修正前后片原型侧缝线。由于西装袖里面要穿衬衫之类的衣服，将肩线向上放 0.5 cm 作为上抬量，袖底下降 1 ~ 2 cm，修正原型袖窿。从肩点到胸宽线之间的位置开始分别向袖底方向用平滑曲线修正前后袖窿。

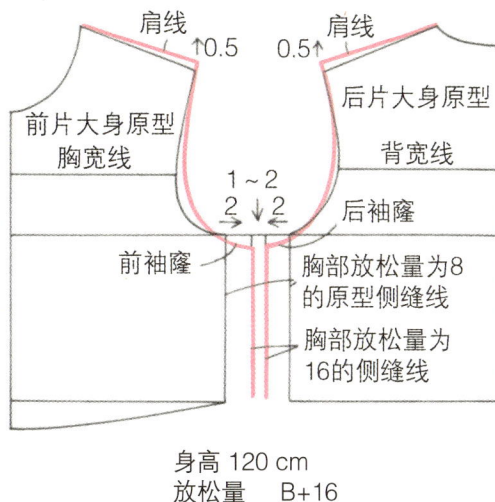

身高 120 cm
放松量　B+16

2 分别测量修正后的原型前后袖窿，再分别算出袖山高和前后装袖尺寸。

利用算出的尺寸画袖原型。画法参照第 24 ~ 26 页。考虑到里面所穿衣服，将袖山抬高 1 cm，用曲线重新画装袖线。

以此为基础画西装袖样板。

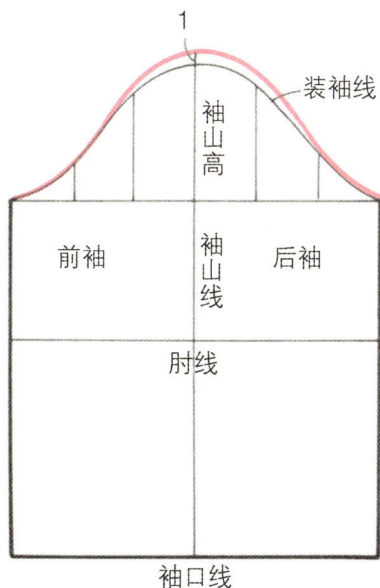

3 在袖宽线上分别将前后袖宽线二等分，从等分点上下引垂线并延长到装袖线和袖口线，作为 A 线和 B 线。

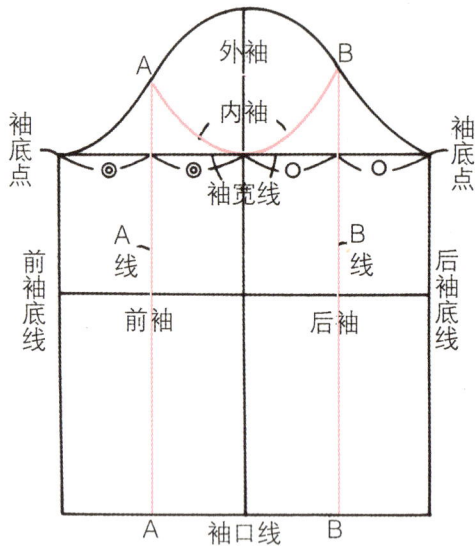

4 以 A 线和 B 线为折线，将前后袖底线对接，在外袖一侧描出从装袖线上 A 点到袖底点和 B 点到袖底点的装袖线。

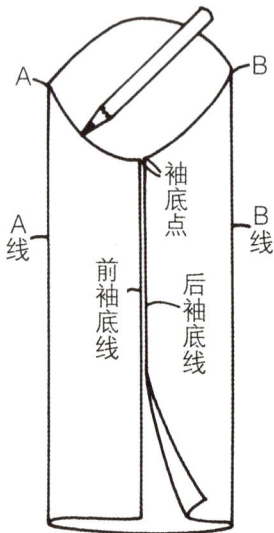

5 在前装袖线上，从前装袖线与 A 线的交点向外量取 $\dfrac{袖宽}{15}$，并做垂线 C 到袖口线。同样在内侧也取同尺寸，并从此点向上引垂线，与装袖线的交点作为 E 点。后袖也与前袖同样地画 D 线，标出 F 点。移动内外袖线的缝道时要用这些点。

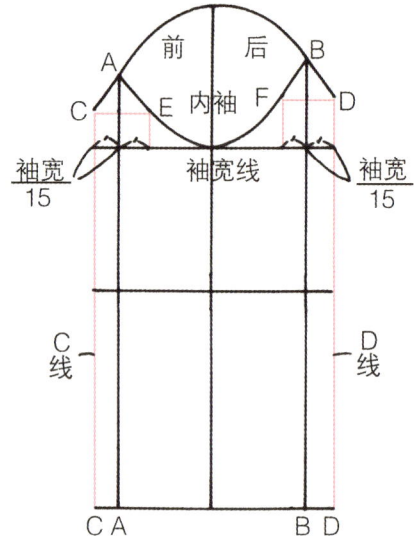

6 在袖口线上，从 D 点向左标出 $\dfrac{袖宽}{5}$，作为外袖袖口点。在 C 线上从袖口线向上标出 2 cm，与袖口点相连，作为袖口线。

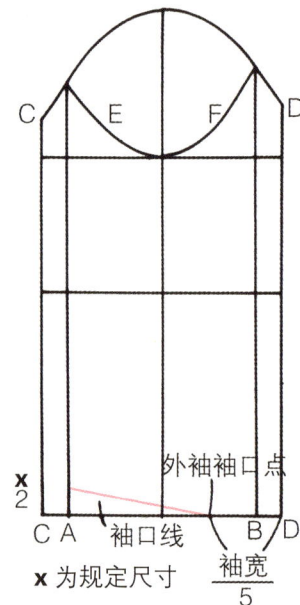

7 在袖山线上，向下延长袖长的不足量（○），平行地重新画袖口线。

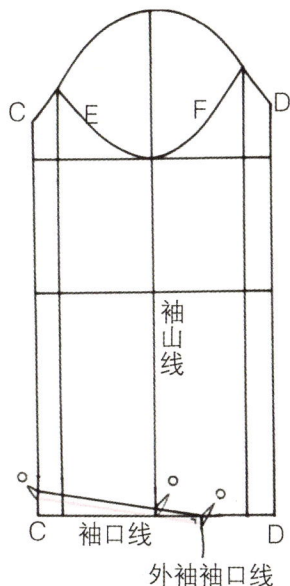

8 画外袖和内袖的基准线。在肘线上，从肘线与 B 线的交点向里标出 $\frac{袖宽}{60}$，在袖口线上从外袖袖口点标出 $\frac{掌围+4}{2}$，并与 DF 线和 B 线的交点相连作为外袖基准线。同样地，在肘线上，从肘线与 A 线的交点向里标出 $\frac{袖宽}{40}$，并与 CE 线和 A 线的交点及袖口线相连结，作为内袖基准线。

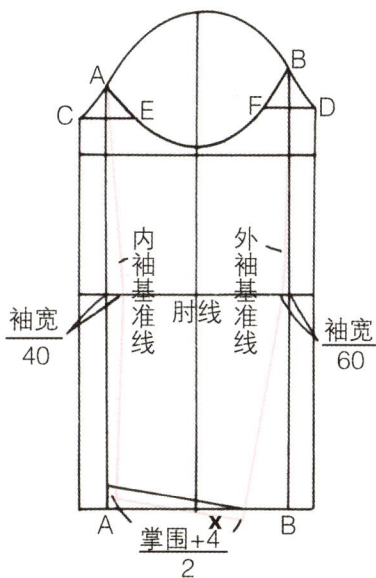

x 为规定尺寸

9 移动内袖和外袖缝道。首先，在前袖一侧 C 点和 E 点以装袖线上 A 点为对称中心，肘线上以内袖装袖线为中心，向两侧标出 $\frac{袖宽}{17}$，袖口线上以内袖装袖线为中心，向两侧标出 $\frac{袖宽}{20}$，从 C 点用直线画外袖缝道线，从 E 点开始用直线画内袖缝道线。后袖片：F 点和 D 点以装袖线上 B 点为对称中心，肘线上以外袖基准线为中心标出 $\frac{袖宽}{20}$，从 F 点开始用直线画内袖缝道线直到袖口线，从 D 点开始用直线画外袖缝道线。

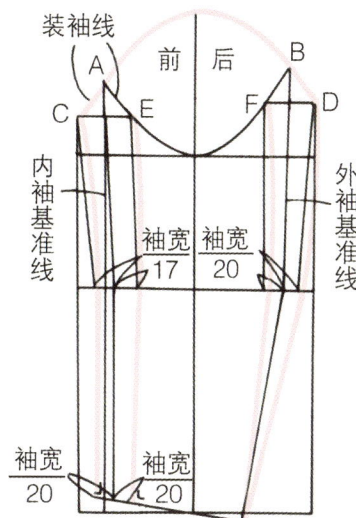

10 用曲线连结装袖线到肘线，并与袖口线用圆顺直线相连，重新画 4 条缝道线。修正前袖口线，使内外袖在袖口处连结圆顺。完成西装袖。实线是外袖，点线是内袖。

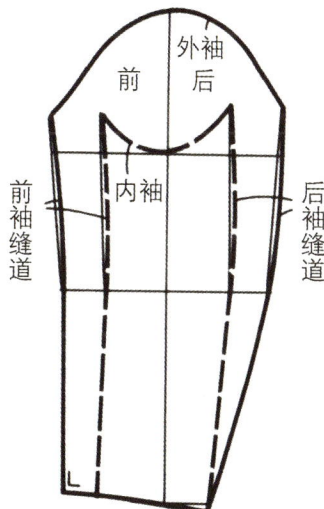

插肩袖

对于成长迅速、体型变化因人而异的儿童，宽松的、没有清晰肩宽的插肩袖非常适合。尤其常用于茄克、外套、运动服。

1 首先，准备身高 120 cm 的衣片原型。画后衣片原型时，在制图专用纸的左边留出一些空白。接下来测量衣片原型后袖窿和前袖窿尺寸。

2 确定大身胸部放松量。放松量应根据服装种类、材料、季节和流行来确定，这里假定用适合初夏穿的薄的棉材料来做短上衣（茄克），胸部放松量定为 16 cm。由于大身原型已有 8 cm 的放松量，把差值的 1/4，即 2 cm 在胸围线上放出，重新画侧缝线。

身高 120 cm
放松量　B+16

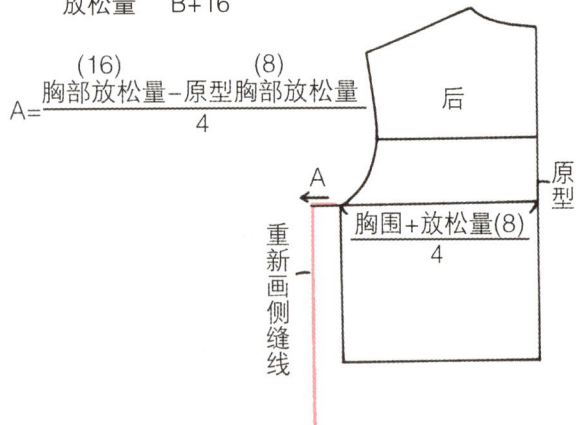

$$A=\frac{\text{胸部放松量}(16)-\text{原型胸部放松量}(8)}{4}$$

后

原型

$$\frac{\text{胸围}+\text{放松量}(8)}{4}$$

重新画侧缝线

3 画后袖窿线。在侧缝线处，胸围线向下挖进 $\frac{\text{背长}}{8}$，把这点作为 B。将后领圈三等分，在靠近颈点的 1/3 处做记号。将背宽六等分，在靠近袖窿的 1/6 处做记号。用直线连结这三点，作为袖窿基准线。

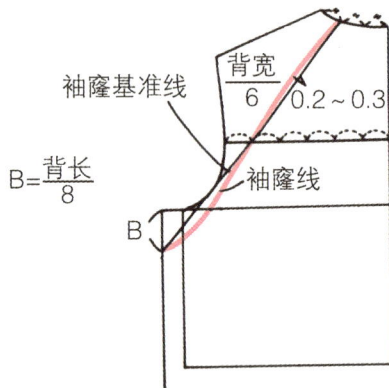

袖窿基准线

$\frac{\text{背宽}}{6}$　0.2 ~ 0.3

$B=\frac{\text{背长}}{8}$

袖窿线

B

4 将原型肩点抬高 0.5 cm（根据布料厚度、里面所穿衣服的不同而变化）作为宽松量，画肩线。延长肩线并标出袖长，从这点向下画直角线。

5 从肩点标出袖山高（D），将此点到袖口的长度五等分，在 4 中画的直角线上标出袖山高到袖口长度的 1/5，作为倾斜量。将这点与从肩点抬高 0.5 cm 的点用直线连结，作为袖山线，标出袖长。将 D 点抬高 0.5 cm，作为宽松量，重新画袖山线。D 为袖原型的袖山高。其算法在袖原型（第 25 页）中出现过，这里再次将 D 和 C 的算法一起说明。

$$C=\frac{\text{袖长}-D}{5}$$

$$D=\text{袖山高}=\text{大身原型前后袖窿}\times 0.3$$

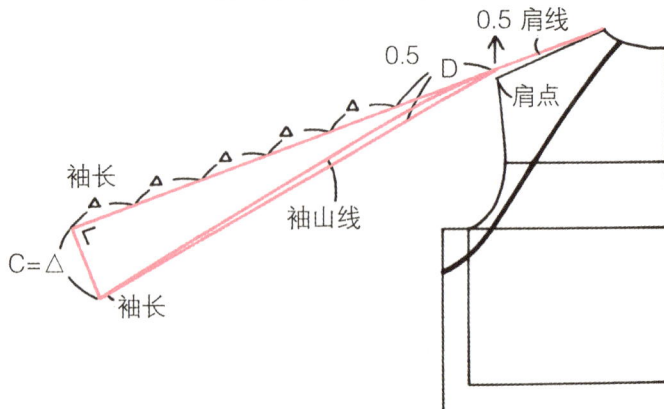

0.5　肩线

0.5　D

肩点

袖长

袖山线

$C=\triangle$

袖长

6 从 D 点做袖山线的垂线，作为袖宽线。袖宽＝后片大身原型袖窿 + A（参照第 68 页）。

9 画前袖片。按照画后袖片的要领画前袖窿和前袖片。画前片大身原型时在制图专用纸右边留些空白，用来画前袖片。

袖宽 = 前片大身原型袖窿 + A

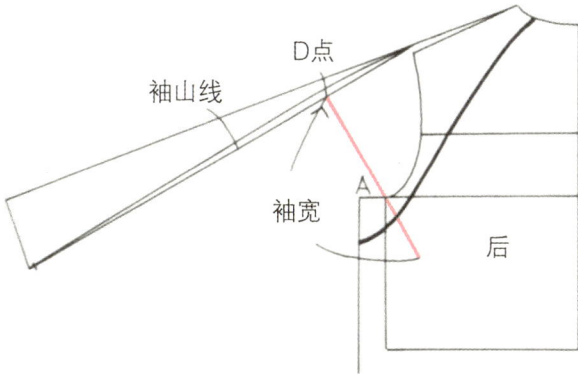

袖山线　D点　袖宽　后

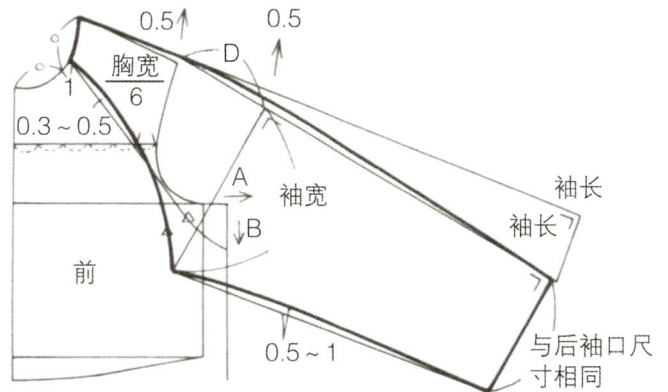

0.5↑　0.5　D　$\dfrac{胸宽}{6}$　1　0.3~0.5　A　袖宽　B　前　0.5~1　袖长　袖长　与后袖口尺寸相同

7 从袖长点做用曲线画的袖山线的直角线，并在直角线上标出袖口尺寸，作为袖口线。连结袖口与袖宽点，挖进 0.5 ~ 1 cm（根据身高而变化），用曲线画袖底线。

8 从大身背宽线稍向下的点开始，用曲线画装袖线，使装袖线尺寸与袖窿尺寸相同。

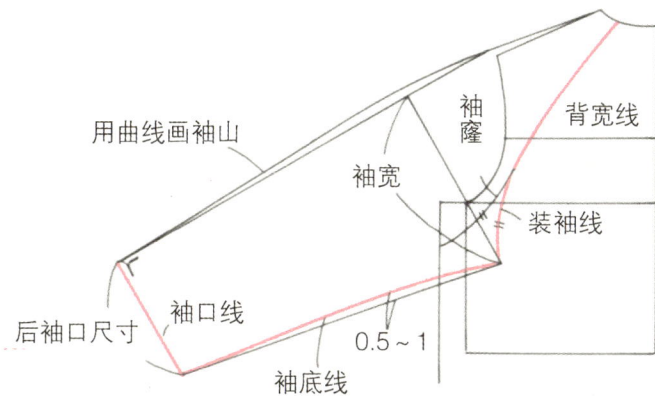

用曲线画袖山　袖窿　背宽线　袖宽　装袖线　后袖口尺寸　袖口线　0.5~1　袖底线

插肩袖制图时必要的尺寸和算出尺寸及记号

单位 /cm

1	身高	50	60	70	80	90	100	110	120	130	140	150	160
14	背长		(16)	(18)	20	22	24	26	28	30	32	34	37
						23	25	28	30	32	34	37	42
16	袖长		18	21	25	28	31	38	38	41	45	48	52
										42	46	49	52
19	掌围 (a)		11	12	13	14	15	16	17	18	19	20	21
										19	20	21	22

算出及记号	A= 某一款式胸部放松量与大身原型胸部放松量的差 $\times \dfrac{1}{4}$，如（16–8）$\times \dfrac{1}{4}$ =2　A=2												
	B= $\dfrac{背长}{8}$		2	2.3	2.5	2.8	3.0	3.3	3.5	3.8	4.0	4.3	4.6
						2.9	3.1	3.5	3.8	4.0	4.3	4.6	5.3
	C= $\dfrac{袖长 - D}{5}$ （根据大身原型画法而变化）												
	D= 袖原型的袖山高（大身原型前袖窿 + 后袖窿）×0.3												
	后袖宽尺寸 = 后自片大身原型袖窿 + A 前袖宽尺寸 = 前自片大身原型袖窿 + A												
	袖口尺寸 = $\dfrac{掌围}{2}$ ×1.5		8.3	9	9.8	10.5	11.3	12	12.8	13.5	14.3	15	15.8
										14.3	15	15.8	16.5

（ ）内为推算尺寸

领

8 种领

关门翻领

将领宽和领型进行变化，这种领子可广泛用于儿童服装。它适用于幼儿到中学生的女衬衫、连衣裙、西装裙、短上衣（茄克）、外套。

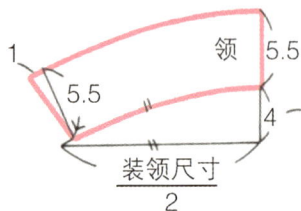

领 5.5
1
5.5
4
装领尺寸/2

此数值越大领腰越低相反此值越小领腰越高

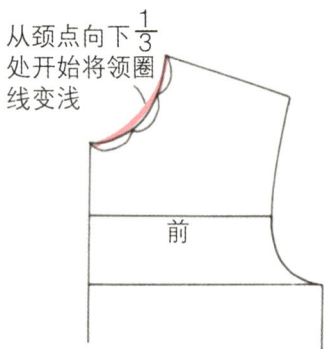

从颈点向下1/3处开始将领圈线变浅

前

翻领

这种领子是衬衫中常见的各种翻领的总称。与关门翻领一样，它也是男女服装中经常使用的领型。适合于女衬衫、男衬衫、短上衣、连衣裙、茄克、外套等。

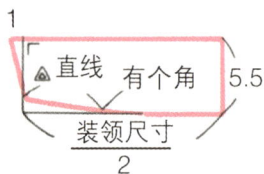

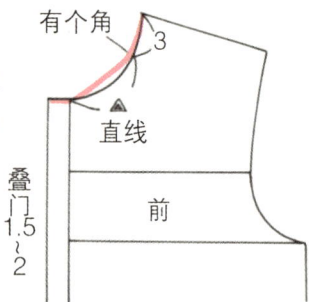

1
直线
有个角
5.5
装领尺寸/2

有个角
3
直线
前
叠门 1.5~2

连衣裙领 A

这是一种从领圈、经过肩部、围绕身体的领子。适用于幼儿或少女的衬衫、连衣裙。

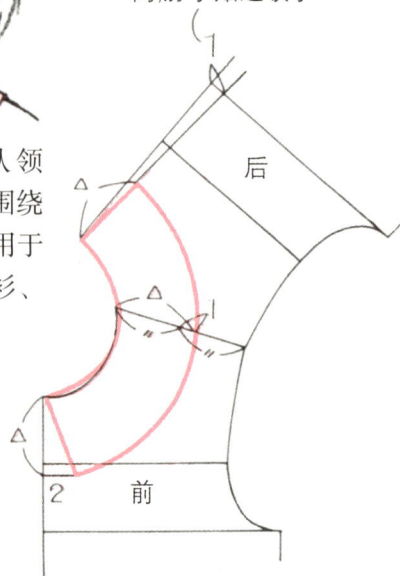

此值增大时领腰变高,脖子贴近领子
1
后
前
2
前

连衣裙领 B

适用范围与连衣裙领A相同。领宽较大、前中心呈圆形裁剪。

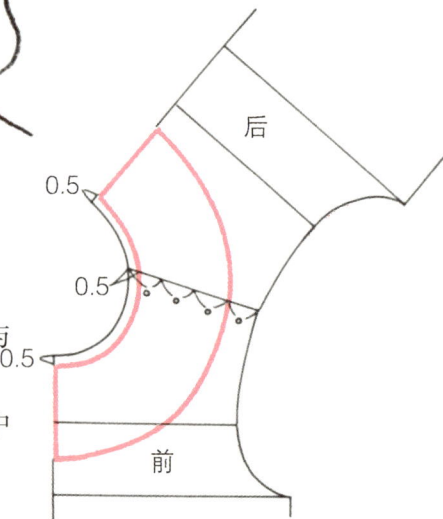

后
0.5
0.5
0.5
前

水兵领

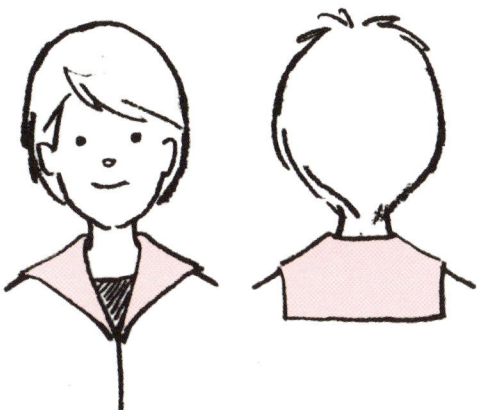

常用于水兵服中，因此得此称呼。日本女学生服中也能见到这种领子。对形状加以变化，可以用在女衬衫、上衣、外套中。

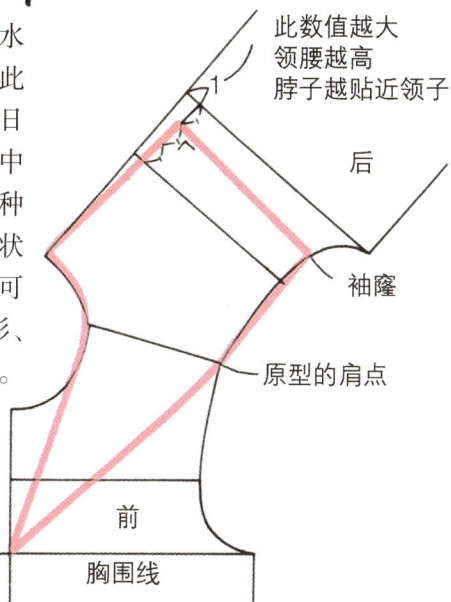

此数值越大领腰越高脖子越贴近领子

后

袖隆

原型的肩点

前

胸围线

胸围线

1

立领

此数值越大,装领线弯曲度越大,领外围线越贴近脖子

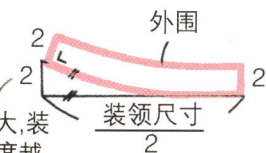

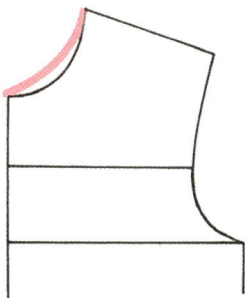

外围

装领尺寸
2

2
2
2

立领是沿颈部站立的领子，在学生服中很常见。使用不同的材料，可以用于女衬衫、连衣裙、茄克、外套等。

带领座的领子

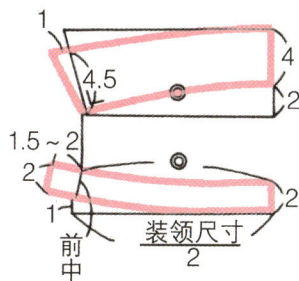

它也是衬衫领的一种，适用于衬衫、茄克、外套。

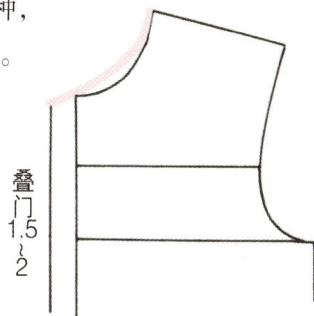

1
4.5
4
2
1.5~2
2
1
前中
装领尺寸
2
2

叠门
1.5~2

西装领

它是对于男子西装领的总称。应用在儿童服的西装茄克和防寒服中。

倾倒量越多领外围越长越接近平领

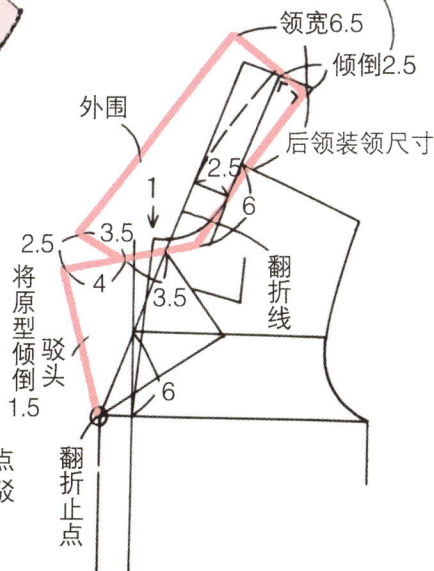

领宽6.5
倾倒2.5

外围

后领装领尺寸

2.5
1
6
2.5
3.5
2.5
4
3.5
6
翻折线

将原型倾倒
1.5

驳头

将翻折点下降则驳领变大

翻折止点

制作顺序和要领

　　婴儿最先穿的服装之一就是婴儿裙。根据不同的育婴习惯，婴儿仰睡时，前面装开口比较合适，婴儿俯睡时，后面装开口对肌肤刺激较小。这种婴儿裙适合刚出生到 3 个月的婴儿，我们以身高到 60 cm 的婴儿为对象来制作样板。

　　为了便于抱小孩，袖宽做得较小。春夏季主要选用吸汗性较好的棉。秋冬季节可选用以棉为主的材料，也可选用棉、卡其、皮埃拉法兰绒、薄型起毛布料等保暖性好的材料。

　　前开口的钮扣在上面间隔小，下面间隔大，这样穿着时不易滑动，且便于照料婴儿。用基本型考虑一下它的变化款。选用柔软的棉材料，并在领子周围或育克、袖口等处装上婴儿蕾丝（柔软的棉蕾丝），就可在幼儿洗礼时，作为节日盛装穿着。在婴儿俯睡的情况中，像应用 1 一样，在后面装开口。

　　应用 2 是针对夏季出生的婴儿，所以长度做得较短。在背后装有可调节围度的叠门。选用通风性好的条棉花布、柳条布和泡泡纱等不黏身的材料，穿着起来风凉舒适。

　　应用 3 中，在裙摆处装上带子，可以防止婴儿睡觉时着凉。

　　新生儿的衣服，无论男女，将左衣片做成门襟的较多。母亲穿自己的衣服时，习惯用右手握住门襟来穿衣，为了使还没习惯新生儿衣服的母亲用右手握住门襟照料婴儿，将左衣片做成门襟比较合适。在根据表情可分出男、女后，将男孩衣服的左衣片做成门襟，女孩衣服的右衣片做成门襟较为合适。

　　由于新生儿的衣服洗涤较频繁、剧烈，将这种婴儿裙全部进行车缝。将缝头进行细密的来去缝、折边缝，或锁边。袖口处的松紧带尽可能选用细软的材料，并加上足够的放松量，使手腕和脚脖子处的肉不致勒进去。婴儿肌肤娇嫩，所以在制作婴儿裙时不用衬布。

婴儿裙基本型

基本型的纸样做法

　　这种适合婴儿在出生后 2 ~ 3 个月穿，这时身高大约 60 cm，根据身高 60 cm 的参考尺寸表（参照第 19 页），并参照第 20 ~ 26 页的原型画法图，画大身原型和袖原型。

后衣片

1　画后衣片原型。在胸部加 12 cm 的放松量。由于原型中已有 8 cm 的放松量，将差值 4 cm 的 1/4 在原型的胸围线处放出。

2　后中心腰部向下标出 45 cm，画直角线，作为裙摆基准线。

3　在 1 中新的胸围线处画直角线，与裙摆线相交，从交点向左放出与原型后胸围相同的尺寸，在侧缝线上从上面标出从胸围线到裙摆的垂线长，作为侧缝长，重新画裙摆线。
　　在领圈处画 1 cm 宽的贴边线。

前衣片

4 画前衣片原型。如图所示，将领圈的弧度变浅，重新画领圈。同后片一样，在胸部放出 1 cm，在前中心腰部向下 45 cm 处做记号，并从这点画直角线，在直角线上取后裙摆宽，画侧缝线。在侧缝线上取后片侧缝长，画前片裙摆线。

5 在前中心平行放出 1.5 cm 的叠门宽。距离前中心 2 cm（作为贴边宽）处，画贴边线。在领圈处画 1 cm 宽的贴边线。

6 画袖片。测量后片大身袖窿尺寸（◎）。测量前片大身袖窿尺寸（○）。以此为基础，参照第 32 页袖原型画法图，确定袖山高和袖宽，画袖原型。将原型袖长加上袖口穿松紧带的量（0.5 ~ 0.7 cm）和饰边量（1.5 cm），重新画袖口线。

7 画领。将修正后的前衣片和后衣片在肩部对接画领。在此原型上画 2.5 cm 宽的平领（参照第 70 页）。

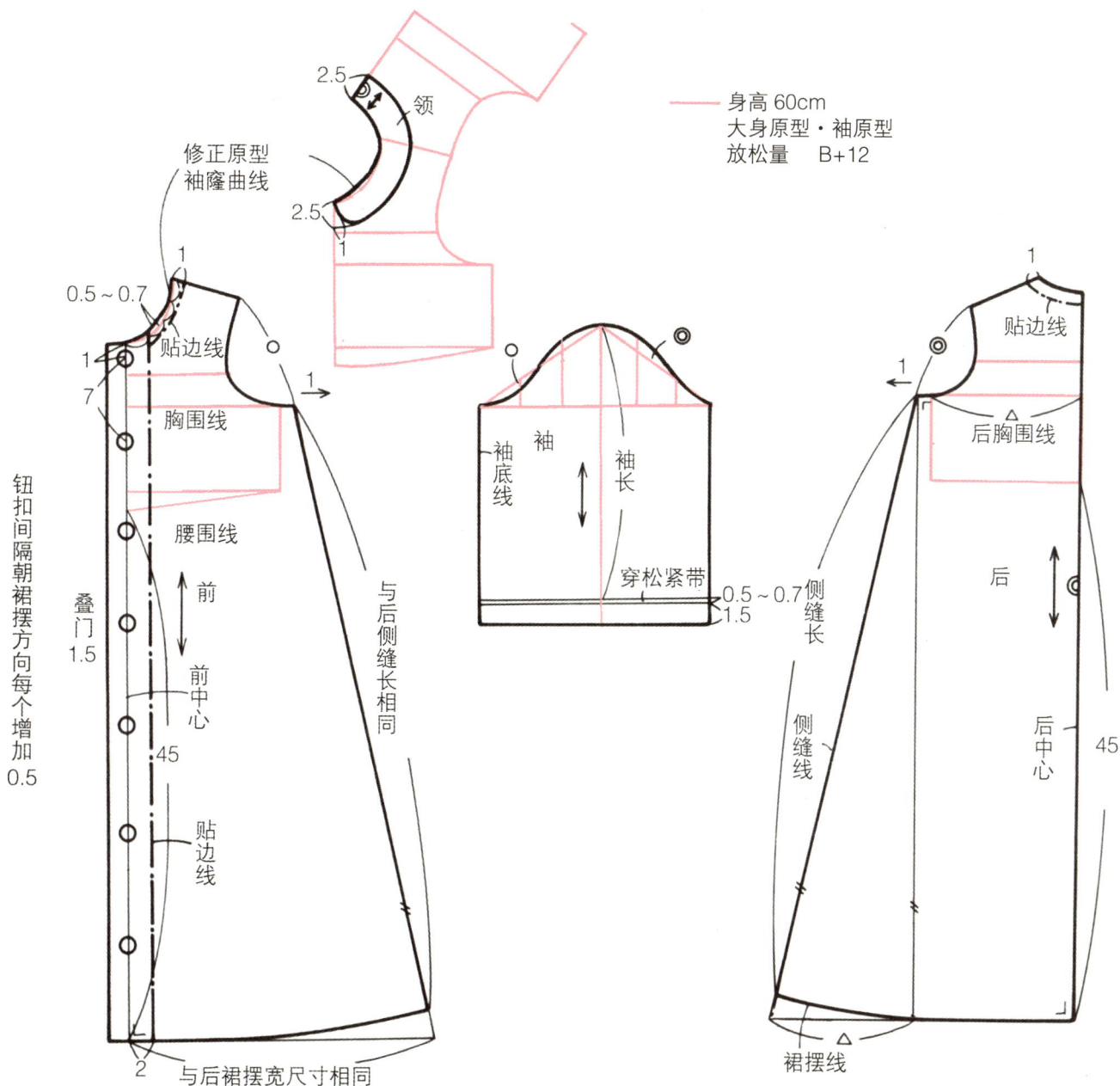

身高 60cm
大身原型·袖原型
放松量　B+12

放缝和裁剪方法

衣片 由于衣片侧缝、袖的袖底用折边缝，包住缝头的一边将缝头放成 1.5 ~ 1.7 cm，被包住的一边缝头放 0.6 ~ 0.7 cm，裁剪。
前衣片侧缝、肩部缝头为 0.6 ~ 0.7 cm，后衣片侧缝、肩部缝头为 1.5 ~ 1.7 cm。袖窿 1.5 cm，裙摆 2.5 cm，领圈 1 cm。领圈贴边在肩部前后片相连，领圈周 76 围缝头为 1 cm。

袖 袖底处前片为 1.5 ~ 1.7 cm，后片为 0.6 ~ 0.7 cm。袖口 1 cm，装袖线 1.5 cm。参照第 76 页 4-1。

领 周围 1 cm。

缝制顺序和要领

1　缝衣片

1-1　缝侧缝，缝头向前倒，进行折边缝。

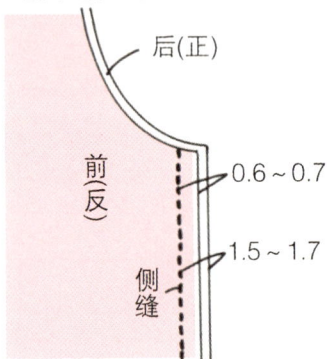

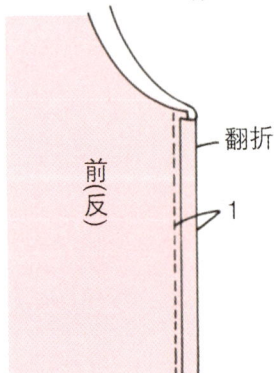

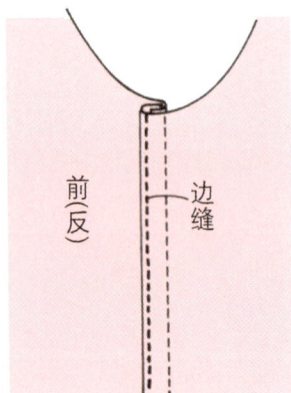

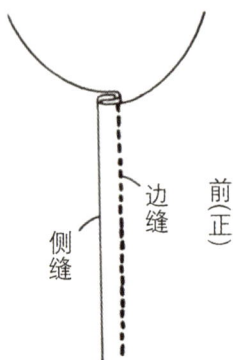

1-2　缝肩部，缝头向前倒，进行折边缝。

1-3　对贴边边缘锁边。

2　做领

2-1　将领里和领面正面朝里对叠。

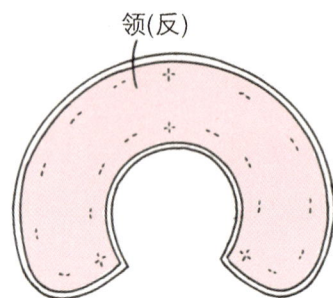

2-2　在厚纸上画领的样板，剪掉完成线，做成烫样板。

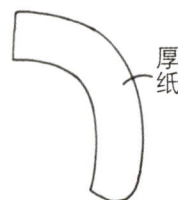

2-3　领面在记号线外侧 1 cm 处，领里在记号线内侧 1 cm 处，缝合在一起。将领周围的缝头用细密的针脚疏缝并抽缩成圆形。

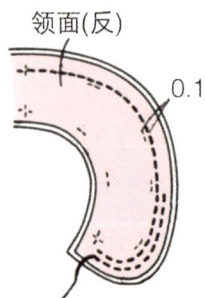

2-4　将缝头折向领面内侧，利用烫样板，加以熨烫。

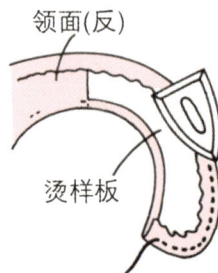

74

2–5 翻向正面，用熨斗压烫周边。

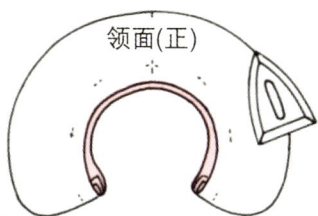

领面(正)

3 装领

3–1 将 2 中做的领子重叠在衣片领圈上。

3–2 将前叠门贴边放在上的领子上，并从止口线处正面朝里对折。

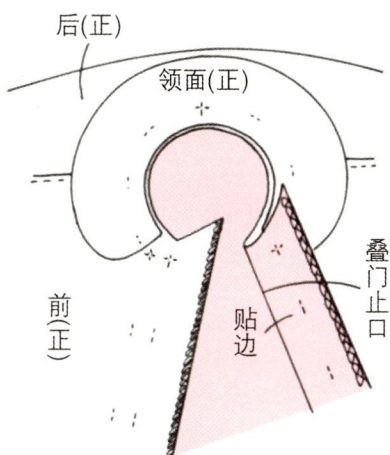

后(正)

领面(正)

前(正)

贴边

叠门止口

3–3 在 2 的上面再放上领圈贴边。将大身、领子、领圈贴边缝合在一起，对衣片装领止口和领圈缝头和弯曲部分打刀眼。将贴边翻向正面、缝头倒向衣片、熨烫。

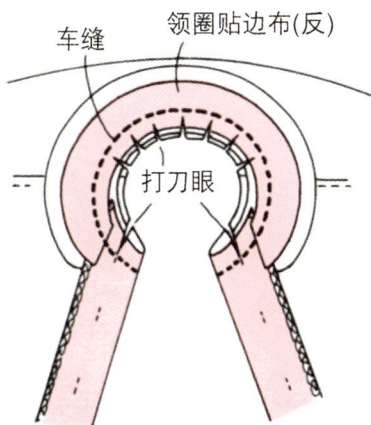

车缝

领圈贴边布(反)

打刀眼

3–4 用贴边将缝头包成 1 cm 宽，将贴边压边缝，直到装领止口。

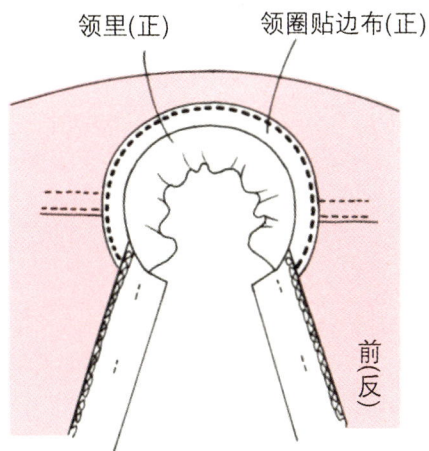

领里(正)　领圈贴边布(正)

前(反)

3–5 装领完成。

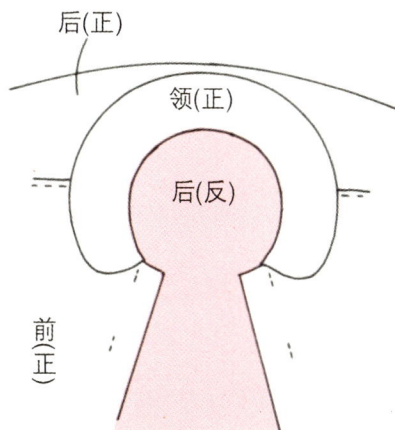

后(正)

领(正)

后(反)

前(正)

4 做袖、装袖

4-1 如图那样，放缝并裁剪。

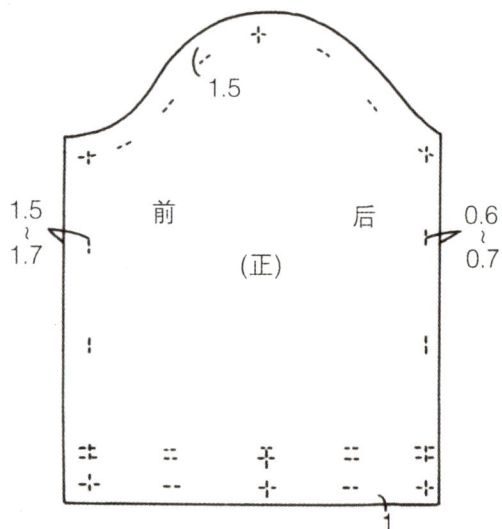

4-2 缝合袖底。缝头倒向后袖片，折边缝。（由于衣片缝头倒向衣片，装袖时为了不使袖底的缝头再次重叠，将袖底的缝头倒向后袖片。）

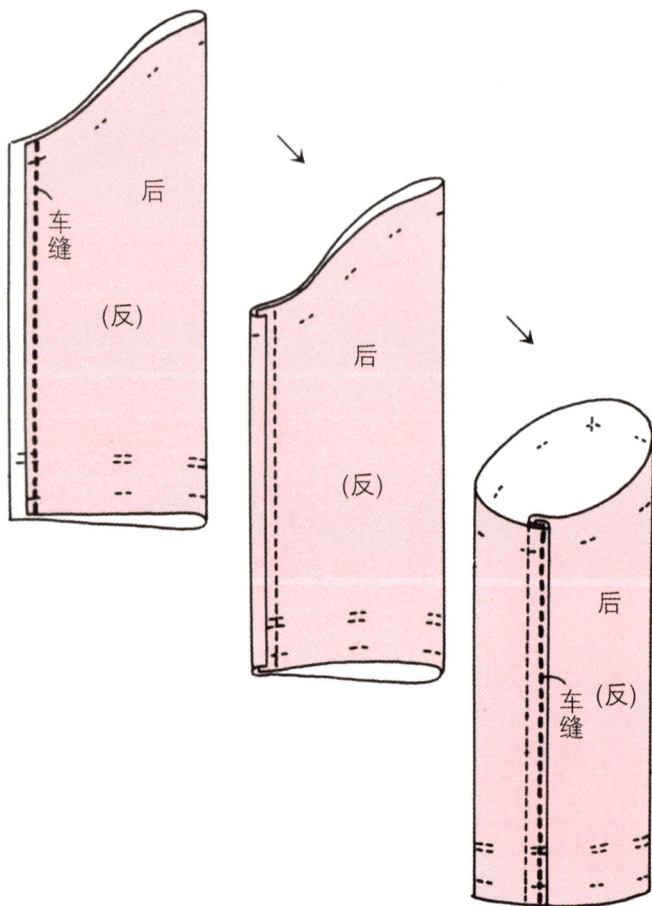

4-3 在袖口处串松紧带，缝合饰边。在串松紧带记号的里侧用边缝装斜条。

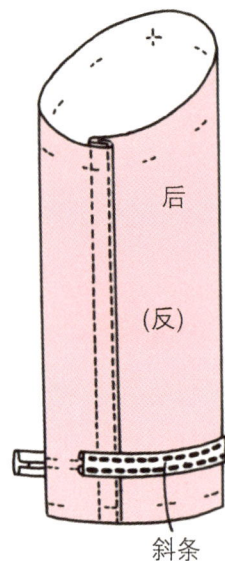

4-4 将袖口折三次，折成 0.5 ~ 0.6 cm 宽，在边缝穿 0.3 ~ 0.4 cm 的扁平松紧带，抽缩到掌围 + 2 cm。

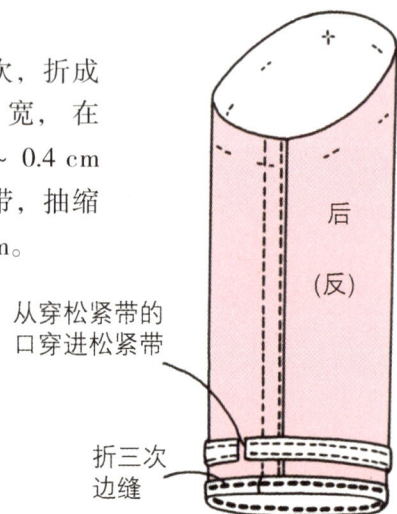

4-5 翻向正面。

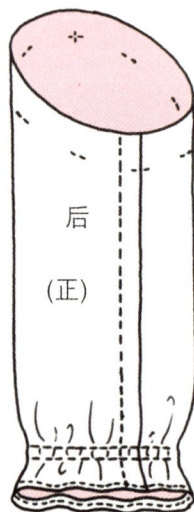

4-6 疏缝并抽缩袖窿缝线，抽成与衣片袖窿尺寸相同。

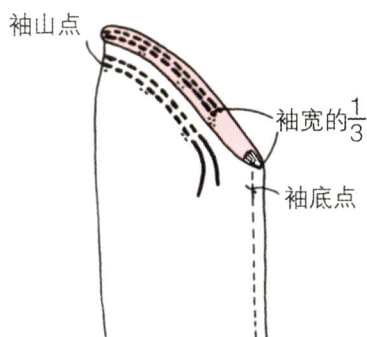

袖山点

袖宽的 $\frac{1}{3}$

袖底点

4-7 将衣片肩点与袖的袖山点正面朝里对叠，大身侧缝与袖的袖底点重叠，用大头针将装袖线固定在袖窿线上，并疏缝。

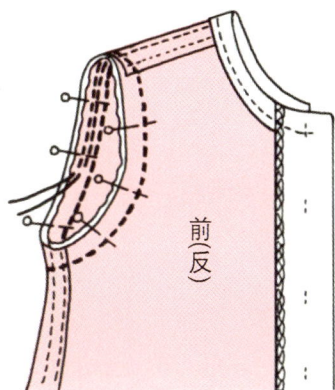

前（反）

4-8 将疏缝后的装袖部分进行车缝。将袖山处的缝头剪齐成 1 cm，袖底处的缝头剪齐成 0.6 ~ 0.7 cm，并锁边。

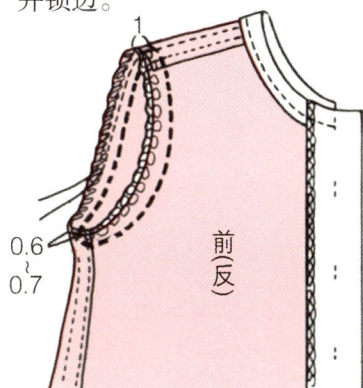

1

0.6
~
0.7

前（反）

5 缝裙摆

5-1 将贴边在裙摆处从叠门止口翻向正面，在裙摆记号向外 0.1 ~ 0.2 cm 处缝合，翻向正面。

贴边（反）

前（正）

0.1 ~ 0.2

5-2 将裙摆折三次，用边缝连续缝合直到止口线。

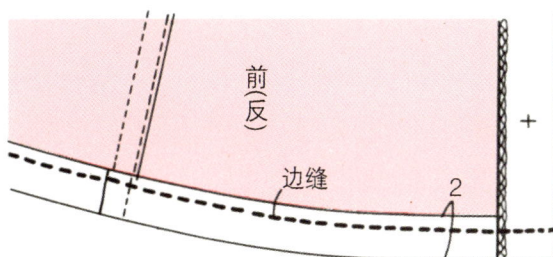

前（反）

边缝

2

6 完成

叠门处装按扣。门襟装贝壳钮扣作为装饰。

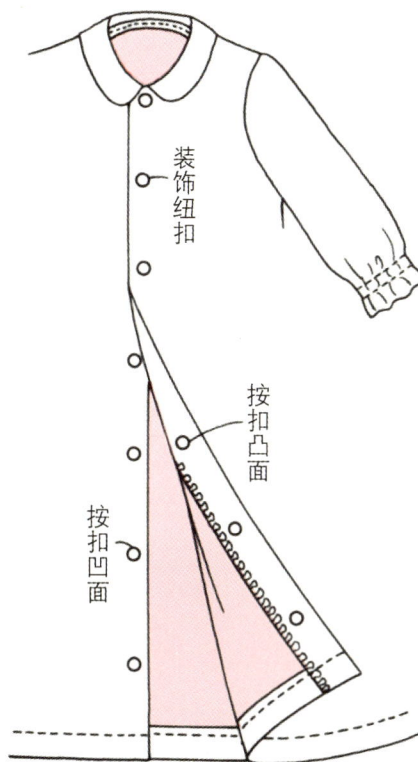

装饰纽扣

按扣凸面

按扣凹面

应用 1

后

0.3 3 0.8
领
3
1
前

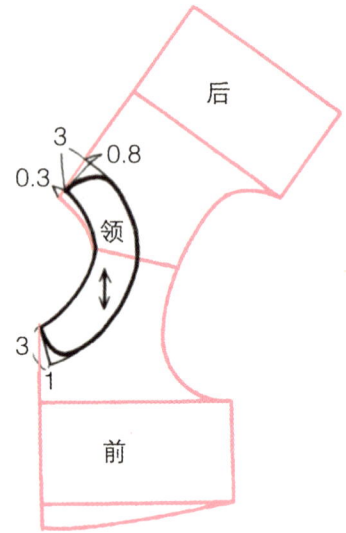

身高 60 cm
婴儿裙衣片基本型，袖片基本型

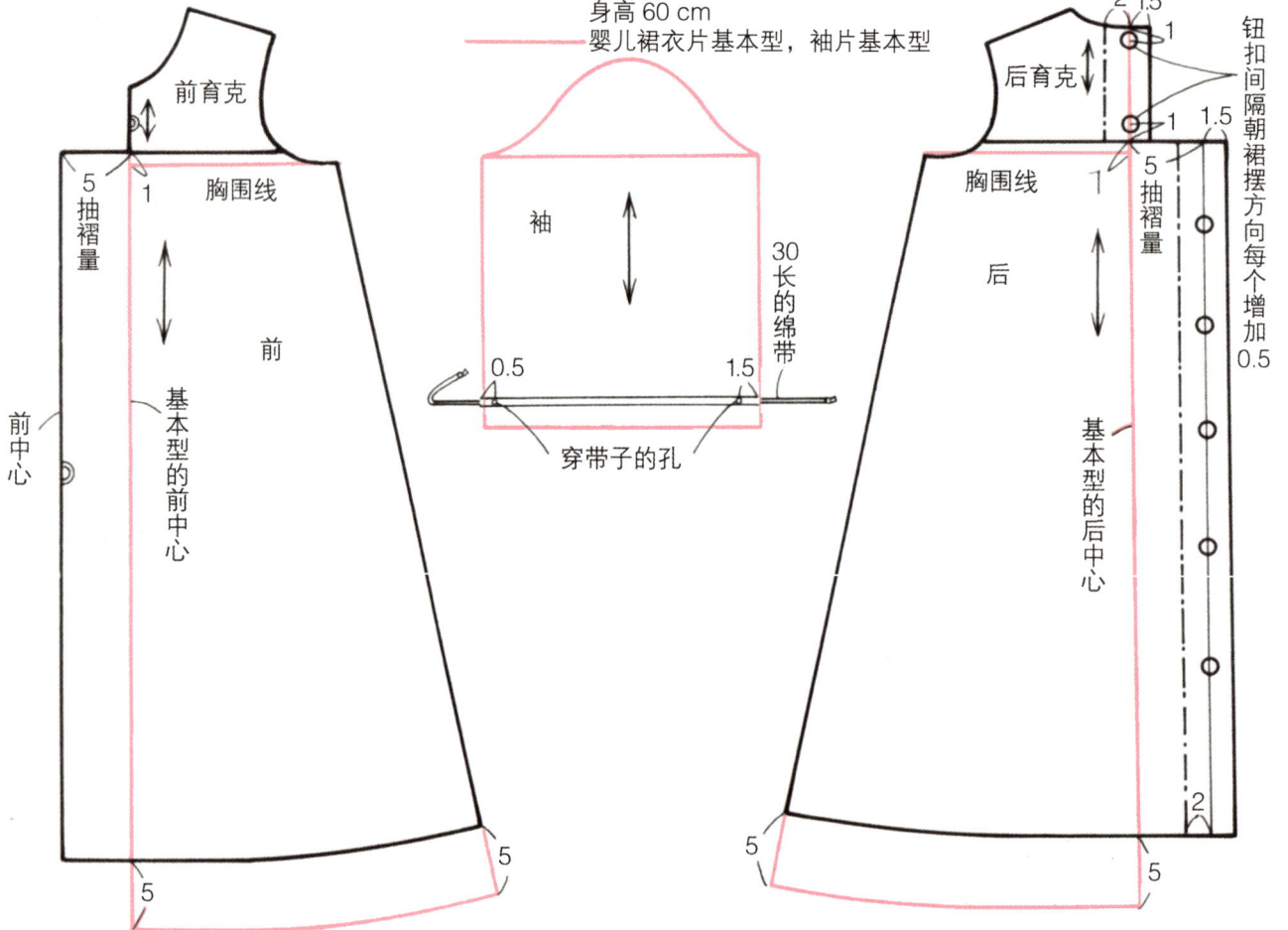

前育克
胸围线
5 抽褶量 1
前
基本型的前中心
前中心

袖
30 长的绵带
0.5 1.5
穿带子的孔

2 1.5
后育克 1
5 抽褶量 1.5
1
胸围线
后
基本型的后中心
钮扣间隔朝裙摆方向每个增加 0.5

5
5 5
5 5
2

缝制要领

除装育克与袖口处穿装饰带外，其余与基本型相同（参照第 74 ~ 77 页）。

装育克的方法

1 用细密的针脚将缝头拱针。

2 抽缩到装育克尺寸。

拱针

后
(正)

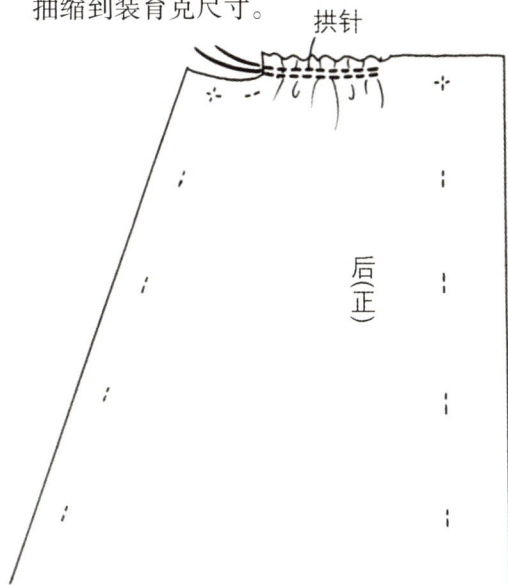

3 将育克和大身正面朝里对叠、车缝。

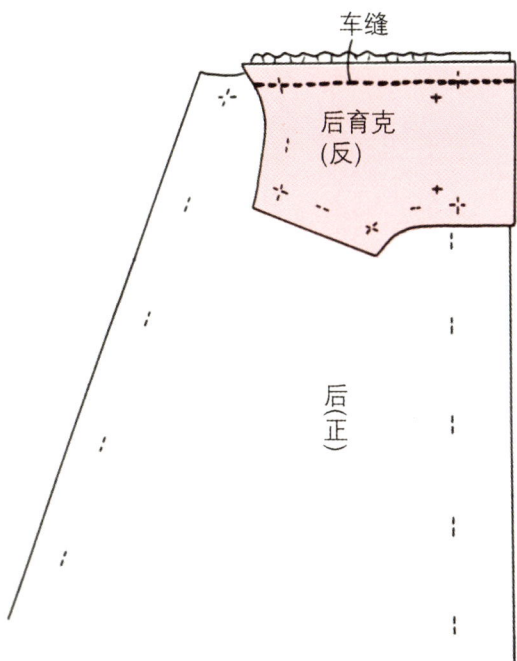

车缝

后育克
(反)

后
(正)

4 将育克缝头剪齐成 1 cm 宽，育克和大身 2 片一起锁边。对叠门贴边边缘锁边。

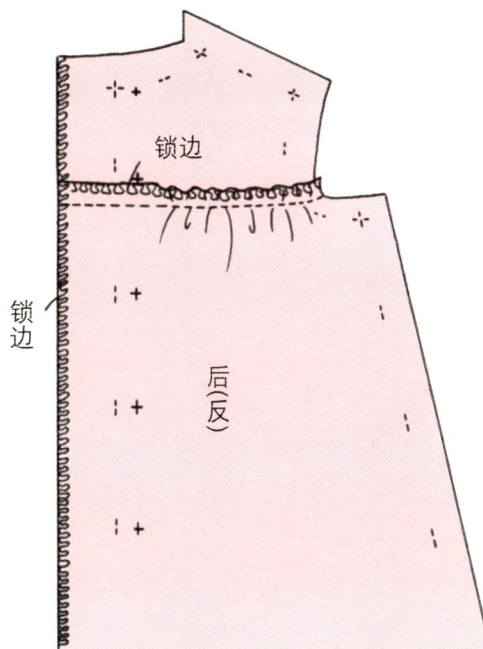

锁边

锁边

后
(反)

袖口位置穿装饰带的方法

对穿装饰带的孔进行网眼针迹缝纫。用 0.2 ~ 0.3 cm 宽的棉绳或将装扣线粗细的棉线编结后使用。

1 在缝合袖底前，先用锥子钻孔。

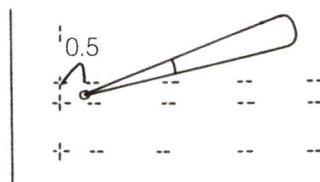

0.5

2 孔的周围用网眼针迹缝纫。

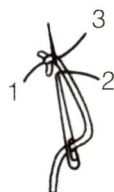

完成

3

1   2

应用 2

放缝

衣片　肩、侧缝外前片为 0.6 ~ 0.7 cm，后片为 1.5 ~ 1.7 cm，裙摆 2.5 ~ 3 cm，领圈处前片为 1 cm，后片为 2 cm，后片叠门 2 cm，领圈贴边周围 1 cm。

袖　袖底处前片为 0.6 ~ 0.7 cm，后片为 1.5 ~ 1.7 cm，装袖线 1.5 cm，袖口 1 cm，贴边周围 1 cm。

领　周围 1 cm。

—— 身高 60 cm 的短袖婴儿裙大身及袖片基本型

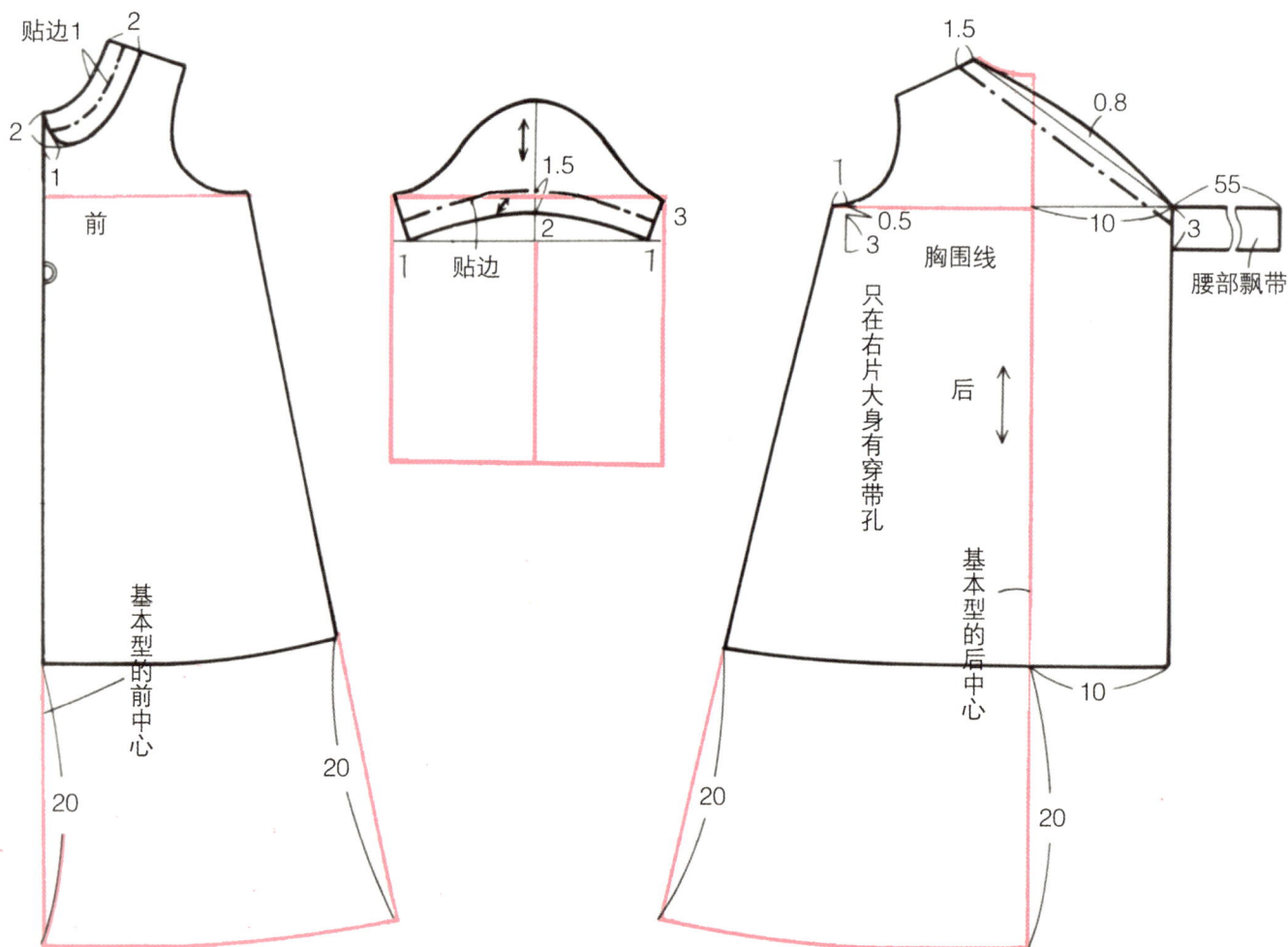

贴边1　2

2

1

前

基本型的前中心

20

20

1.5

2

1

贴边

1

3

1.5

1.5

0.8

1

0.5

3

10

55

3

腰部飘带

胸围线

只在右片大身有穿带孔

后

基本型的后中心

10

20

20

缝制顺序和要领

1 装领

1-1 参照基本型中领的缝制方法制作前领。将领正面朝上放在前衣片领圈上,用大头针固定。

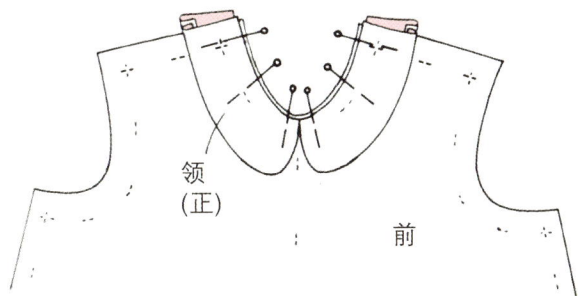

领(正)

前

1-2 将领圈贴边正面朝里放在上面,装领。对弯曲部分的缝头细密地打刀眼,翻向正面。

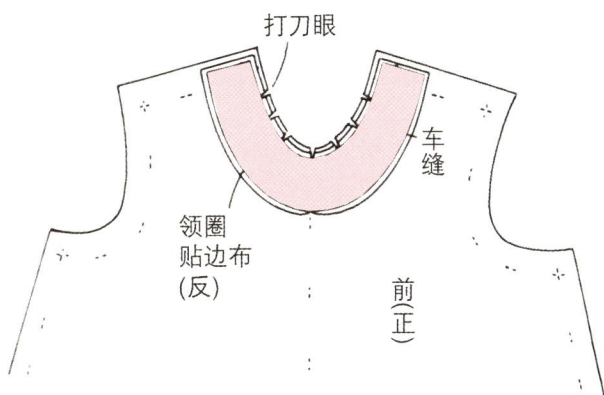

打刀眼

车缝

领圈贴边布(反)

前(正)

1-3 将领圈缝头倒向大身,熨烫,用贴边包住缝头,边缝。对肩部缝头边缘锁边。

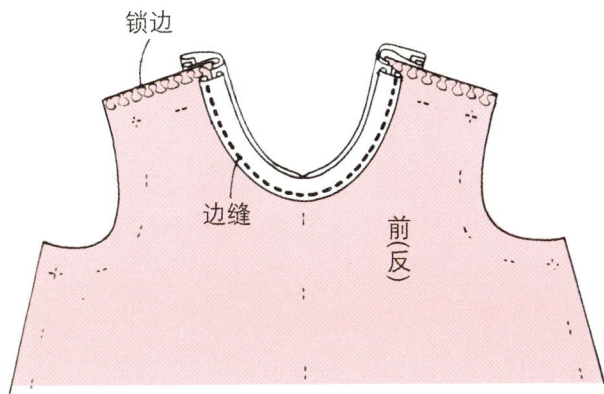

锁边

边缝

前(反)

2 在右衣片上做穿带子的孔

在反面孔的周围黏贴约 2 cm(长)的黏合衬。从正面做与腰部飘带宽同尺寸的方头扣眼(参照基础篇下)。

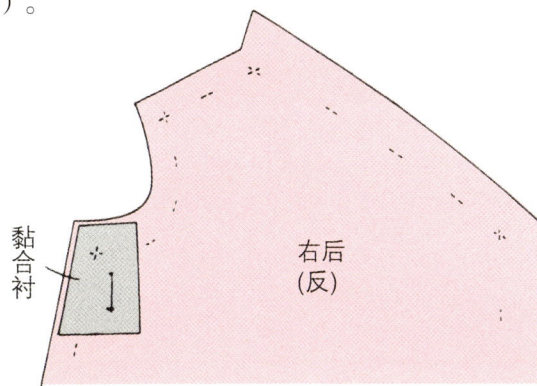

黏合衬

右后(反)

3 缝肩

3-1 为防止后领圈延伸,在上面黏贴纵向丝缕的黏合衬。对肩部缝头边缘锁边。

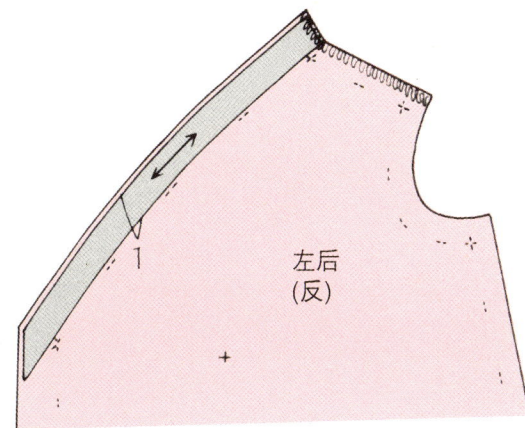

左后(反)

1

3-2 将前后片肩部正面朝里对叠,缝合领圈到肩头部分。

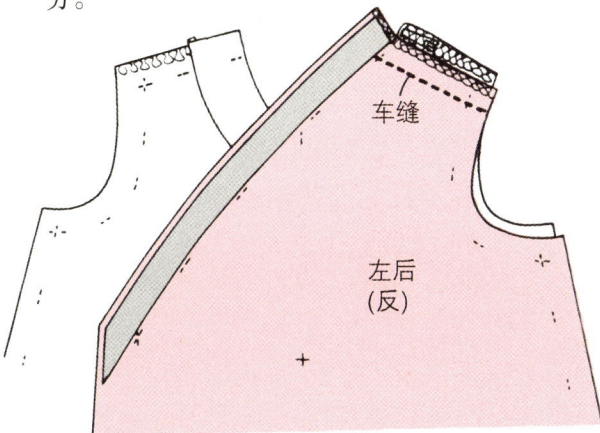

车缝

左后(反)

3-3 肩部缝头倒向后衣片。

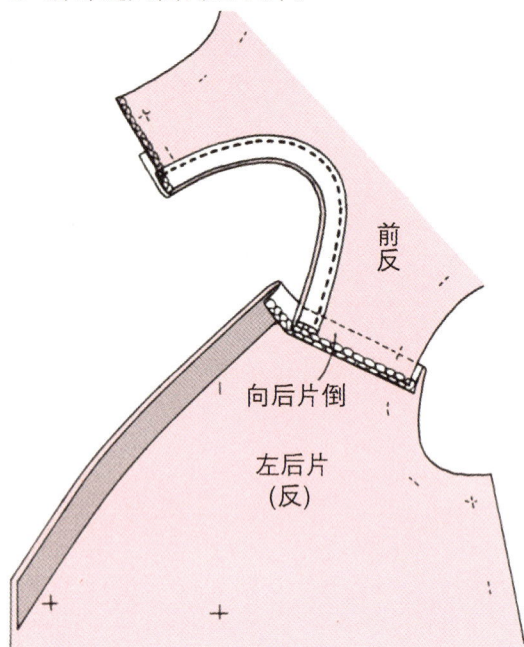

前反

向后片倒

左后片
(反)

3-4 对后领圈到裙摆的边缘部分进行三折缝。

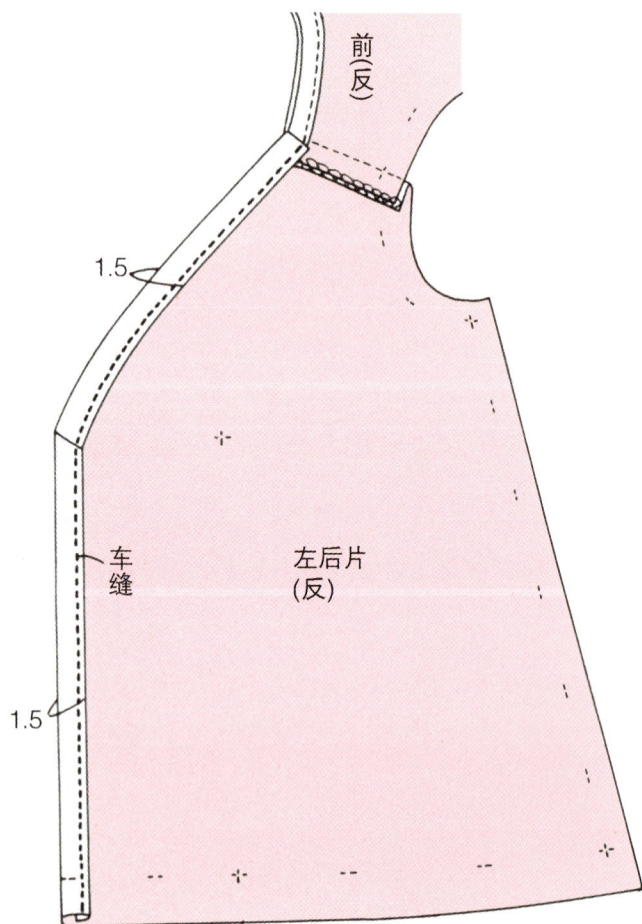

前(反)

1.5

车缝

左后片
(反)

1.5

4 做袖

4-1 参照第 80 页缝头配置方法裁剪袖片。

4-2 将袖片和袖口贴边在袖口处正面朝里对叠、车缝。对缝头弯曲部分打刀眼，缝头倒向贴边。

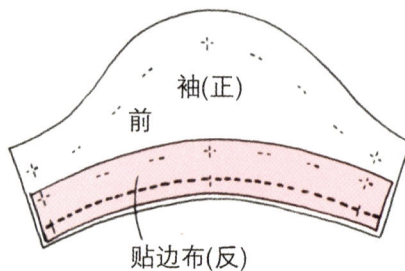

袖(正)

前

贴边布(反)

4-3 对缝头压边缝。

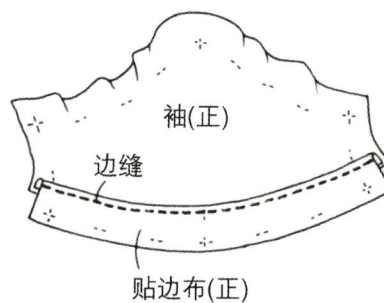

袖(正)

边缝

贴边布(正)

4-4 抽缩袖窿缝线，抽成与衣片袖窿尺寸相同。

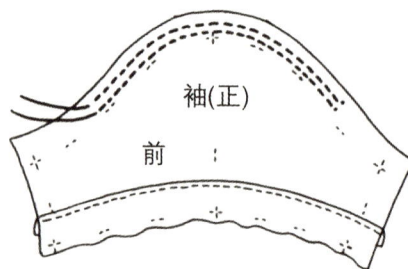

袖(正)

前

5 装袖

将袖山点与衣片肩点、袖底点与侧缝重叠，把袖片装在衣片上。袖山缝头为 1 cm，将袖底点缝头剪齐为 0.6 ~ 0.7 cm，2 片一起锁边。缝头倒向袖片。

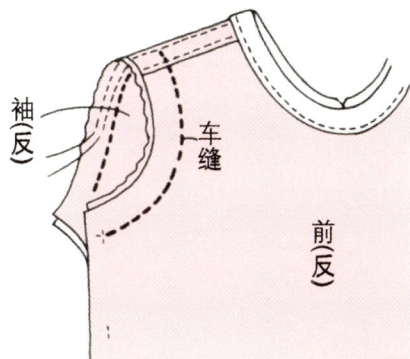

袖(反)

车缝

前(反)

6 缝合侧缝

6-1 将袖口贴边边缘到裙摆的侧缝部分进行缝合。

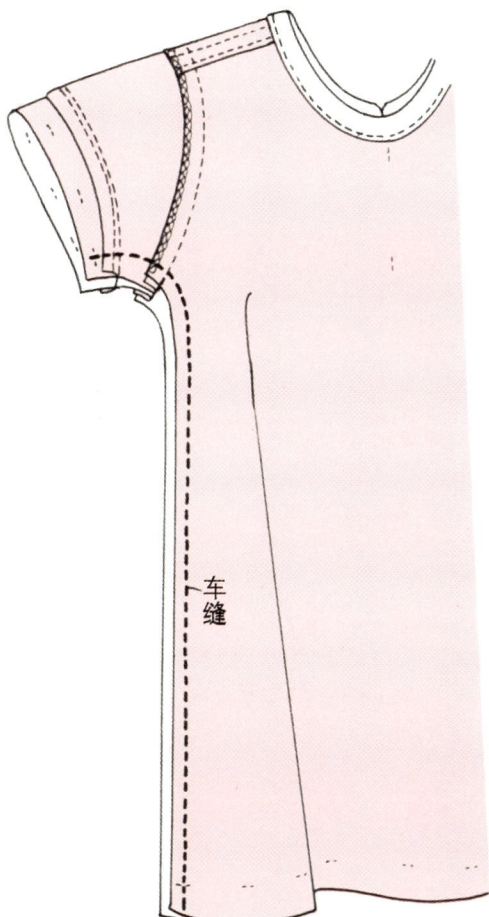

车缝

车缝

6-2 在侧缝上距离袖口 1 cm 处到裙摆处进行折边缝。对后袖片距离袖口 1 cm 处的袖底缝头打刀眼。将此处到袖口贴边的缝头剪齐为 0.6 ~ 0.7 cm。

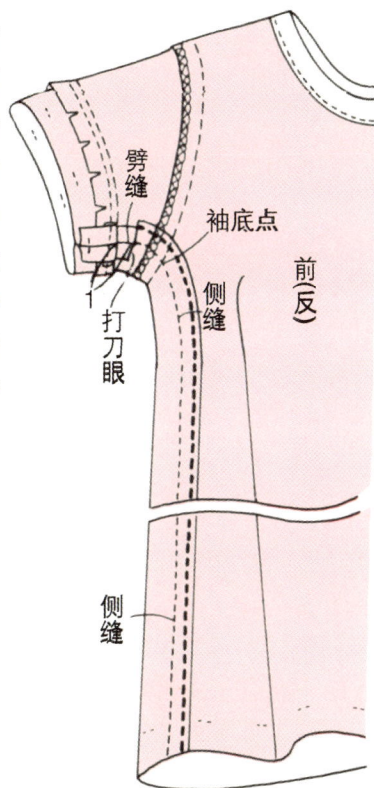

劈缝

袖底点

前(反)

侧缝

1

打刀眼

侧缝

6-3 将袖口贴边向里翻折，折三次，边缝。下摆处也折三次，边缝。

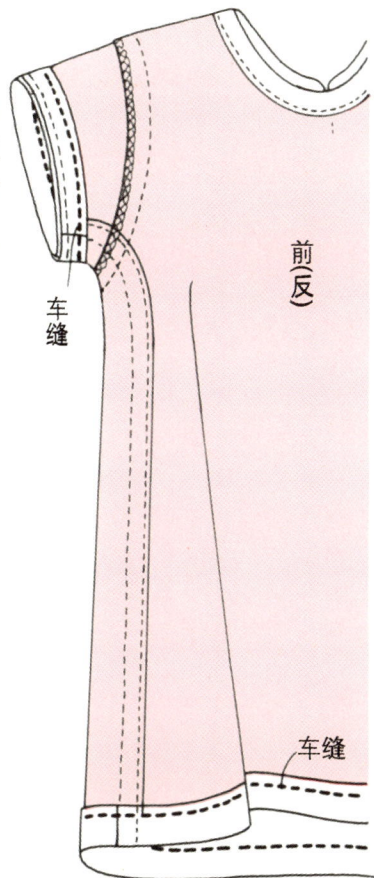

前(反)

车缝

车缝

应用 3

放缝和裁剪方法

　　放缝：领圈 1 cm，裙摆 3 cm，领圈处 45° 斜条宽 4 cm，长 40 cm（领圈尺寸＋缝头），除此以外，与婴儿裙基本型相同（参照第 74 页）。

身高 60 cm
婴儿裙大身及袖片的基本型

滚边 1

将钮扣位置移到滚边宽以下

前

基本型的前中心

1.5 穿带孔　2

宽1　2

袖

滚边 1

后

基本型的后中心

2

缝制方法和要领

　　除裙摆处穿带和领圈的处理方法之外，与基本型（第74页）的缝法相同。

裙摆处穿带孔的制作方法

1　对贴边边缘锁边，挖方头锁眼的扣眼（参照基础缝纫篇）在左右片制作穿带孔。

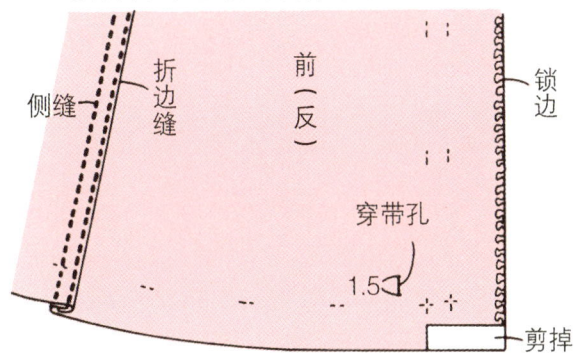

侧缝
折边缝
前（反）
锁边
穿带孔
1.5
剪掉

2　将贴边在记号线向外 0.1 cm 处与大身缝合，翻向正面。

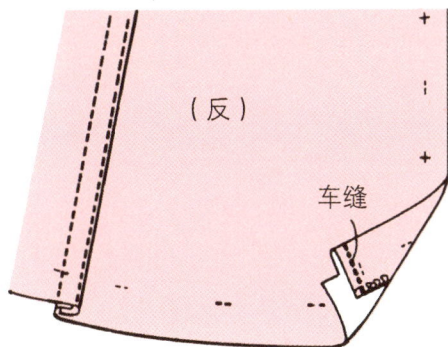

（反）
车缝

3　处理裙摆，穿上带子，在后中央处，将带子牢固地固定在大身上。

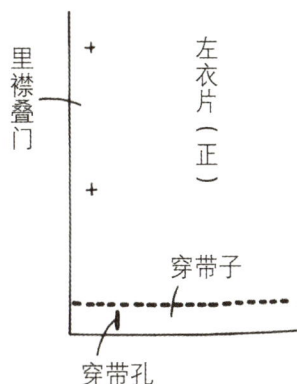

里襟叠门
左衣片（正）
穿带子
穿带孔

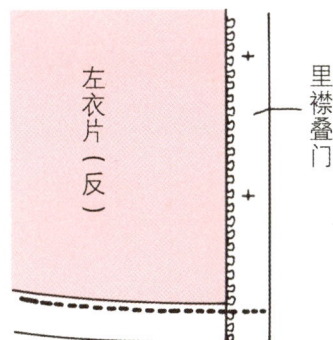

左衣片（反）
里襟叠门

带子的做法

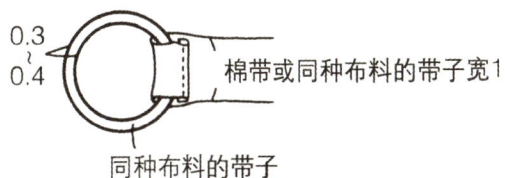

0.3
～
0.4
棉带或同种布料的带子宽1
同种布料的带子

领圈的处理方法

1　将斜条对折，用熨斗拉伸装领一侧，但领外围不
能被拉伸，做成领圈形状。

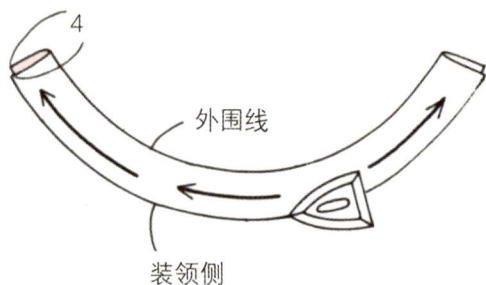

外围线

装领侧

4

2　将衣片领圈和斜条正面朝里对叠，并用大头针固
定。

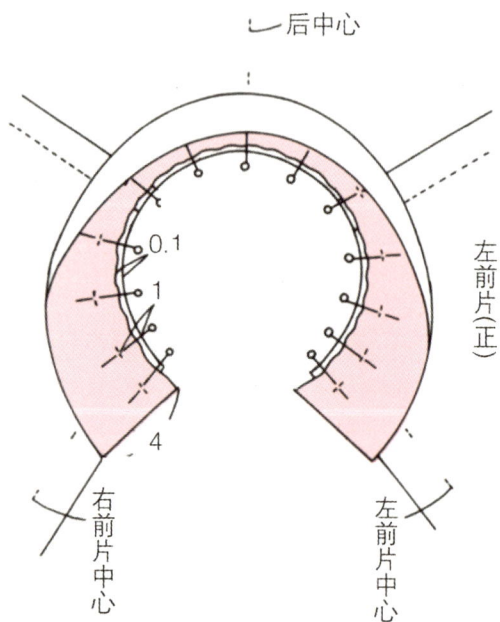

后中心

0.1

1

左前片（正）

4

右前片中心

左前片中心

3　将领圈从一端到另一端进行车缝。

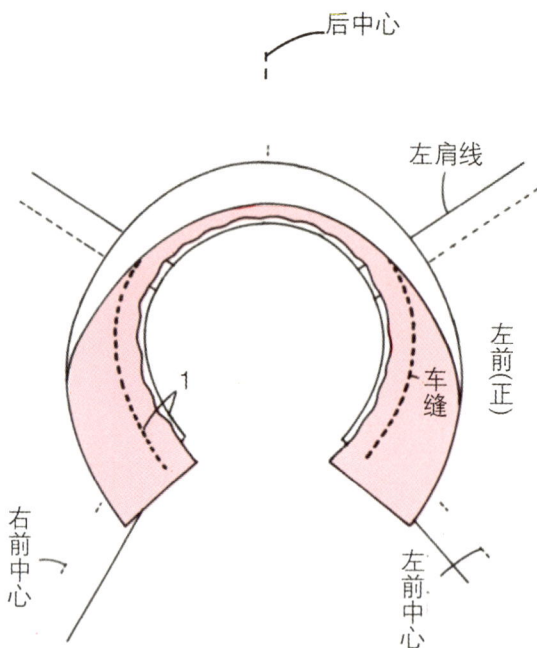

后中心

左肩线

左前（正）

车缝

1

右前中心

左前中心

4　折叠斜条，使其包住缝头，从正面用漏落缝缝合
滚边边缘。

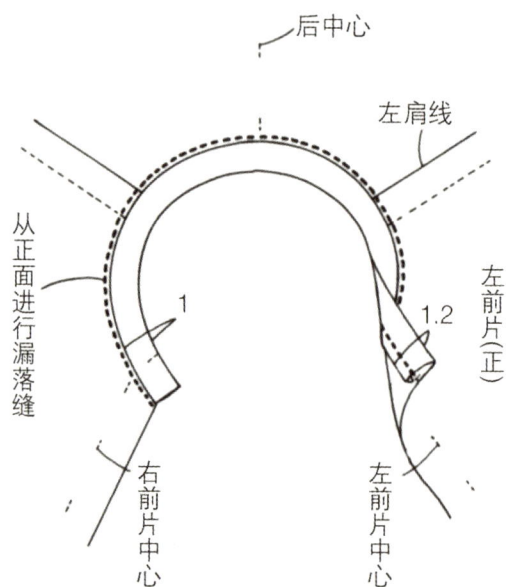

后中心

左肩线

从正面进行漏落缝

1

左前片（正）

1.2

右前片中心

左前片中心

婴儿睡衣

这种睡衣穿在新生儿时期的婴儿裙里面。对于夏季出生的婴儿，可用通风性好的棉材料将它做成婴儿裙穿在内衣衬衫外面。

为了使从刚出生的婴儿到3个月大小的婴儿都能穿着，用60 cm的原型画样板。由于这个时期换尿布次数频繁，与婴儿裙一样，也采用前开口。衣长比婴儿裙长缩短 5 ~ 10 cm。

婴幼儿尺寸　　　　　　　　　　　　单位/cm

1	身高	50		60		70	
	参考月龄（月）	0	1	3	6	12	
5	胸围	33		42		45	
	★1	衣长比婴儿裙长缩短 5 cm 左右					

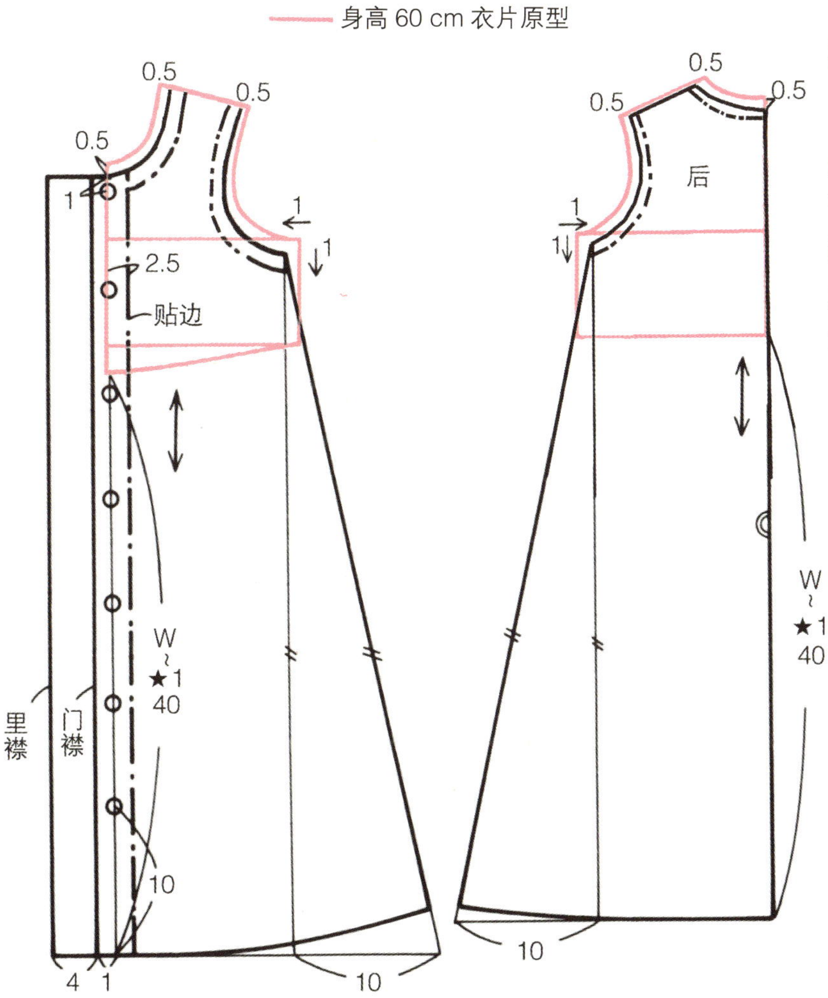

—— 身高60 cm 衣片原型

缝制顺序和要领

按照与婴儿裙相同的顺序，车缝侧缝、肩缝、前开口、裙摆、领圈、袖窿装贴边。由于领圈、袖窿处弧度较大，照衣片纸样裁剪贴边布，漂亮地完成弧线部分。使用斜裁布料时，为使弯曲部分的外围符合纸样形状，用熨斗拉伸之后再用。

87

来去缝

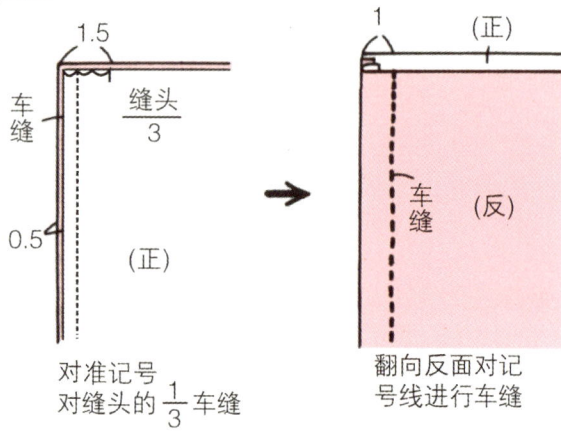

1.5

车缝

缝头
3

0.5

(正)

对准记号
对缝头的 $\frac{1}{3}$ 车缝

1

(正)

车缝

(反)

翻向反面对记
号线进行车缝

折边缝

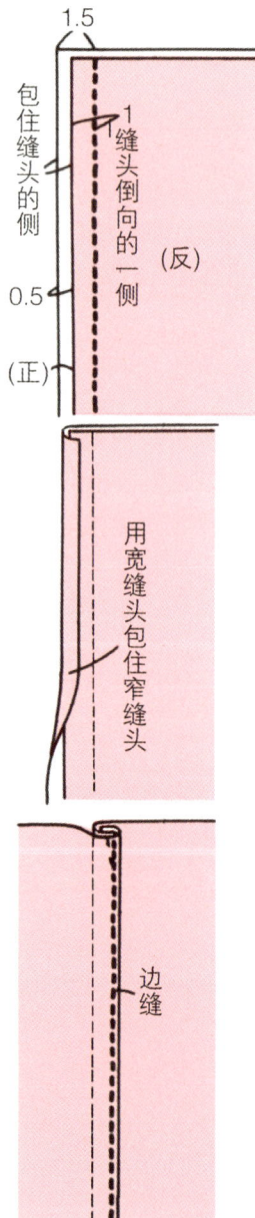

1.5

包住缝头的一侧

1 缝头倒向的一侧

(反)

0.5

(正)

用宽缝头包住窄缝头

边缝

袖窿贴边布用斜条时

1　用熨斗拉伸弯曲部分的外圈，
　　使其符合纸样形状。

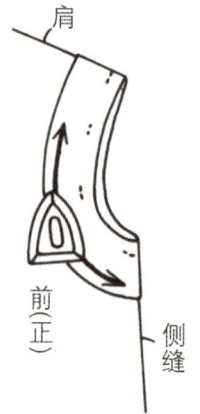

肩

前(正)

侧缝

2　使斜条布料的直丝缕对准贴
　　边处侧缝，缝合，劈开缝头。
　　缝合袖窿，对弯曲度大的地
　　方打刀眼，翻向大身反面。

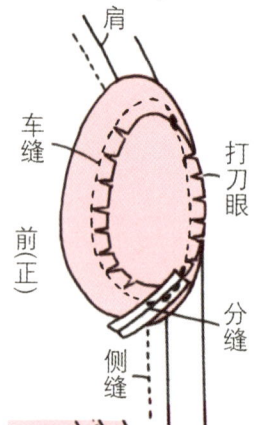

肩

车缝

前(正)

打刀眼

分缝

侧缝

3　缝头倒向贴边，在贴边布的
　　边缘压边缝。

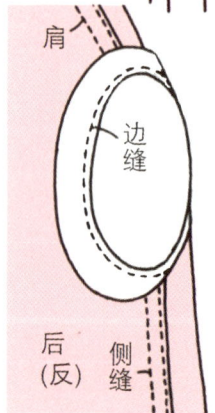

肩

边缝

后
(反)

侧缝

4　用贴边布将缝头包成 1 cm
　　宽，边缝。

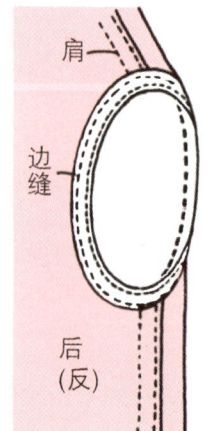

肩

边缝

后
(反)

新生儿时期的内衣衬衫

考虑到新生儿时期胸部变化的情况，为使刚出生到 12 个月的婴儿都能穿着，用身高 60 cm 的原型。使用棉的针织面料。

加宽里襟叠门，使其能调节因成长而需要增加的围度。衣长应使下摆不至于卷入尿布。根据出生季节的不同，可将袖长定为 3 分袖、5 分袖、8 分袖。无袖的情况请参照婴儿裙。

纸样的制作方法和裁剪方法

做身高 60 cm 的前片大身原型，其上片重叠后片大身，画领圈和下摆线。

1 图 画前后衣片

胸部放松量定为 4 cm。由于原型的胸部已有 8 cm 的放松量，在胸围线上收进差值 4 cm 的 1/4（A），重新画侧缝线。延长侧缝线。从腰围线标出上裆尺寸（13 cm），作为上衣长。向左做直角线，直到中心线，作为后片下摆线。从侧缝线向右延长下摆线，延长量为下摆线的 1/2 ~ 1 cm，并将直线与腰围线的侧缝处相连，作为侧缝线。在此线上重新测量侧缝长，画后片下摆线。加上前下移量画前片下摆线。

在胸宽线上，将原型袖窿收进 1/6 的点与前领圈 1/2 向上 1 cm 的点用直线连结，向上延长这条线直到后领圈，向下到侧缝用曲线连结，作为袖窿线。将前后领圈挖进 0.5 cm，在前中心放出 1 cm 的门襟叠门量，与前中心平行地画叠门线，直到下摆。从前中心平行地放出 2 cm 的里襟叠门量，画叠门线直到下摆。

参考尺寸和算出尺寸

除月龄外的数字单位为 cm

	参考年龄（月）	0	13	12	18
1	身高	50	60	70	80
5	胸围	33	42	45	48
16	袖长	–	18	21	25
19	掌围（a）	–	11	12	13
24'	上裆	–	(13)	14	15
	前片原型袖窿	–	10.8	11.6	12.4
	后片原型袖窿	–	10.4	11.0	11.8
A	胸部放松量 = $\dfrac{原型胸部放松量}{4}$ = -1		根据胸部放松量变化		
D	袖山高 = 前后片原型袖窿 × 0.3	–	6.8	6.8	7.3
★1	袖宽 = 前片原型袖窿 + A	–	10.6	10.6	11.4
★2	袖口 = $\dfrac{掌围 + 4}{2}$	–	8	8	8.5
★3	D × 0.4	–	2.7	2.7	2.9

（ ）内为推算尺寸

1图

2图

— 60 cm 前衣片原型
-- 60 cm 后衣片原型
放松量 B+4

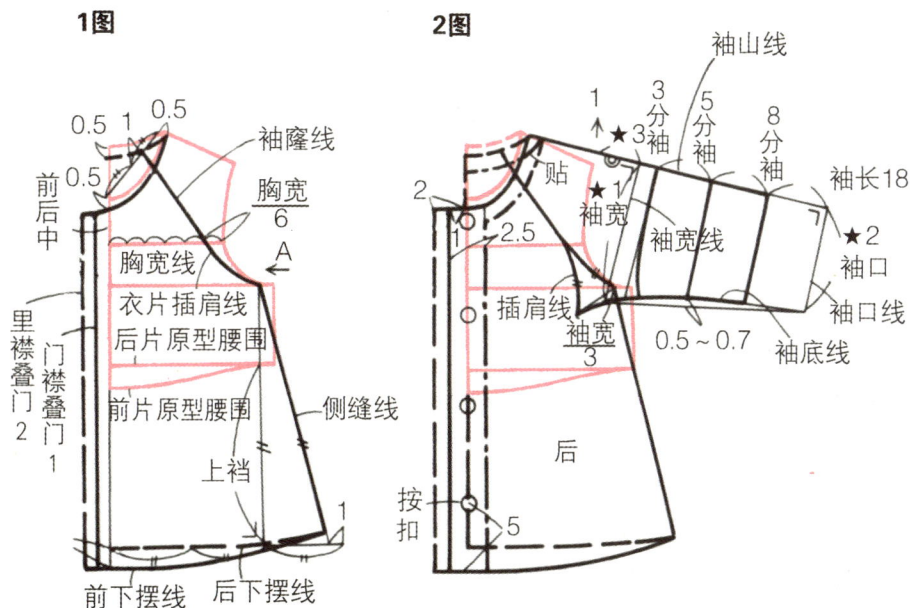

2 图 画插肩袖

　　将肩点上抬 1 cm，与颈点用直线相连，延长此线，作为袖山线，做袖长记号，在记号点画直角线，在直角线上标出袖口尺寸（★ 2），作为袖口线。

　　在袖山线上，从抬高 1 cm 的点标出袖山高（★ 3）。向下画直角线，标出袖宽（★ 1），与袖口用直线连结，挖进 0.5 ～ 0.7 cm，用曲线画袖底线。从袖窿侧缝标出 $\dfrac{袖宽}{3}$，作为交差量，画袖片插肩线，适当调节交差量的方向和弯曲程度，使装袖尺寸与大身袖窿尺寸相同。

　　分别把袖长的 1/4、1/2、3/4，定为 3 分袖、5 分袖、8 分袖。

　　在领圈贴边线、叠门的贴边线及按扣位置做记号。

放缝和裁剪方法

　　前后片在肩部连在一起裁剪。

　　按以下方法放出插肩线缝头，前片大身袖窿放 0.6 ～ 0.7 cm，前袖装袖线处放 1.5 ～ 1.7 cm 缝头。

　　后片大身袖窿放 1.5 ～ 1.7 cm，后袖装袖线处放 0.6 ～ 0.7 cm 缝头。

　　侧缝和袖底线的前片放 0.6 ～ 0.7 cm，袖底的后片放 1.5 ～ 1.7 cm，袖口和下摆放 2 cm，领圈和领贴边放 1 cm，叠门贴边放 1 cm 的缝头。

缝制顺序和要领

1　缝合插肩线

1–1　将前片大身和前袖正面朝里对叠，车缝。

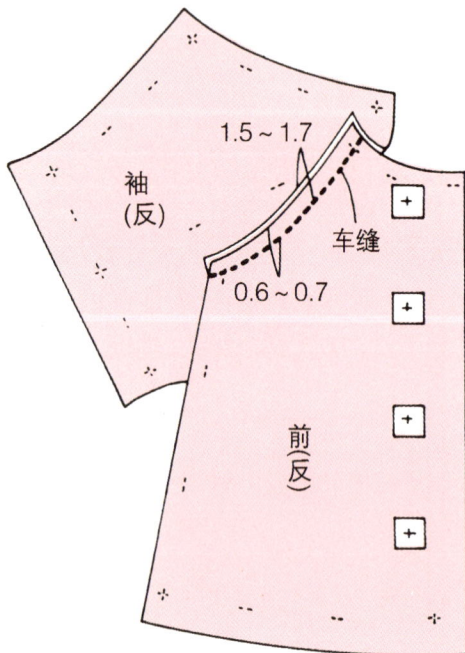

1–2　用袖片缝头包住大身缝头，缝头倒向大身，折边缝。将后片大身与后袖片正面朝里对叠，车缝。

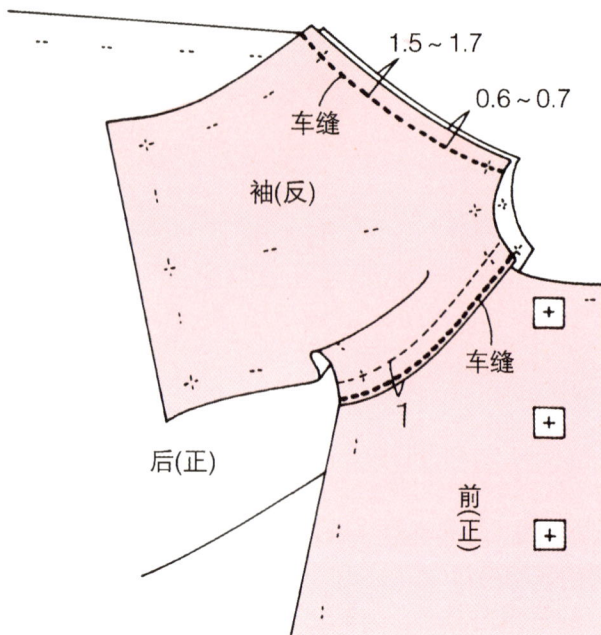

1–3　用大身缝头包住袖片缝头，缝头倒向袖片一侧，折边缝。

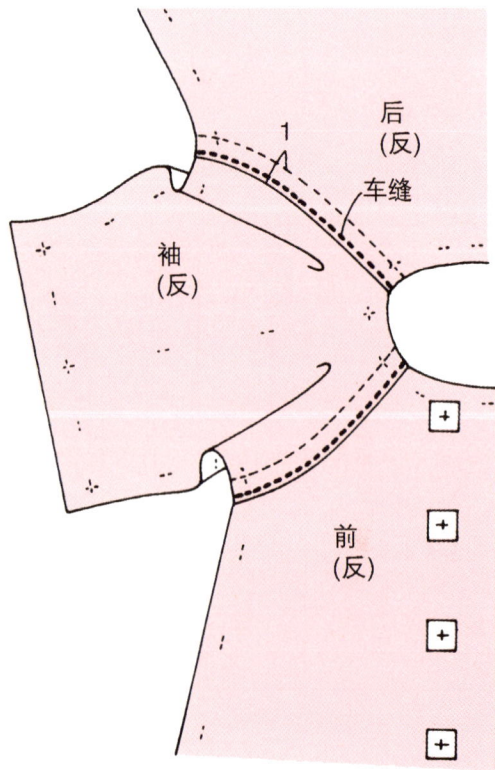

1–4 将前袖底点与后袖底点正面朝里对叠，连续车缝
    侧缝到袖底。

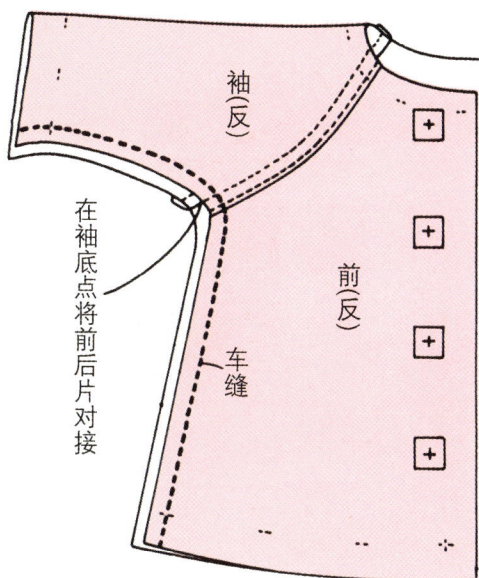

袖(反)

前(反)

在袖底点将前后片对接

车缝

1–5 用后片缝头包住前片缝头。将连在一起的部分的
    缝头用熨斗拉伸。缝头倒向前片，折边缝。

1–6 将袖口折三次，分别为 0.5 cm 和 1.5 cm，边缝。

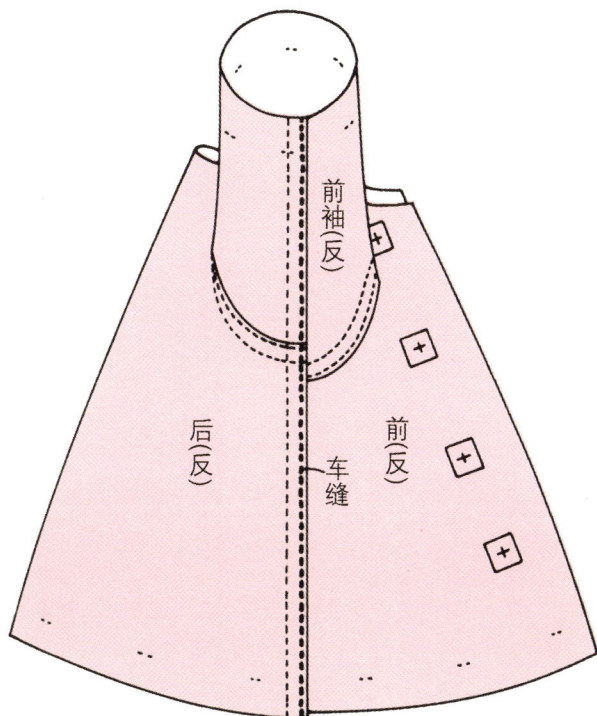

前袖(反)

后(反)

前(反)

车缝

2 下摆的处理

与婴儿裙相同（参照第 77 页）。

3 在领圈处装贴边布

3–1 将前叠门贴边翻向反面，其上放上领圈贴边布，
    并将其车缝在领圈上。

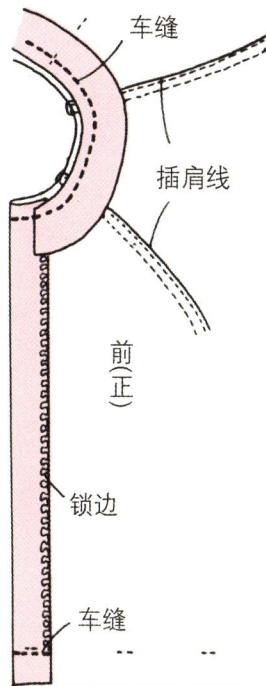

车缝

插肩线

前(正)

锁边

车缝

3–2 用贴边包住缝头，边缝。

3–3 对前叠门贴边反面进行边缝。

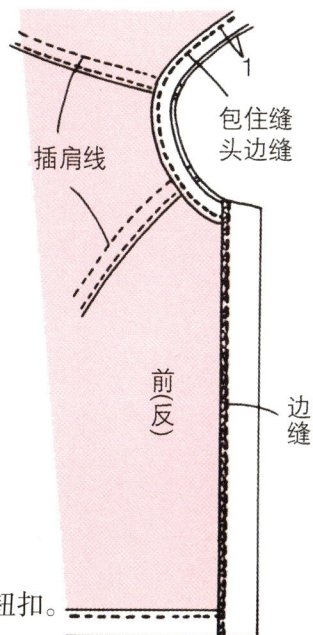

1

包住缝头边缝

插肩线

前(反)

边缝

4 完成

装上按扣和装饰用钮扣。

娃娃服 A

　　婴儿穿的很多衣服都是用伸缩性好的材料做成的。伸缩性对婴儿的运动是必不可少的。

　　A 是衬衫和灯笼短裤连在一起的娃娃服。

　　A-1 是用伸缩性好的材料制作时的样板，A-2 是用没有伸缩性的材料（如条格花布等通风性好的材料）制作时的样板。只对 A-1 做缝制方法的说明。

　　B 是短袖衫和裤子连为一体的、适合男孩穿的娃娃服。

　　C 是在灯笼短裤上装挡胸布和背带的款式。

　　这里列出了以上 3 种样板的画法和做法。

　　由于这些娃娃服大多是在婴儿头部稳定后穿着，所以使用身高 70 cm 以上的原型。因为这个时期的婴儿还需要尿布，第 93 页的参考尺寸表也考虑了这一点。

A-1伸缩性的材料

―――― 身高70cm衣片原型
―――― 身高70cm灯笼短裤原型

放松量　B+8

按延伸方向裁剪
滚边宽1
2.5
1
前
2 重叠
贴边
3
1.5　2.5
1.5　1
穿松紧带抽成28
（大腿根围+2）

滚边宽1
1
后
2 重叠
贴边
1
1.5
1　2.5
0.5　1.5

A-2(没有伸缩性的材料)

―――― 身高70cm衣片原型
―――― 身高70cm灯笼短裤原型

放松量　B+12

滚边宽1
2.5
1
1
前
贴边
臀围线
1.5　2.5
3　1
1.5　1
2
穿松紧带抽成28

纸样的做法

A-1 使用伸缩性好的材料时

　　准备好身高 70 cm 的衣片原型和灯笼短裤基本型。将前后衣片原型和灯笼短裤在侧缝处重叠 2 cm，重新画侧缝线。（可根据布料伸缩性调节）与领圈平行地画 1 cm 宽的竖领。

　　在前中心放出 1 cm 宽的叠门量，从叠门到下裆画贴边线。标出钮扣位置。

　　在后片下裆放出 2.5 cm 的里襟量，标出钮扣位置。在裤口处穿松紧带，并画贴边线。

A-2 使用没有伸缩性的材料时

　　把身高 70 cm 的衣片原型和灯笼短裤的基本型在侧缝处上下接在一起画。

　　由于胸部放松量比原型多出 4 cm，把此值的 1/4（即 1 cm）在前后片的胸围处放出。

　　前后片都在臀围处放出 2 cm，与胸围线用直线连结，作为侧缝线。其他部分的纸样与 A-1 相同。

娃娃服的参考尺寸表

单位 /cm

1	身高	60	70	80	90	100
8	腹围（腰围）	40	42	45	47	50
11	臀围	41	44	47	52	58
16	袖长	18	21	25	28	31
17	臂围	14	15	16	16	17
21	大腿根围	25	26	27	30	32
24	上裆	(13)	14	15	16	17
算出的尺寸	胸部放松量		16			
	腰带宽 =$\frac{上裆}{6}$	2.2	2.3	2.5	2.7	2.8
	裆宽 =$\frac{上裆}{6}$	3.3	3.5	3.8	4	4.3

（ ）内为推算尺寸

A-1 放缝和裁剪方法

　　由于伸缩性好的材料容易绽线，请照下图放缝头、裁剪，并对侧缝和肩进行锁边。

　　裁剪领圈滚边布时，布料延伸性好的方向与领圈方向要一致。

　　叠门贴边布与大身连在一起裁剪。

　　裤口贴边布与裤口连在一起裁剪，裤口弯曲形状用熨斗拉伸而成。

A-1 放缝和裁剪要领

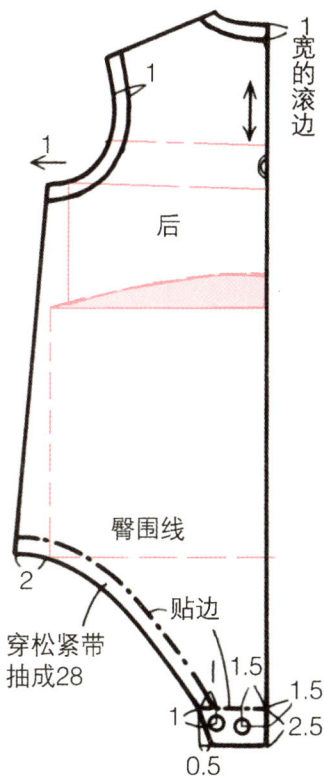

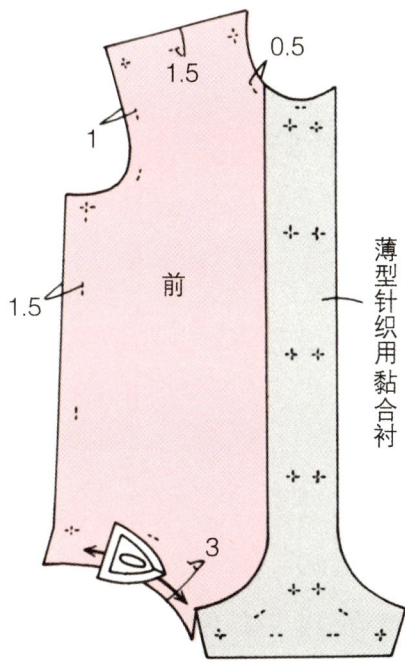

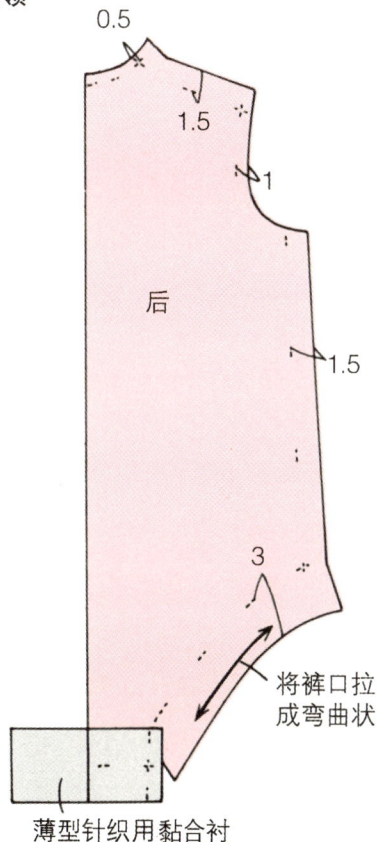

93

A-1 缝制顺序和要领

1 缝合肩缝

缝合前后片肩缝, 女孩的缝头倒向前片、男孩的缝头倒向后片。

2 缝合侧缝

与肩缝相同地缝侧缝, 在裤口处顺滑地穿上松紧带, 缝头边缘加以车缝固定。

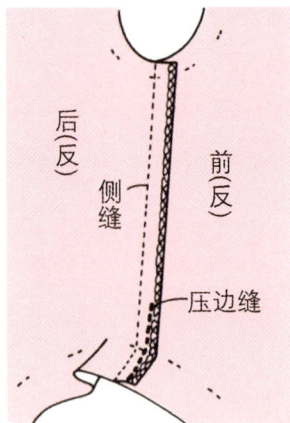

后(反)

侧缝

前(反)

压边缝

3 缝下裆开口

3-1 从反面缝前片下裆开口的贴边部分。将裤口缝头剪成 1.2 cm 宽, 锁边, 翻向反面。将贴边部分翻向正面。

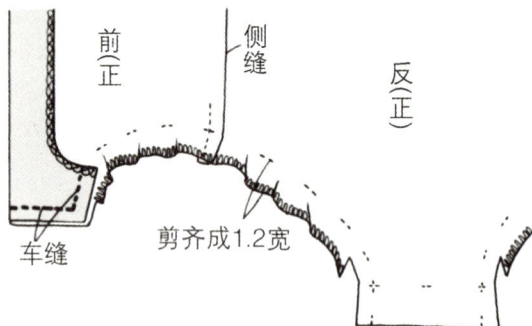

前(正)

侧缝

反(正)

车缝

剪齐成1.2宽

3-2 对裤口缝头进行边缝。穿上松紧带, 并把松紧带抽到大腿根围 + 2 cm, 在图位置对前后片松紧带进行固定。

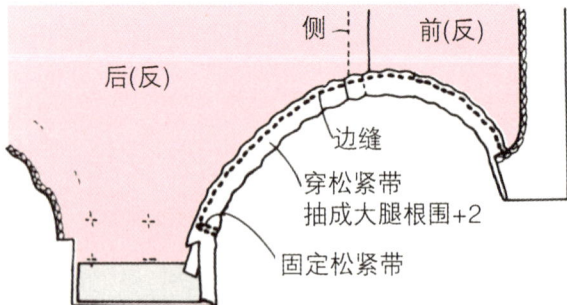

后(反)

侧

前(反)

边缝

穿松紧带
抽成大腿根围+2

固定松紧带

3-3 将后片下裆的里襟部分翻向反面, 边缝。贴边边缘用边缝固定在大身上。

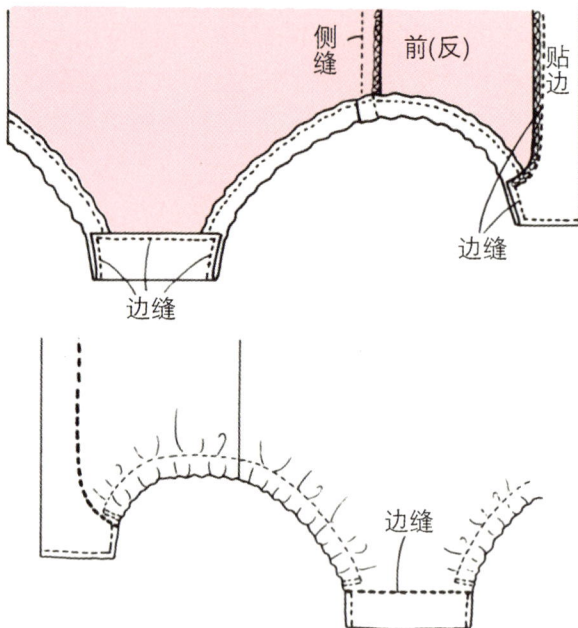

侧缝

前(反)

贴边

边缝

边缝

边缝

4 领圈及袖窿的处理

在领圈及袖窿处装 1 cm 宽的滚边。(参照第 86 页) 在叠门及下裆处装上圆扣子。

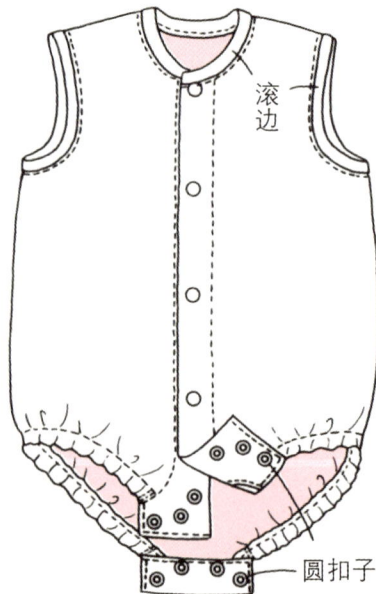

滚边

圆扣子

娃娃服 B

这是一款由素色面料与花格面料组合起来的、看上去像短袖衫和裤子的娃娃服。其主要特点是贴边缝上装饰性的领带。

这里上下都用高档棉织物或条格花布等通风性好的棉材料，如果上面用条格花布、灯笼短裤用棉针织面料，就成了上身凉爽、灯笼短裤又便于运动的娃娃服了。

纸样的做法

把身高 70 cm 的前后衣片原型和灯笼短裤基本型在侧缝处上下衣片连在一起画。由于胸部放松量定为 12 cm，把它与原型放松量的差 4 cm 的 1/4（即 1 cm），分别在前后片放出。灯笼短裤的前后片都在臀围线放出 5 cm，重新画侧缝线。

后衣片

在后中心腰围线向上标出 2 cm，画腰围线。重新画腰围线，使之与侧缝线呈直角。在侧缝线上标出臀围线向上 1 cm 处，并与裤口线相连。标出下裆向下 2 cm 处，并画里襟量。在裤口处标 1 cm 的贴边宽，画贴边线。

在领圈处画贴边线。分别画 0.1 cm 和 0.8 ~ 0.9 cm 的缉线宽。在腰围线的灯笼短裤一侧画距 0.1 cm 和 0.8 ~ 0.9 cm 的缉线宽。

前衣片

前中心线上衣腰围线的基准线向上标出 2 cm，画腰围线直到侧缝。参照纸样，在重要位置做记号，重新画腰围线。

沿领圈 3 cm 处画领。沿领线画领圈的贴边线。

在侧缝线上标出后侧缝长、与直线连结腰围线与裤裆处，重新画裤口下挖线。画下裆贴边线。在领的周围和腰围线的灯笼短裤一侧分别画 0.1 cm 和 0.8 ~ 0.9 cm 的缉线宽。

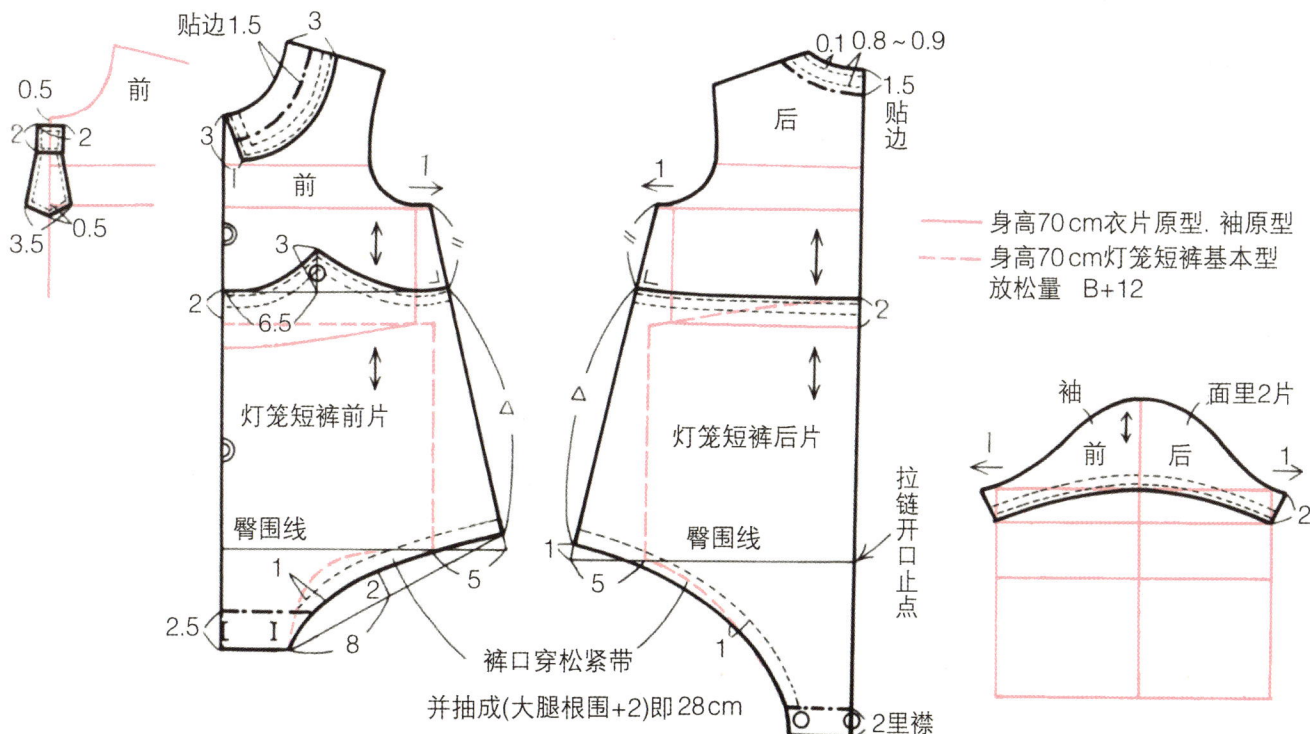

—— 身高70 cm衣片原型. 袖原型

---- 身高70 cm灯笼短裤基本型 放松量 B+12

95

画装在胸前的领带，标出下裆及前腰钮扣位置，在后中心处标出拉链开口止点。

袖

画身高 70 cm 的袖原型。

把在大身中放出的胸围量 1 cm 分别在前后袖片的袖宽线上放出，在原型袖底线上标出袖底 2 cm，画袖底线。通过袖宽线用曲线连结，作为袖口线。袖里和袖面用相同的纸样，所以各裁 2 片。在袖口处画 0.1 cm 和 0.8 ~ 0.9 cm 的缉线宽。

缝制顺序和要领

缝制前，先对裤口贴边布的边缘进行拉伸。

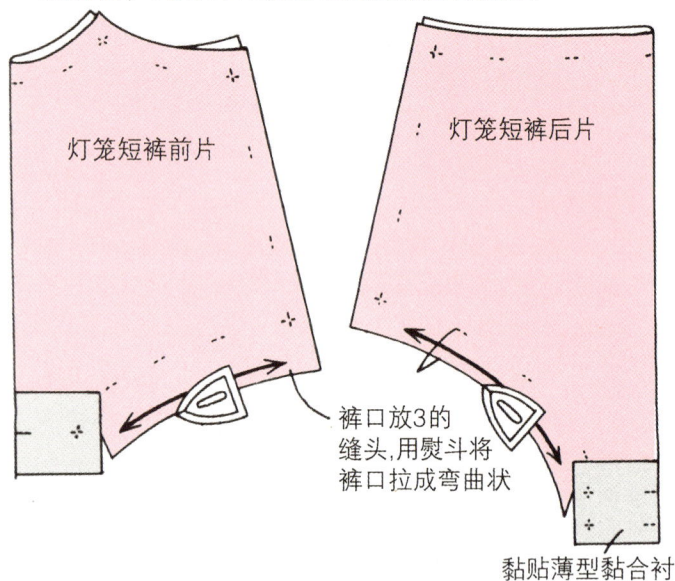

灯笼短裤前片

灯笼短裤后片

裤口放3的缝头，用熨斗将裤口拉成弯曲状

黏贴薄型黏合衬

1 缝合大身和灯笼短裤

1–1 将灯笼短裤腰围线的缝头按照制成线进行折叠，并放在衣片上，缉线。

1–2 折叠领带的周围，用边缝将其镶嵌在前衣片上。

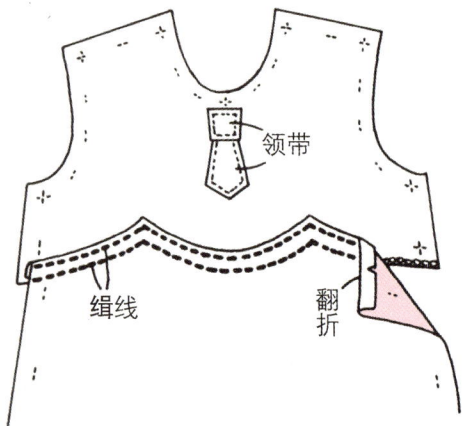

领带

缉线

翻折

2 做领（参照第 74 页）

在前领圈上装领（参照第 81 页）。

3 处理领圈和开口

3–1 在后领圈上装贴边、缝后领圈。

3–2 缝合前后肩，直到领圈，肩线缝头倒向后片大身。

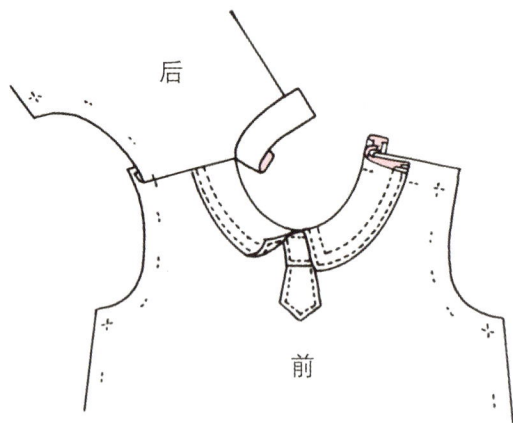

后

前

3–3 将后领圈贴边翻向反面。对缝头边缘进行锁边。与肩相同地缝侧缝。

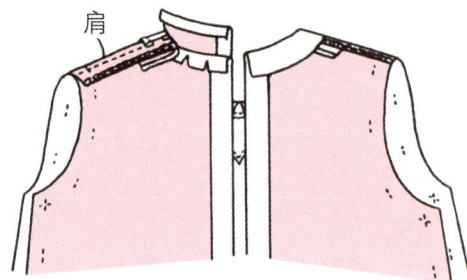

肩

3–4 在后中心装拉链。参照基础缝纫篇（下）。

3–5 用贴边包住后领圈缝头、并缉线对贴边进行固定。

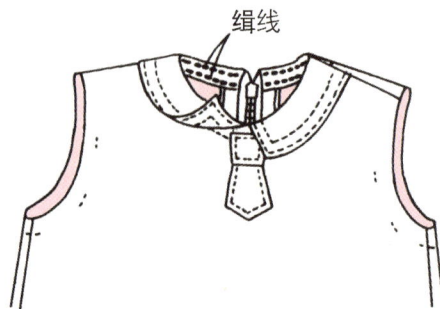

缉线

4　做袖

4-1　在袖口缝合袖面和袖里，翻向正面。

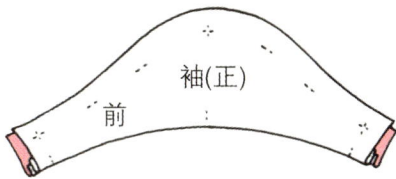

袖(正)

前

4-2　连续地缝合袖面和袖里的袖底，劈开缝头。

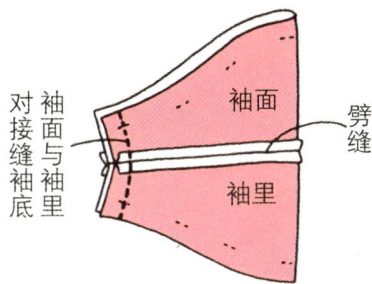

对接缝袖面与袖里
袖面
袖里
劈缝

4-3　翻向正面，对袖口缉线。将袖面和袖里叠在一起，抽装袖线，使之与衣片袖窿尺寸相符。

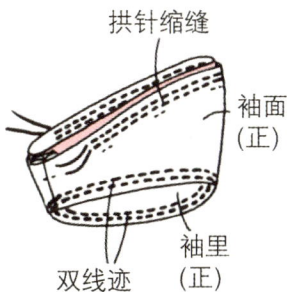

拱针缩缝
袖面(正)
双线迹
袖里(正)

5　缝下档

5-1　用熨斗对裤口进行拉伸，修整裤口处不整齐的缝头宽，三折缝、在裤口处穿松紧带。

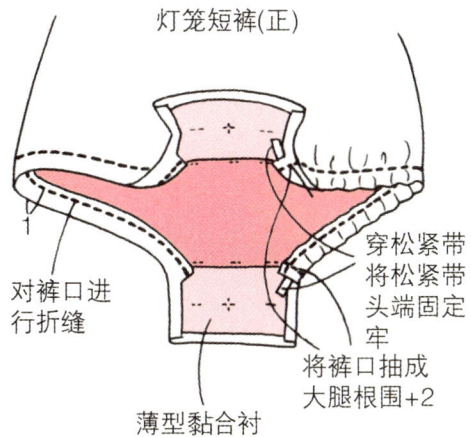

灯笼短裤(正)

1
对裤口进行折缝
薄型黏合衬
穿松紧带
将松紧带头端固定牢
将裤口抽成大腿根围+2

5-2　翻折前片贴边及后片里襟，周围压边缝、装上圆扣子。

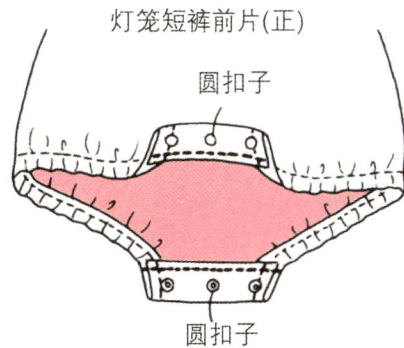

灯笼短裤前片(正)

圆扣子

圆扣子

6　装袖

装袖（参照 77 页）。在肩部放 1 cm 的缝头、将袖底缝头修齐成 0.6 ~ 0.7 cm，并锁边。

肚兜背带裤 C 和无扣短上衣

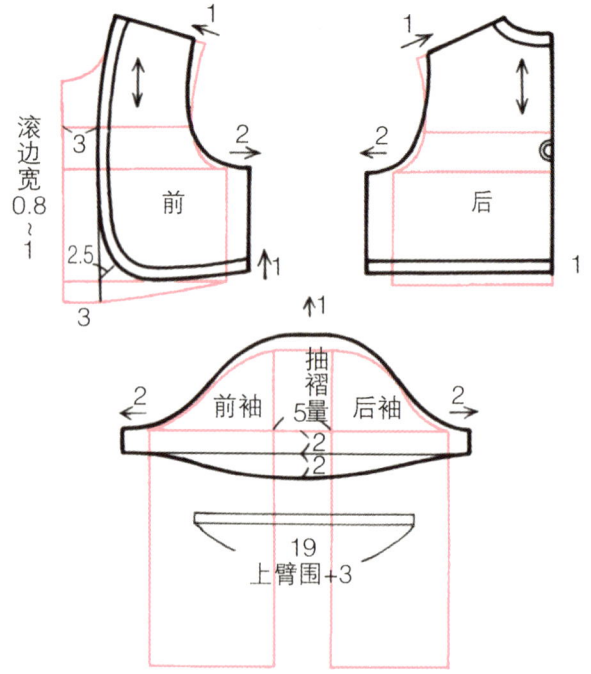

滚边宽
0.8
~1

前

后

3

2.5

3

1

2

1

2

1

1

↑1

抽褶
5量

前袖　后袖

2

2

2

2

19

上臂围+3

在袖山处剪开5cm的抽褶叠画袖原型

━━━ 身高90cm的衣片原型·袖原型
╌╌╌ 身高90cm的灯笼短裤基本型
放松量　B+16

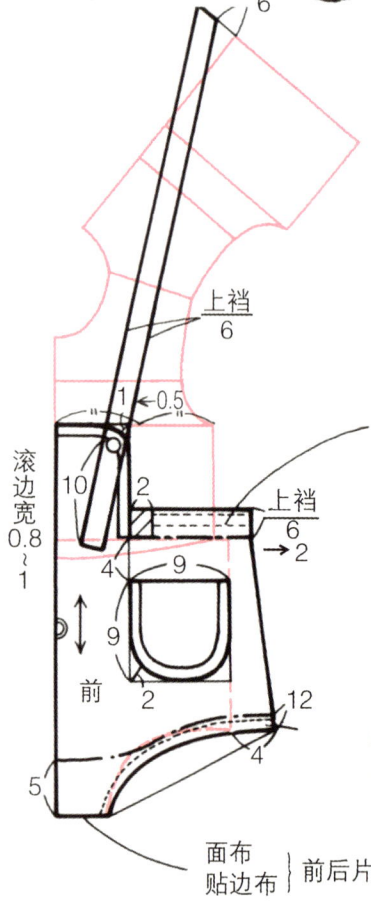

上裆
6

上裆
6

上裆
6
→2

滚边宽
0.8
~1

1 ← 0.5

10

2

4

9

9

9

前

2

12

4

5

穿松紧带并抽成比腰
围尺寸大2~3

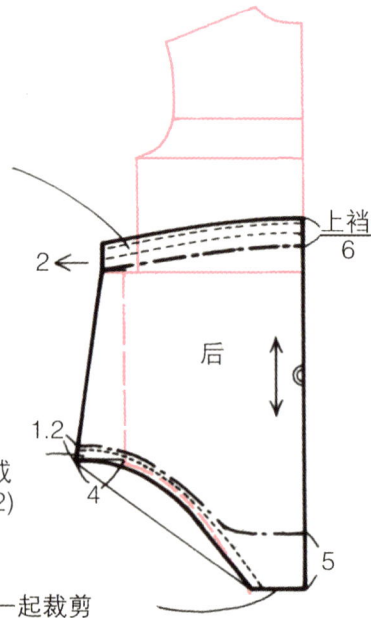

辑宽的线并抽成
30(大腿根围+2)

上裆
6

2

后

1.2

4

5

面布
贴边布 } 前后片在下裆处连在一起裁剪

袖原型的画法

身高90cm

袖山高
=衣片袖窿×0.3

前袖装袖基准线　后袖装袖基准线

袖长28

---

x 为规定尺寸

$$\dfrac{臀围+16(放松量)}{2}$$

x 2

前　　后

上裆+2(松量)

臀围线

上裆×$\dfrac{3}{4}$

x 1

与后裆宽尺寸相同

裆宽=上裆×$\dfrac{1}{4}$

对于那些到6个月还需要用尿布的所有婴儿，这种娃娃服和无扣短上衣的组合是夏季日常服中非常便利的一种服装。

在夏日气温下，里面可以配上背心衫或T恤衫、女衬衫等。如果使用棉材料，则吸汗性优良、穿着舒适，但选用棉所占比例多的、棉与合成纤维混纺的材料也不错。由于大多与敏感的肌肤直接接触，选择材料时要充分注意。选择不同的材料，这种款式可广泛应用于日常服到外出服的多种场合。如果用白色的棉料凸纹布或棉料缎子布、上等的针织面料等做成，又可用作外出服，如用棉针织面料做成日常服，既穿着方便，又易于照料。也可使用可爱的印花面料。

挡胸布和口袋周围装上滚边。

胸部装上2段松紧带，此时，松紧带尺寸比腰围实际尺寸大3～4cm，则不会对腹部产生压力。

裤口处装贴边布、并穿上松紧带，使裤口尺寸略大于大腿根围（大腿最胖的地方）。

肚兜背带裤和无扣短上衣的参考尺寸　单位/cm

1	身高	60	70	80	90	100
8	腹围（腰围）	40	42	45	47	50
11	臀围	41	44	47	52	58
16	袖长	18	21	25	28	31
17	上臂围	14	15	16	16	17
21	大腿根围	25	26	27	30	32
24′	上裆	(13)	14	15	16	17
算出的尺寸	胸部放松量	16				
	腰带宽=$\dfrac{上裆}{6}$	2.2	2.3	2.5	2.7	2.8
	裆宽=$\dfrac{上裆}{6}$	3.3	3.5	3.8	4	4.3

（　）内为推算尺寸

放缝和裁剪方法

放缝请参考下图。为了使下裆缝纫整齐，前后片连在一起裁剪。

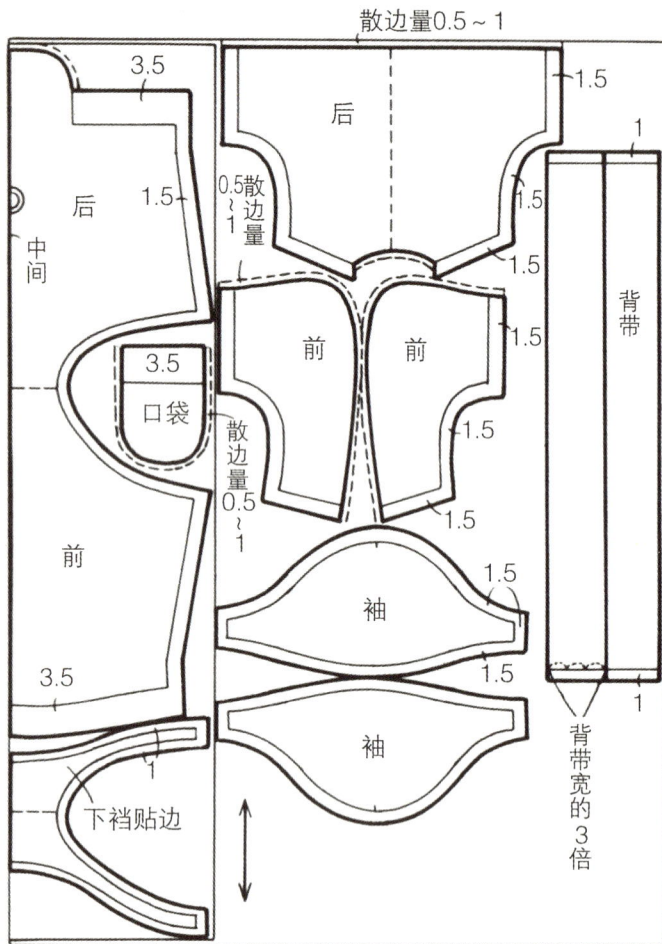

滚边的裁法

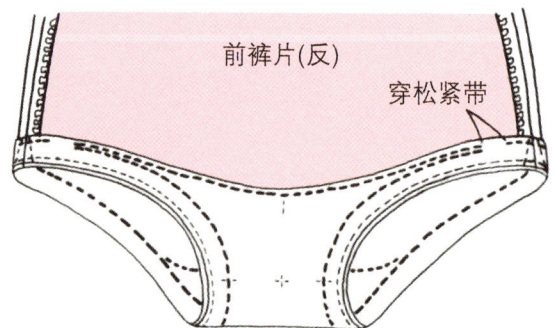

肚兜背带裤的缝制顺序和要领

1　缝下裆和侧缝

1–1　将贴边布正面朝里与裤口对叠，车缝裤口，对缝头打刀眼。

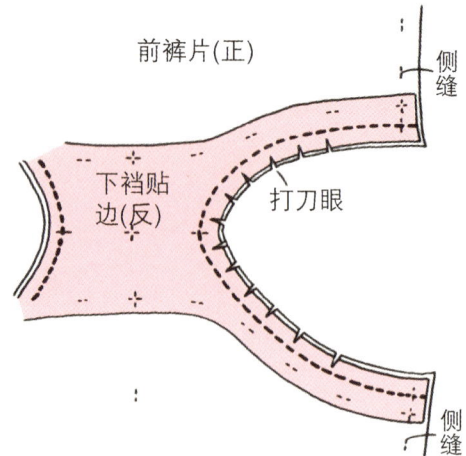

1–2　将贴边布翻向正面，缝头倒向贴边，压边缝。

1–3　连续车缝侧缝线直到贴边。

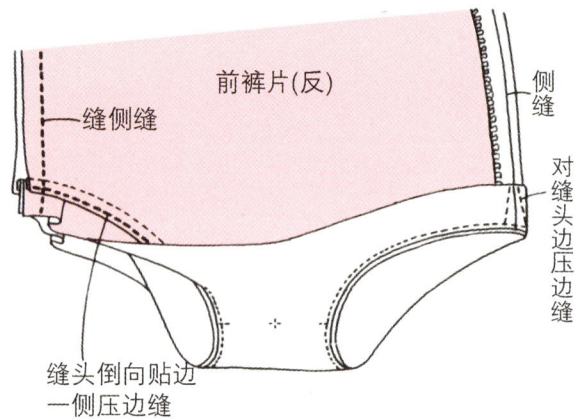

1–4　留出穿松紧带的口、对裤口与贴边布边缘绱线，穿松紧带。

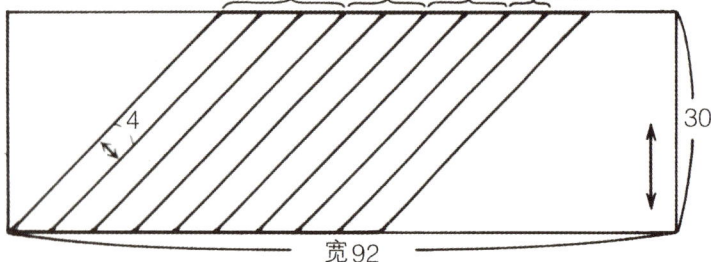

2 缝挡胸布和腰

2–1 在挡胸布的贴边布上黏贴黏合衬。

挡胸布
(反)贴边布

黏合衬

2–2 将贴边布与挡胸布正面朝外对叠，周围用大头针固定。

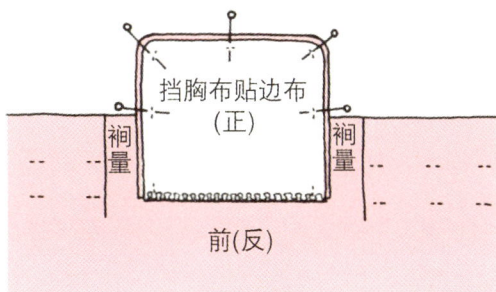

挡胸布贴边布
(正)

祠量

祠量

前(反)

2–3 用斜条包住挡胸布周围。打刀眼，直到腰围线。

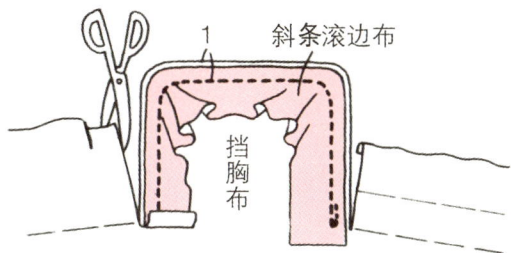

斜条滚边布

1

挡胸布

2–4 对斜条布进行疏缝。将腰部缝头折3次，缉线，穿上松紧带。对松紧带的头端固定牢。

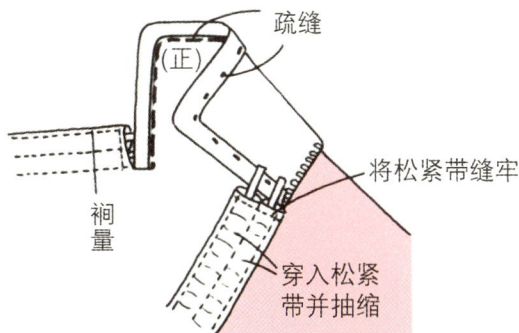

疏缝

(正)

将松紧带缝牢

祠量

穿入松紧带并抽缩

2–5 折叠祠量，在滚边缝道边缘用漏落缝加固。

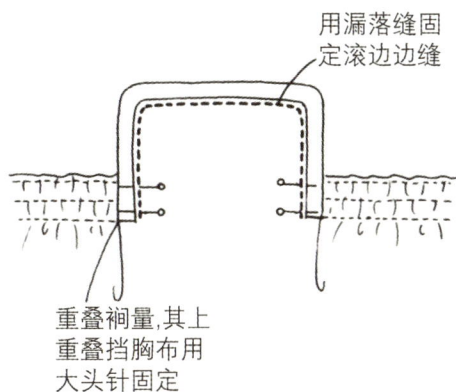

用漏落缝固定滚边边缝

重叠祠量，其上重叠挡胸布用大头针固定

3 缝背带

缝背带，将其装在后腰处。装钮扣，在挡胸布上挖扣眼。

4 装口袋

将袋口三折缝，在周围装滚边，用漏落缝装在大身上。

无扣短上衣的缝制顺序和要领

1 缝前后片肩部和侧缝

将大身正面朝里对叠，缝肩线、侧缝线，劈开缝头，对缝头边缘锁边。

2 做滚边

从裤口到领圈用斜条布做成滚边。

3 做袖、装袖

3–1 缝袖底、劈开缝头、对缝头边缘锁边。

3–2 抽袖口，把缝头用滚边处理。

3–3 抽袖口，装袖。对离开装袖缝道0.5 cm的缝头再次进行车缝、将袖窿和袖山缝头2片一起锁边。

短披肩和裤子

（身高 90 cm）

这是一款适合 6 个月到 24 个月婴儿穿的、便利的日常装。

使用不同的材料，它可用作日常服、外出服、而且它适用于除盛夏以外的任何季节。

选用薄的棉材料做披肩，可适用于夏季外出时有冷气设备的环境。选用法兰绒或针织面料等保暖性好的材料，又适用于冬季外出时穿着。尽管做成不装里布的款式很实用，如用棉法兰绒或薄天鹅绒等，或防滑布料再装上里布穿起来就更保暖。

在将披肩做成不装里布的款式时，对披肩周围三折缝；做装里布的款式时，将面布和里布正面朝里对叠，缝合周围后翻向正面，缉 1 cm 宽的线。

为防止裤子缝头散边，对其进行锁边，再进行绕针，然后翻折腰带，加以车缝，穿上松紧带。

婴幼儿尺寸表

单位 /cm

身高	60	70	80	90	100
袖长	18	21	25	28	31
腹围（腰围）	40	42	45	47	50

身高90cm婴儿裤基本型

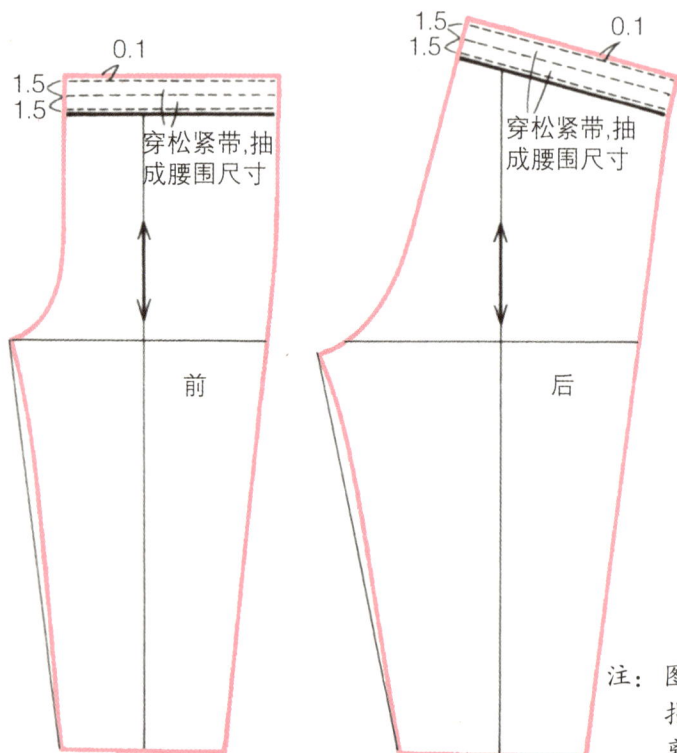

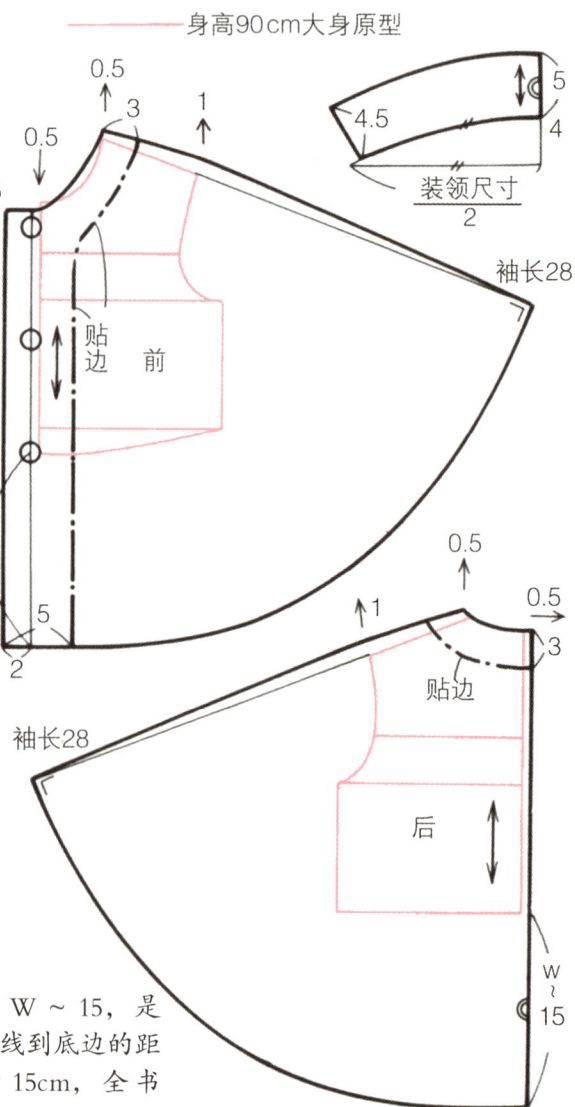

身高90cm大身原型

装领尺寸
2

袖长28

0.5

穿松紧带,抽成腰围尺寸

前

穿松紧带,抽成腰围尺寸

后

贴边 前

W~15

5

2

袖长28

贴边

后

W~15

注：图中 W ~ 15，是指腰线到底边的距离为 15cm，全书同。

放缝和裁剪方法

　　披肩　肩、下摆 2 cm、其他 1 cm 裁好肩线后，对缝头边缘锁边。叠门贴边连在大身上裁剪。

　　裤子　腰部贴边量 3.5 cm，下摆 2.5 cm，其他 1cm。裁好后，对所有的缝头边缘锁边。

缝制顺序和要领

披肩

1　做领

1–1　在领里上黏贴黏合衬。

1–2　把领面和领里正面朝里对叠，周围进行车缝。领面在记号线外侧 0.1 cm、领里在记号线内侧 0.1cm，车缝。

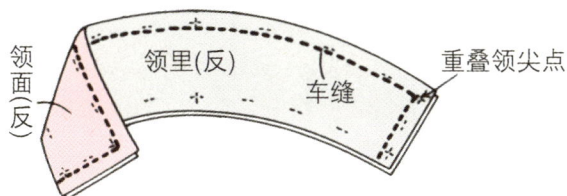

1–3　翻向正面，从领里一侧用熨斗修整领型。

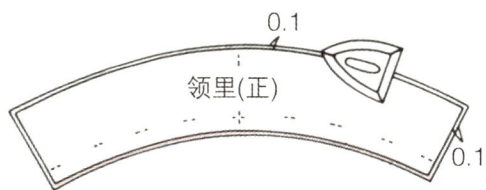

1–4　对周围绲 1 cm 宽的线。

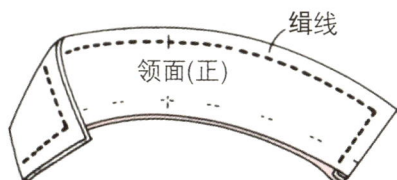

2　缝合肩缝

　　缝合前后肩，劈开缝头，锁边。

3　在贴边上黏贴黏合衬

　　从前叠门到领圈贴边都黏贴黏合衬。在领圈反面黏贴黏合衬。

4　装领

4–1　缝合前片贴边肩部与后片领圈贴边肩部。并对贴边边缘锁边。

4–2　将领面放在大身领圈上、疏缝。

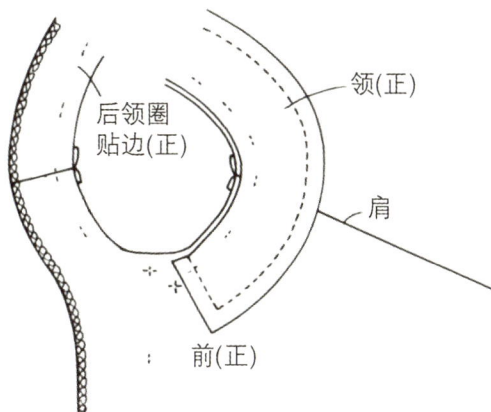

4–3　从前叠门止口开始，将前后贴边正面朝里翻折、缝装袖线。

4–4　对前叠门贴边下摆进行车缝。

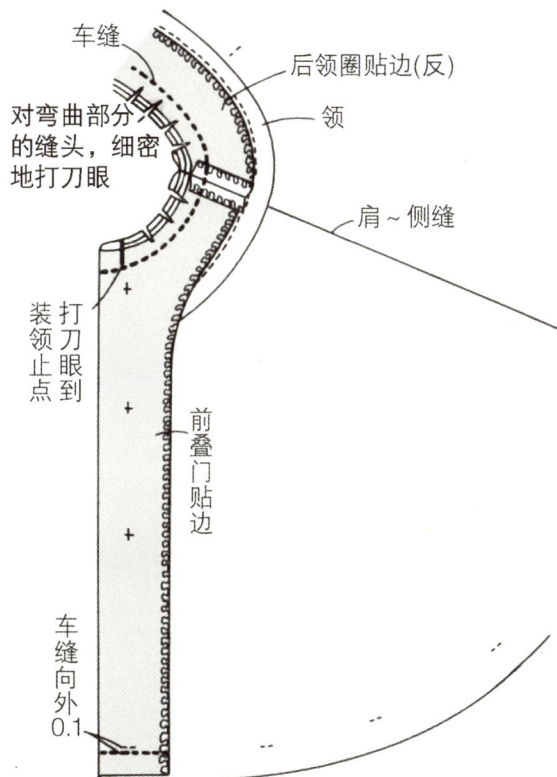

5　缝下摆

5-1　将 4 翻向正面、并用熨斗修整形状。

5-2　将下摆折三次，并疏缝。

5-3　从叠门到下摆、领圈贴边缉 1 cm 宽的线。

6　完成

在门襟上挖扣眼、里襟装钮扣，参照基础篇（下）。

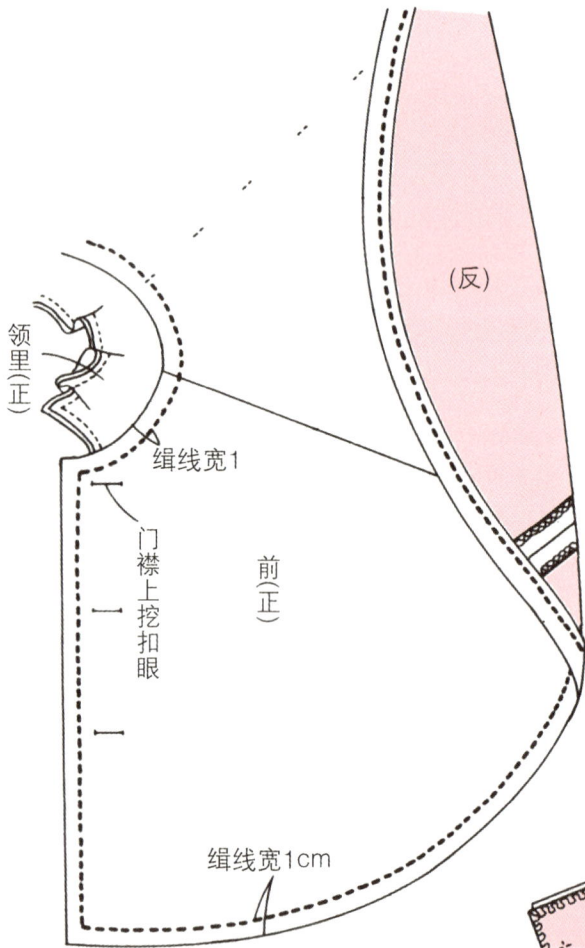

缉线宽1

领里（正）

门襟上挖扣眼

前（正）

（反）

缉线宽1cm

裤子

1　缝下裆

缝下裆，劈开缝头，锁边。

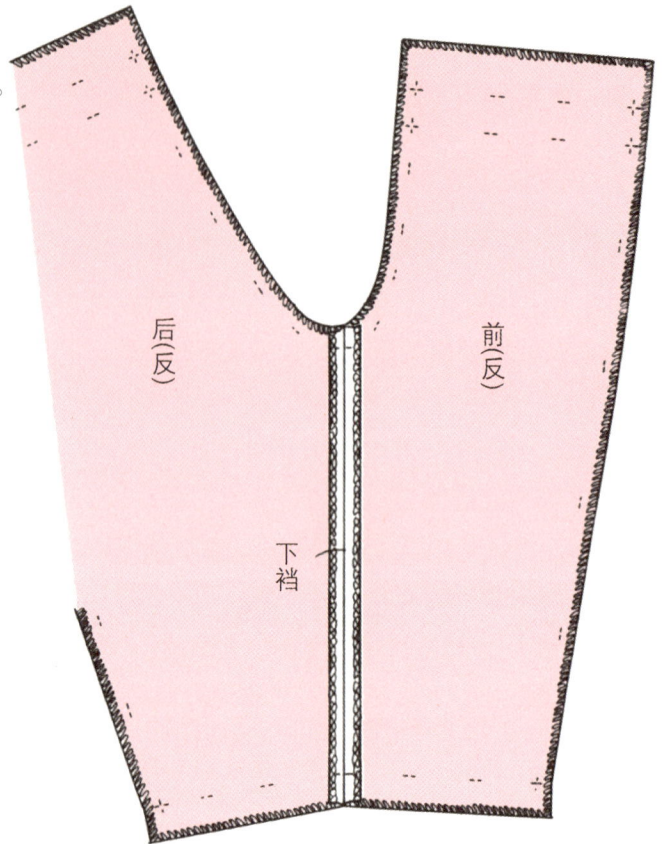

后（反）　前（反）

下裆

2　缝上裆

2-1　留出前上裆贴边穿松紧带的口，前后片上裆连在一起车缝，劈开缝头。

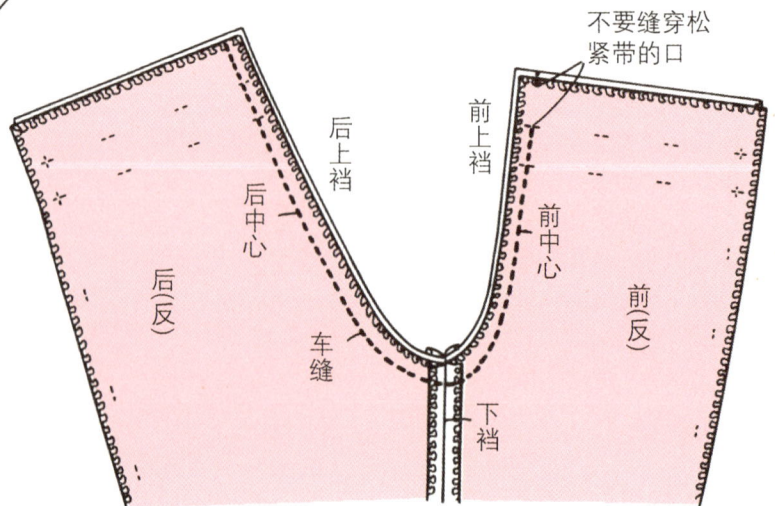

不要缝穿松紧带的口

后上裆　前上裆

后中心　前中心

后（反）　前（反）

车缝

下裆

2-2 将穿松带部分的缝头和裤裆部分的缝头压线。

3 缝侧缝

缝合前后片侧缝，劈开缝头。腰部贴边部分的缝头压线。

4 在腰上穿松紧带

4-1 将腰部对折，从上面分别缉 0.1、1.5、1.5 cm 宽的线。

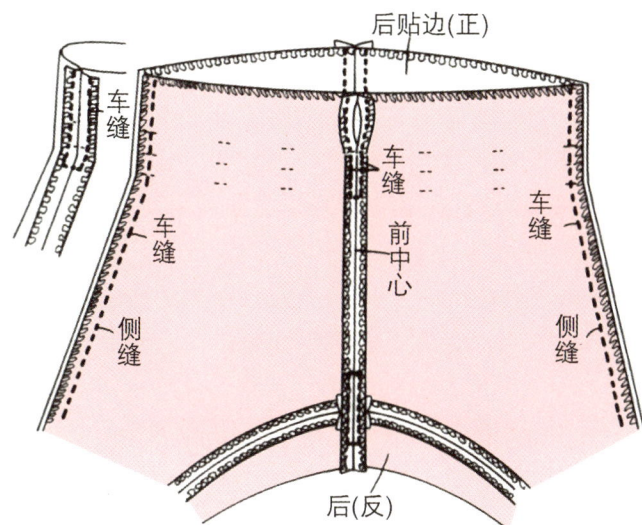

穿松紧带的口及固定方法

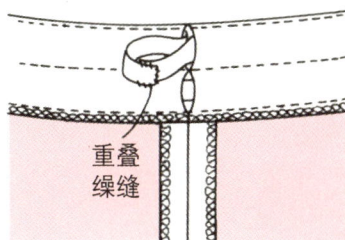

重叠
缲缝

5 下摆的处理

下摆对折，用边缝固定。

4-2 在腰部穿 2 根 0.8 ~ 1 cm 宽的、柔软的松紧带，并抽成腰围尺寸 + 2 cm 的量，将松紧带的头端重叠，加以缝合固定。

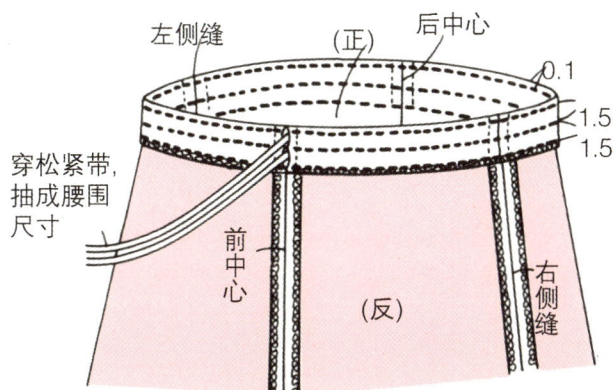

婴幼儿套装

婴儿的头部稳定之后，穿上这种短装比长的婴儿裙活动起来更自由。夏季穿时，可用吸汗性、透气性优良的棉布料做成短袖或无袖的款式。

灯笼短裤用相同布料就做成女孩婴儿套装了。

纸样的做法

选定身高、做衣片和袖原型及灯笼短裤基本型。

后衣片

1 从腰部向下标出裙长★1，从裙长处画水平线、作为下摆线。延长原型侧缝线直到下摆、从侧缝线与下摆线的交点向左延长下摆线，延长量为原型胸围的2/3、重新画下摆线。

★ 1裙长 = 上裆 × 1.3

2 在原型后中心线上，将背宽线与胸围线之间的长度二等分、从等分点到袖窿画直线、作为育克线。从后中心向右延长这条育克线、在延长线上标出后中心到袖窿之间距离的1/2，作为抽褶量、重新画后中心线和下摆线。

3 从后中心线向右标出叠门量 1.5 cm，画育克部分和裙子部分的叠门线。从叠门线处画 4 cm 宽的贴边线。

婴幼儿套装尺寸表

单位 /cm

		60	70	80	90	100
1	身高	60	70	80	90	100
8	腹围（腰围）	40	42	45	47	50
16	袖长	18	21	25	28	31
19	掌围（a）	11	12	13	14	15
21	大腿根围	25	26	27	30	32
24	上裆	(13)	14	15	16	17
	裙长 = 上裆 × 1.3	17	18	20	21	22

（ ）内为推算尺寸

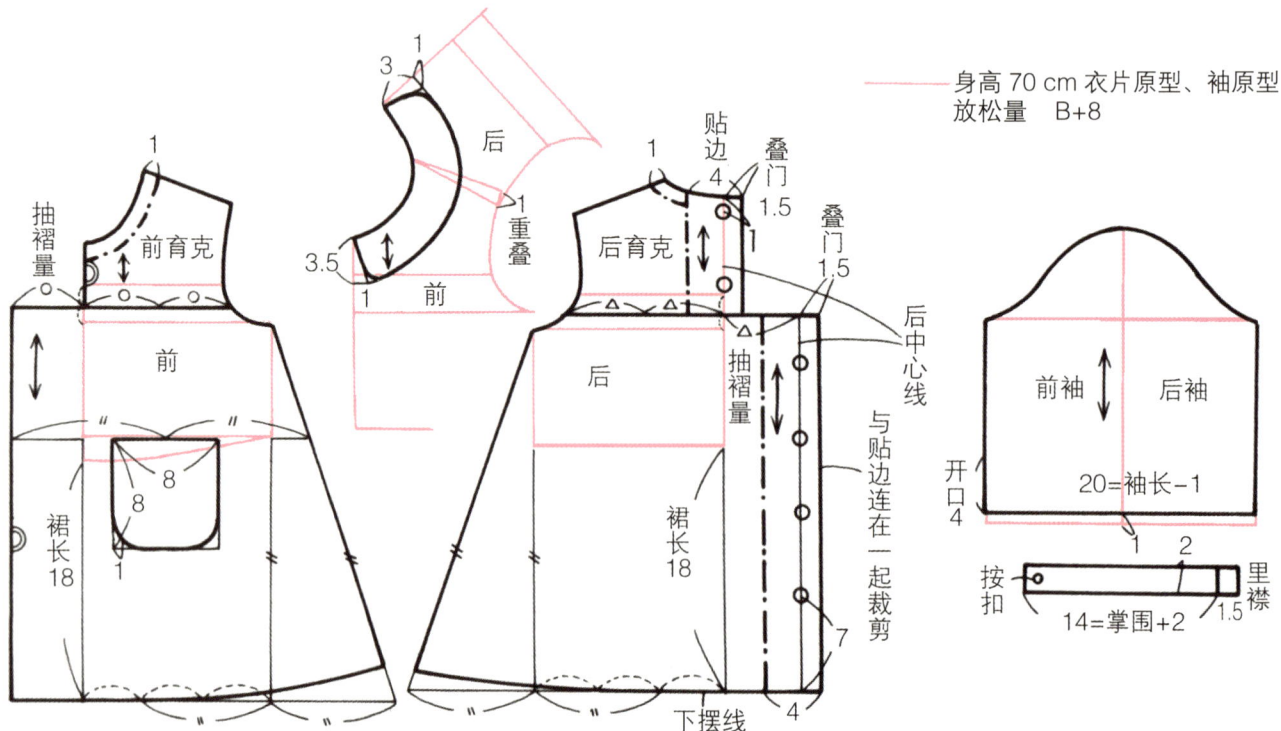

身高 70 cm 衣片原型、袖原型
放松量　B+8

4 画领圈贴边线。

5 从后中心领圈向下做第一颗钮扣记号，从下摆向上 7 cm 处做最下面钮扣记号，把第一颗和最下面一颗钮扣之间的长度五等分，等分点处分别为所在钮扣位置。

前衣片

与后衣片相同地画前育克、前裙片、装口袋位置并画口袋。

领

将前后衣片原型在肩点重叠 1 cm、画领。

袖

1 画袖原型。

2 将原型袖长减去克夫量 2 cm，再加上宽松量 1 cm，重新画袖口线。

3 在袖底标出开口量 4 cm。

4 画克夫。

灯笼短裤

1 将灯笼短裤基本型在侧缝处平行地剪开 4 cm 作为放松量。剪开部分的中心作为侧缝线。

2 用连结圆顺的曲线重新画裤口及贴边线。

3 用连结圆顺的曲线重新画腰部曲线，用 0.3、0.5、0.7 cm 的间隔画松紧带的缉线宽。

放缝

衣片下摆、袋口处 3 cm，肩、侧缝线、装育克线处 1.5 cm，其他 1 cm。袖周围 1.5 cm，克夫周围 1 cm。领周围 1 cm。

对于灯笼短裤，腰部 2.5 ～ 3 cm、其他 1 cm。布纹方向根据材料质地选择。

将腰部穿松紧带并抽成腰围尺寸+2(44cm)

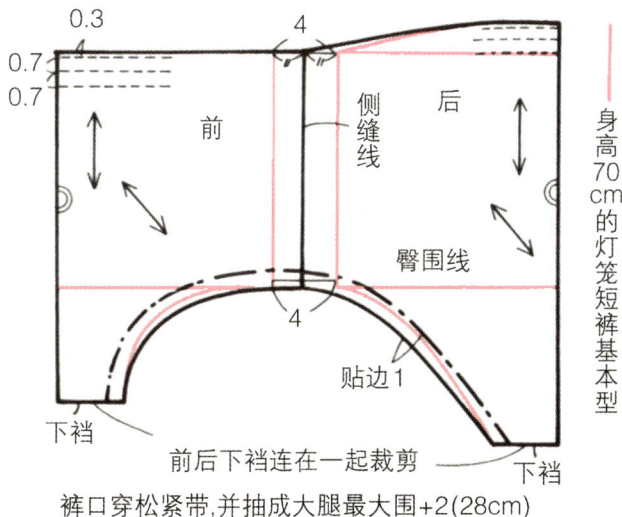

裤口穿松紧带,并抽成大腿最大围+2(28cm)

缝制顺序和要领

1 做领

在领里黏贴黏合衬。其他请参照第 74 页婴儿裙基本型领的做法。

2 做袖

2-1 缝袖底直到开口止点、劈开缝头、对缝头边缘锁边。

2-2 在克夫反面黏黏合衬。对袖口拱针并把它抽至装克夫尺寸，与克夫面正面朝里对叠、疏缝、并缝合。

2-3 将缝头翻向克夫，将克夫布正面朝里翻折成克夫宽度，缝合两端再翻向正面。在车缝边缘对克夫里进行缲缝。

2-4 在克夫里襟装按扣。

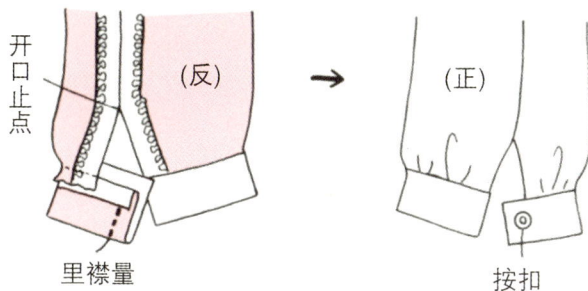

2-5 从反面用倒回针加固开口止点。

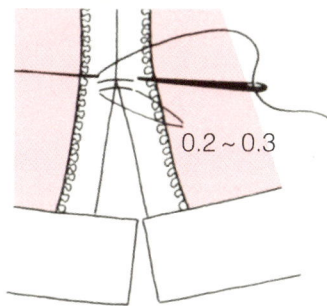

3 做口袋

3-1 在口袋贴边反面黏贴黏合衬。

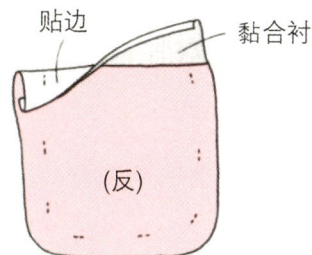

3–2 把袋口按照完成线折叠、并边缝。对底部呈圆形的缝头拱针并抽缩。

3–3 放入用厚纸做的口袋纸样，用熨斗烫成袋形。

边缝
拱针
厚纸板

4　装育克

参照第 79 页婴儿裙应用 1 中装育克的制作方法。

5　缝大身

缝肩、侧缝，缝头倒向后片、对缝头边缘锁边。

6　做后开口、装领

6–1 在后叠门贴边部分黏贴薄的黏合衬。

6–2 正面朝里翻折贴边部分，上面放上在 1 中做好的领，并与领圈贴边布正面朝里重叠、装领。参照第 75 页婴儿裙基本型的装领方法。

7　装口袋

将口袋用边缝装在前片大身装袋位置，暗缲加固。

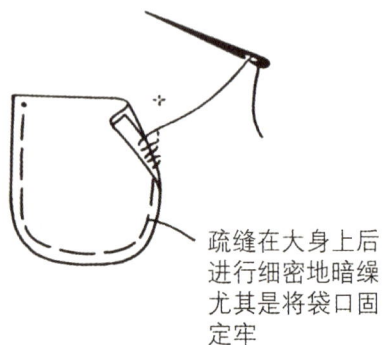

疏缝在大身上后进行细密地暗缲尤其是将袋口固定牢

8　装袖

参照第 76、77 页婴儿裙基本型的装袖方法。

9　缝下摆

参照第 77 页婴儿裙的基本型。

10　完成

在叠门处装按扣和钮扣。

灯笼短裤的缝制方法

1　在裤口装贴边

1–1 将裤口贴边布按照纸样裁成符合裤口弯曲的形状，或用熨斗把斜条伸缩成弯曲形状再用。

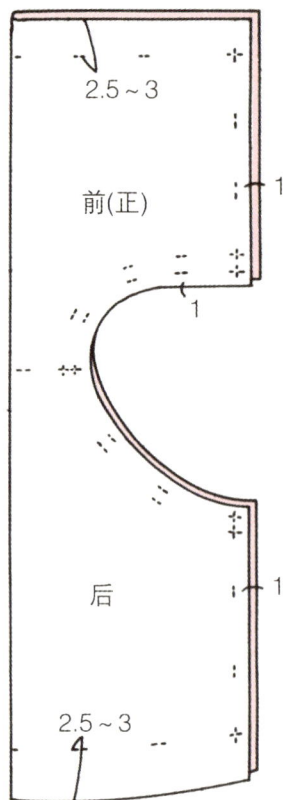

2.5 ~ 3
前(正)
1
1
后
1
2.5 ~ 3

1–2 把灯笼短裤和贴边布正面朝里对叠、车缝。在弯曲度大的地方打刀眼。

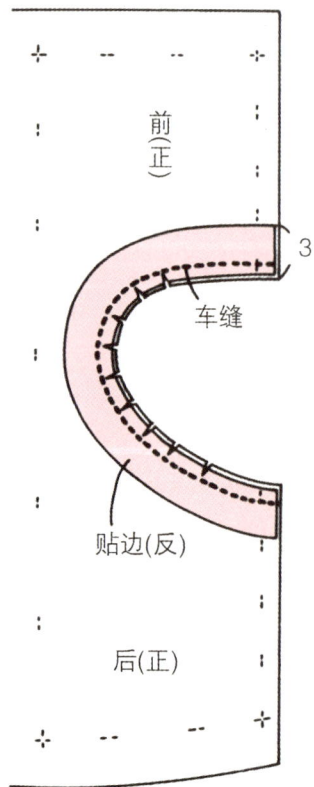

前(正)
3
车缝
贴边(反)
后(正)

1-3 缝头倒向贴边、用边缝将缝头固定在贴边布上。

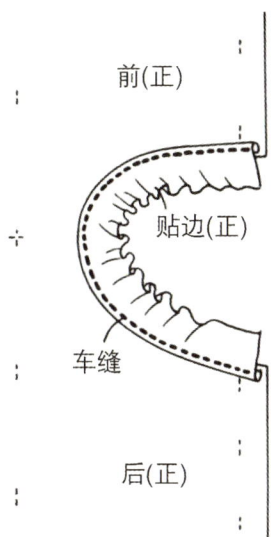

前(正)

贴边(正)

车缝

后(正)

2 缝侧缝

2-1 留出左腰及两侧缝裤口处穿松紧带的口，用伸缩性好的线缝侧缝。

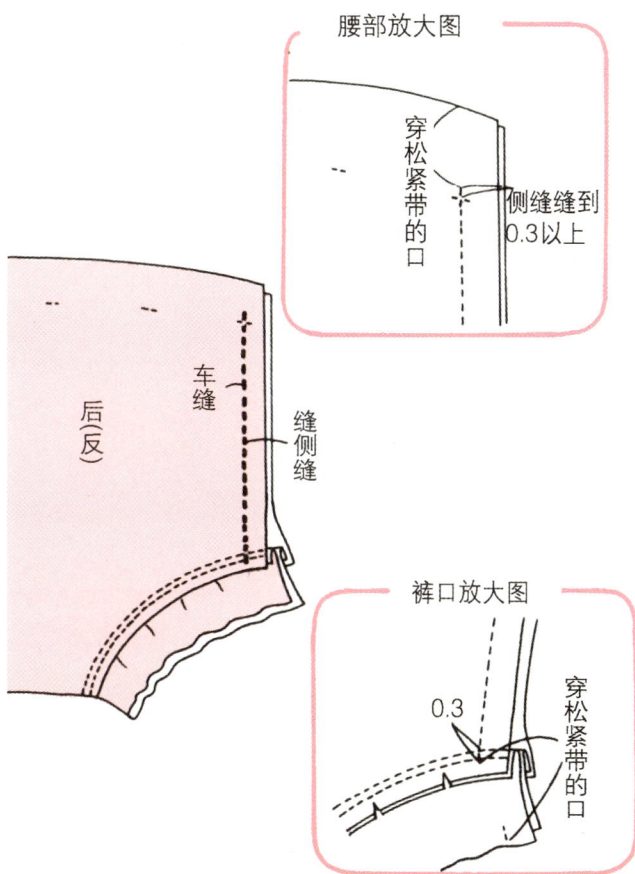

腰部放大图

穿松紧带的口

侧缝缝到0.3以上

车缝

后(反)

缝侧缝

裤口放大图

0.3

穿松紧带的口

2-2 对两边的缝头锁边。为使松紧带顺利穿过开口部分，对开口部分的缝头压线。

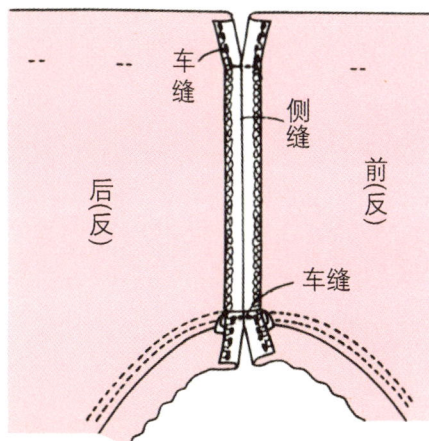

车缝

侧缝

后(反)

前(反)

车缝

3 翻折腰部和裤口贴边布

3-1 将腰部的缝头折三次，离边 0.1 cm 缉线。再从上面缉 0.3 cm、0.7 cm 宽的线固定。

3-2 把裤口贴边折成 1 cm 宽，离边 0.1 cm 缉线。

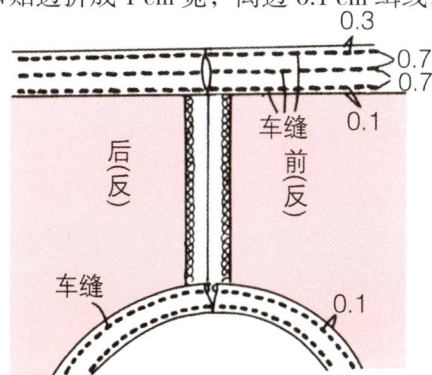

0.3

0.7

0.7

0.1

车缝

后(反)

前(反)

车缝

0.1

4 在腰部和裤口穿松紧带

把 0.3 ~ 0.5 cm 宽的柔软的松紧带穿在腰部，松紧带的长度为腰围尺寸 + 2 cm，将松紧带两端固定牢。

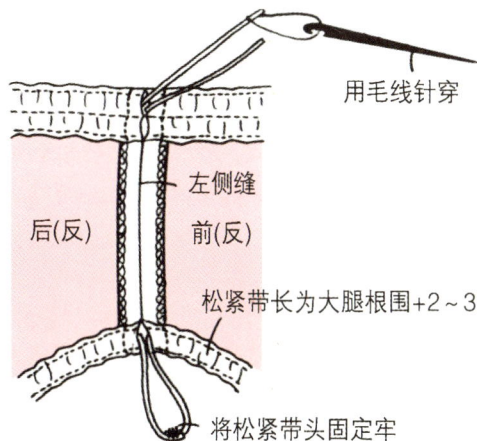

用毛线针穿

左侧缝

后(反)

前(反)

松紧带长为大腿根围+2~3

将松紧带头固定牢

连衣罩衫 A

选用适合婴儿穿的伸缩性好的材料制作，是刚出生的婴儿就能穿着的款式。

纸样的做法

准备身高 70 cm 的衣片原型和裤子基本型。胸和臀部放松量都是 16 cm。

参照第 68 页插肩袖的做法，算出袖宽尺寸。

后衣片

1 将衣片原型和裤子基本型接在一起画。由于胸部放松量为 16 cm，把它与原型放松量差值 8 cm 的 1/4（A）在胸围线上放出，重新画侧缝线直到腰围线。

婴幼儿尺寸
单位 /cm

1	身高		50	60	70	80	90	100
5	胸围		33	42	45	48	50	54
8	腹围（腰围）			40	42	45	47	50
14	背宽	男		(16)	(18)	20	22	24
		女					23	25
16	袖长			18	21	25	28	31
19	掌围（a）			11	12	15	14	15
D	袖山高 = 原型衣片前后袖窿 ×0.3			6.4	6.8	7.3	7.6	7.9
A	$\dfrac{\text{胸部放松量} - \text{大身原型胸部放松量}}{\triangle} = \dfrac{16-8}{4} = 2$							

（ ）为内部推算尺寸

滚边宽1
↑0.5
3
胸宽线
胸围线
1.5
D
袖宽
12+A
A
2.5
袖长21
3
掌围+4 ÷ 2
与后袖底尺寸相同
原型前袖窿
叠门
5
1.8
前
与后侧缝长相同
侧缝线
0.5
1.5
1 臀围线
1.3
2.2
1
1

身高70cm大身原型
身高70cm裤子基本型
放松量 B+16 H+16

0.5
1.5
滚边宽1
袖长21
3
D
袖宽
10.3+A
1
背宽线
胸围线
A
2.5
大身袖隆线
1 袖底线
原型后袖窿
腰围线
后侧缝长
侧缝线
后
臀围线
10
1
1.5
1.5
1.3
1.5
10
1
1里襟

2 将裤子基本型的臀围线三等分，向裤裆延长臀围的 1/3，再向下 1.5 cm 的点作为裆点重新画上裆线。参照制图用曲线重新画下裆线，放出 1 cm 宽的里襟量，标出钮扣位置。

3 在领圈线上靠近中心的一侧，标出距离颈点 1.5 cm 的点，与背宽线上靠近中心一侧距离原型袖窿 1 cm 的点相连，再用曲线与胸围线向下 2.5 cm 的点相连，作为后袖窿线。

4 将原型肩点上抬 0.5 cm，作为由于里面穿衣服而产生的抬高量、与颈点用直线连结，作为肩线，在其延长线上标出袖长。从袖长点向下画直角线、并在直角线上标出 3 cm 的倾斜量、与肩点抬高 0.5 cm 的点用直线连结，重新画袖长。从倾斜量 3cm 的点向下画直角线，并标出 $\dfrac{掌围+4}{2}$，作为袖口线。在袖长线上，从肩点抬高 0.5 cm 的点标出袖原型的袖山高（D），在这点做直角线，在直角线上标出后片原型袖窿长 + A，作为袖宽。用直线连结袖宽和袖口，作为袖底线。将袖底线向袖口方向延长 1 cm，重新画袖口线。用曲线重新画袖底线。

A 在胸围线上放出的胸部放松量的调整量
D 袖山高 = 衣片原型前后袖窿长 ×0.3

5 在衣片袖窿线与背宽线的交点用曲线画装袖线直到袖宽线，使其尺寸与袖窿尺寸相同。

6 用直线连结裤子基本型裤口线上侧缝收进 1 cm 的点及侧缝线上胸围线向下 2.5 cm 的点，作为侧缝线。

前衣片

1 将衣片原型和裤子基本型在前中心连在一起画。在胸围线上向右放出放松量的调整量（A）、重新画侧缝线直到腰围线。

2 在领圈线上标出颈点向下 3 cm 的点，与胸宽线上靠近中央一侧距离原型袖窿 1.5 cm 的点用直线连结、与胸围线向下 2.5 cm 的点用曲线连结，作为大身袖窿线。

3 将原型肩点上抬 0.5 cm，并与颈点用直线连结，作为肩线、在其延长线上标出袖长。从袖长处画直角线并标出 3 cm 作为倾斜量，再与肩点处抬高 0.5 cm 的点用在线连结，重新画袖长。从袖长点向下标出 $\dfrac{掌围+4}{2}$，作为袖口线。在袖长线上从肩点抬高 0.5 cm 的点开始标出袖原型的袖山高（D），从这点做的直角线上量取前衣片原型袖窿 + A，用直线连结袖宽与袖口，作为袖底线。在袖底线上标出后片袖底尺寸、用曲线重新画袖底线。

4 用曲线重新画上、下裆线、放出 1 cm 的叠门宽、在钮扣位置做记号。

5 在衣片袖窿线中部用曲线画装袖线直到袖宽线，使其尺寸与大身袖窿尺寸相同。

6 在裤子基本型裤口线上，从侧缝向中间收进 1 cm 重新画侧缝线，并在侧缝线上标出后片侧缝长，重新画裤口线。

放缝和裁剪方法

将前后袖片在袖山线上连在一起裁剪。由于选用有伸缩性的材料，请参照连衣衫 A-1 的缝制方法（第 92 页）。

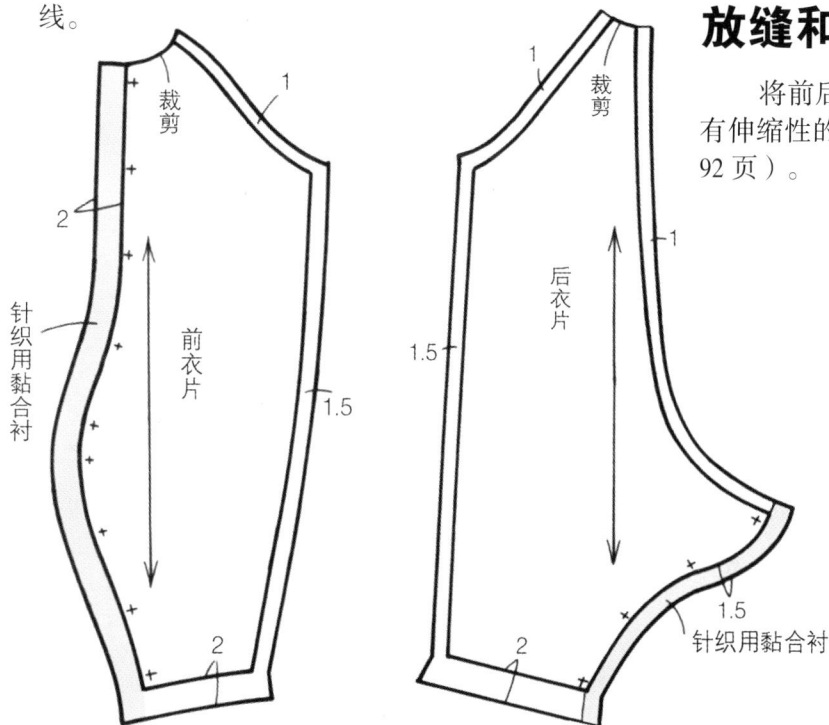

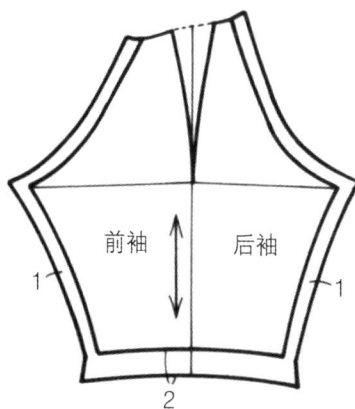

缝制顺序和要领

由于有伸缩性的材料的裁剪线容易散边，在裁剪后应立即锁边（前中心及下裆贴边边缘黏贴黏合衬后再锁边）。由于布料能伸长，所以应选用有伸缩性的针织用线和针。装钮扣时，先装圆扣子、再装按扣，最后装没有厚度的装饰钮扣。

1　黏贴黏合衬

将前叠门到下裆贴边和后片下裆里襟贴边，黏贴针织用黏合衬（参照第 111 页左下图）。

2　缝大身

缝后中心、劈开缝头。

3　做袖、装袖

3-1　缝插肩袖的肩省，缝头向前倒。

3-2　缝插肩线。前衣片缝头倒向衣片，后衣片缝头倒向袖片。

4　缝袖底到侧缝

4-1　将前后片的袖底到侧缝连续缝合。缝头对于男孩向后倒，对于女孩向前倒。

4-2　将袖口折两次，并车缝。

7　缝下裆叠门的裤口部分

7-1　将下裆叠门贴边向正面翻折，缝裤口边缘。

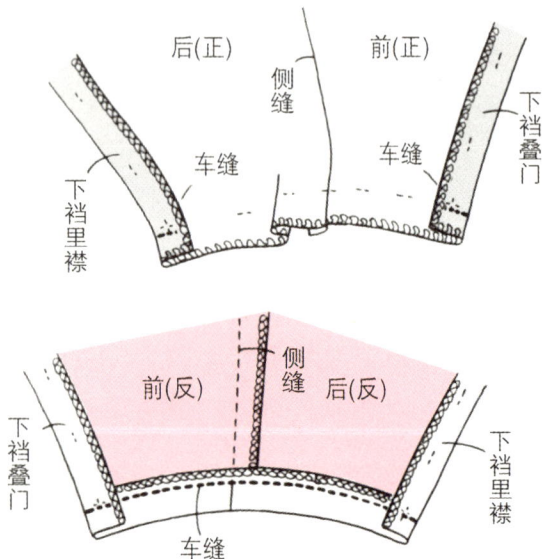

7-2　翻向正面，将裤口对折，车缝。

7-3　将前叠门、裆部叠门贴边用边缝固定。

8　处理领圈

领圈装 1 cm 宽的滚边。参照第 86 页婴儿裙应用 3 中的滚边。

连衣罩衫 B

这种衣服不论在家或外出时都好穿，甚至对睡在床上的婴儿来说，它也是不可缺少的一种款式。此款适宜选用有伸缩性的材料，春夏季节也可选用伸缩性和吸汗性优良的以棉为主的起绒布料或双罗纹针织面料等。

秋冬季节，选用比夏季稍厚的起绒毛布料，或更厚些的适合外出穿的粗花呢等，还要考虑布料的伸缩性和保暖性。

雨水多的季节，选用经过防水加工的尼龙或涤纶，既轻盈又便利。这里针对那些还在用尿布的婴幼儿，用儿童裤子的基本型来做纸样。

由于胸臀部加上 16 cm 的放松量，所以很适合里面再穿衣服，若在家中穿，可把放松量减少 3～4 cm。对于能独立行走的儿童，为了使他们活动方便，可在袖口和裤口装柔软的松紧带。

裁剪时，若选用有伸缩性、有绒毛的材料，裁好后，为了不使裁剪线散边，要进行锁边。若用薄的尼龙或涤纶材料，要对缝头进行折边缝，再进行来去缝。

车缝时，请使用针织用线和针。由于婴儿运动激烈、洗涤次数多，为了不使车缝线被磨断，要缝的牢固些。用家用车缝机车缝时，要缝两次，然后进行三线包缝或锯齿缝、再平缝，所以要缝的耐伸缩。缝制时，不要使布料吃进拉链中。

纸样的做法

尺寸表请参照第110页的连衣罩衫A

准备身高90 cm原型和婴儿裤子基本型。准备适合取掉尿布的幼儿穿的儿童裤子基本型。

胸部和臀部放松量为16 cm。

参照第68页的插肩袖的画法，算出袖宽和袖山高，求出尺寸。

后衣片

1 将衣片原型和裤子基本型在腰部连在一起画。由于胸部放松量为16 cm，把它与原型放松量的差8 cm的1/4（A）在胸围线上放出、与原侧缝线平行地重新画侧缝线，直到腰围线。

2 在后中心平行地放出0.5 cm，作为抬高量，重新画后中心线直到腰围线。

3 将裤子基本型的臀围线六等分，在裤裆一侧延长其1/6，延长点向下1 cm的点作为裆点，从腰围线重新画上裆线。在裤口线上，各在下裆和侧缝侧放出1.5 cm，用直线连结裆点与裤口线、延长这条线，标出2 cm处作为克夫量，用曲线重新画下裆线。

4 在腰围线上侧缝处到裤口处画直线，作为裤片侧缝线。

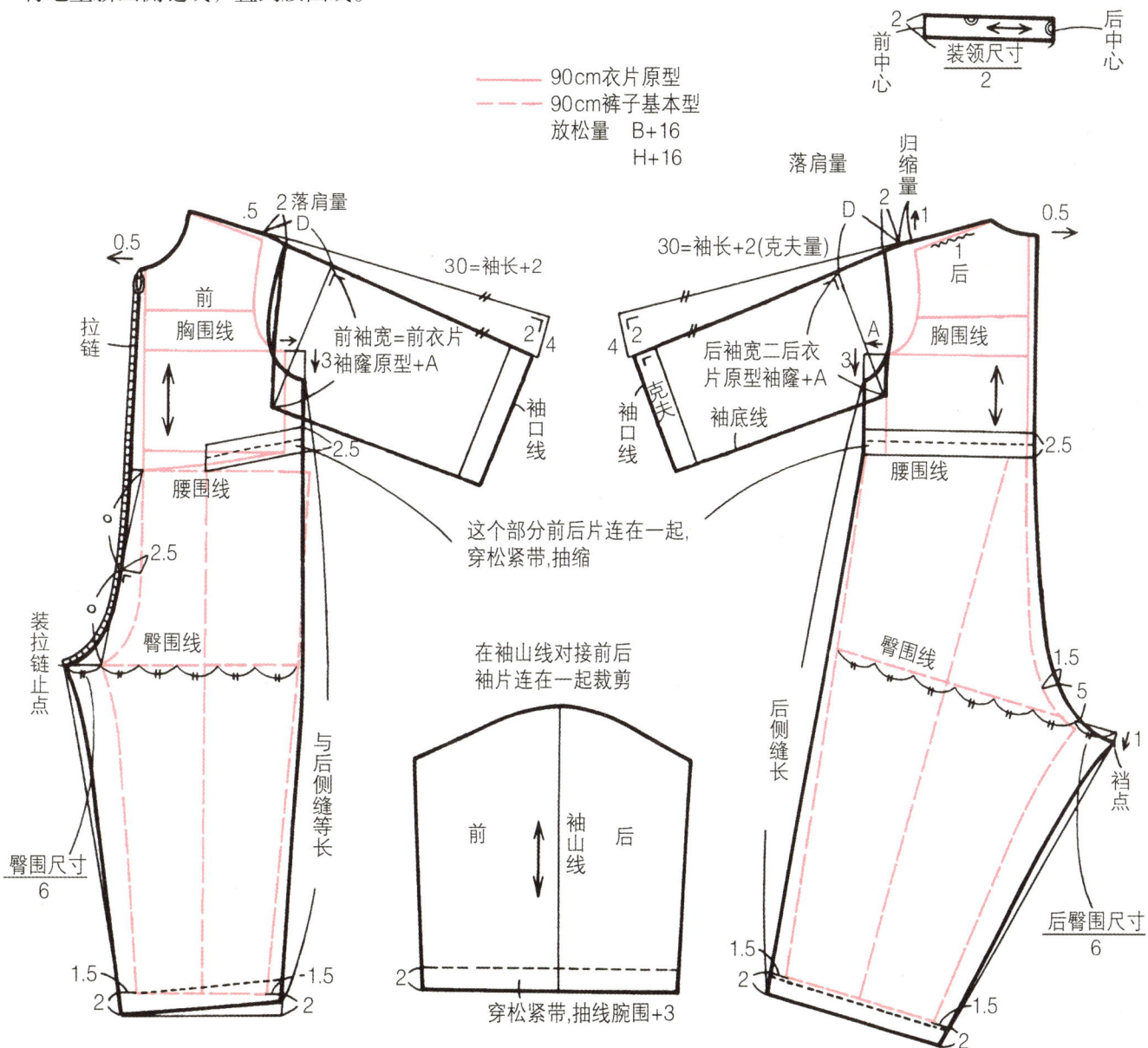

90cm衣片原型
90cm裤子基本型
放松量　B+16
　　　　H+16

113

5　将肩点垂直抬高 0.5 cm，重新画肩线。把这条线延长，标出肩部归缩量 1 cm 及袖长 + 克夫量。向下画直角线并标出倾斜量 4 cm，与归缩量 1 cm 的点用直线连结，重新测量袖长 + 克夫量。从袖长 + 克夫量的点向下画直角线，作为袖口线。

6　在肩线上从标出的归缩量 1 cm 的点处标出 2 cm 的落肩量（肩宽扩大的量），并将此点与胸围线上侧缝处下降 3 cm 的点用曲线连结，作为袖窿线。

7　在肩线上从标出的归缩量 1 cm 的点向袖长方向标出袖原型的袖山高（D），从这点处画直角线，在直角线上标出大身原型袖窿 + A，作为袖宽。从肩线的落肩点用曲线画装袖线直到袖宽，使装袖线的尺寸与在 6 中画的大身袖窿线尺寸相同。

A　胸围线上所放的胸部放松量的调整量

D　袖山高 = 衣片原型前后袖窿长 × 0.3

8　在袖口线上标出袖宽 −1 cm，与袖宽线用直线连结，作为袖底线。

9　与袖口线平行地画 2 cm 宽的克夫线。

10　与后腰围线平行地画松紧带腰带线。

前衣片

与后衣片相同地画前衣片

1　画衣片原型和裤子基本型。在胸围线上放出放松量的调整量，与原型侧缝线平行地重新画侧缝线直到腰围线。

2　在肩点将肩线抬高 0.5 cm，延长肩线并标出袖长和袖口。

3　在肩线上标出 2 cm 的落肩量，与胸围线上侧缝处下降 3 cm 的点用曲线连结，作为衣片袖窿线。

4　与后衣片装袖线相同地画前衣片装袖线。

5　画袖底线。

6　画克夫线。

7　在前臀围线上向左放出前裤片基本型臀围尺寸的 1/5，作为裆点，连接领圈前中央放出的抬高量 0.5 cm 的点与裆点，作为上裆线。

8　画下裆线。

9　延长在 1 中画的侧缝线直到臀围线。与在裤口放出的 1.5 cm 的点相连，作为侧缝线，从袖窿开始，在侧缝线上标出后片侧缝长，画裤口线。

10　画腰部松紧带腰带线。

11　在拉链位置做记号。

12　画领。

缝制顺序和要领

1　在前片上装拉链

1–1　将拉链车缝在右前片

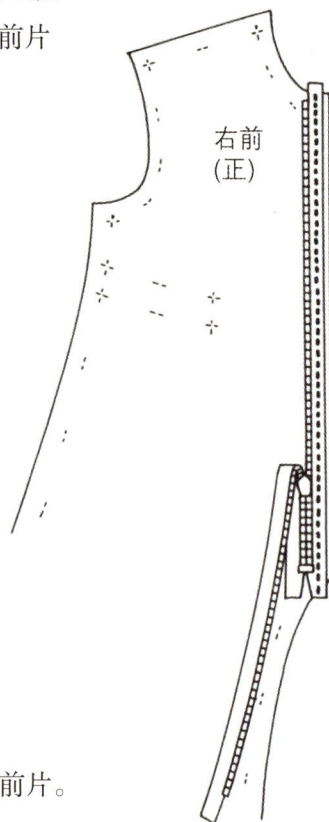

右前
（正）

1–2　将拉链车缝在左前片。

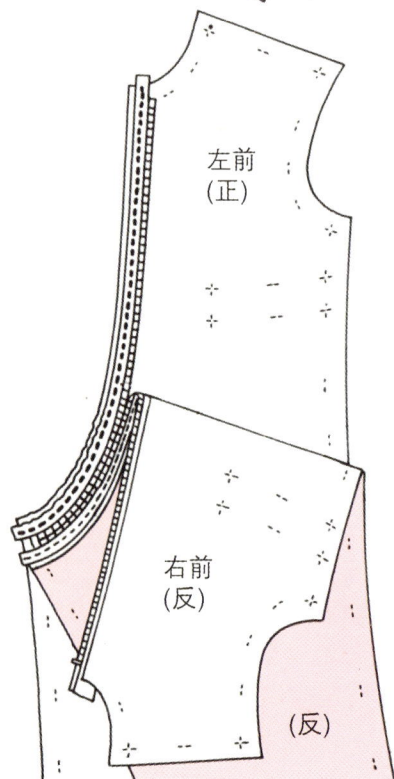

左前
（正）

右前
（反）

（反）

1-3 翻向正面，在拉链边缘压缝。

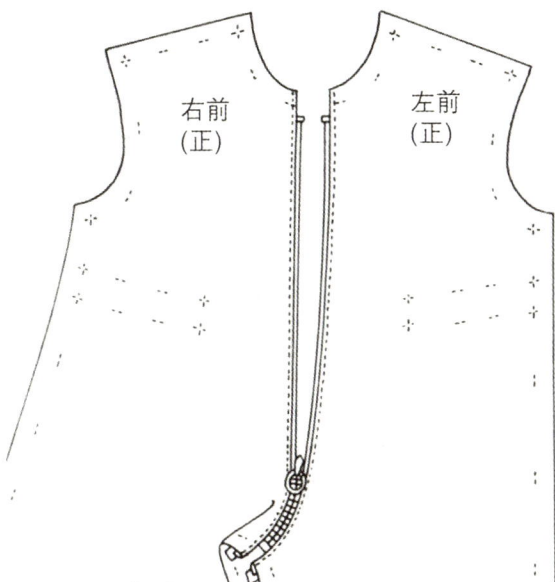

右前
（正）

左前
（正）

2　缝大身

缝合肩线和下裆线。对缝头边缘锁边。

3　装袖、缝侧缝

　　将衣片和袖片正面朝里对叠、装袖。对缝头边缘锁边。然后从大身裤口开始缝侧缝直到袖口。对缝头边缘锁边。

4　腰部穿松紧带

4-1 为了能顺畅地穿松紧带，对装松紧带部分的缝头用边缝固定。

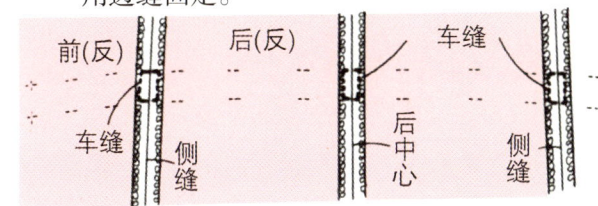

前（反）　　　后（反）　　　车缝

车缝　　侧缝　　后中心　　侧缝

4-2 将盖布放在反面，边缝。然后穿松紧带。

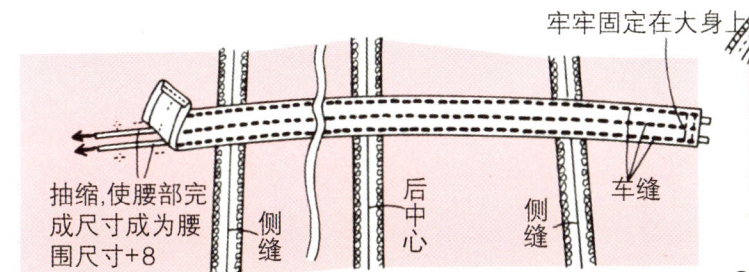

牢牢固定在大身上

抽缩，使腰部完成尺寸成为腰围尺寸+8　　侧缝　　后中心　　侧缝　　车缝

4-3 穿好松紧带后，用车缝对穿松紧带的口进行封闭。

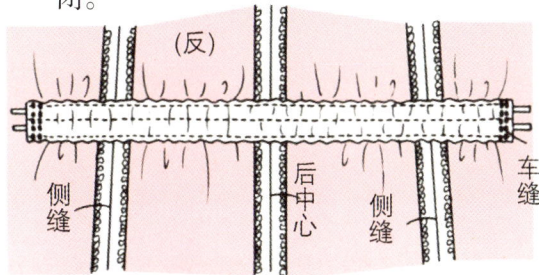

（反）

侧缝　　后中心　　侧缝　　车缝

5　做领、装领

5-1 领面和领里连在一起裁剪、领的反面全部黏贴黏合衬。

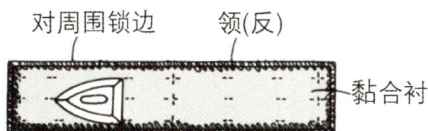

对周围锁边　　领（反）

黏合衬

5-2 将领正面朝里与领圈对叠、车缝。

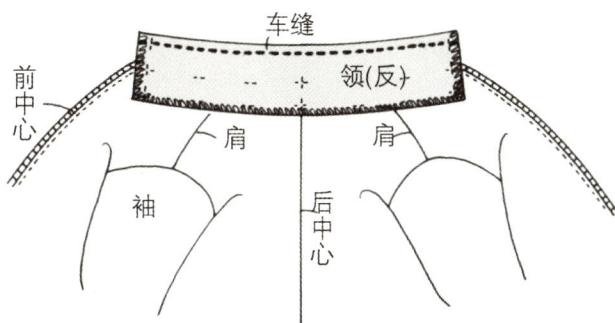

车缝

领（反）

前中心　　肩　　肩　　后中心

袖

5-3 翻向正面，为了使领圈缝头包在领的里面，从正面在装领边缘用漏落缝将领固定。

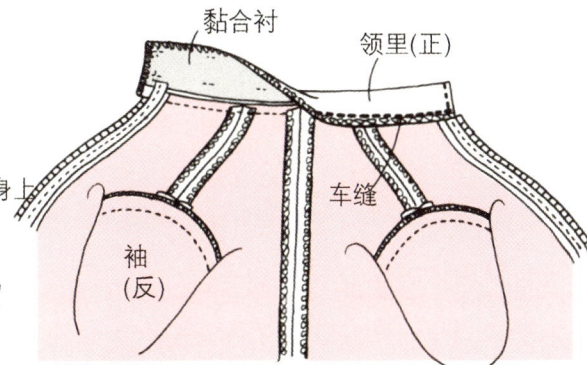

黏合衬　　领里（正）

车缝

袖
（反）

6　完成

在裤口和袖口穿松紧带。

背带裤

　　背带裤是对装有挡胸布的长裤的总称。由于背带裤 A 在婴儿还没取掉尿布时穿，这时容易摔倒，因此制作时可将裤长做得盖住膝盖，前后下裆用按扣开闭，这样换尿布比较方便。背带裤 B 属于较短的款式，裤长是到膝盖还是到脚口等，要根据季节和成长阶段来选择。婴儿处在经常摔倒的时期，选择能盖住膝盖的裤长比较合适。裤长较长时，为增加实用性，可装上前开口。对于材料，可选用有延伸性的、柔软的斜纹粗棉布，也可选用厚型双罗纹针织布料。对于喜欢滑梯的儿童，斜纹粗棉布比针织面料更合适。

　　由于洗涤时，这种裤子遭到的破坏较严重，需要做得结实些。

背带裤 A

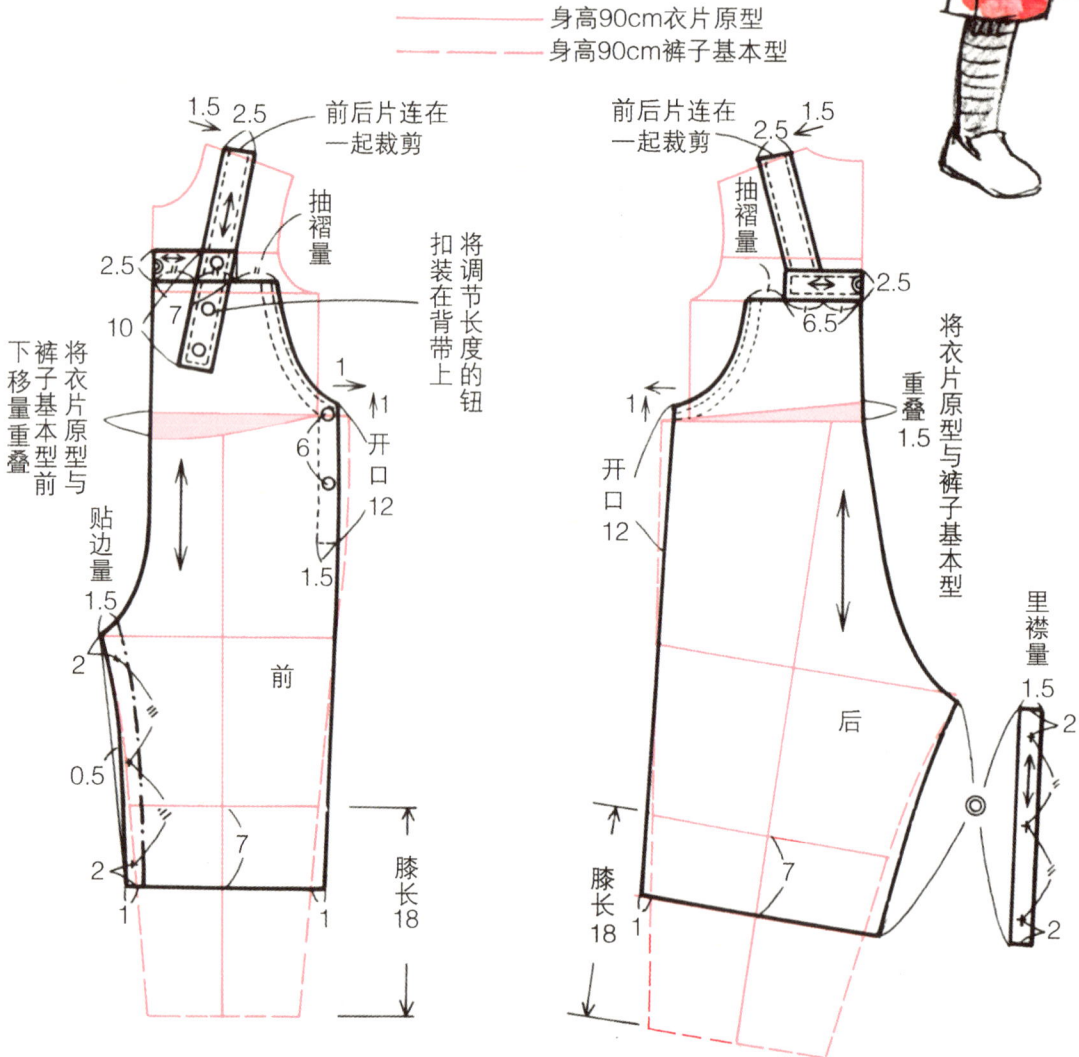

身高90cm衣片原型
身高90cm裤子基本型

放缝

参照图示裁剪

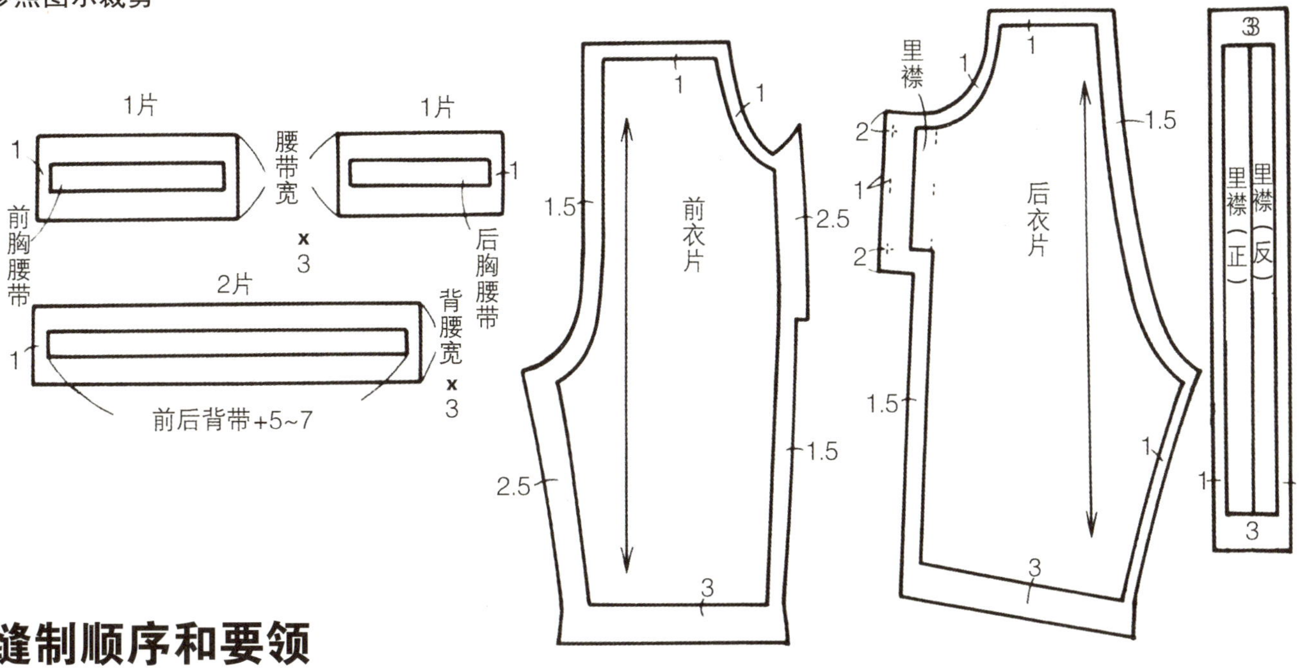

前胸腰带　1片　腰带宽 × 3　后胸腰带　1片

背腰宽 × 3　2片　前后背带+5~7

前衣片　后衣片　里襟　里襟（正）里襟（反）

缝制顺序和要领

1　黏贴黏合衬

在侧缝开口贴边，里襟、下裆贴边，里襟反面处黏贴黏合衬。

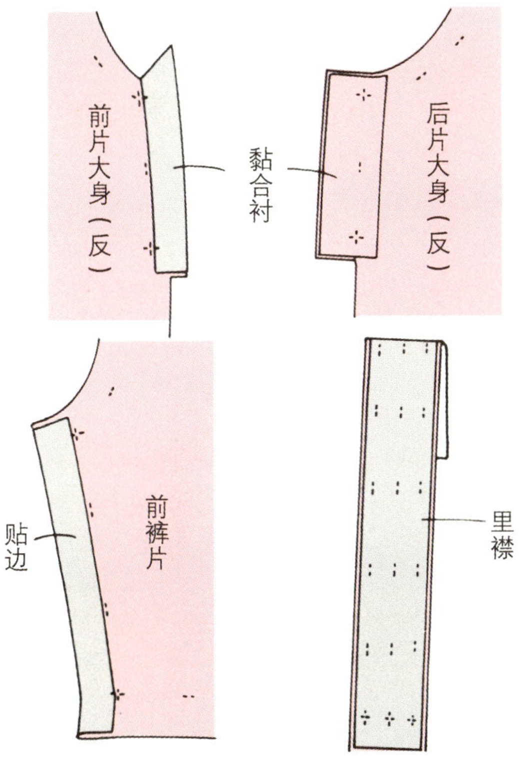

2　缝侧缝

缝侧缝直到开口止点。劈开缝头，对缝头边缘锁边。

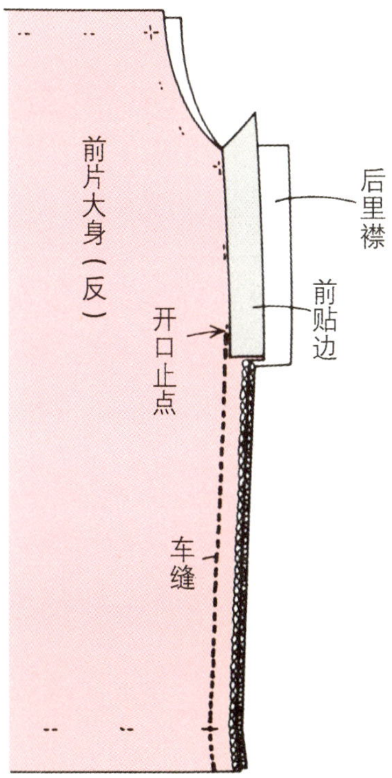

前片大身（反）　黏合衬　后片大身（反）

贴边　前裤片　里襟

前片大身（反）　后里襟　前贴边　开口止点　车缝

117

3 做侧缝的开口

3-1 将侧缝贴边、里襟朝大身正面翻折。其上放置开口贴边，车缝。

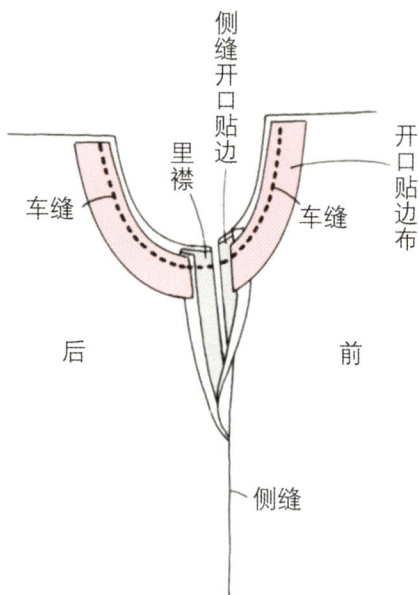

侧缝开口贴边
里襟
开口贴边
车缝
开口贴边布
车缝
后
前
侧缝

3-2 将侧缝开口贴边和里襟翻向大身反面，并在开口贴边和里襟处缉线。

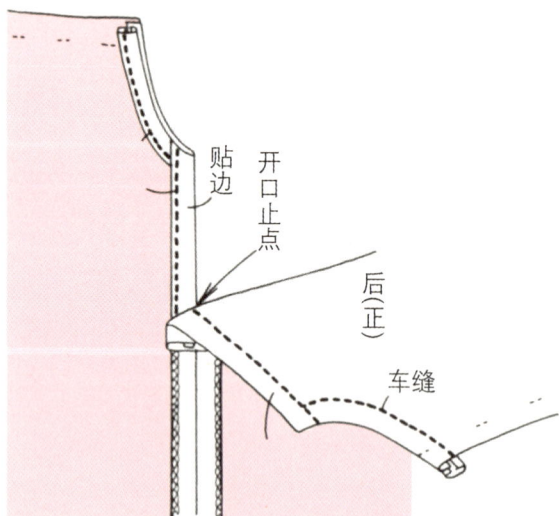

贴边
开口止点
后（正）
车缝

3-3 在开口止点到里襟全部进行车缝。

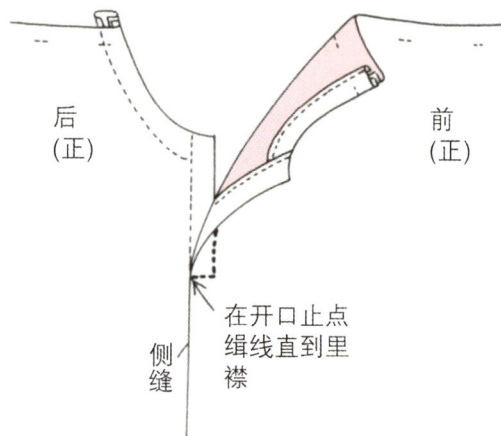

后（正）
前（正）
在开口止点缉线直到里襟
侧缝

4 缝前后上裆

缝前片上裆，劈开缝头，对缝头边缘锁边。用熨斗拉伸前片下裆缝头边缘。缝后片上裆。

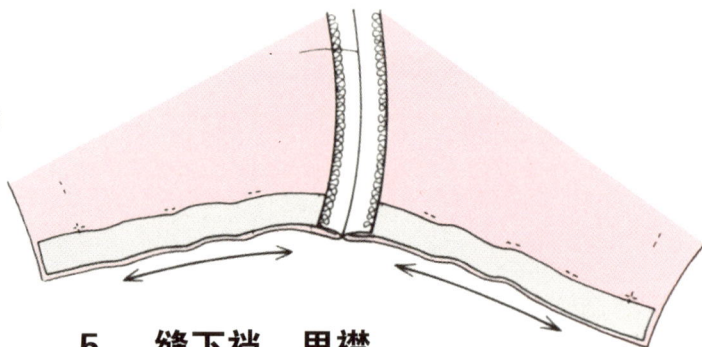

5 缝下裆、里襟

在后片下裆装里襟布，包住缝头、缉线。把前片贴边按照完成线记号折三次、缉线。

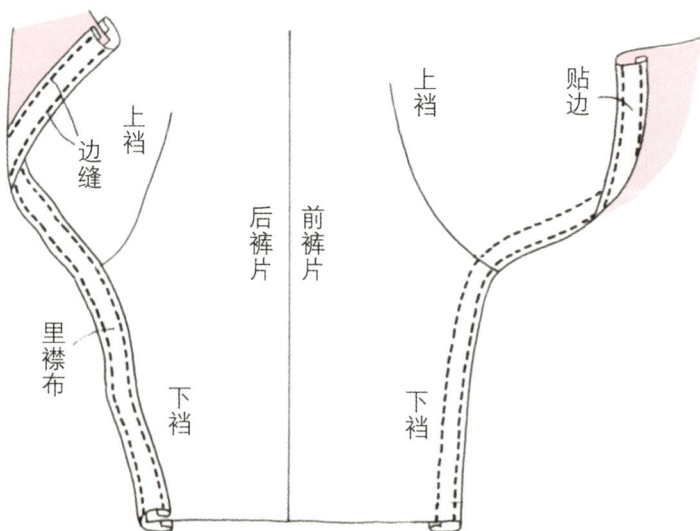

上裆
边缝
里襟布
下裆
后裤片
前裤片
上裆
贴边
下裆

6 做背带

参照第 123 页背带裤 B

7 装胸部腰带

7-1 将大身上端抽缩，装上腰带。

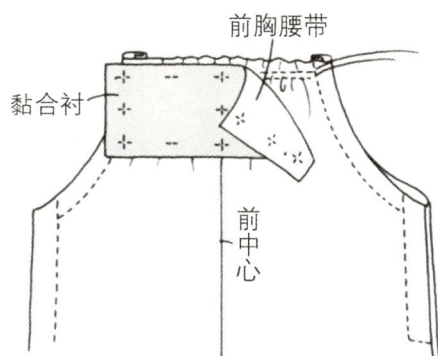

7-2 将前胸腰带翻向衣片反面，从正面进行漏落缝。

7-3 对前胸腰带周围进行漏落缝。

7-4 同样地做后腰带。

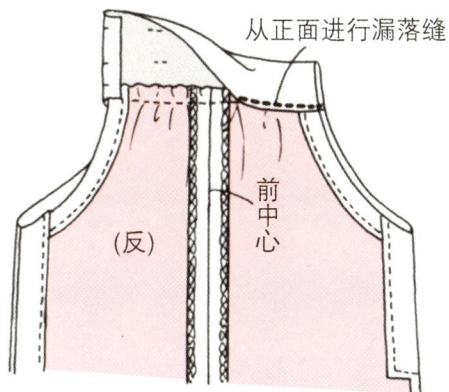

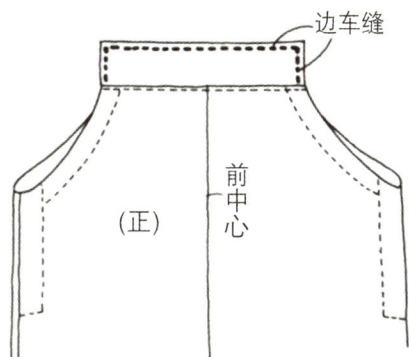

8 处理裤口和下裆开口

8-1 将裤口折三次，分别为 1 cm 和 2 cm 宽，缉线。

8-2 在下裆上装圆扣子。

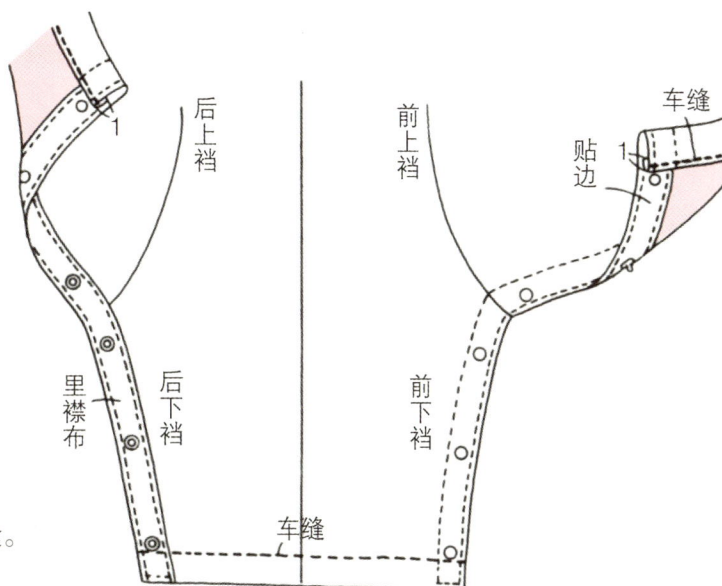

9 装侧缝开口

在侧缝开口、胸部腰带、背带上装圆扣子。

9-1 将背带用缲缝装在胸部相应位置。

9-2 在胸部腰带和背带上装圆扣子，在背带上每间隔 3 cm 装 1 个扣子，共装 3 个，作为长度调节量。

背带裤 B 和衬衫

到膝盖的背带裤

到脚踝的背带裤

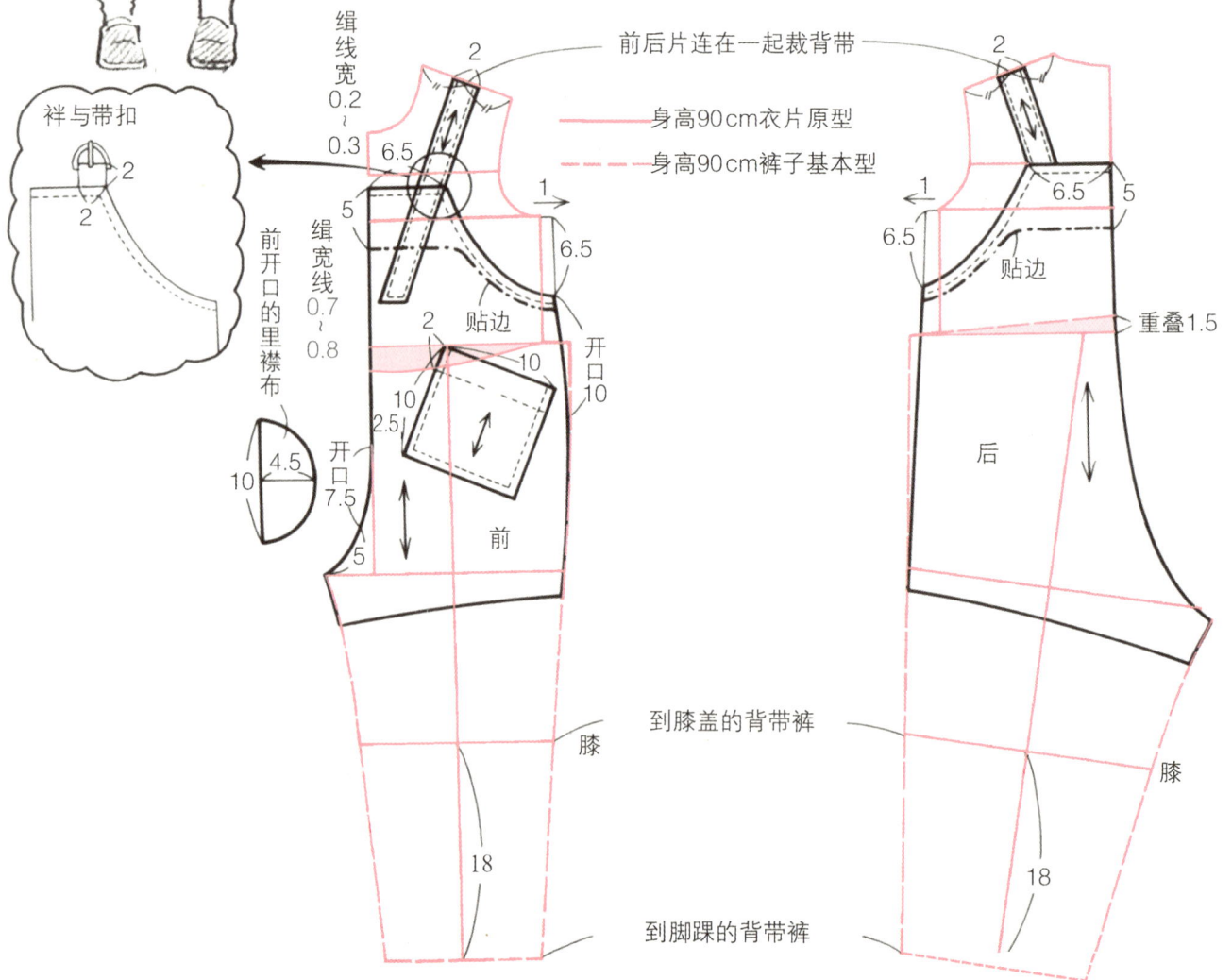

缉线宽 0.2~0.3

袢与带扣

2

2

前开口的里襟布

10 4.5

缉宽线 0.7~0.8

开口 7.5

6.5

5

2

贴边

2

10

2.5

10

开口 10

6.5

开口 10

5

前

膝

18

前后片连在一起裁背带

身高90cm衣片原型

身高90cm裤子基本型

2

1

6.5

6.5

5

贴边

重叠1.5

后

膝

18

到膝盖的背带裤

到脚踝的背带裤

120

背带裤 B

放缝

背带按照其宽度的 3 倍来裁剪。侧缝和前后中心配 1.5 cm 的缝头，裤口和袋口配 2.5 cm 的缝头，其他处配 1 cm 的缝头。

缝制顺序和要领

1 做口袋、装口袋

1-1 在袋口反面黏贴黏合衬、对其周围锁边。

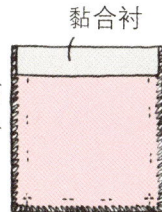

黏合衬

1-2 在装袋位置的两端黏贴 2 cm 见方的黏合衬。对裤片上挡、下挡、侧缝、裤口缝头锁边。

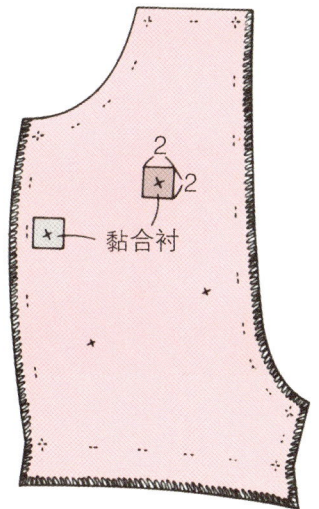

2
2
黏合衬

1-3 将袋口折两次，车缝。把口袋周边折倒，在口袋位置假缝 0.7 cm 宽的车缝线装袋。

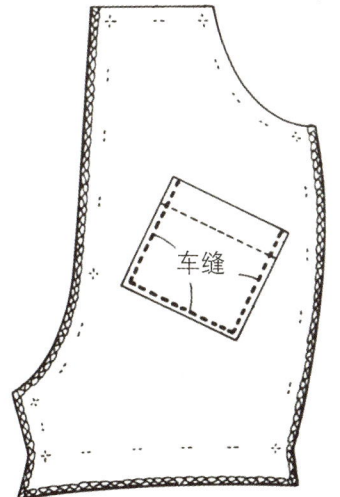

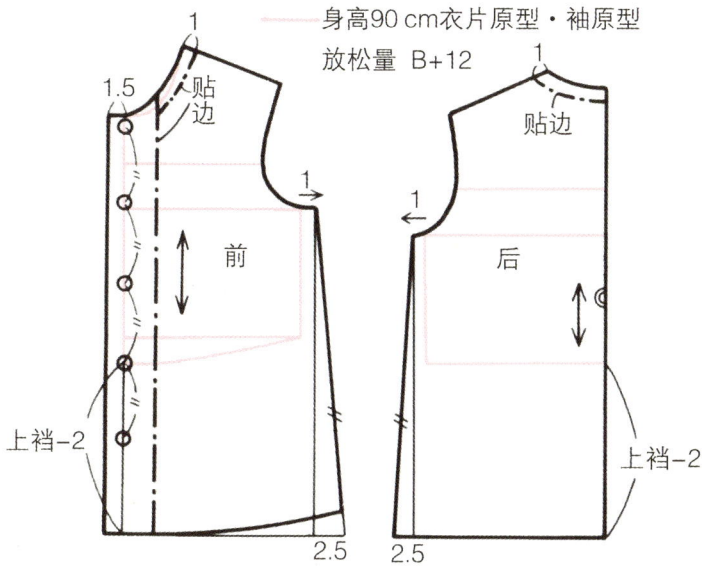

车缝

车缝

身高90 cm衣片原型·袖原型
放松量 B+12

1
1.5
贴边
前
上裆−2
2.5

1
贴边
后
上裆−2
2.5

衬衫长从腰围向下量取(上裆−2)

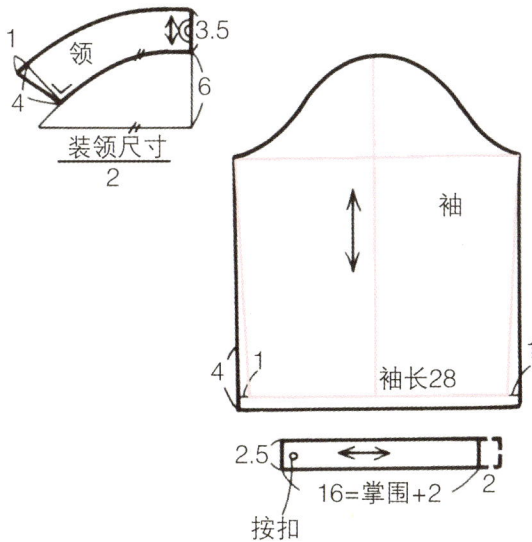

1
领
3.5
6
4
装领尺寸
2

袖
袖长28
1
4
1

2.5
16=掌围+2
2
按扣

婴幼儿尺寸

单位 /cm

1	身高		60	70	80	90	100
16	袖长			18	21	25	28	31
24′	上裆			(13)	14	15	16	17
	领宽	前	3	3	3.5	4	4.5
		后	2.5	2.5	3	3.5	4
19	掌围			11	12	13	14	15
27	膝高				17	19	22	25
28	外踝高				3	3	4	4
	膝长＝膝高−外踝高				14	16	18	21

( ) 内为推算尺寸

2 缝前后中心

留出开口位置缝前中心。

3 做前开口里襟

3-1 在里襟里布黏贴黏合衬。对其外周进行车缝。

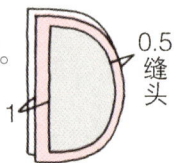

0.5 缝头

1

3-2 翻向正面，边缝。

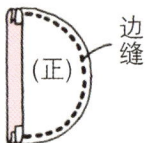

(正) 边缝

3-3 对没有车缝的部分进行锁边。

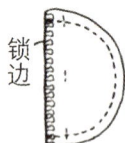

锁边

4 装里襟

4-1 劈开衣片缝头、对左裤片开口位置进行边缝。

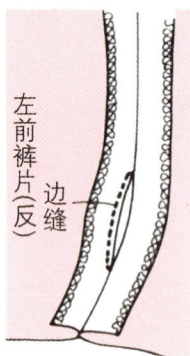

左前裤片(反) 边缝

4-2 把里襟放在右裤片上，车缝。

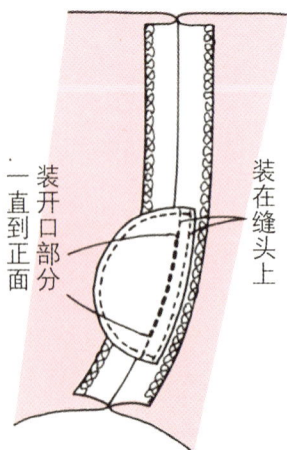

一直到正面 装开口部分 装在缝头上

4-3 照图那样，在开口位置装拉链。

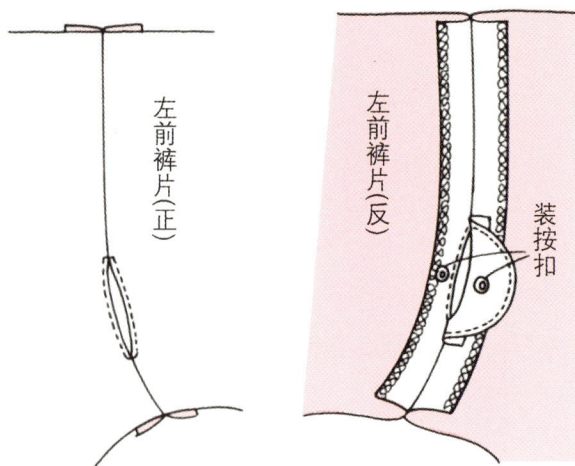

左前裤片(正)

左前裤片(反) 装按扣

5 缝侧缝、在左侧缝装拉链

5-1 留出开口，缝侧缝。在前片侧缝缝头处黏贴比开口止点长1 cm的黏合衬。

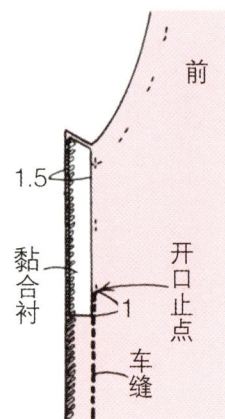

前

1.5

黏合衬 开口止点 1 车缝

5-2 将后裤片缝头比记号线向外放出0.2 cm，翻折。

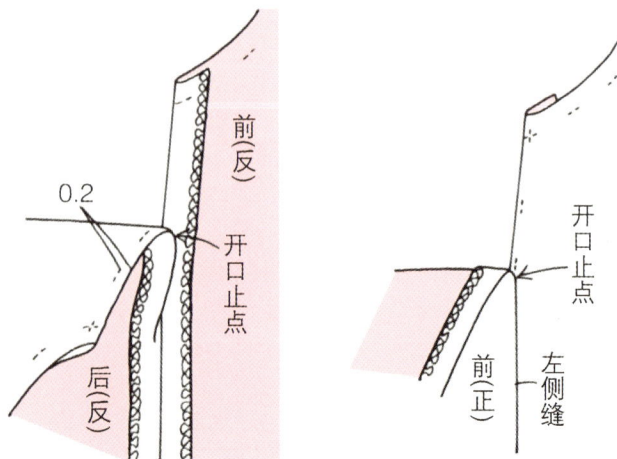

0.2 前(反) 开口止点 后(反)

开口止点 前(正) 左侧缝

5-3 在后片侧缝装拉链。使拉链的下止点位于开口止点以上。

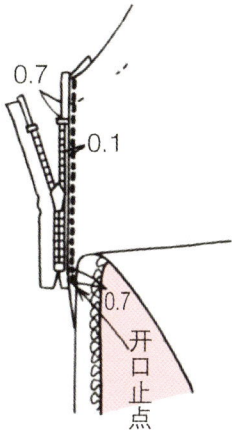

0.7
0.1
0.7
开口止点

5-4 在前片侧缝装拉链。

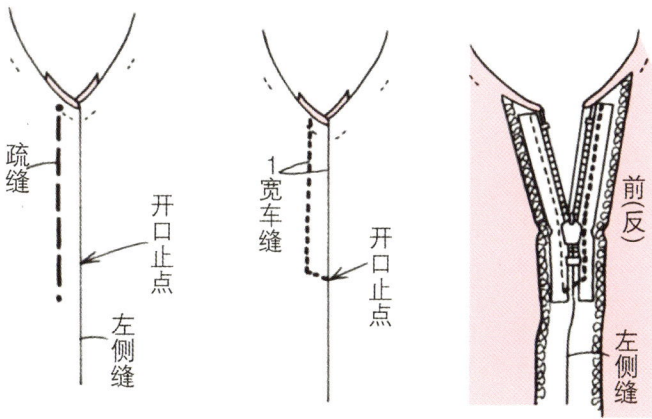

疏缝
开口止点
左侧缝

1宽车缝
开口止点

前(反)
左侧缝

6 做背带

带宽×3
在带宽处车缝
劈开缝头
翻向正面
边缝

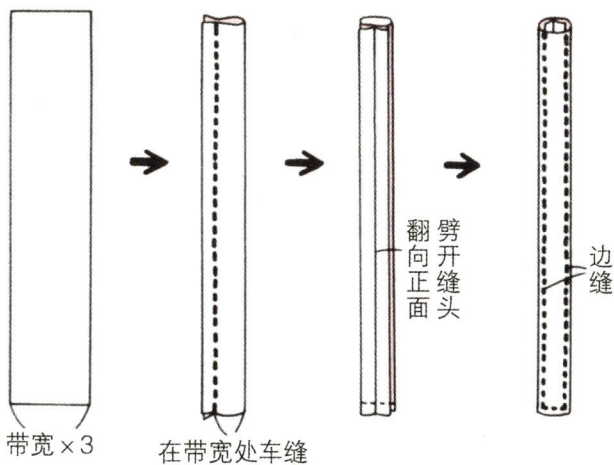

7 把袋扣装在衤上

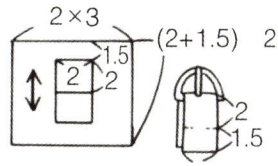

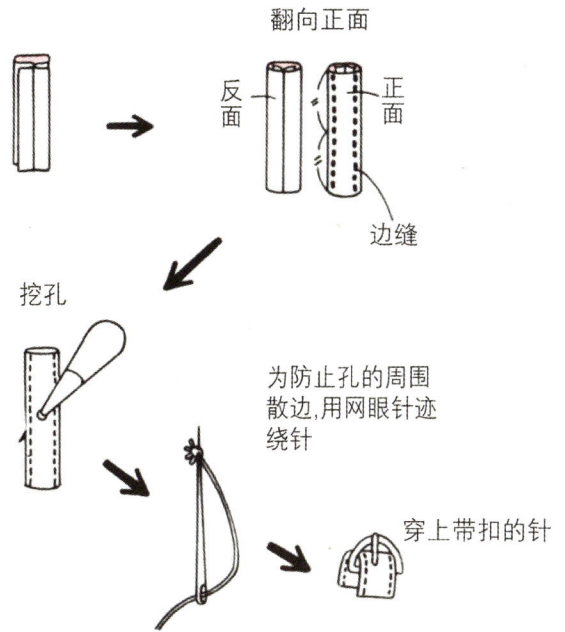

2×3
(2+1.5) 2
1.5
2
2
2
1.5

翻向正面
反面
正面
边缝

挖孔

为防止孔的周围散边，用网眼针迹绕针

穿上带扣的针

8 将贴边装在挡胸布上

8-1 在前片装袋扣衤，后片装背带，疏缝固定。

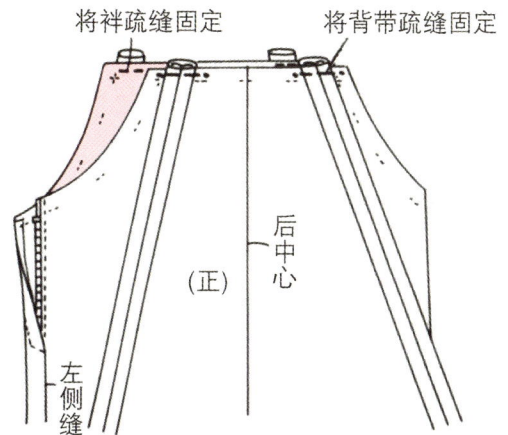

将衤疏缝固定
将背带疏缝固定
左侧缝
(正)
后中心

8–2 在贴边布上黏贴黏合衬，正面朝里与背带对叠，疏缝固定后车缝。

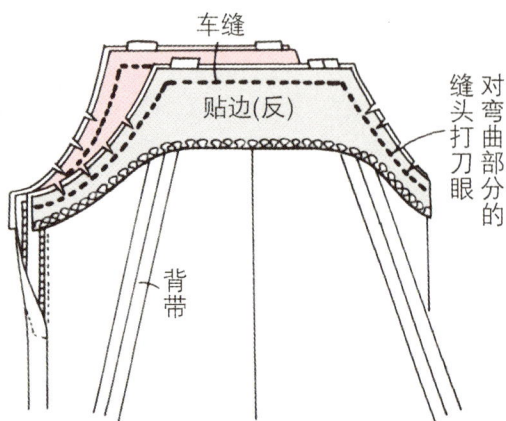

8–3 翻向正面，用熨斗整烫形状，并绢 0.7 ~ 0.8 cm 宽的线。

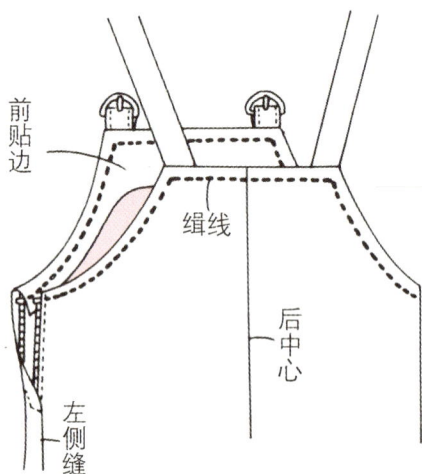

8–4 在与背带上袋扣的针相对应的位置挖针眼。以此针眼为中心，以 3 cm 的间隔，挖用来调节长度的针眼。

9　缝下裆

缝合前后片下裆，劈开缝头，对缝头边缘锁边。

10　处理裤口

将裤口折两次，车缝。

男女孩兼用的衬衫

通过选用不同的材料并将袖长加以变化，这款服装一年四季都能穿着。

春夏季节可选择像皮埃拉法兰绒或条格花布这样的棉织品，秋冬季节可选用法兰绒或薄的灯芯绒、针织面料这种保温性好的材料。在袖克夫处装按扣比装钮扣更适合这个年龄的儿童。前开口也适合装按扣或圆扣子。

放缝和裁剪方法

前叠门贴边布与大身连在一起裁，衣片肩部、侧缝、下摆、装袖位置袖底放 1.5 cm，其他放 1 cm 裁剪。

缝制顺序和要领

1　做领

在领里黏贴黏合衬，领面比周围的记号线稍稍向外一点，领里比周围的记号线稍稍向里一点，平缝、翻向正面。

2　缝衣片

2–1 在前衣片的叠门贴边黏贴黏合衬。

2–2 缝肩，缝头对于男孩向后倒、女孩向前倒，对缝头边缘锁边。

2–3 与缝肩过程相同地缝侧缝。

3　装领

处理领和叠门，装领。

参照第 106 页的婴套装。

4　做袖、装袖

参照第 106 页的婴儿套装。

5　处理下摆

将下摆三折缝。

6　完成

在叠门处装按扣，门襟处装薄的装饰用钮扣。

围兜 A、B

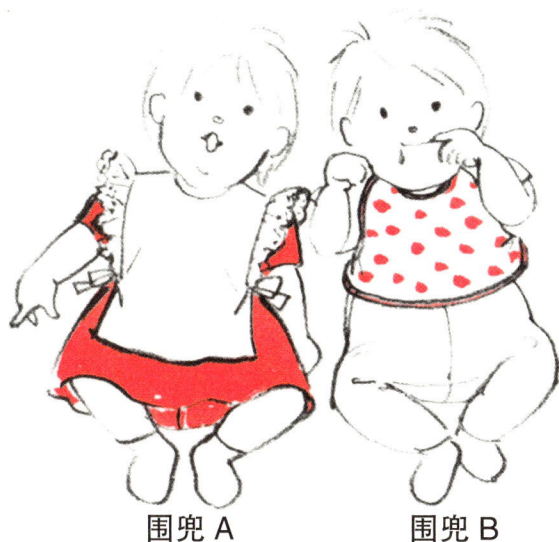

围兜 A   围兜 B

刚出生的婴儿基本不流口水，长出牙齿后，就经常有口水流出。

到婴儿能自己吃时，衣服也就容易脏起来。所以，对这个时期的婴儿来说，多少件围兜都不为多。具有实用性的款式 B 用卡其、高档棉织物、条格平纹布等制作。那些断奶的婴儿吃饭时用 A 这种较大的款式很方便。若再装上荷叶边，就更适合女孩穿着了。

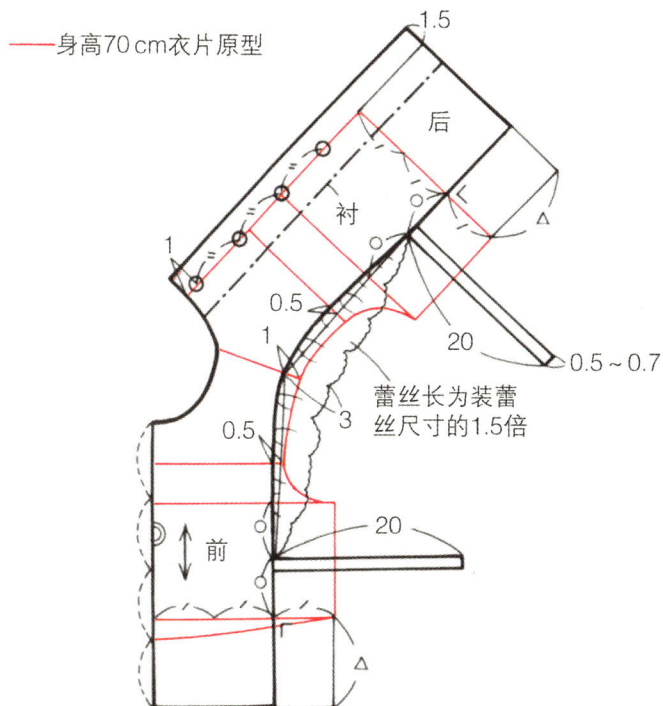

—— 身高70 cm衣片原型

1.5

后
衬

1
0.5
1
0.5
3

20
0.5 ~ 0.7
蕾丝长为装蕾丝尺寸的1.5倍

前
20

制作要领

款式 A 周围放 1 cm 的缝头，面布和里布 2 片一起裁剪。由于后片是斜丝缕，在里布反面黏贴薄的黏合衬。

将蕾丝抽褶，照图中那样，将蕾丝疏缝在袖窿处，侧缝处带子也用疏缝固定、其上再放置里布，留出后片下摆，缝合周围。对领圈缝头打刀眼直到缝道边缘，翻向正面时不要使其受到拉伸，把没缝的开口处缝头向反面翻折，在周围进行边缝。

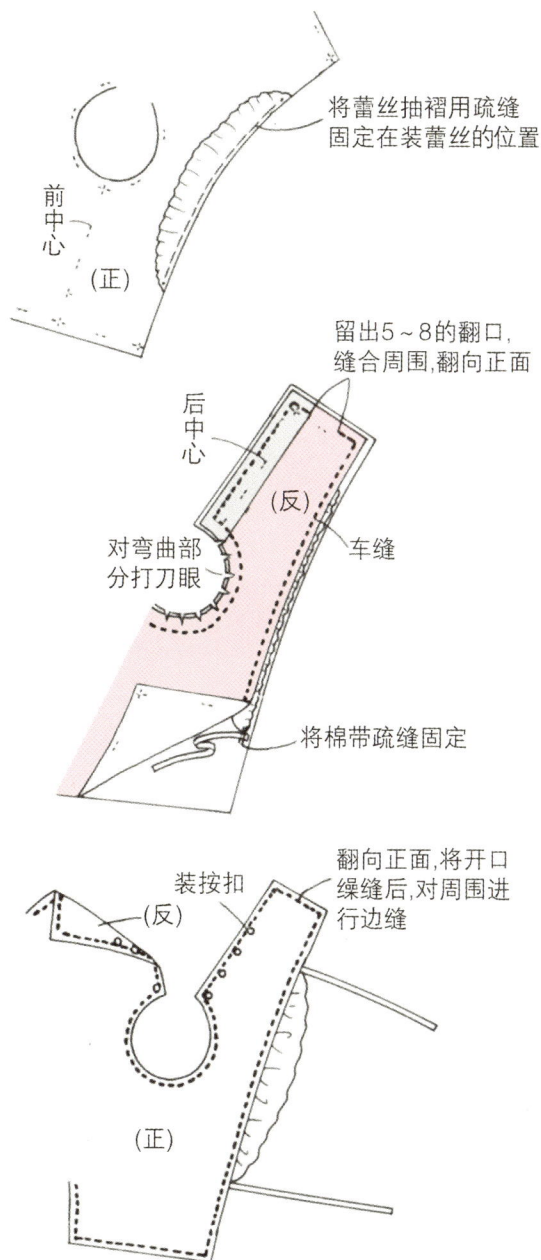

将蕾丝抽褶用疏缝固定在装蕾丝的位置

前中心
（正）

留出5~8的翻口，缝合周围，翻向正面

后中心
（反）

对弯曲部分打刀眼

车缝

将棉带疏缝固定

装按扣

翻向正面，将开口缲缝后，对周围进行边缝

（反）

（正）

款式B 按照没放缝的纸样,面布和里布2片一起裁剪。并按下列顺序滚边。

1　对下摆滚边。

2　做与侧缝滚边相连的带子。

3　做与领圈滚边相连的带子。

身高70cm大身原型

后

20

0.5

1

将原型在肩点重叠2

2

前

20

0.5宽的滚边

1.5

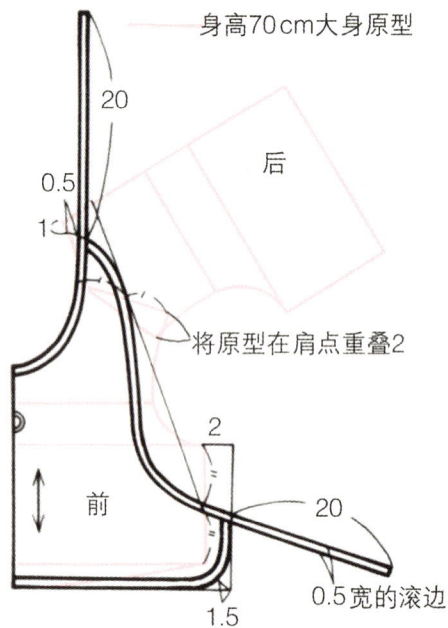

马甲式男婴儿围兜

这是专为那些不喜欢围兜的男孩做的一款漂亮的口水兜。穿上这种款式的口水兜,那些男孩尽管会发牢骚,但也并不介意穿上它。

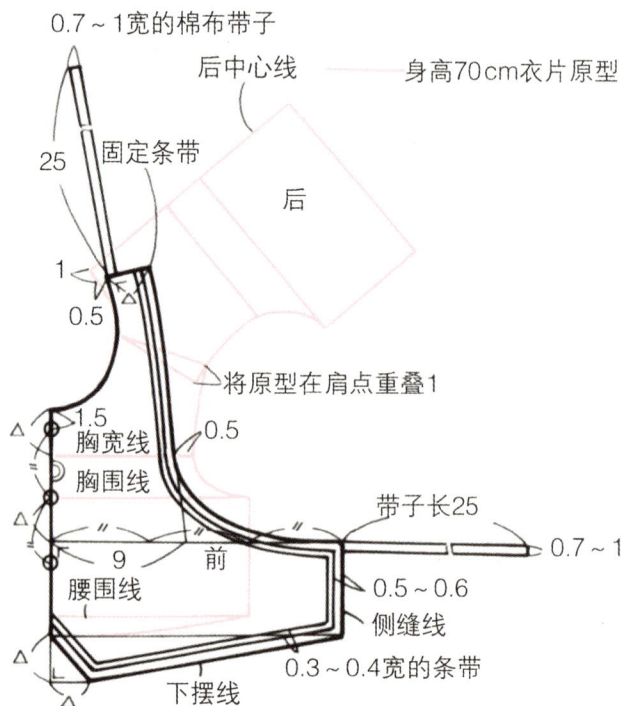

0.7～1宽的棉布带子

后中心线

身高70cm衣片原型

25

固定条带

后

1

0.5

将原型在肩点重叠1

1.5

胸宽线

0.5

胸围线

带子长25

0.7～1

9　前

0.5～0.6

腰围线

侧缝线

0.3～0.4宽的条带

下摆线

纸样的做法

选定身高，将前后片原型在肩点重叠 1 cm 来画。参照图示做纸样。

放缝

面布和里布 2 片一起裁剪。里布如果使用吸水性好的皮埃拉法兰绒，婴儿口水多的时候用起来会比较方便。周围放 1 cm 的缝头。

缝制顺序和要领

1   装带子

1-1   在侧缝和后中央的图示位置放上带子。

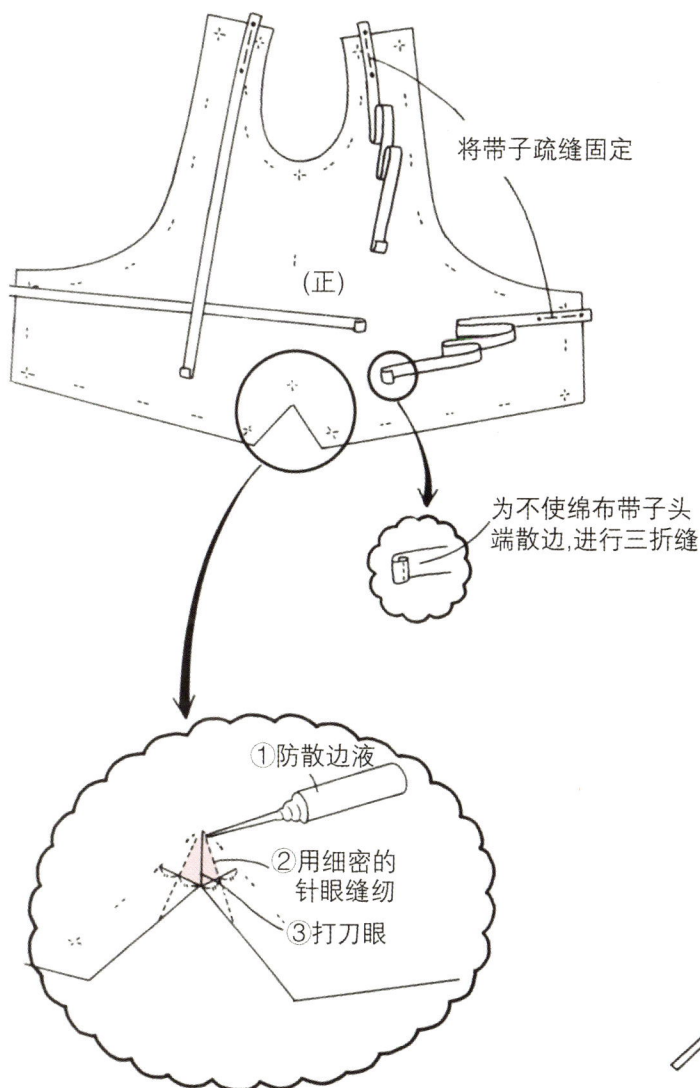

将带子疏缝固定

（正）

为不使绵布带子头端散边,进行三折缝

①防散边液
②用细密的针眼缝纫
③打刀眼

2   缝周围

2-1   把 2 片正面朝里对叠，留出左片或右片中的任何一片的侧缝，不加以车缝，对领圈、袖窿、下摆、另一片的侧缝进行车缝。对袖窿、领圈的弯曲度大的缝头打刀眼。

2-2   在没加以车缝的一侧的侧缝处翻向正面，并对其周围加以熨烫。

2-3   对没缝制的侧缝部分进行暗缲。

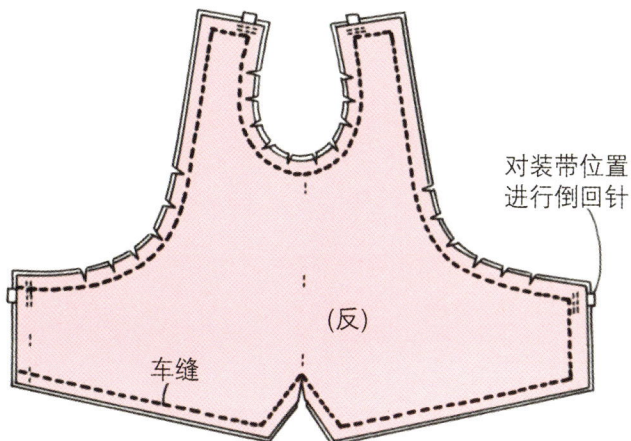

对装带位置进行倒回针

（反）

车缝

3   装条带

在周围处疏缝条带，在前中心和后中心装条带止点用熨斗整烫形状后进行疏缝，并对条带中心加以车缝固定。

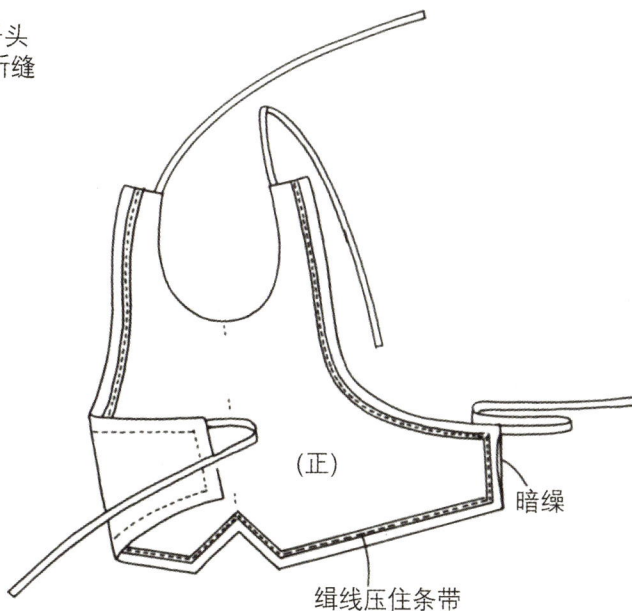

（正）

暗缲

缉线压住条带

童帽

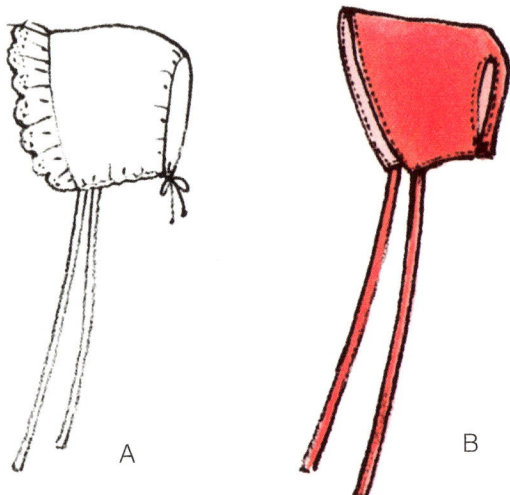

A   B

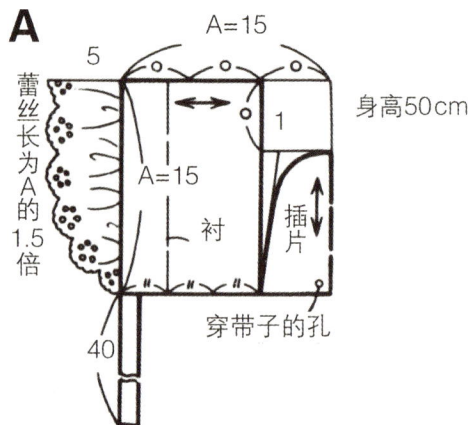

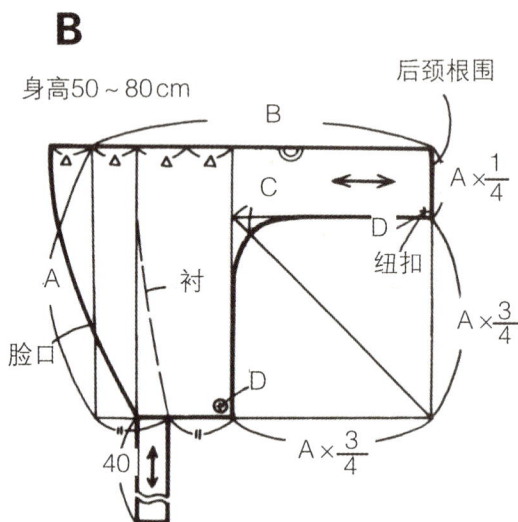

婴儿帽对保护婴儿娇嫩的头部不受外界刺激、保温以及遮挡直射的日光是很必要的。

这里以一年四季通用的、最简单的款式为例来介绍。

A 在婴儿刚出生后，幼儿洗礼时使用，可装上与裙子相配的装饰用蕾丝荷叶边。B是用作日常装的童帽。夏季，可选用通风性好的棉织品（网眼花边蕾丝、泡泡纱或经过褶皱加工的表面凹凸不平的面料），里布适合选用厚的通风纱或柔软的棉平布等吸汗性好的材料。冬季面料选用起毛的棉材料或薄型羊毛布料，里料选用柔软的棉材料。由于婴儿帽跟脸部的敏感肌肤直接接触，请不要选择合成纤维、化学纤维、绒毛长的毛织品等。

单位 /cm

1	身高	50	60	70	80
30	头围	33	41	45	47
A	$\dfrac{头围}{2} \times 0.9$	15	18	20	21
B	$\dfrac{头围}{2} + 3$	20	24	26	27
	圆度	1.3	1.5	1.6	1.7

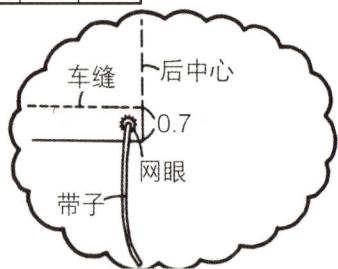

A 的缝制顺序和要领

1   在里布的脸口处贴黏合衬。里布上挖系在脖子上的带孔。

2   在面布和里布上装拼布。

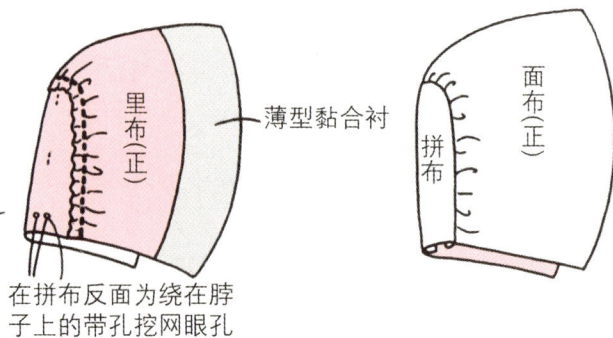

3 将装在面布正面脸口处的蕾丝抽褶，并把它正面朝里，用大头针固定，疏缝。

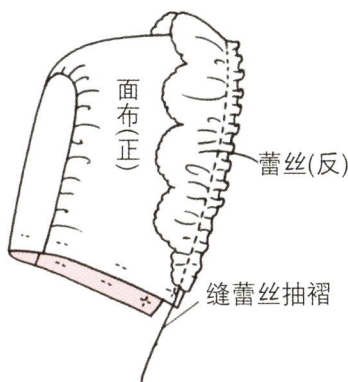

面布(正)

蕾丝(反)

缝蕾丝抽褶

4 将里布正面朝里放在3中的蕾丝上，缝脸口处。

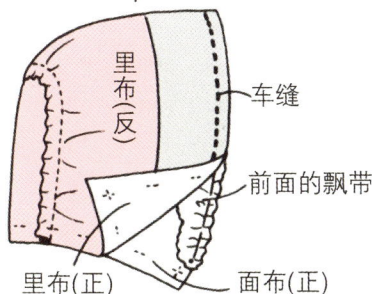

里布(反)

车缝

前面的飘带

里布(正)

面布(正)

5 翻向正面，将帽子的领圈部分从记号线翻向反面，将带子从里布颈根围处的穿带孔穿进，并将带子一端牢牢固定在帽口缝头处绱距颈围 0.1 cm 和 0.6 cm 宽的线，注意不要使针穿在带子上。此时，将前中心的飘带夹进中间。对脸口进行边缝。

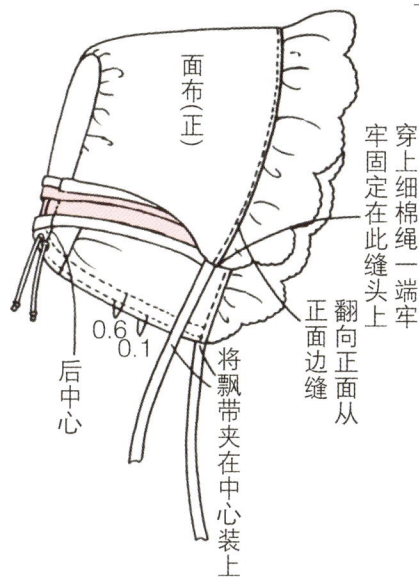

面布(正)

穿上细棉绳一端牢牢固定在此缝头上

0.6
0.1

后中心

翻向正面边缝

正面边缝

翻向正面从

将飘带夹在中心装上

B 的裁剪方法和缝制要领

在四周放 1 cm 的缝头，面布和里布 2 片一起裁剪。在脸口处的面布和里布都黏贴黏合衬。

参照第 127 页围兜装带子的方法，疏缝固定住飘带，留出后颈根围，缝合面布和里布的四周。对弯曲部分打刀眼。从后颈根围翻向正面，将后颈根围的缝头向中间翻折，对四周进行边缝。重叠颈根围的 D 和 D′，装钮扣。

婴儿帽

A

B

用伸缩性好的针织面料制作。为了使头部合体，把它做得比头围稍小些。不装里布，用 1 片做成，配上装饰性的绒球来突出其可爱。将脸口折两次。由于翻折后，止口处正反面情况恰好相反，可以参照图示来制作。B 左右片的尖点处对接，与帽子中心的绒球一起固定。

身高80cm

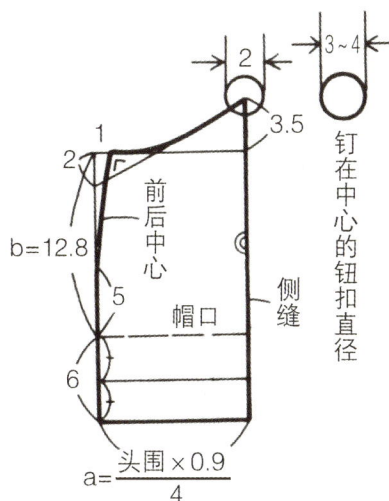

2

3~4

1
2

3.5

b=12.8

前后中心

5

帽口

侧缝

6

钉在中心的钮扣直径

$a = \dfrac{\text{头围} \times 0.9}{4}$

单位 /cm

1	身高	50	60	70	80	70
30	头围	33	41	45	47	49
a	$\dfrac{\text{头围} \times 0.9}{4}$	7.4	9.2	10.1	10.6	11
b	$\dfrac{\text{头围}}{4} + 1$	9.3	11.3	12.3	12.8	13.3

缝制顺序和要领

1　四周放 1 cm 的缝头。照纸样裁剪帽口的翻折止口线，对缝头边缘锁边。

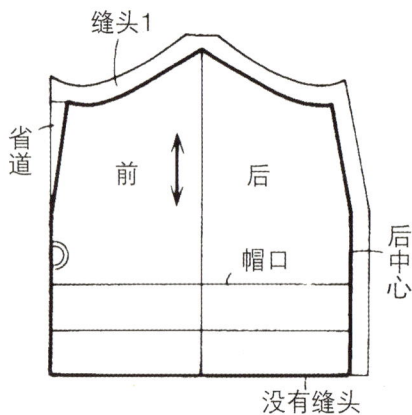

缝头1

省道

前　后

帽口

后中心

没有缝头

2　缝前中心省道，把缝头压平。

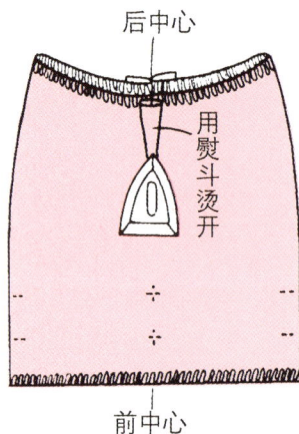

后中心

用熨斗烫开

前中心

3　缝后中心，到距帽口 1 cm 处为止，对车缝止点缝头打刀眼、劈开缝头。

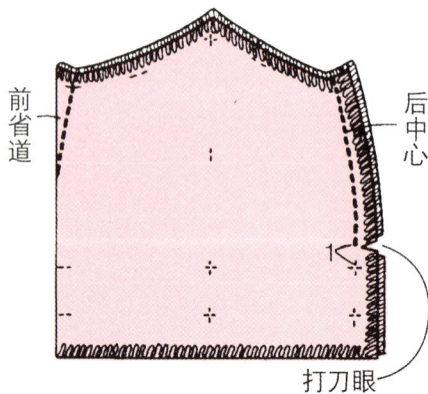

前省道

后中心

1

打刀眼

4　翻向正面，对中央没缝到的地方进行劈开缝头。

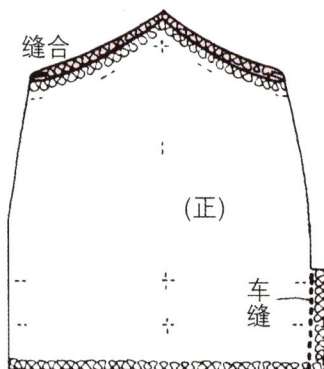

缝合

（正）

车缝

5　正面朝里缝合前后片，缝顶端。

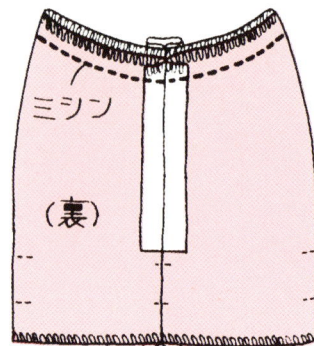

ミシン

（裏）

6　做绒球。

将极细的毛线绕80圈

绒球直径 0.5～1

厚纸板

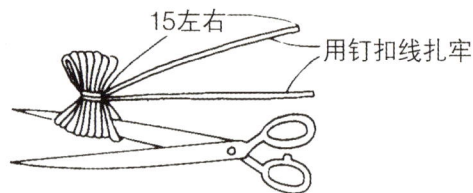

15左右

用钉扣线扎牢

7　装绒球。

用这根线固定在帽子上

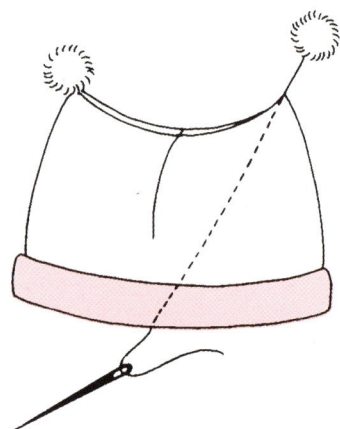

婴儿鞋 A、B

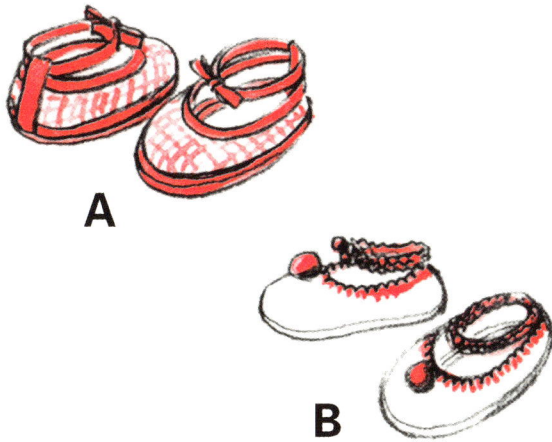

A

B

婴儿鞋 A 的纸样制作法

脚长9cm

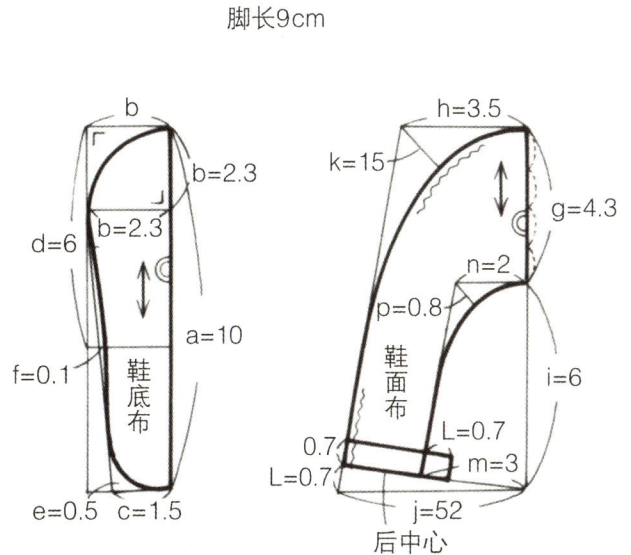

b
b=2.3
b=2.3
d=6
f=0.1
a=10
鞋底布
e=0.5　c=1.5

h=3.5
k=15
g=4.3
n=2
p=0.8
i=6
鞋面布
L=0.7
0.7
L=0.7　m=3
j=52
后中心

　　婴儿把两脚互相摩擦就能流利地脱下袜子。尽管现在有完备的暖气设备的家庭多起来了，但给那些经常在温度低的地板附近生活的婴儿，穿上冬季的室内鞋也能增加一些温暖。这种鞋子不仅可以赤脚穿，也可以穿在薄袜子外面。对那些刚开始走路的婴儿，还可以在鞋底装上防滑的橡胶圈。

　　在妊娠时做一双婴儿鞋，等待婴儿的到来不也是一大乐事吗？由于出生前不能清楚确定婴儿脚的大小，在妊娠过程中，可以根据此表中的尺寸先做一双，以此为基础，待婴儿出生后再测量婴儿的脚长，调整尺寸再做一双。

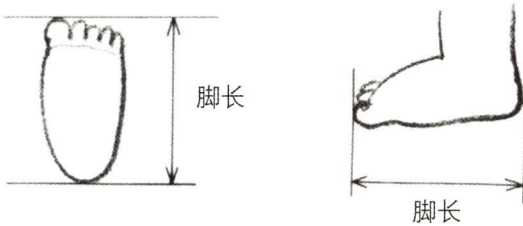

脚长

脚长

婴儿鞋的尺寸表　　　　　　单位 /cm

1	身高		60	70	80	90
29	脚长		9	11	13	15
记	a	脚长 + 1	10	12	14	16
	b	a×0.23	2.3	2.8	3.2	3.7
	c	a×0.15	1.5	1.8	2.1	2.4
	d	a×0.6	6	7.2	8.4	9.6
	e	a×0.05	0.5	0.6	0.7	0.8
	f	a×0.01	0.1	0.1	0.1	0.2
	g	a×0.43	4.3	5.2	6	6.9
	h	a×0.35	3.5	4.2	4.9	5.6
	i	a×0.6	6	7.2	8.4	9.6
号	j	a×0.52	5.2	6.2	7.3	8.3
	k	a×0.15	1.5	1.8	2.1	2.4
	L	a×0.07	0.7	0.8	1	1.1
	m	a×0.3	3	3.6	4.2	4.8
	n	a×0.2	2	2.4	2.8	3.2
	p	a×0.08	0.8	1	1.1	1.3

婴儿鞋 A 的裁剪方法

和缝制要领

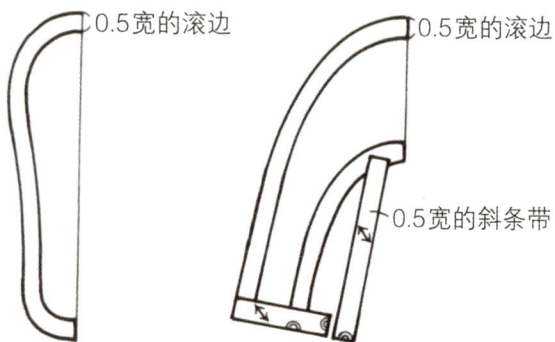

0.5宽的滚边

0.5宽的滚边

0.5宽的斜条带

使用市场上卖的绗缝面料时，按照纸样的完成线来裁剪布料。面布和里布用不同布料时，里布用吸汗性好的棉卡其或棉法兰绒都很适合。把粗略裁剪的面布和里布正面朝外对叠，对周围进行疏缝，用1～1.5 cm宽的线迹斜向车缝。

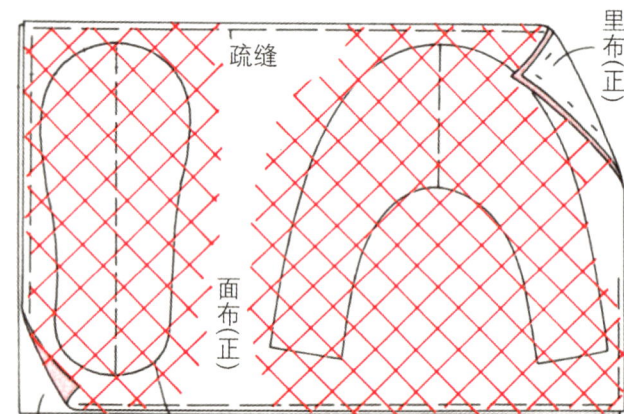

疏缝

里布(正)

面布(正)

里布(反)

缉线后,按完成记号裁剪

1　把2片对叠缝在一起的布料按照完成线记号裁剪。把底布的脚趾头部分归缩成稍微有圆弧的形状。把鞋面布的脚趾头部分归缩成底布外围尺寸。在底布周围、面布周围、脚口周围装上0.5 cm的滚边。

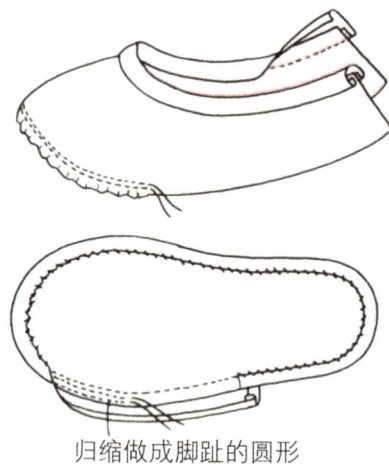

归缩做成脚趾的圆形

2　将底布的后中央对接，后中央布盖在反面，边缝装在后中央。此车缝一直延续到后中央的反面部分。

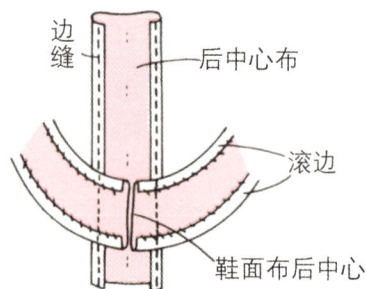

边缝

后中心布

滚边

鞋面布后中心

3　将底布和面布对接，细密地缲缝。把后中心布向反面翻折，留出穿带的口，细密地缲缝。

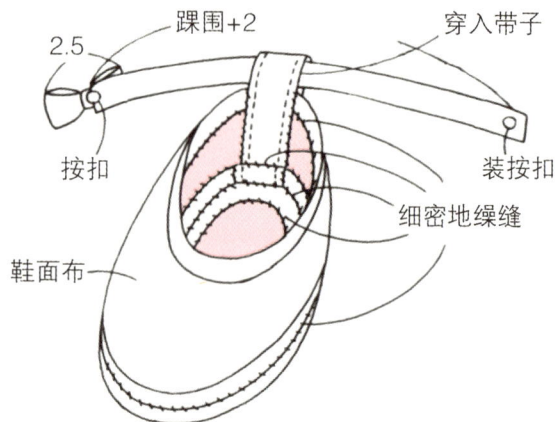

2.5

踝围+2

穿入带子

按扣

装按扣

细密地缲缝

鞋面布

婴儿鞋 B 的纸样做法

与 A 的纸样做法相同。B 没用后中央布。与 A 相同地按照 a、b、c……的顺序画纸样。

用卡其和毛卡其、厚型棉卡其等制作时，不加里布。

用薄型棉卡其制作时，加上里布。做加里布的款式时，把 2 片重叠当成 1 片，对周围疏缝，缝合后与单面的做法相同。

婴儿鞋 B 的裁剪方法

和缝制要领

在面布、底布周围放 0.5 cm 的缝头。

1　缝后中心、劈开缝头。

2　将面布和底布的脚趾头部分和后跟部分的缝头抽成圆形。

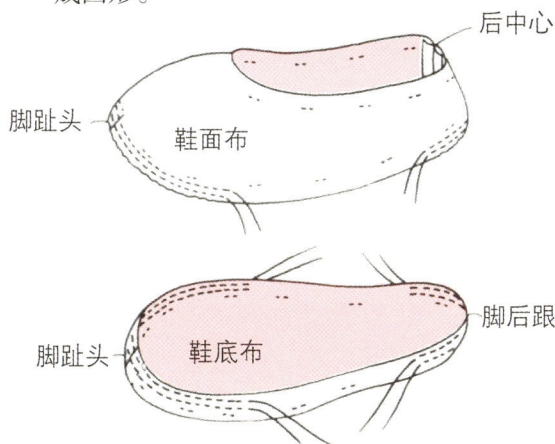

3　将面布和底布在脚趾头和后跟位置正面对叠、用 0.5 cm 的缝头缝合。

4　劈开缝头，将缝头边缘按照裁剪时的样子从反面轻轻绕缝。
　将面布脚口缝头向反面翻折，连在一起的部分用熨斗拉伸，从反面轻轻绕缝。

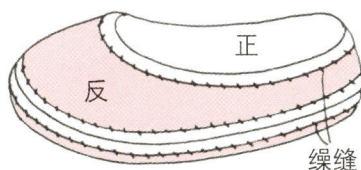

5　在脚口处用钩针将很细的毛线进行编结，参照图示。

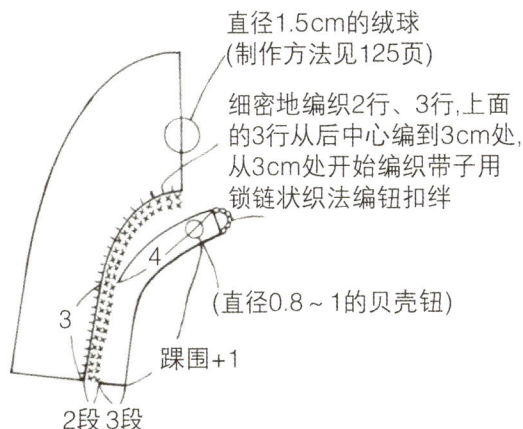

直径1.5cm的绒球
（制作方法见125页）

细密地编织2行、3行，上面的3行从后中心编到3cm处，从3cm处开始编织带子用锁链状织法编钮扣绊

（直径0.8～1的贝壳钮）

踝围+1

2段 3段

6　完成。装钮扣、装绒球。

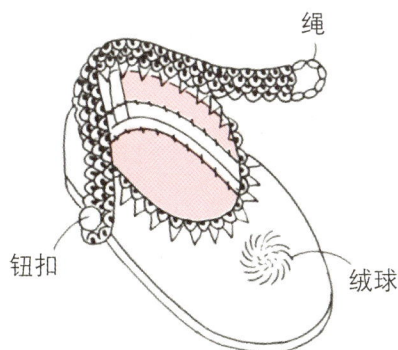

绳

钮扣

绒球

夏季穿的短袖连衣裙

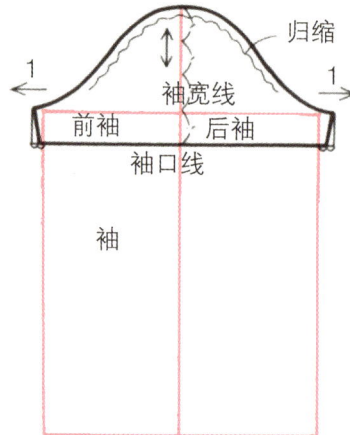

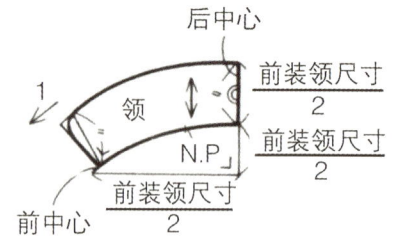

归缩

袖宽线

前袖　后袖

袖口线

袖

后中心

领

N.P

前中心

前装领尺寸
$\frac{}{2}$

前装领尺寸
$\frac{}{2}$

前装领尺寸
$\frac{}{2}$

身高120cm
连衣裙基本型A

袖原型
放松量 B+12
W+8

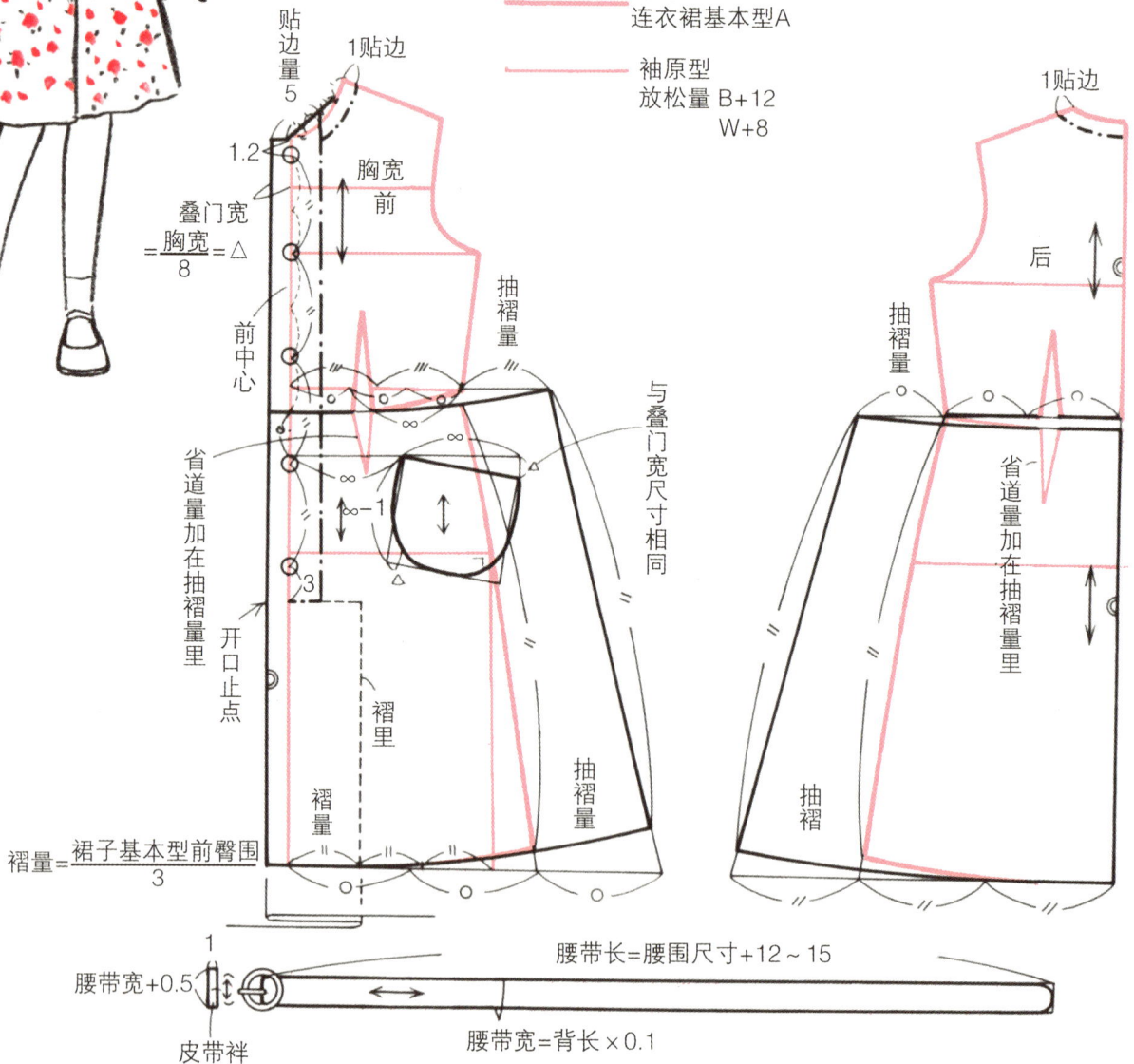

贴边量
5

1贴边

1.2

叠门宽
$=\frac{胸宽}{8}=△$

胸宽
前

前中心

抽褶量

与叠门宽尺寸相同

省道量加在抽褶量里

开口止点

3

褶里

褶量

褶量$=\frac{裙子基本型前臀围}{3}$

抽褶量

1贴边

后

抽褶量

省道量加在抽褶量里

抽褶

1

腰带宽+0.5

皮带祥

腰带长=腰围尺寸+12~15

腰带宽=背长×0.1

纸样的作法

1　画连衣裙基本型 A（第 43 页）。在下摆放出前后裙片的抽褶量、重新画侧缝线。后裙片就此完成。

前片大身

2　从颈点向下标出前领圈的 1/4，从此处用接近直线的曲线重新画领圈。

3　从前中心标出 $\frac{胸宽}{8}$ 的叠门宽，从领圈画叠门线直到下摆。

　标出装钮扣位置。在前中心线上从领圈开始标出第一颗钮扣位置，将此处到腰围线的长度 5 等分。在第一颗钮扣向下标出第一颗钮扣到腰围线长度的 2/5，作为第二颗钮扣位置。等间隔地做记号，直到第五颗钮扣。从叠门止口标出 5 cm 的贴边宽，画贴边线直到开口止点。对开口止点以下的部分，从前中央线放出裙片基本型前臀围的 1/3，作为褶量，画褶里线。

4　将前腰基准线三等分，在前中心线上，标出从腰部前中央向下 1/3-1 cm 的位置，作为装口袋记号，参见制图画口袋。

袖

5　画袖原型。从袖宽向袖口方向标出袖山高的 1/3，作为袖长，与袖宽线平行地画袖口线。

6　连衣裙基本型 A（第 43 页）的胸部放松量为 12 cm。它与大身原型胸部放松量 8 cm 的差为 4 cm，在连衣裙基本型 A 的前后胸围线上放出差值 4 cm 的 1/4（即 1 cm），所以在袖宽线上前后片也要放 1 cm。把其 1/2 在袖口线上放出，画袖底线。

领

7　在右下角画直角线、横线上取装领尺寸、纵线上取前装领尺寸的 1/2，用曲线画装领线。在装领线上与大身颈点相对应的位置，装领线应画的弯曲度大些，从后中央重新测量装领尺寸。在后中央线上，标出 $\frac{前装领尺寸}{2} \times 1.3$，作为领宽。从前中央画装领线的直角线，标出后领宽，并与后领宽用曲线连结，将此线在前中央延长 1 cm，再把这个点与装领线的前中央用直线连结。将领角的地方挖成圆形，画领的周围线。

前裙片褶量剪开图

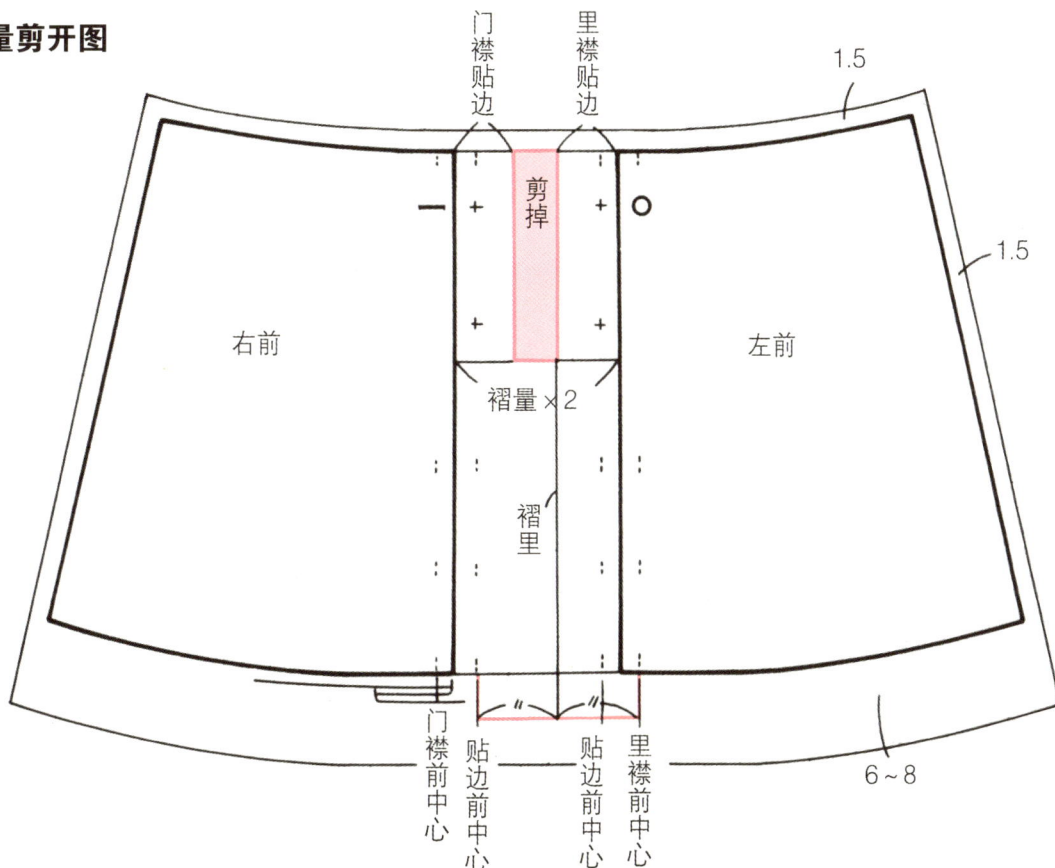

1.5

1.5

6~8

门襟贴边　里襟贴边

剪掉

右前　　左前

褶量×2

褶里

门襟前中心　贴边前中心　贴边前中心　里襟前中心

放缝

参照前裙片的剪开图剪开褶量、放缝。

大身四周 1.5 cm，领圈 1 cm，袋口 2.5 ~ 3 cm，周围 1 cm，领圈贴边周围 1 cm。袖口 2.5 ~ 3 cm，袖底和装袖线 1.5 cm。

领的周围放 1 cm 的缝头，领面和领里 2 片一起裁剪。

缝制顺序和要领

1   做领

1-1   在领里黏贴薄的黏合衬，将领里退进一点，对其周围车缝。

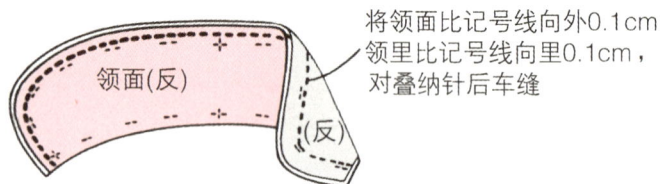

将领面比记号线向外0.1cm 领里比记号线向里0.1cm，对叠纳针后车缝

1-2   翻向正面，用熨斗熨烫周边。

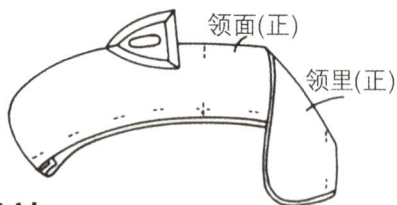

2   做袖

缝袖底，对缝头边缘锁边，劈开缝头。对袖口缝头锁边，两次边缝。对袖口缝头进行三折缝。对装袖线缝头用细密的针脚拱针，归缩到装袖尺寸。

3   做口袋

参照 107、108 页婴儿套装口袋的制作方法。

4   缝省道

缝大身前后片省道，缝头向中间倒，熨烫。

5   缝合大身和裙片

5-1   除裙腰缝头的前叠门部分外，将前后片疏缝，再用粗针脚车缝后，抽成大身腰围尺寸。

5-2   缝合肩线和侧缝，劈开缝头，对缝头锁边和折倒缝。

5-3   与大身的肩和侧缝相同地缝裙片侧缝。

5-4   将大身和裙片在腰围线上正面朝里对叠，用大头针固定、疏缝后再车缝，劈开从贴边边缘到叠门量的缝头。其他缝头翻向大身、对缝头边缘锁边。

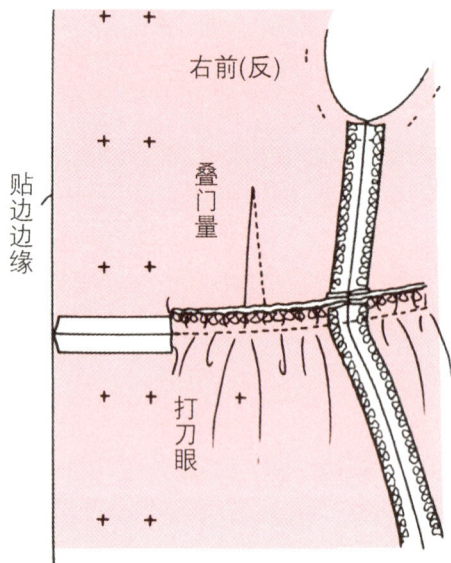

6   缝前开口

6-1   在贴边布上黏贴黏合衬、在里襟贴边布开口止点打刀眼直到叠门止口。

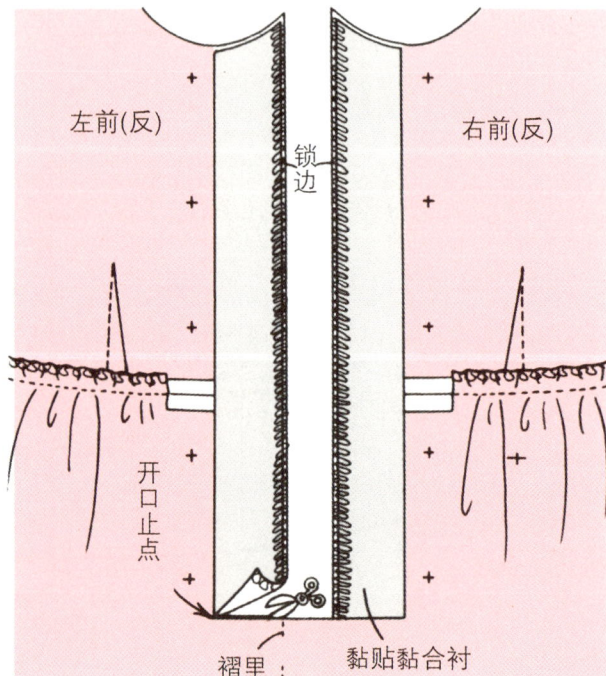

6-2 从叠门止口翻折里襟贴边布。

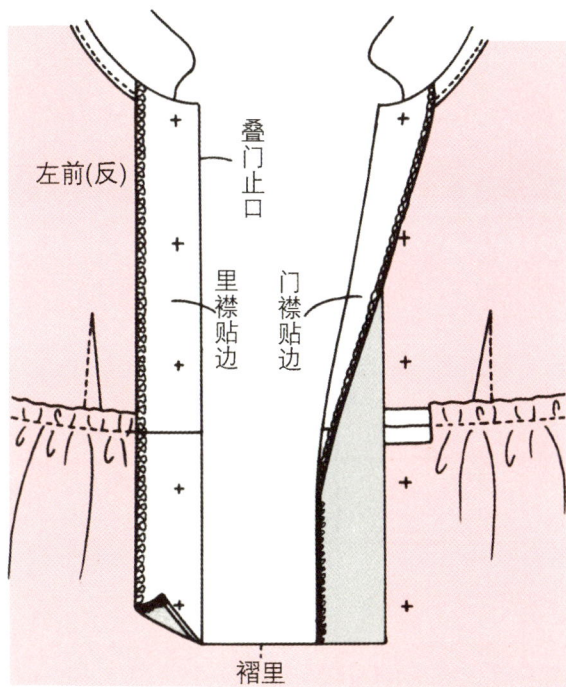

左前(反)

叠门止口

里襟贴边

门襟贴边

褶里

6-3 将门襟和里襟的叠门中心从反面重叠、用大头针固定、对开口止点的褶里车缝，固定叠门。

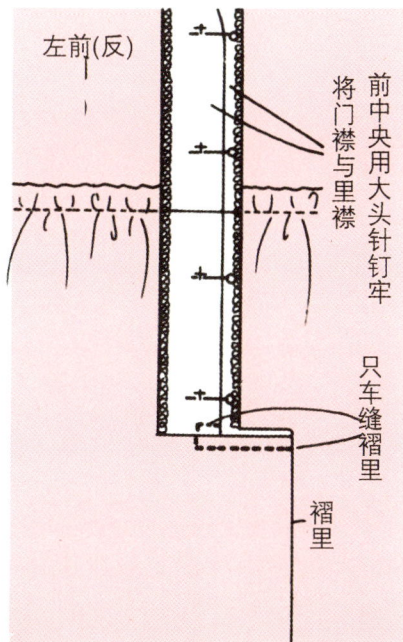

左前(反)

将门襟与里襟前中央用大头针钉牢

只车缝褶里

褶里

7　装领

参照第 75 页婴儿裙基本型的装领图，装上在 1 中做的领。

8　下摆处理

对下摆锁边，并暗缲缝，再粗针眼进行三折缝。

9　装袖

参照第 76、77 页婴儿裙基本型的做法。

10　装口袋

把用作加固布的黏合衬黏贴在装口袋位置的反面，装上口袋。暗缲两次，再边缝。

11　做扣眼

在门襟上挖平圆头锁眼的扣眼，里襟装钮扣。扣眼的做法参照基础篇（下）。

12　做腰带

腰带宽／2

腰带宽

按腰带宽的3倍裁布

劈开缝头、熨烫、翻向正面

为了使带扣针顺利穿过,用锥子挖孔

锁边

边缝后细密地缲缝

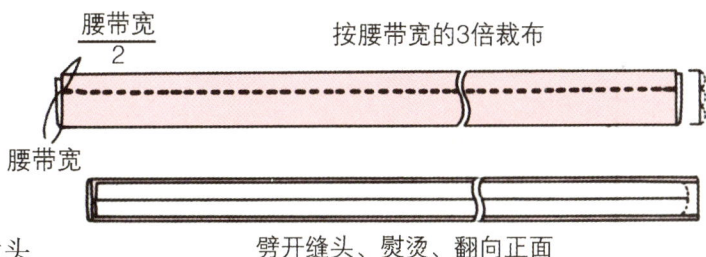

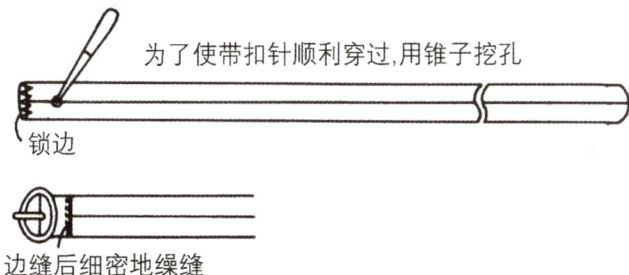

13　做皮带袢，装皮带袢

做 2 个皮带袢，以腰围线为中心装在左右侧缝线上。

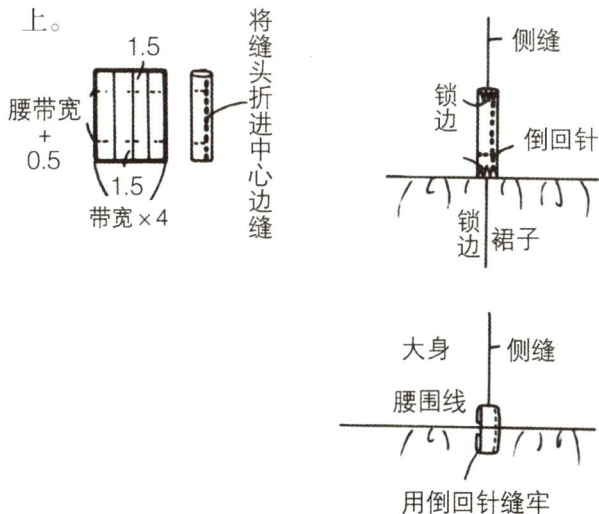

1.5

腰带宽＋0.5

1.5

带宽×4

将缝头折进中心边缝

侧缝

锁边

倒回针

锁边　裙子

大身　侧缝

腰围线

用倒回针缝牢

围裙式连衣裙

身高120cm第134页夏季穿半袖连衣裙的大身、裙片、袖片

袖原型
x 为规定尺寸

剪开图

剪刀口

2

2 2

袖 袖

后

夏季穿半袖连衣裙的袖

袖原型

前

袖侧线

袖口线

0.7
2.5

0.5   0.5

与袖宽尺寸相同

2贴边

前

2贴边

后

拉链开口

背长
3

开口止点

x
1

袋口
4

袋口=

$\dfrac{掌围}{2}$+2 **x**

$\dfrac{袋口}{5}$

右口袋

袋口+1

与袋口尺寸相同

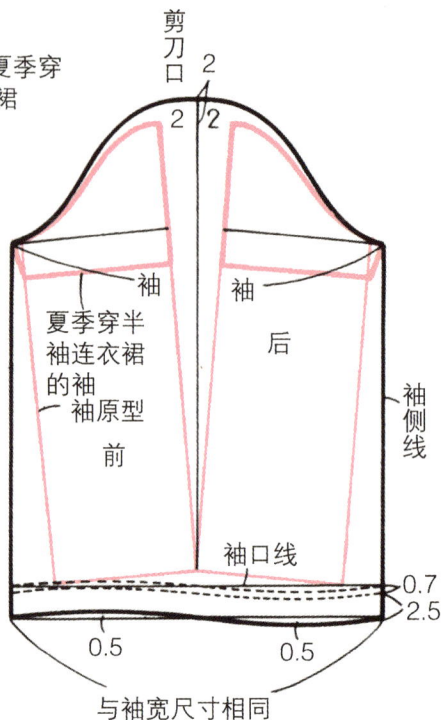

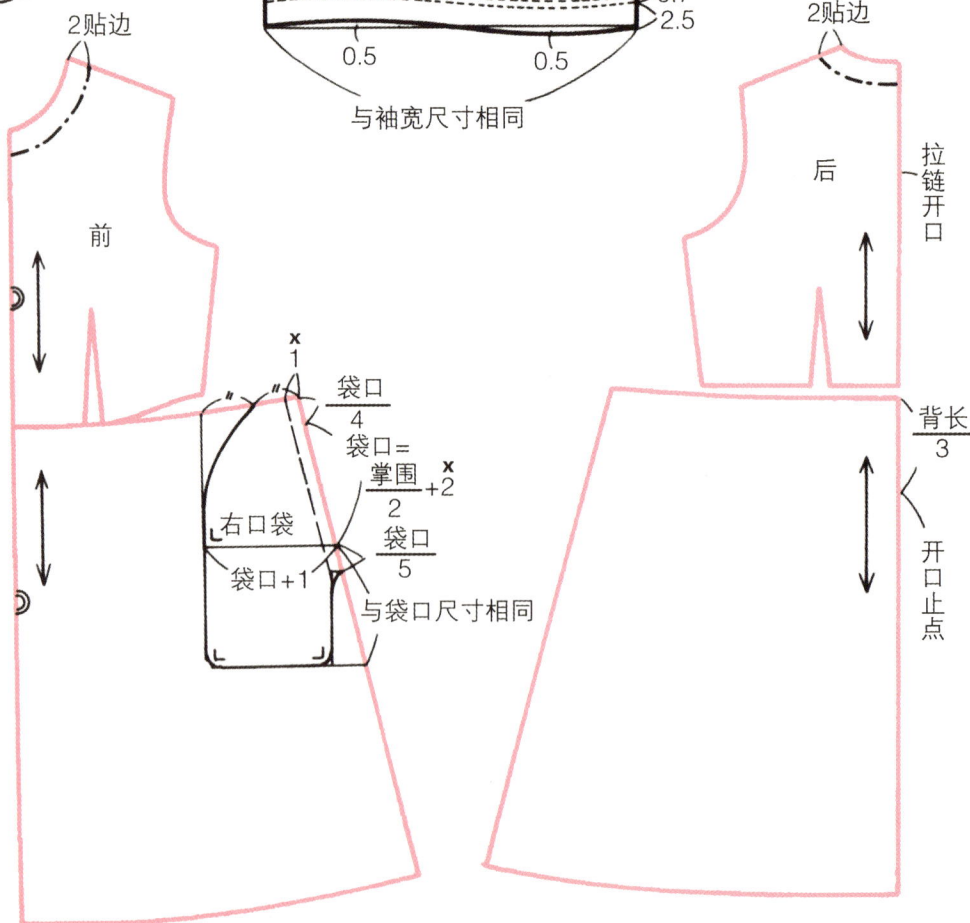

这款连衣裙是第134页的连衣裙的变化款。它将连衣裙与围裙组合起来，很受女孩们的欢迎。如能将配上荷叶边和褶裥的围裙与下面裙子的颜色进行和谐的搭配，更能增加浪漫气息。对于处在长高期的儿童，可通过解开下摆的褶裥来调节裙长。处在长胖期的儿童穿着时，可在侧缝处放4~5cm的缝头、缝好褶裥后，再缝侧缝，就能宽松地穿上2~3年。

夏季穿的短袖连衣裙的变化款

纸样的做法

画夏季穿的短袖连衣裙的前后片纸样。不要画褶和口袋。

1 标出后中心拉链止口。在前裙片右侧缝处画侧口袋。

2 领子为平领。将前后衣片在肩点重叠 2 cm 画领圈。在前中心标出前 $\frac{领圈}{2} \times 1.3$ 作为领宽，在后中心也标出相同的尺寸作为领宽，画领的周边线。在这条线从前后中心分别收进 1 cm，并与领圈前中心和后中心用直线连结。将角的地方挖成圆形。

3 将袖原型与夏季穿的短袖连衣裙中画的袖片重叠起来画袖片，剪开袖山抽褶量。在袖山点袖山向前向后各打开 2 cm 将袖山高从袖山点上抬 2 cm，用连结圆顺的曲线重新画装袖线。在袖口线上标出剪开袖片的袖宽线尺寸，画袖底线。从袖口标出穿松紧带的量 0.7 cm 和荷叶边宽 2.5 cm，画袖口线的平行线。在这条线的前袖片向内 0.5 cm 处做记号，后袖片向外 0.5 cm 处做记号，用曲线重新画袖口线，从袖口线向上标 2.5 cm 宽的荷叶边宽和 0.7 cm 宽的穿松紧带量、与袖口线平行地重新画穿松紧带线。

放缝

裁剪时，参照第 136 页夏季穿的短袖连衣裙缝头的方法来放缝头，然后裁剪。袖口放 4 cm 作为荷叶边宽 + 缝头量，裁剪。

缝制顺序和要领

1 缝衣片

缝前后衣片省道，缝头倒向中心。缝肩、侧缝，劈开缝头，对缝头边缘锁边。

2 缝裙片

留出右侧袋口，缝裙片侧缝。劈开缝头，对缝头边缘锁边。

3 做口袋

在右侧缝做口袋（参照第 157 页抽褶裙 B 的口袋做法）

4 缝合衣片和裙片

4–1 对衣片腰部抽褶，抽成衣片腰围尺寸。

4–2 将衣片和裙片正面朝里对叠，均匀分配裙片抽褶量，用大头针固定后疏缝，车缝。缝头倒向大身，对缝头锁边（参照第 136 页 5）。

5 装拉链

在后中心装拉链。车缝开口止点以下部分，对缝头边缘锁边。装拉链的方法参照基础篇（下）。

6 装领

在领里反面黏贴黏合衬。领的做法参照第 107 页、装领方法参照第 75 页。

7 下摆处理

参照第 149 页。

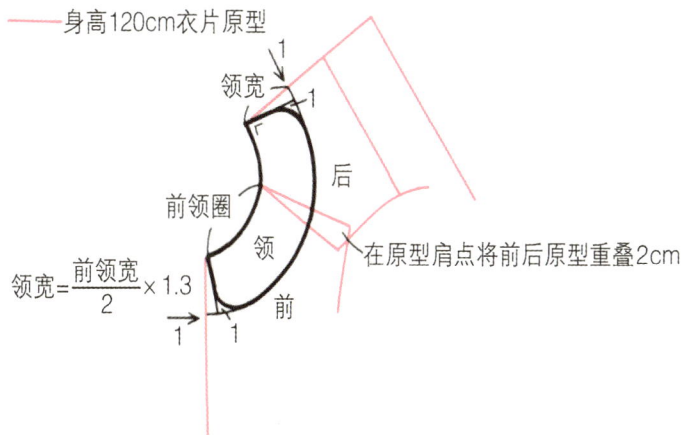

身高120cm衣片原型

1

领宽

1

前领圈

领

后

在原型肩点将前后原型重叠2cm

$领宽 = \frac{前领宽}{2} \times 1.3$

前

1   1

8　缝袖、装袖

8-1　缝袖。留出袖口穿松紧带的口，缝袖底，劈开缝头，对缝头锁边。

8-2　对袖口缝头锁边。把袖口荷叶边部分向反面翻折。

8-3　在穿松紧带部分 0.7 cm 宽的线，穿上 0.2 ~ 0.3 cm 宽的柔软弹力松紧带，抽成掌围 + 2 ~ 3 cm。

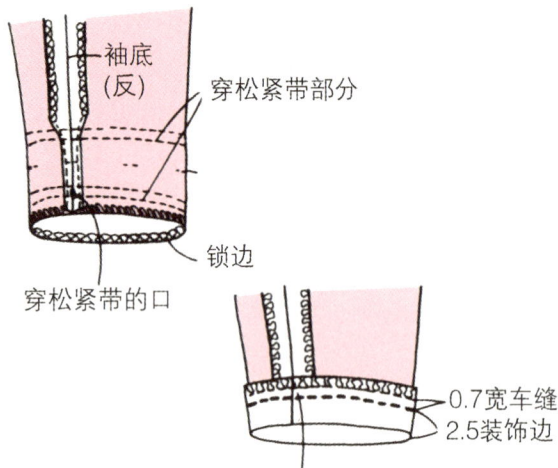

穿上 0.2 ~ 0.3cm 宽的松紧带，抽缩成手掌围+2~3

8-4　疏缝装袖线、抽褶，抽成衣片袖窿尺寸。将衣片袖窿的肩线和袖的袖山点、衣片袖窿侧缝和袖的袖底点正面朝里对叠，使细褶靠近袖山点中心，疏缝后再车缝。袖山附近缝头为 1.2 ~ 1 cm，袖底附近为 0.7 ~ 0.8 cm，并对缝头锁边。

围裙式连衣裙纸样的做法

1　画前后衣片原型和裙片基本型。从腰围向上标出后衣片侧缝长的 1/4 作为高腰量，与原腰围线平行地重新画腰围线。在前中心从腰围线向上标出 $\frac{缝长}{4}$ + 1 cm，在侧缝处标出后侧缝长，重新画腰线。

2　参照图示重新画前后领圈。

3　在前后肩线上从领圈标出 $\frac{肩宽}{2}$，作为围裙的肩宽，与在侧缝处下降侧缝长的 1/4 点用曲线连结，作为前后片袖窿线。

4　画前后裙片。放出衣片腰围的 1/2 作为袖褶量。将下摆向上抬高裙长的 1/7，并向侧缝方向画直角线，并将此直线延长，延长量为裙宽的 1/2，与腰围线相连，作为侧缝线。在后裙片基本型的侧缝线上，将下摆抬高裙长的 1/7 处与衣片腰围用直线连结，确定侧缝长。在前后裙片侧缝线上标出裙长，画下摆线。

5　画口袋。袋布的底布与臀围线对齐，在省道延长线上画口袋。

6　画腰部带子。

7　标出装荷叶边位置。画荷叶边。在后中心平行放出叠门量，标钮扣位置。

8　在叠门、领圈、袖窿处画贴边线。在裙子下摆画褶裥线。

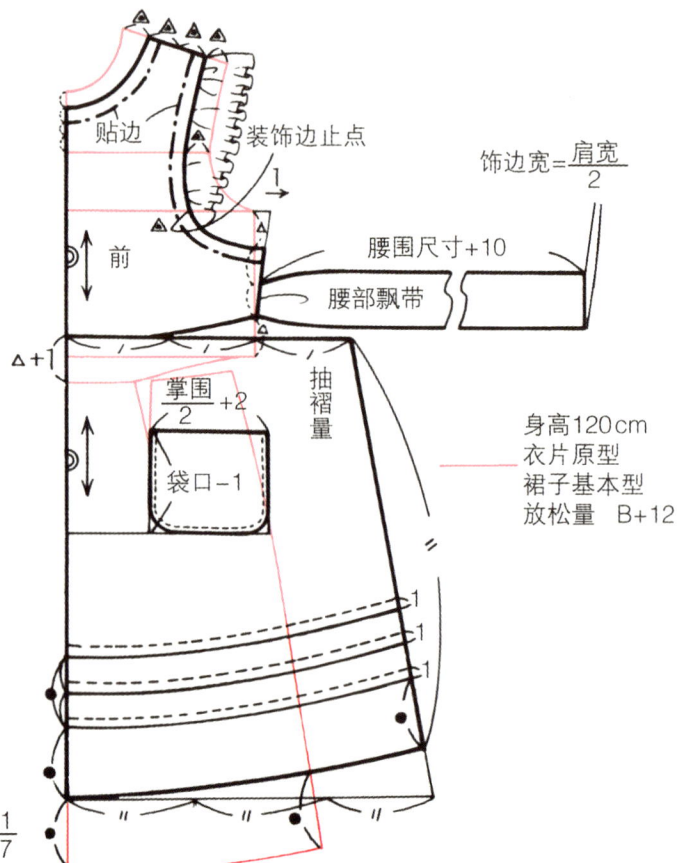

饰边宽 = $\frac{肩宽}{2}$

腰围尺寸 +10

腰部飘带

身高 120cm
衣片原型
裙子基本型
放松量　B+12

贴边

装饰边止点

前

△ +1

$\frac{掌围}{2}$ +2

袋口 -1

抽褶量

裙长 × $\frac{1}{7}$

140

放缝

衣片侧缝、肩、腰缝头为 1.5 cm，其它为 1 cm。裙片侧缝、腰缝头为 1.5 cm，袋口 2.5 ~ 3 cm，周围 1 cm，贴边布周围 1 cm，对于下摆处，除下摆缝头量 2.5 ~ 3 cm 外，再多配上 6 cm 作为裥量。后片叠门贴边与衣片及裙片连在一起裁剪。

缝制顺序和要领

1　做荷叶边

对荷叶边边缘进行三折缝。对装荷叶边的一侧疏缝，并用粗针脚缝纫，抽成衣片上装荷叶边的尺寸。

2　装口袋

参照第 107、108 页的婴儿套装来缝制口袋，在前裙片装口袋位置的反面黏贴作为加固布的黏合衬，边缝固定。

3　装腰部丝带

3–1　将腰部丝带周围折三次，并车缝。

3–2　照图那样，把腰部丝带放在前衣片侧缝处，并疏缝固定。

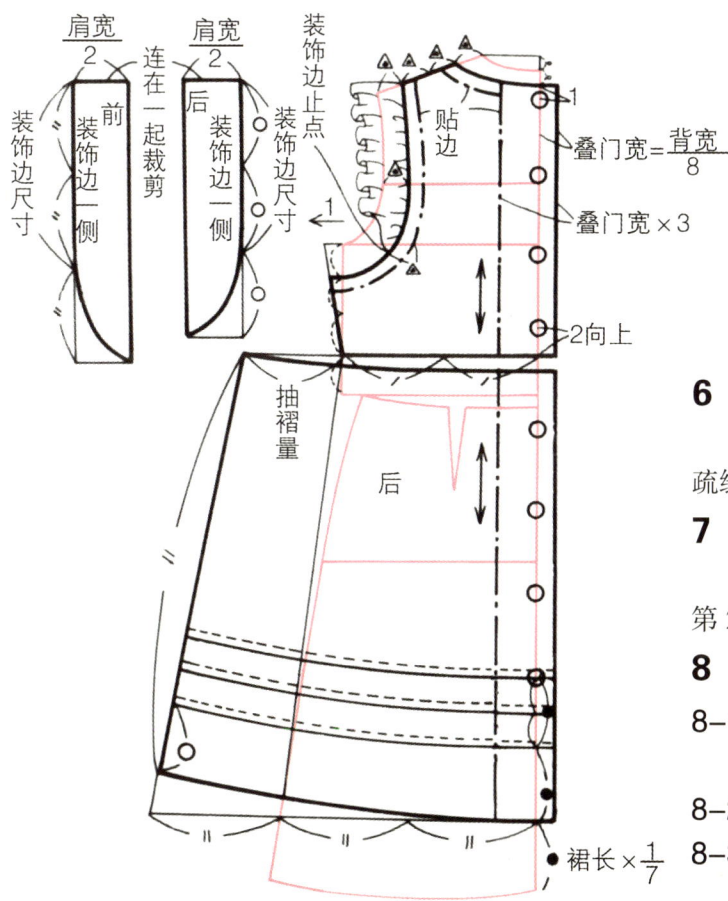

4　缝衣片

4–1　缝衣片肩缝，劈开缝头，锁边。

4–2　缝衣片侧缝，缝头向前倒，锁边。

4–3　同样地缝裙片侧缝，劈开缝头，锁边。

5　处理袖窿

5–1　将 1 中抽好的荷叶边正面朝里与黏有带状黏合衬（黏合带）的大身袖窿重叠，其上再面朝里放上贴边布、疏缝、车缝。

5–2　将缝头修齐成 0.8 cm，对弯曲部分的缝头打刀眼，用熨斗压平，并用贴边布将缝头包成 1 cm 宽，边缝。

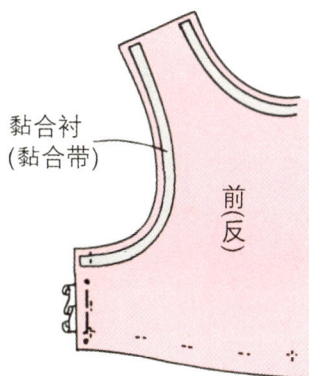

6　缝合衣片和裙片

将裙片和衣片正面朝里对叠，均匀分布抽褶量后，疏缝、车缝。缝头倒向衣片，对缝头边缘锁边。

7　缝领圈

在后片叠门、贴边黏贴黏合衬。参照第 199 页和第 203 页缝领圈和叠门。

8　处理下摆

8–1　缝下摆的褶裥。缝裥的针眼为 1 cm 内 3 针左右，这样，第二年调节裙长时，解开裥比较方便。

8–2　将下摆三折缝。

8–3　在门襟上挖平圆头锁眼的扣眼，里襟上装钮扣。（基础篇（下））

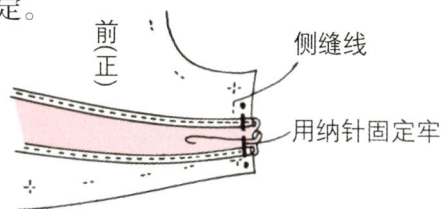

背带裙

随儿童年龄的增长,身体各部位的变化明显起来。在长胖期与长高期交替进行的过程中,儿童逐渐成长起来。

对处在长高期的儿童,背带裙是特别有用的服装。将肩部设计成可以调节裙长的款式。

背带裙 A 的款式为:用钮扣固定两肩、里襟量较多、裙长可以调节。背带裙 B 是由背带来调节裙长。

背带裙 A

选用不同的材料,它一年四季都能穿着。用牛仔和丝光卡其制作,可作为日常装穿,用有延伸性的针织面料或粗毛花呢做,则适合冬季穿着,用黑或藏青色针织面料制作,可以作为外出服。如用黑色天鹅绒,可作为礼仪服。

纸样的做法

确定身高,准备衣片原型和裙片基本型。照图中所示,将衣片原型和裙片基本型在腰部对接来画。

前衣片

1. 标出前中心领圈到胸宽线的 1/2（■）,在肩线上从颈点标出 $\frac{肩宽}{8}$,用曲线连结这两点,作为领圈线。在肩线上从领圈标出 $\frac{肩宽}{2}$,作为肩宽。在衣片原型侧缝线上,从上面标出 $\frac{侧缝}{4}$（△）,与肩宽用曲线连结,作为袖窿线。把肩宽两侧修成圆形。

2. 在袖窿线上,从侧缝向中心标出（△）及省道量 △/2。在袖窿线的延长线上放出作为 △/2,并与裙子下摆延长线上标出（△）的点相连,作为侧缝线。

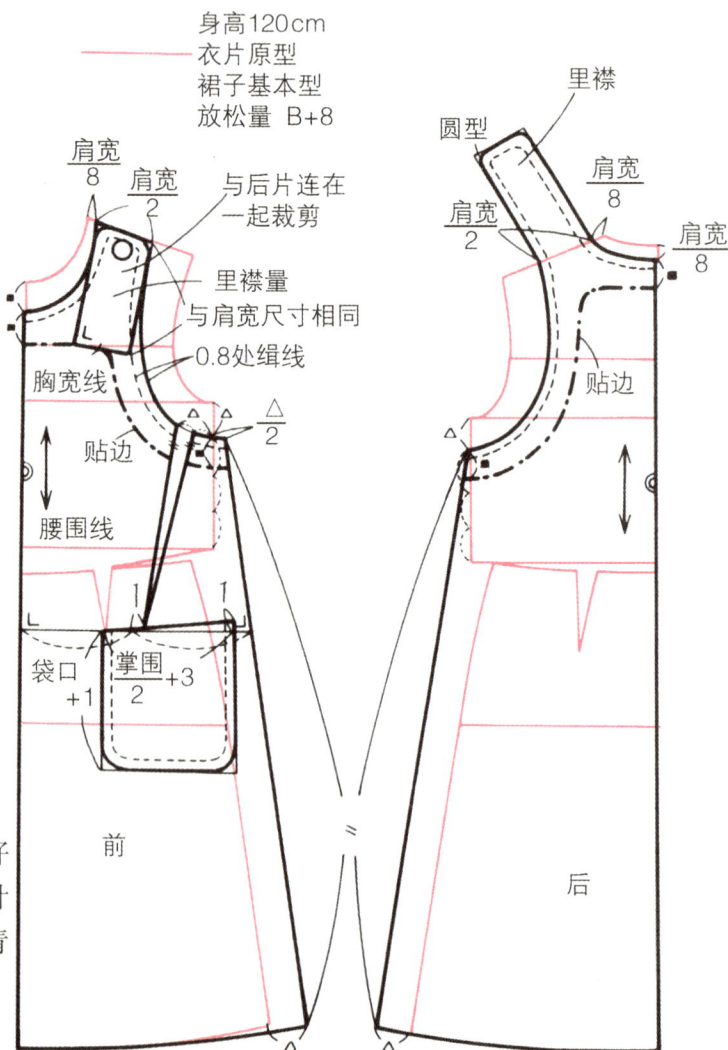

身高120cm
衣片原型
裙子基本型
放松量 B+8

$\frac{肩宽}{8}$　$\frac{肩宽}{2}$　与后片连在一起裁剪

里襟

圆型　$\frac{肩宽}{8}$

$\frac{肩宽}{2}$　$\frac{肩宽}{8}$

里襟量与肩宽尺寸相同

0.8处缉线

胸宽线　贴边

贴边

$\frac{△}{2}$

腰围线

1　1

袋口 +1　$\frac{掌围}{2}$ +3

前　后

3 从裙片基本型省道端点到前中心和侧缝画水平线，将这条线的 1/2 靠右 1 cm 的点作为省道尖点，画省道。

4 在 3 中画的水平线上画口袋。

5 从肩线到胸宽画线画与肩宽相同尺寸的里襟量。

6 画贴边线宽（■）。

后衣片

7 在肩线上从颈点标出 $\dfrac{肩宽}{8}$，从领圈后中央标出相同的尺寸，画领圈线。

8 在肩线上标出 $\dfrac{肩宽}{2}$，与前片相同地画袖窿线。

9 与前片相同地画侧缝线，延长下摆线直到侧缝线。在前片侧缝线上标出后侧缝长，画前片下摆线及贴边线。

10 在后片肩线上移动 5 中画的里襟量。

放缝和贴边的裁剪方法

缝头：侧缝 2 cm、下摆 5 cm、袋口 3 cm，其余全为 1 cm。

裁剪时，将胸部指向腰部的省道折叠起来裁剪前片大身贴边。

参照下图确定黏合衬的布纹方向，裁剪。

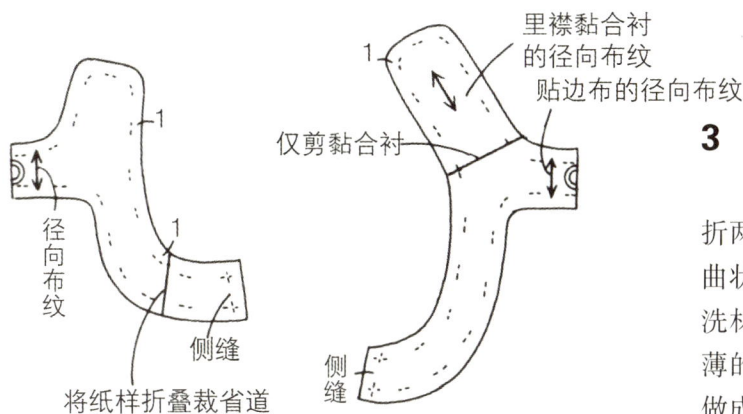

里襟黏合衬的径向布纹
贴边布的径向布纹
1
仅剪黏合衬
1
1
径向布纹
侧缝
侧缝
将纸样折叠裁省道

缝制顺序和要领

1 缝衣片

1–1 缝前片省道，缝头倒向中央。

1–2 前后片领圈开始，到袖窿、里襟贴边布黏贴薄型黏合衬。

1–3 缝衣片侧缝，缝贴边布侧缝，劈开缝头。对缝头边缘锁边。

2 装贴边

从领圈到袖窿，将面布和贴边布正面朝里对叠，将面布的记号向外 0.1 cm 与贴边布记号向内 0.1 cm 疏缝后，加以车缝。对袖窿弯曲部分打刀眼，翻向正面，用熨斗修整型状（装里布时，将里布装在此处贴边边缘）。对贴边布边缘锁边。从领圈到袖窿缉距周围 0.7 ~ 0.8 cm 的线。

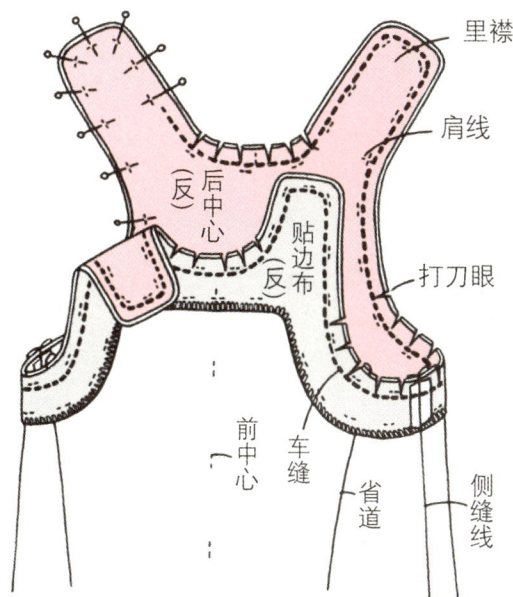

里襟
肩线
打刀眼
反
后中心
贴边布
反
前中心
车缝
省道
侧缝线

3 下摆的处理

对于毛型或灯心绒等适合冬季穿的材料，将下摆折两次，并对边缘锁边。归缩弯曲部分，使其形成弯曲状，并细密地暗缲。使用牛仔和丝光卡其这样的机洗材料时，对下摆锁边后折两次，再边缝。如果用更薄的棉或涤纶材料时，将下摆折三次，并把弯曲部分做成褶裥，再边缝（参照第 158 页）。

4 装口袋

参照第 107、108 页婴儿套装，在装口袋位置的反面黏贴 2.5 cm 的四方形黏合衬作为加固布，缉 0.7 ~ 0.8 cm 宽的线。

5 完成

在前肩挖平圆头锁眼的扣眼，（参照基础篇（下））在后肩里襟布上装钮扣。

背带裙 B

这是一款适合平时穿的背带裙。

春夏季节，可选用牛仔或丝光卡其等坚牢的棉材料，贴边布和袋布里布可使用条格花布、色织布等薄型棉材料。

秋冬季节，除可使用牛仔或丝光卡其，灯芯绒也很适合，如贴边布再用上法兰绒这样的保暖材料，就很暖和了。贴边布与面料可使用不同材料，也可用同种材料，若用相同面料组合起来较简单，适合任何季节穿着。

为使裙长可调节，在背带上装 10～12 cm 的里襟，这样，第二年仍可继续穿。

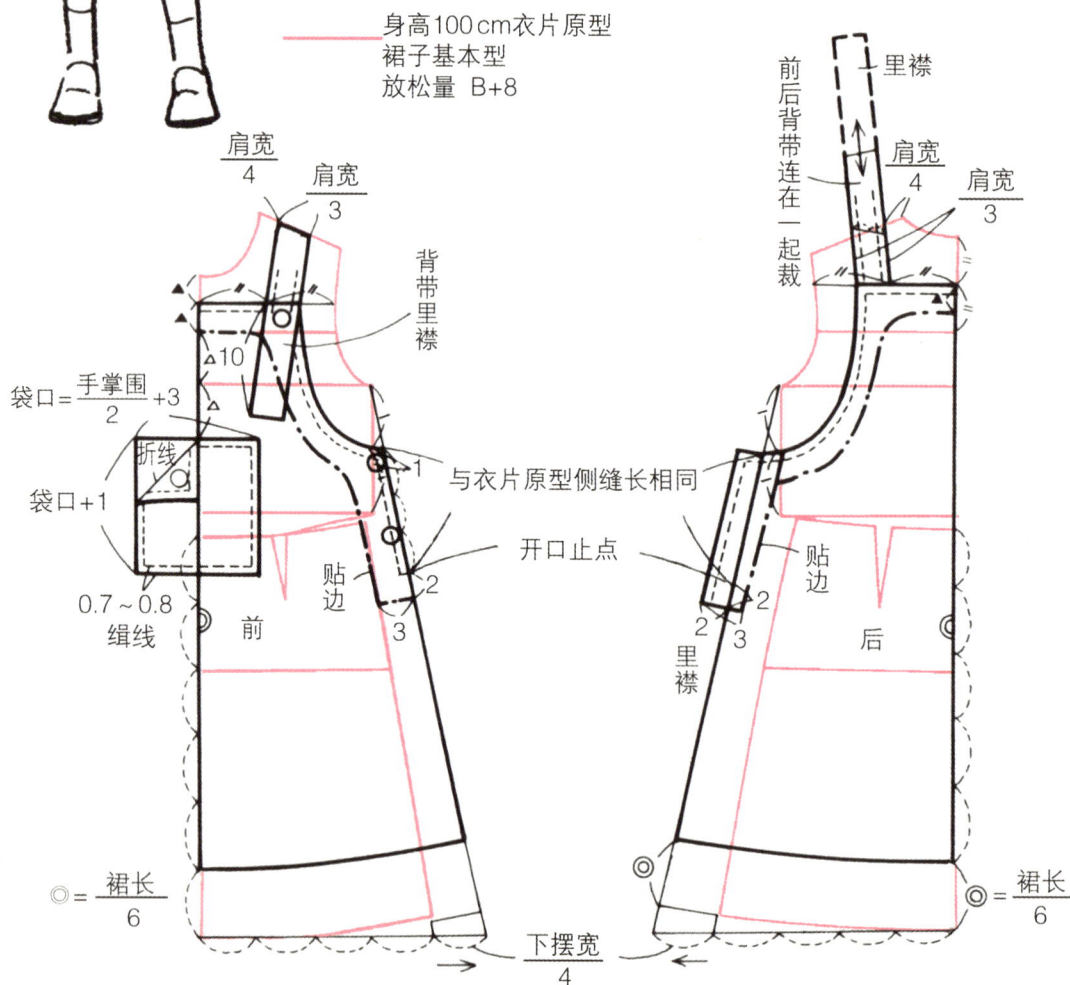

身高100 cm衣片原型
裙子基本型
放松量 B+8

$\dfrac{肩宽}{4}$

$\dfrac{肩宽}{3}$

背带里襟

里襟

前后背带连在一起裁

$\dfrac{肩宽}{4}$

$\dfrac{肩宽}{3}$

△10

袋口 = $\dfrac{手掌围}{2}$+3

折线

袋口+1

与衣片原型侧缝长相同

开口止点

1

贴边

2
3

贴边

2
3

2

里襟

后

0.7～0.8
缉线

前

◎ = $\dfrac{裙长}{6}$

◎ = $\dfrac{裙长}{6}$

$\dfrac{下摆宽}{4}$

裁剪要领

放缝与背带裙 A 相同。

前背带肩线与后背带肩线对接，前后背带连在一起裁剪。

由于袋口较小，可将褶山线向口袋中央平行移动来增大袋口。

缝制顺序和要领

1　做背带

参照第 123、124 页的背带裤 B。

2　做口袋

2–1　以褶山线为中心，在反面黏贴黏合衬。

2–2　把成为翻折部分正面的方格花布比记号线向外 0.1 cm，成为翻折部分反面的面布比记号线向内 0.1 cm，进行缝合。其他部分的里布比记号线向内 0.1 cm，面布比记号线向外 0.1 cm 缝合，底部留出 3 ~ 4 cm，车缝、翻向正面、暗缲、缝合没缝到的部分。在翻折部分的周围用 0.7 ~ 0.8 cm 的线迹车缝。

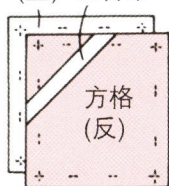 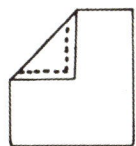

（正）黏合带

方格（反）

从方格一侧缉线

3　做领圈、袖窿、开口

3–1　在后领圈装背带。

3–2　从领圈到袖窿装贴边布。

3–3　缝合两侧下摆到止口的侧缝。

3–4　做侧缝开口。

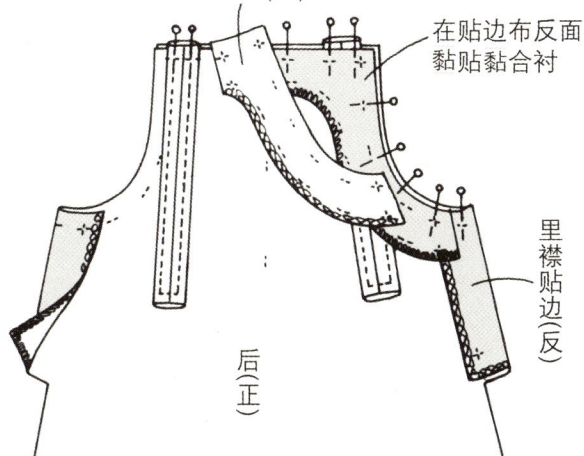

贴边布(正)

在贴边布反面黏贴黏合衬

里襟贴边(反)

后(正)

3–5　将贴边布翻向正面，车缝前后片领圈、袖窿开口。

4　装口袋

从正面装口袋。

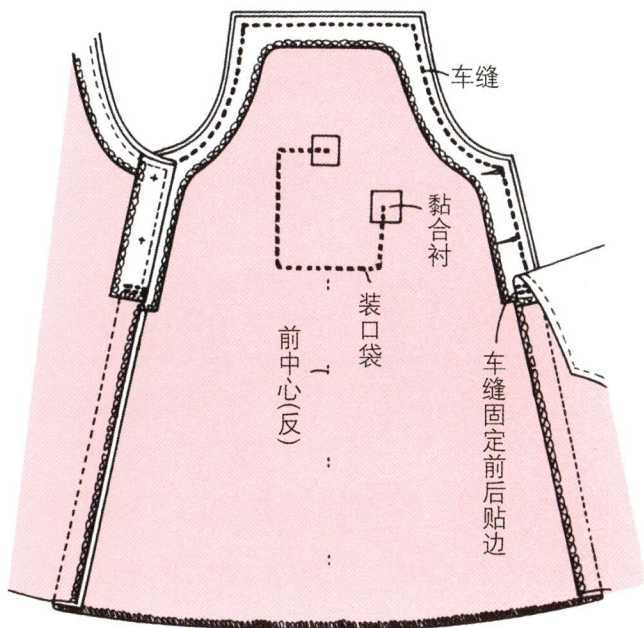

车缝

黏合衬

装口袋

前中心(反)

车缝固定前后贴边

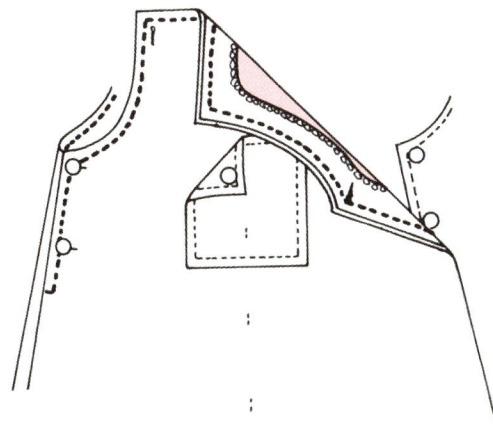

5　完成

将下摆从完成记号线开始翻折，归缩弯曲部分、边缝。（参照第 149 页）在前侧缝开口和前领圈做扣眼，后侧缝里襟、背带里襟和口袋装钮扣（参照基础篇（下））。

半窄裙 A

（前面装腰带，后面装松紧带）

身高120cm
裙子基本型

裙子的参考尺寸表在第 153 页

这种裙子对从幼儿时期到停止成长的那些儿童穿起来很方便。对处在幼儿期的儿童，裙长在膝盖以上，便于活动。这里以身高 120 cm 来说明。

纸样的做法

首先，分别画前后片裙子基本型（参照第 27~30 页）。前裙片就用基本型。在左侧缝标出开口尺寸。

★ 开口尺寸 = 上裆 × 0.6
确定腰带宽，画腰带。

★ 腰带宽 = 上裆 /8
由于儿童腰围饭后有 4 ~ 5 cm 的变化，因此在腰围尺寸上加 4 cm 的放松量。

后裙片腰带从裙腰向上连续裁剪。从后中心向上标出前腰带宽尺寸，与腰围线平行地画腰带宽线直到侧缝。

将省道量和加在腰部的放松量抽成褶。腰带里襟另外裁剪。左侧缝线上标开口尺寸。

放缝

后裙片的腰及腰贴边与裙片连在一起裁剪（参照后裙片裁剪方法）。

前裙片腰、腰带周围放 1 cm 的缝头、其他与后裙片相同，裁剪。（参照后裙片的裁剪图）如果只穿 1 年，下摆放 3 ~ 5 cm 的缝头，如穿 2 年放 7、8 cm 的缝头。如用作只穿 1 年的日常装，将裙长做成刚好适合当年穿的长度比较理想，如用作外出服装或冬天穿的裙子等，可放上来年还能再穿的缝头。

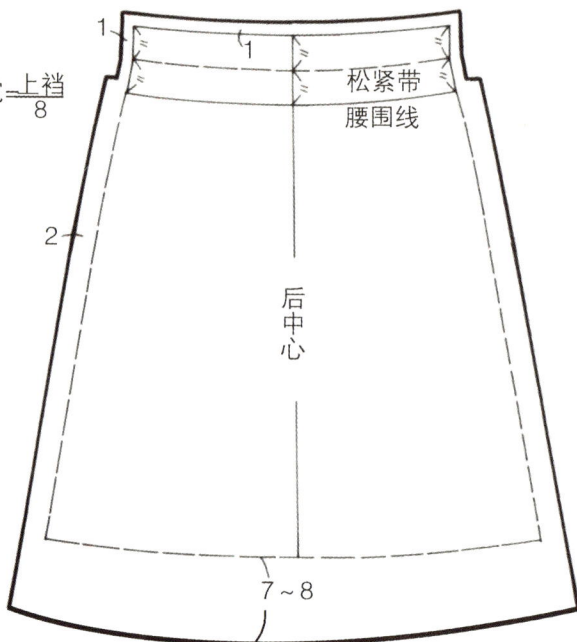

$\frac{腰围+4}{4}$

$\frac{上裆}{8}$

上裆×0.6

左开口

前

松紧带长 = $\frac{腰围+4}{4}$ +2

（缝头）

腰带里襟

穿松紧带　腰带宽 $\frac{上裆}{8}$

左开口

后

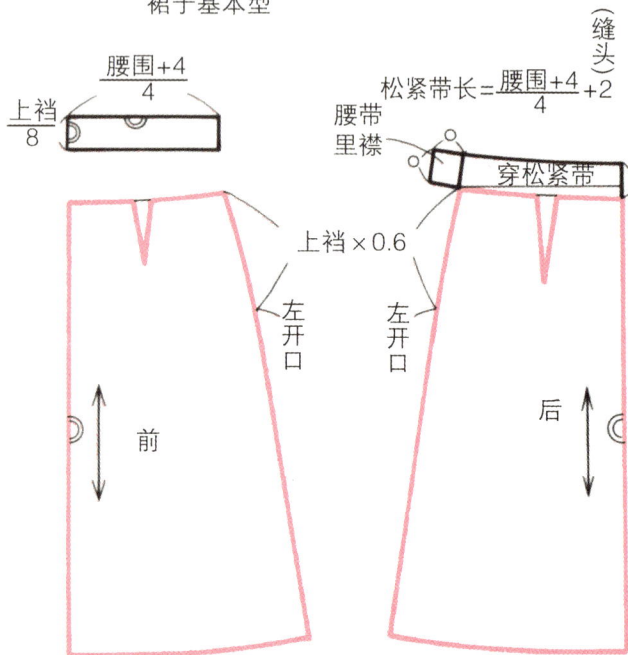

1　　1

松紧带

腰围线

2

后中心

7 ~ 8

缝制顺序和要领

1 缝侧缝

1-1 在后片左侧缝向外 0.2 cm 处装上贴有黏合衬的里襟布。

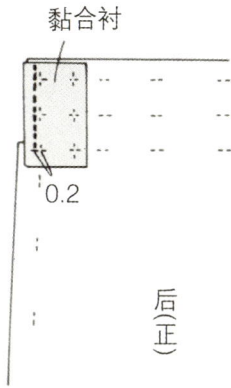

黏合衬

0.2

后（正）

1-2 劈开缝头、在里襟布一侧进行边缝。

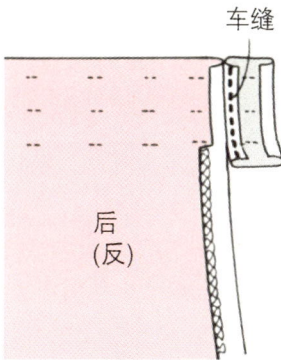

车缝

后（反）

1-3 在前片左开口缝头处黏贴黏合衬、缝侧缝直到开口止点、劈开缝头。

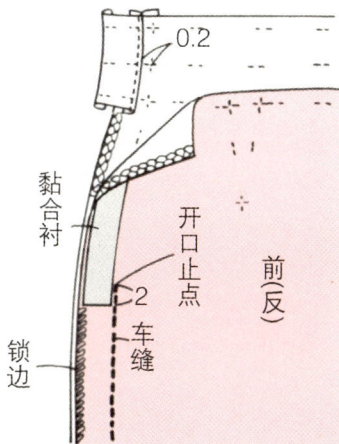

0.2

黏合衬

开口止点

前（反）

2

车缝

锁边

2 装拉链

2-1 从后侧缝线向外 0.2 cm 处向反面翻折。

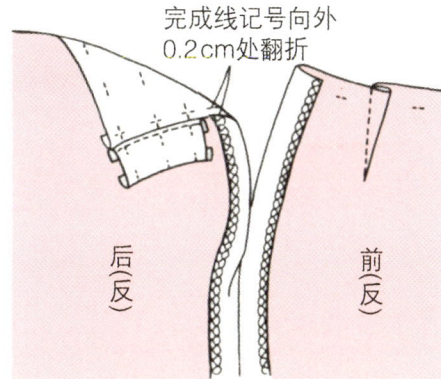

完成线记号向外
0.2 cm 处翻折

后（反）　　前（反）

2-2 将拉链边缝装在后片侧缝。此边缝一直持续到后片腰部贴边。拉链长度为侧缝开口 – 0.5 cm。

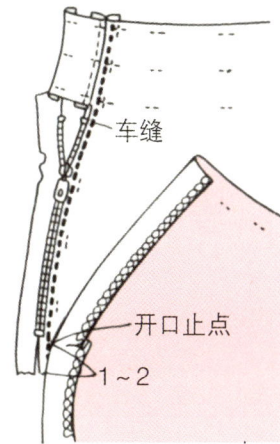

车缝

开口止点

1～2

2-3 把前片侧缝线重叠在后片侧缝线上、拉上拉链、将拉链缝头疏缝固定在前片侧缝上。

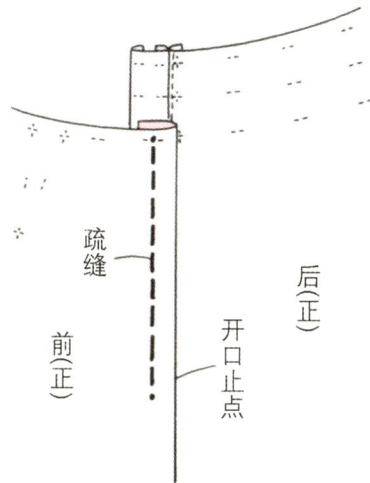

疏缝

前（正）　　后（正）

开口止点

2-4 沿疏缝线周围绲线装拉链。

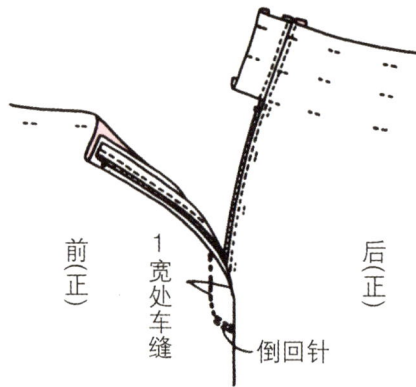

前（正）
后（正）
1宽处车缝
倒回针

2-5 将里襟布缝头向里折进。

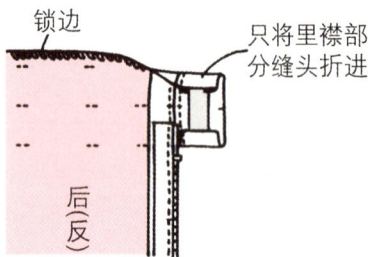

锁边
只将里襟部分缝头折进
后（反）

3 装前腰带

3-1 缝前裙片省道、缝头翻向中心。在前腰带布反面黏贴黏合衬。

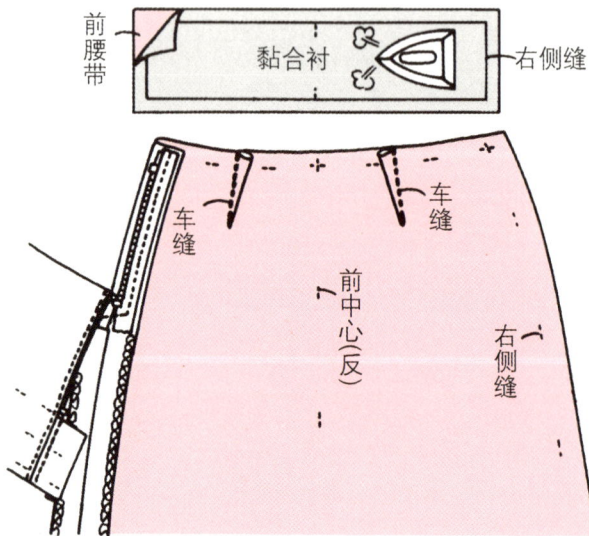

前腰带
黏合衬
右侧缝
车缝
车缝
前中心（反）
右侧缝

3-2 在前腰位置装腰带。对腰带贴边边缘锁边。

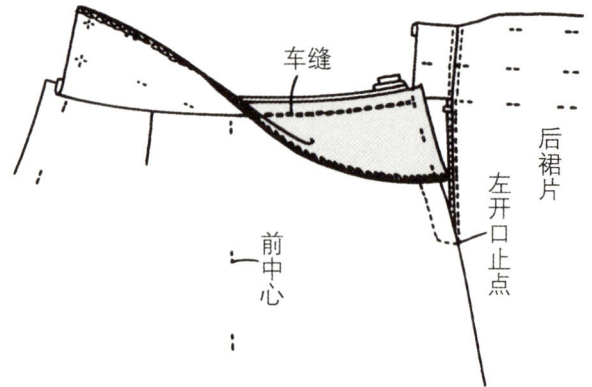

车缝
后裙片
左开口止点
前中心

3-3 根据腰部完成尺寸确定后腰松紧带长度、在松紧带的两端放2 cm的缝头、裁剪，边拉伸松紧带，边疏缝固定在后腰处。

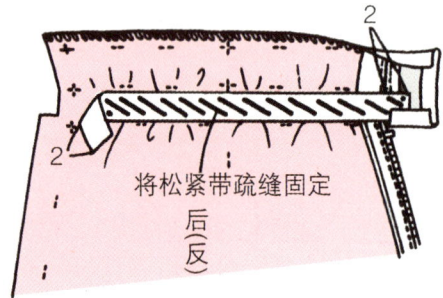

2
2
将松紧带疏缝固定
后（反）

4　缝右侧缝

缝右侧缝，劈开缝头。

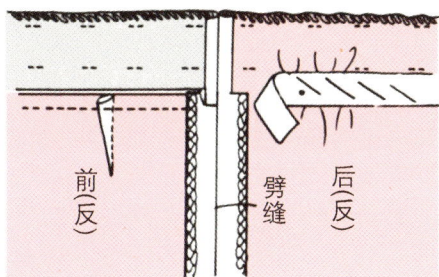

图示：
前(反)　劈缝　后(反)

5　处理腰部

5-1　把松紧带的缝头量向前腰方向延伸、并疏缝固定在前腰位置。

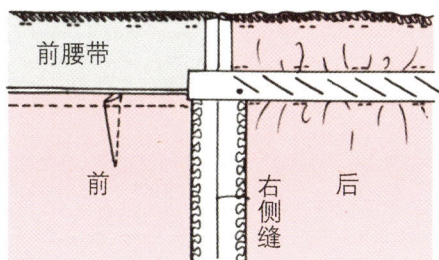

图示：
前腰带　前　右侧缝　后

5-2　将后腰带里布从折线向反面翻折，在松紧带上下方进行车缝，注意不要使线迹落在松紧带上。此车缝一直持续到里襟处。

图示：
车缝,不要缝到松紧带上
里襟布
后(正)

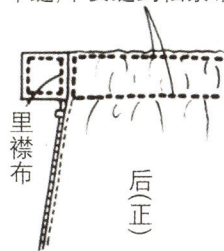

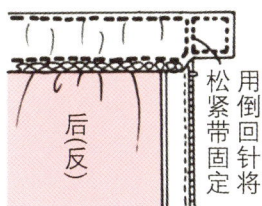

图示：
后(反)　用倒回针将松紧带固定

5-3　把后片松紧带周围的缉线一直持续到前片，用漏落缝将腰带里布装在装腰边缘，在腰带周围边缝。从腰带正面到反面对松紧带头端加以固定。

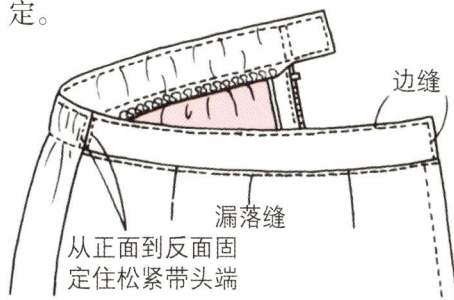

图示：
边缝
漏落缝
从正面到反面固定住松紧带头端

6　处理下摆

A　先锁边，再对针脚边缘缉线。

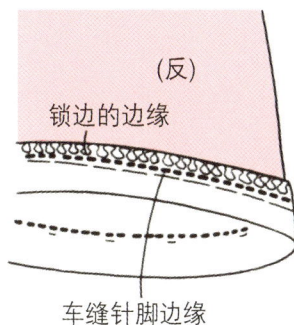

图示：
(反)
锁边的边缘
车缝针脚边缘

B　先锁边，再用细密的针脚暗缲。

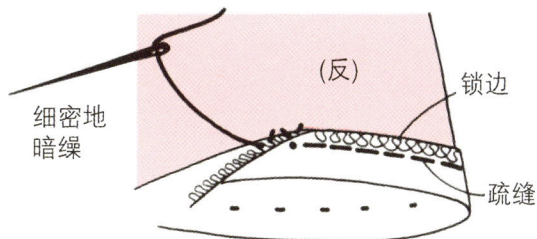

图示：
(反)
细密地暗缲
锁边
疏缝

C　折三次，再压边缝。

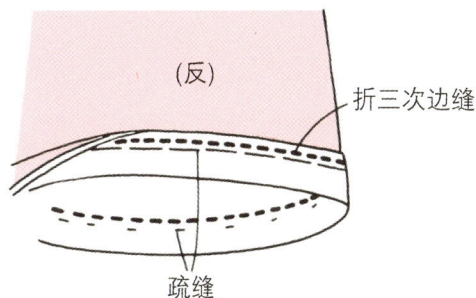

图示：
(反)
折三次边缝
疏缝

A、C适用于用棉、合成纤维等材料，且机洗的情况中，B适用于选用羊毛或厚型材料、干洗或手洗的情况中。根据布料特点，选择缝纫方法。

半窄裙 B

（腰部宽松、使用背带）裙子的参考尺寸表在第 153 页。

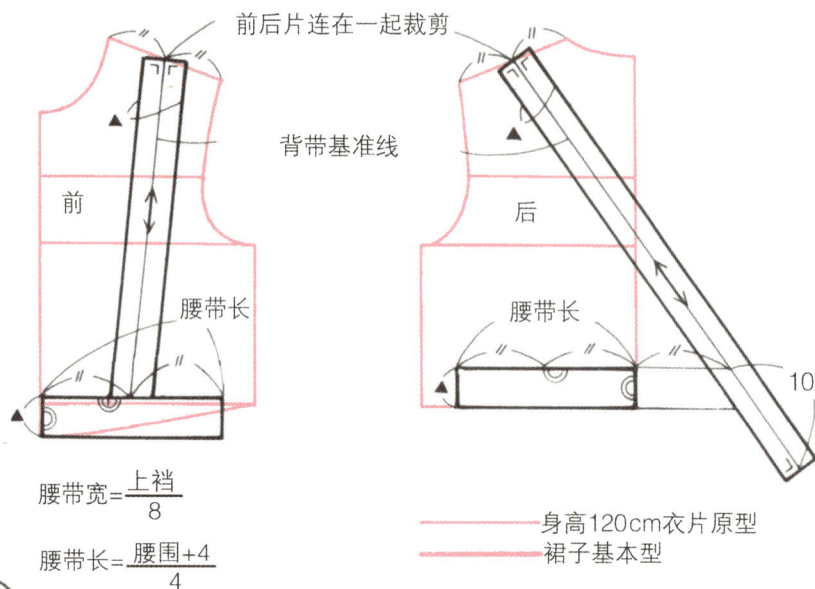

前后片连在一起裁剪

背带基准线

前

后

腰带长

腰带长

10

$$腰带宽 = \frac{上裆}{8}$$

$$腰带长 = \frac{腰围+4}{4}$$

身高120cm衣片原型

裙子基本型

左开口
上裆×0.6

臀围线

臀围线

前

后

关于儿童腰围尺寸的特点在半窄裙 A 中已有说明：饭前、饭后约有 4～5 cm 的变化。为使腰围有此变化的裙子有稳定感，常用相同布料做成背带或直接用市场上卖的背带。对那些运动量多的儿童，为防止从肩部滑落，装上背带也是方法之一。

半窄裙 B 的腰部稍有放松量，背带、腰带前后片做在一起。这里选用最基础的、适合儿童穿着的、并耐机洗的缝纫方法。

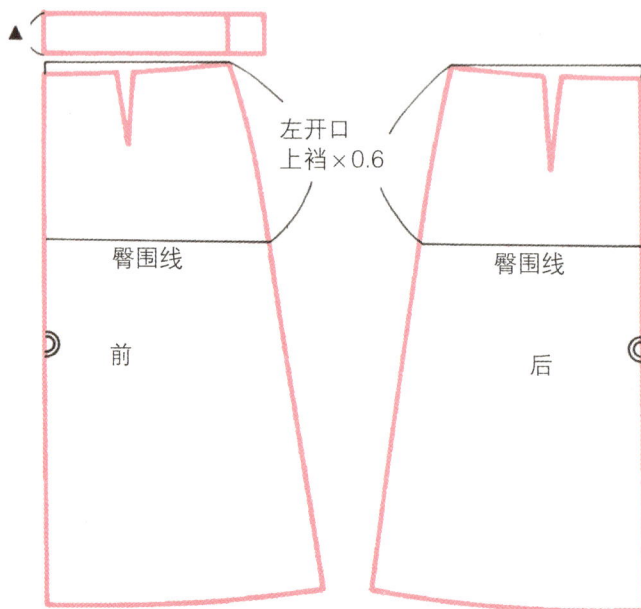

放缝和裁剪方法

除后裙片腰部外，放缝与半窄裙 A 相同。与前裙片腰部相同地裁剪后裙片腰部。腰头前后片连在一起裁剪。对于背带，按照其宽度的 3 倍来裁剪。

缝制顺序和要领

1   缝侧缝

如图黏贴黏合衬，缝左侧缝一直到开口止点，劈开缝头。

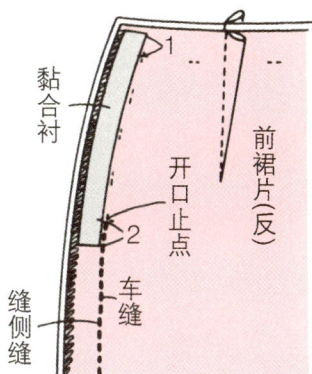

黏合衬
开口止点
前裙片（反）
缝侧缝
车缝

2   装拉链

2-1   将后裙片缝头在记号线外 0.2 cm 处，翻向反面。

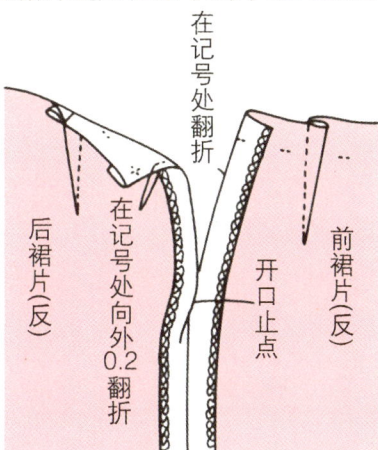

在记号处翻折
后裙片（反）
在记号处向外 0.2 翻折
前裙片（反）
开口止点

2-2   在后裙片上装拉链。

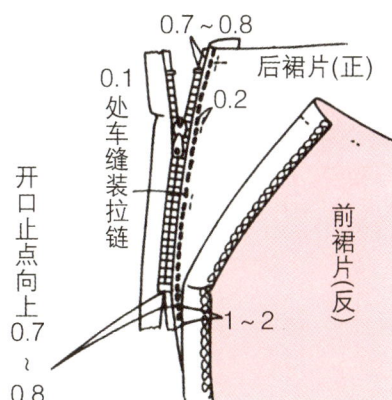

0.7～0.8
0.1 处车缝装拉链
后裙片（正）
0.2
开口止点向上 0.7～0.8
前裙片（反）
1～2

2-3   拉上拉链、将前裙片与拉链重叠，把整条拉链用疏缝固定。

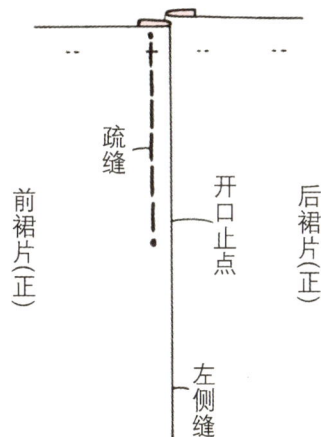

疏缝
前裙片（正）
开口止点
后裙片（正）
左侧缝

2-4   从正面缉 1 cm 宽的线，在前裙片上装拉链。

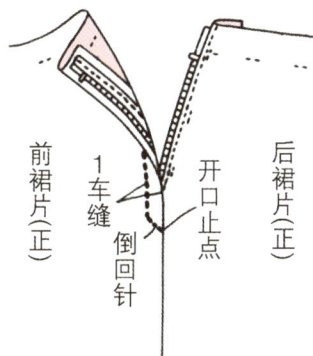

前裙片（正）
1 车缝
倒回针
开口止点
后裙片（正）

3   装腰带

3-1   在腰带反面黏贴黏合衬。（参照第 148 页）对腰带里布缝头锁边。

3-2 将腰带正面朝里与裙片腰部对叠，疏缝后加以车缝。

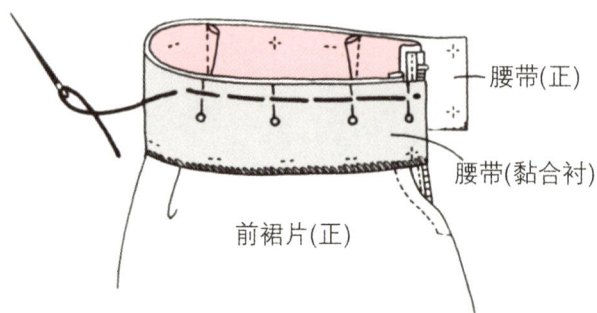

腰带(正)

腰带(黏合衬)

前裙片(正)

4 下摆的处理

与半窄裙 A 相同（参照第 149 页）。

5   装背带

缝背带，（参照第 123 页）从反面将背带缲缝在装腰带位置。

3-3 缝头倒向腰带，用腰带包住裙片缝头，将腰带两端的缝头折进去。

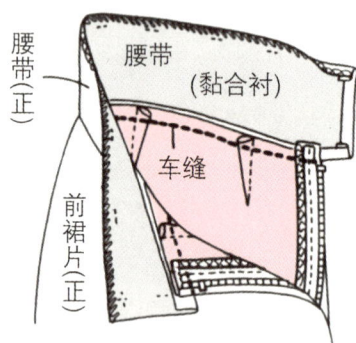

腰带(正)

腰带

(黏合衬)

车缝

前裙片(正)

3-4 疏缝、从正面进行漏落缝，并缉距周围 0.3 ～ 0.4 cm 宽的线。

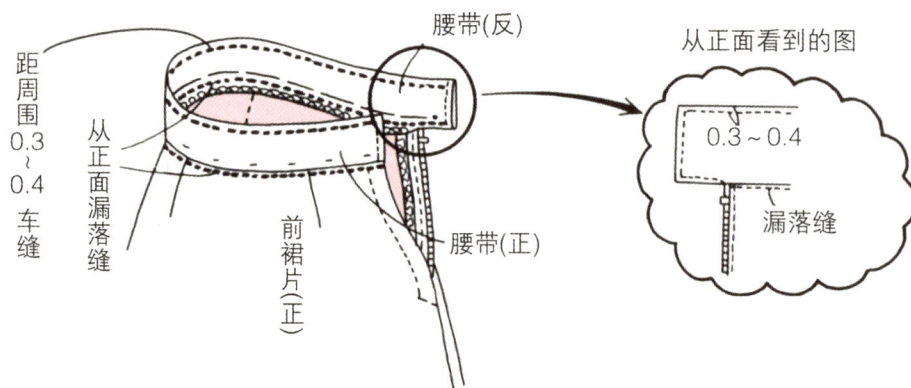

距周围 0.3 ～ 0.4 车缝

从正面漏落缝

前裙片(正)

腰带(反)

腰带(正)

从正面看到的图

0.3 ～ 0.4

漏落缝

抽细褶裙 A

		70	80	90	100	110	120	130	140	150	160
1	身高	70	80	90	100	110	120	130	140	150	160
9	腰围	42	45	47	48	51	52	55	57	58	62
11	臀围	44	47	52	58	61	63	68	73	83	88
	基本裙长多照 36 页	22	26	30	34	38	42	46	50	54	58
19	掌围 (a)(包含拇指)	12	13	14	15	16	17	18	19	20	21
24	上档	14	15	16	17	18	19	20	22	24	25
	袋口 ($\frac{掌围}{2}$ + 2)	8	8.5	9	9.5	10	10.5	11	11.5	12	12.5
	侧缝开口 (上档 ×0.6)	8	9	10	10	11	11	12	13	14	15

身高 120 cm
袖子基本型
放松量　W+4
x 为规定尺寸

$\triangle$ = 腰带宽 = $\frac{上档}{8}$

确定松紧带长,使穿好松
紧带后,成为腰围尺寸

抽褶量

腰围线

抽褶量

腰围线

x
2

右袋口

$\frac{掌围}{2}$ + 2 x

口袋袋布

前中心线

前

后中心线

后

后面穿松紧带的抽褶量

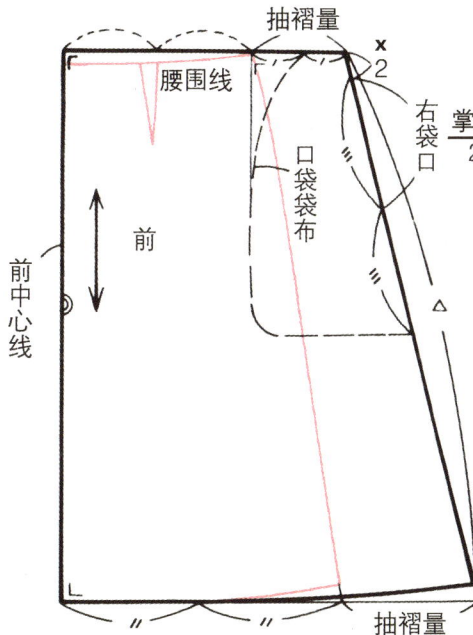

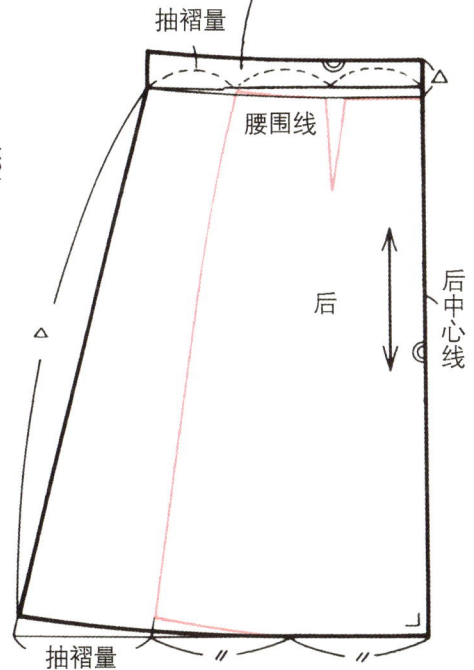

抽褶量

抽褶量

153

放缝和裁剪方法

侧缝 2 cm，腰部 1 cm，下摆 3 ~ 8 cm，腰带周围 1 cm。

选用素色布料制作时的放缝和裁剪方法

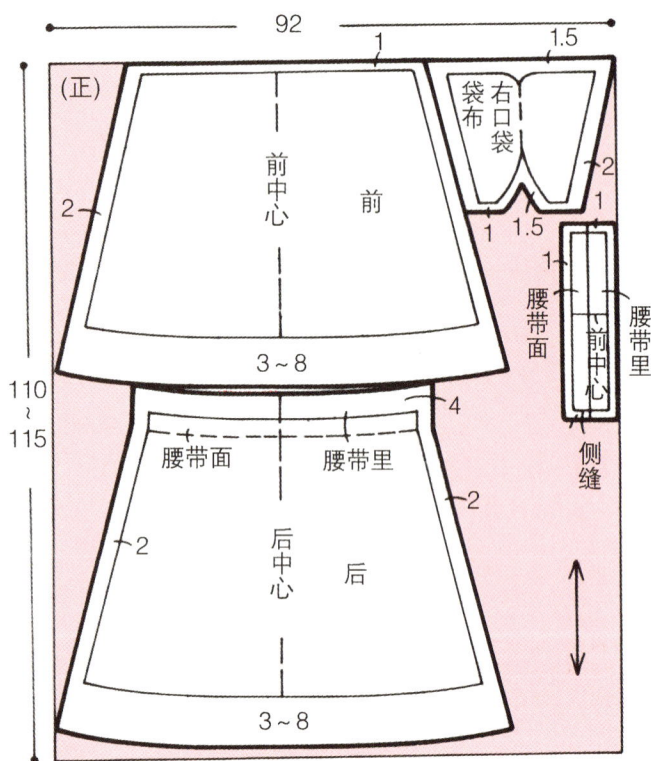

用带花或条纹的装饰布制作时的裁剪方法

由于使用有边饰花纹的布料，放置纸样时，使花纹处在下摆线以上进行裁剪。有大的纵条时也同样裁剪。

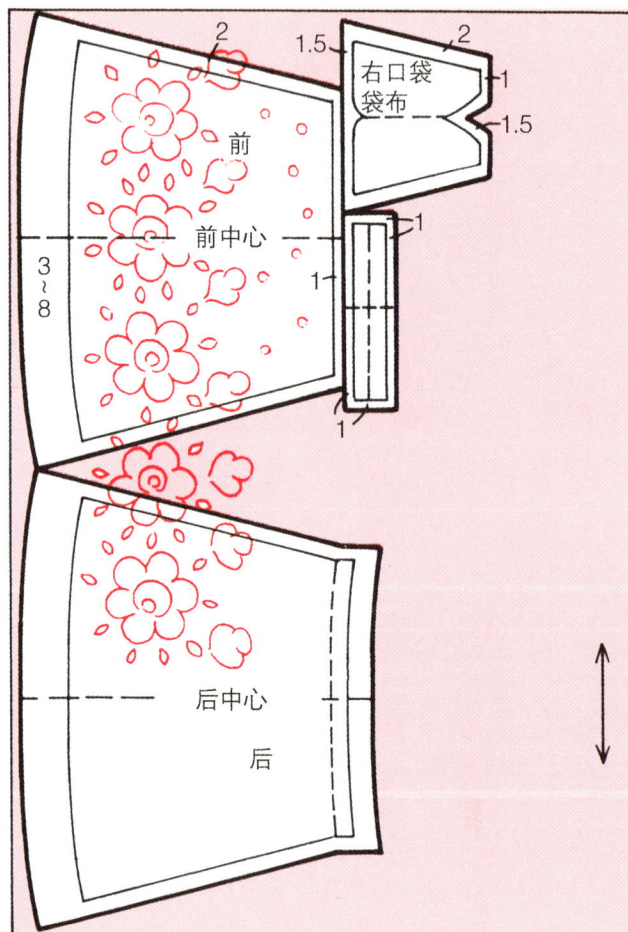

缝制顺序和要领

对那些处在长胖期的儿童，为使裙片在侧缝处可调节宽度，前后片分别装上腰带后，再缝侧缝。

1　在前裙片上装腰带

1–1　在前裙片反面全部黏贴黏合衬。

1–2　将前裙片腰部抽褶，抽成腰带尺寸。

1–3　正面朝里与腰带缝合。缝头倒向腰带。对腰带里布的缝头锁边。

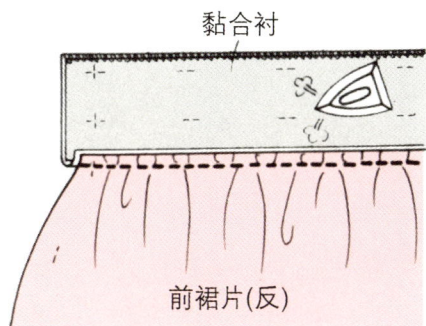

黏合衬

前裙片(反)

1–4　将腰带对折，从正面对装腰带的缝道边缘进行漏落缝。

1–5　距腰带折线 0.2 cm 处车缝。

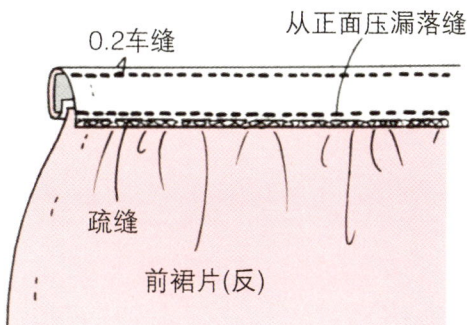

0.2车缝　　从正面压漏落缝

疏缝

前裙片(反)

2　在后裙片穿松紧带

2–1　翻折腰带里布，使其包住松紧带，疏缝。对装松紧带的缝道边缘进行漏落缝，并使缝道不要落在松紧带上（穿松紧带的方法参照第 148 页的 3–3）。

2–2　缉距腰带折线 0.2 cm 的线。

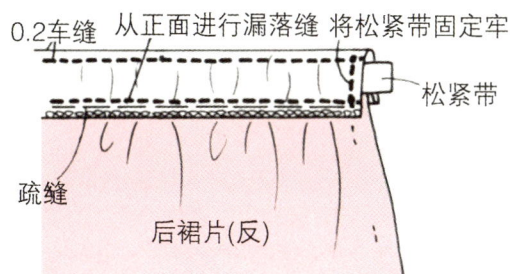

0.2车缝　从正面进行漏落缝　将松紧带固定牢

松紧带

疏缝

后裙片(反)

3　缝侧缝

缝合前后片侧缝，劈开缝头。对缝头边缘锁边。

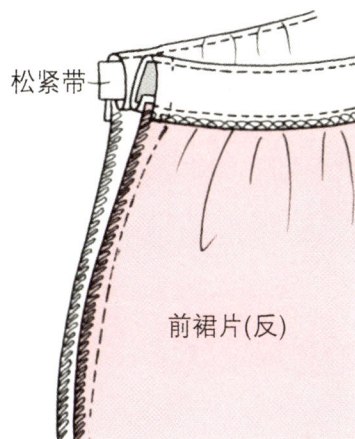

松紧带

前裙片(反)

4　装口袋

与抽褶裙 B 相同地在右侧缝装口袋（参照第 157 页）。

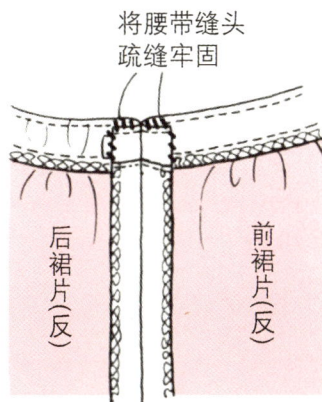

将腰带缝头
疏缝牢固

后裙片(反)　前裙片(反)

5　处理下摆

抽细褶裙 B

裙片的参考尺寸参照第 153 页

这是腰部全装松紧带、穿着方便的抽细褶裙。

如用棉布制作，则适合夏季穿着，若用薄的灯芯绒或仿羊毛的合成纤维布料制作，秋冬季节穿起来会很暖和。如下摆和腰部再用市场上卖的条带装饰一下，就更受女孩们的欢迎了。

与 A 相同地在右侧缝装口袋。装口袋方法请参照第 153 页的抽褶裙 A。

放缝

侧缝 2 cm，口袋周围 1.5 cm，下摆 3 ~ 8 cm，腰带贴边边缘 1 cm，裁剪。

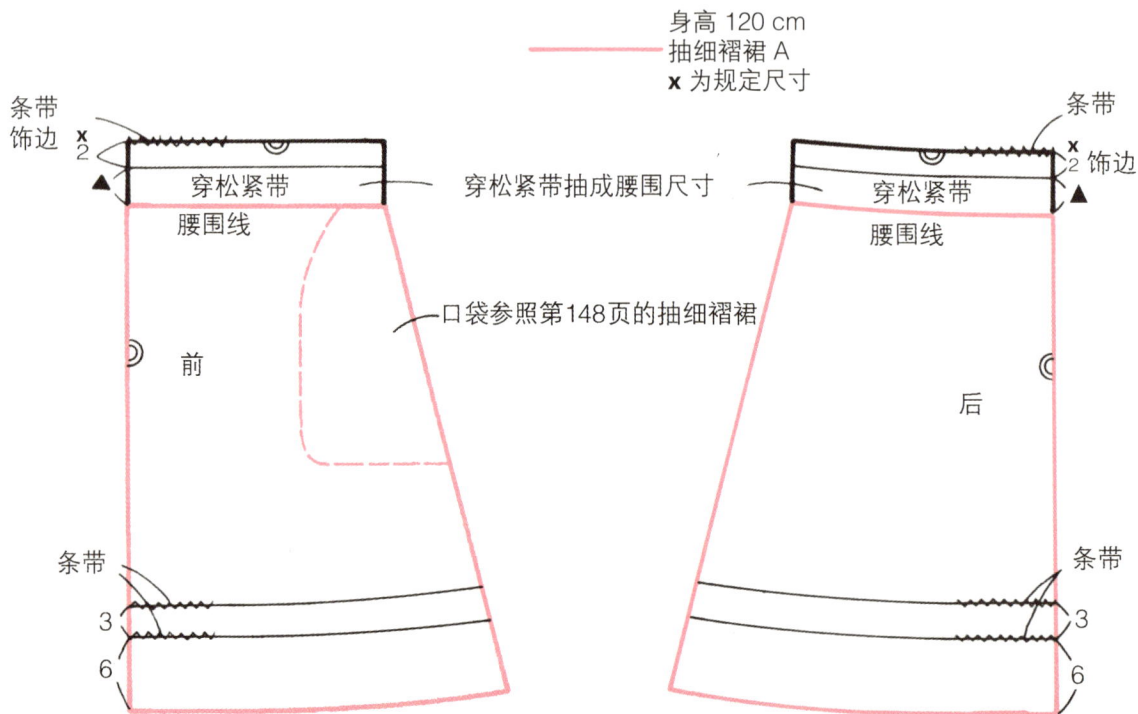

身高 120 cm
抽细褶裙 A
x 为规定尺寸

条带饰边
x 2
穿松紧带
腰围线

穿松紧带抽成腰围尺寸

口袋参照第148页的抽细褶裙

前

条带
3
6

条带饰边
x 2
穿松紧带
腰围线

后

条带
3
6

缝制顺序和要领

1　缝侧缝

　　留出右侧袋口，缝左右侧缝。劈开缝头，将腰部穿松紧带部分的缝头剪齐成 0.5 ~ 0.7 cm，为了使松紧带平滑地穿进去，对缝头边缘车缝。对穿松紧带以下部分的缝头锁边。

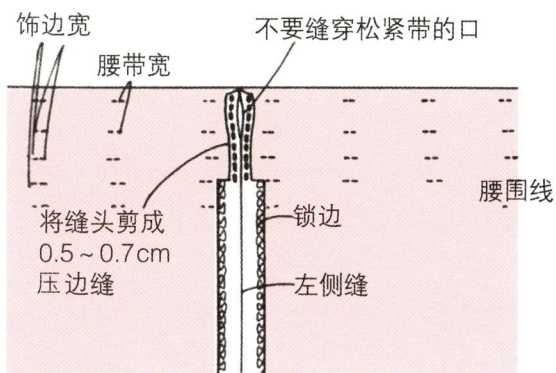

饰边宽
腰带宽
不要缝穿松紧带的口
将缝头剪成 0.5 ~ 0.7cm
压边缝
锁边
左侧缝
腰围线

2　做口袋

2-1　缝口袋袋布。

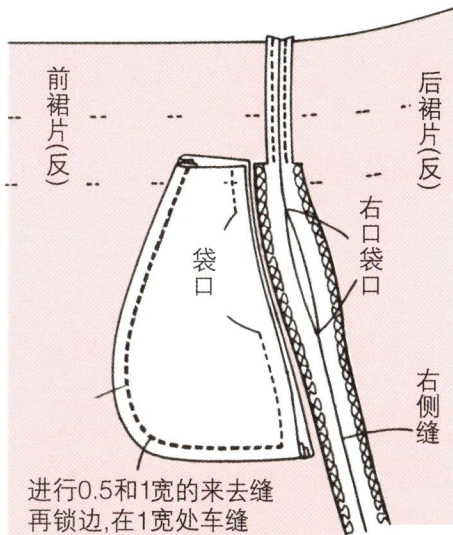

前裙片（反）
后裙片（反）
右口袋口
袋口
右侧缝
进行0.5和1宽的来去缝再锁边,在1宽处车缝

2-2　把一片袋布的缝头装在前裙片袋口缝头位置。

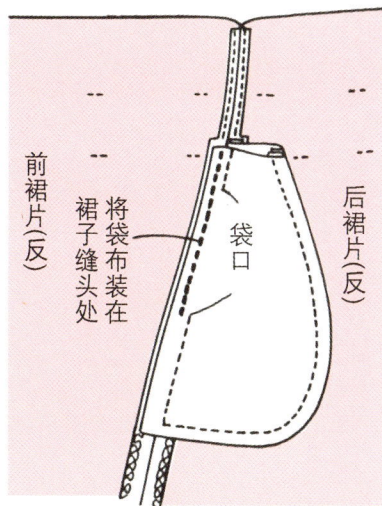

前裙片（反）
将袋布装在裙子缝头处
后裙片（反）
袋口

2-3　把另一片袋布的缝头装在后裙片袋口缝头位置。

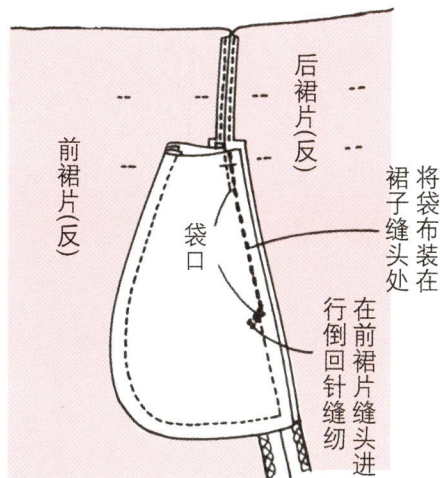

后裙片（反）
前裙片（反）
袋口
将袋布装在裙子缝头处
在前裙片缝头进
行倒回针缝纫

3　在裙片下摆装条带

　　把波浪形的条带放在下摆装带线上，疏缝后进行锯齿缝，再用直线线迹缝纫条带的中心位置。

4 腰部的处理

4-1 将腰带贴边部分的边缘折两次（再锁边），并边缝固定在裙片腰围线处。

4-2 将波浪形的装饰条带用锯齿缝，再用边缝装在荷叶边边缘，并在荷叶边宽度处车缝。

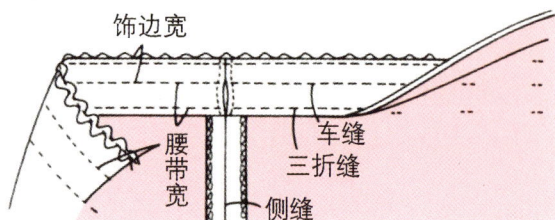

饰边宽
车缝
三折缝
腰带宽
侧缝

4-3 穿松紧带，并抽成腰围尺寸。（松紧带宽 = 腰带宽 − 0.5 ~ 0.7 cm），将松紧带的两头端重叠 2 cm，疏缝将其固定牢。

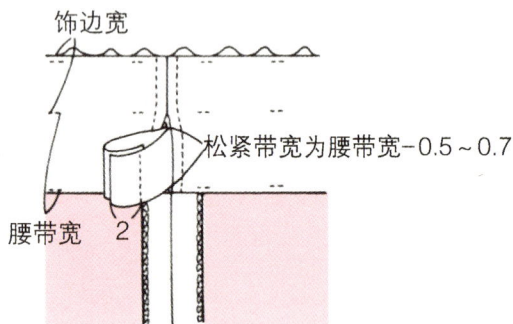

饰边宽
松紧带宽为腰带宽−0.5 ~ 0.7
腰带宽 2

5 处理下摆

下摆缝头为 6 ~ 8 cm 时。

把由于下摆弯曲产生的多余量分开，向同一方向捏成小的褶裥，用厚纸板插到缝头里面，将褶裥部分烫平。

①

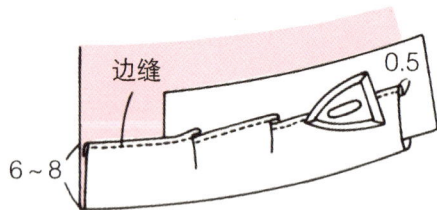

边缝 0.5
6~8

②

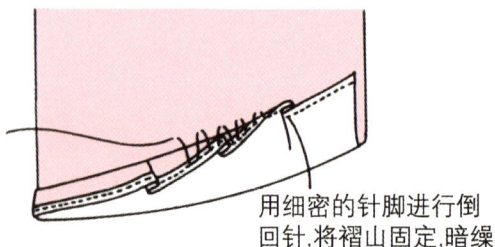

用细密的针脚进行倒回针，将褶山固定，暗缲

下摆缝头为 2 ~ 3 cm 时

①

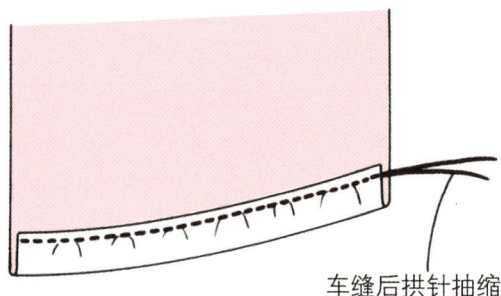

车缝后拱针抽缩

②

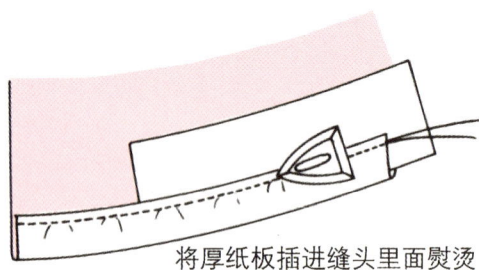

将厚纸板插进缝头里面熨烫

③-A

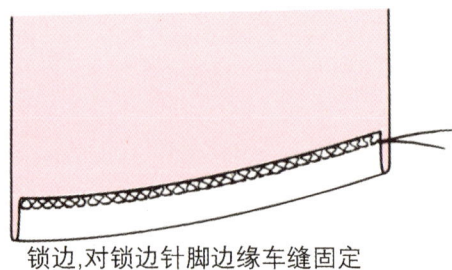

锁边，对锁边针脚边缘车缝固定

③-B

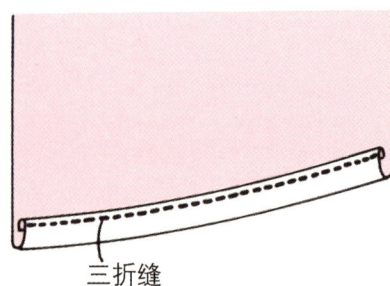

三折缝

半圆裙

参照第 41 页圆裙的缝制方法

丝带系结侧缝到后中心腰用相同布料做成的，具有少女浪漫气息的裙子。

放缝

后中心 2 cm、腰 1 cm、下摆 3 cm、腰带周围与丝带周围放 1 cm 缝头裁剪。

参考尺寸表和尺寸算法请参照第 41 页。

身高120cm

60

6

后丝带

腰带宽＝$\dfrac{上裆}{8}$

14

16

左里襟

与腰带宽尺寸相同

前腰带

后腰带

前中心

后中心

开口＝上裆×0.6

画半径19.1的圆

$\dfrac{A}{2}=14$

$\dfrac{B}{2}=16$

后腰围线

后中心

前腰围线

侧缝线

裙长42

前中心

裙摆线

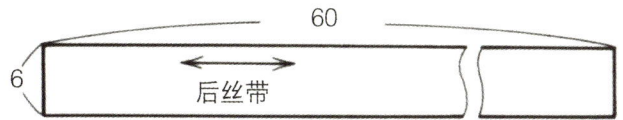

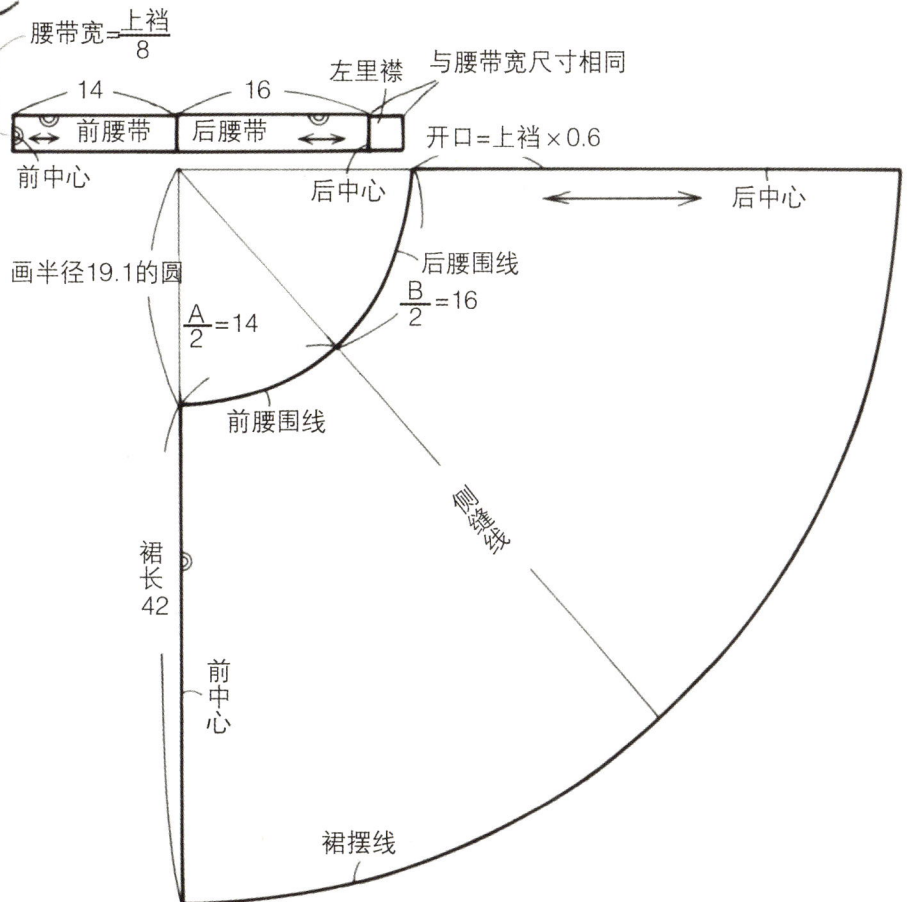

画半径19.1+裙长42的圆

缝制顺序和要领

1 缝后中心

　　缝后中心直到开口止点，劈开缝头。在后中心装拉链。装拉链的方法参照第146～147页的半窄裙A，将右裙片做成门襟。

2 做腰带、装腰带

2-1 将2cm宽的松紧带疏缝固定在后腰里布处。

2-2 在前腰反面全部黏贴黏合衬。

2-3 将腰带侧缝正面朝里对叠，车缝一直缝到折线位置，劈开缝头。

将松紧带疏缝固定
后腰带
前腰带
反面
折线
黏合衬
腰带面部分

2-4 将松紧带头端抽到正面来。

将松紧带头端伸出正面
折线

2-5 将腰带和裙片正面朝里缝合，对裙腰缝头细密地打刀眼，缝头倒向腰带。

2-6 对腰带里布边缘锁边。

锁边
后裙片（反）
对缝头打刀眼
前裙片（反）

2-7 将腰带从折线位置翻向反面，使腰带里布包住松紧带，从正面对装腰带边缘加以漏落缝。

2-8 距腰带折线2cm处车缝。

从正面对装腰带边缘进行漏落缝
0.2车缝
后裙片（反）
前裙片（反）

3 处理下摆

　　将下摆折三次，分别为1cm和2cm宽，疏缝后再缉线，疏缝时注意不要使缝头钮曲。

4 装丝带

4-1 对丝带周围窄窄地进行三折缝。

4-2 将装丝带一端折成腰带宽，丝带正面朝里重叠在前腰侧缝向里3cm处车缝。使丝带倒向后片，固定牢。

后腰带
前腰带
侧缝
3
3
丝带
固定松紧带
固定松紧带
侧缝
后（正）
丝带
后中心

5 完成

　　在后裙片上装裤钩。
　　裤钩的装法参照基础篇（下）。

背带箱型褶裥裙

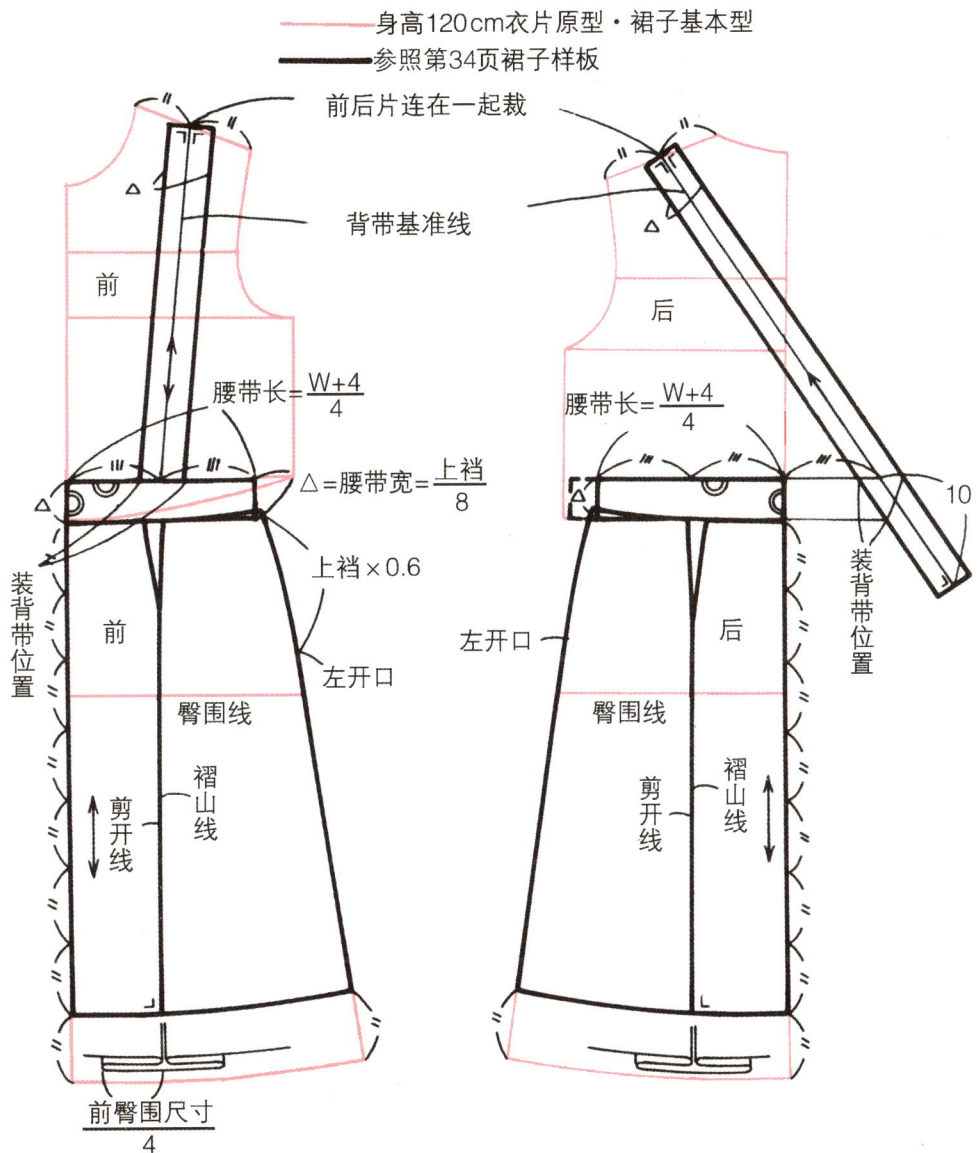

身高120cm衣片原型·裙子基本型

参照第34页裙子样板

前后片连在一起裁

背带基准线

前

后

腰带长 = $\dfrac{W+4}{4}$

腰带长 = $\dfrac{W+4}{4}$

$\triangle$ = 腰带宽 = $\dfrac{上裆}{8}$

上裆 × 0.6

10

装背带位置

左开口

左开口

装背带位置

前

后

臀围线

臀围线

剪开线

褶山线

褶山线

剪开线

$\dfrac{前臀围尺寸}{4}$

放缝和裁剪方法

侧缝、腰部 2 cm，下摆 3 ~ 6 cm，腰周围 1 cm，背带在肩部前后片连在一起裁剪，并按背带宽度的 3 倍裁剪。

缝制顺序和要领

1 分别处理前后裙片下摆

对下摆缝头锁边，在完成记号线位置进行翻折，对锁边边缘进行暗缲直到 8 ~ 10 cm 处。

2 折叠褶裥

2-1 在裙片正面将每一条褶山线用大头针固定，一边拔出大头针，一边进行熨烫，注意拔大头针时不要使褶山线受到拉伸。①~③的要领是对前后裙片的褶里都加以熨烫。

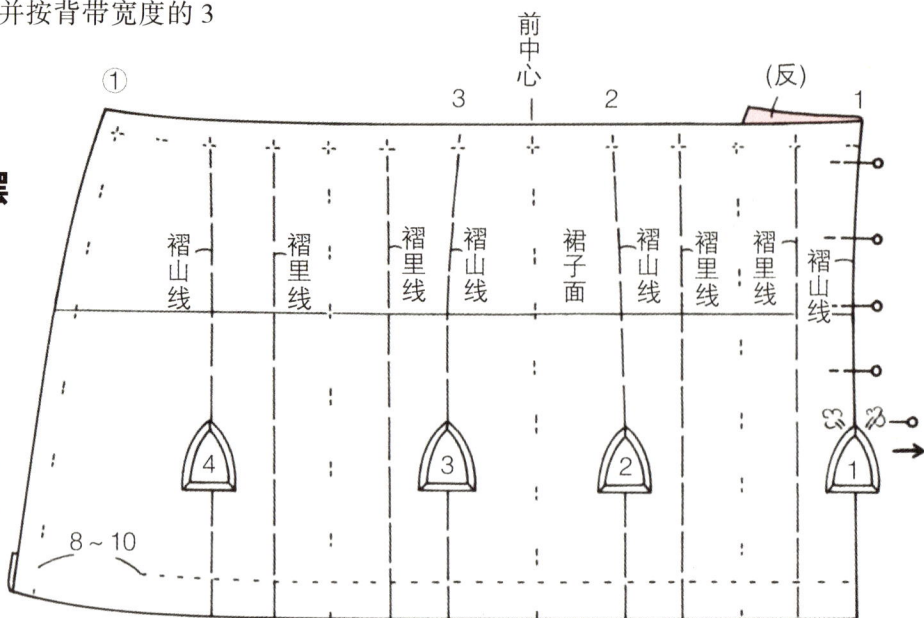

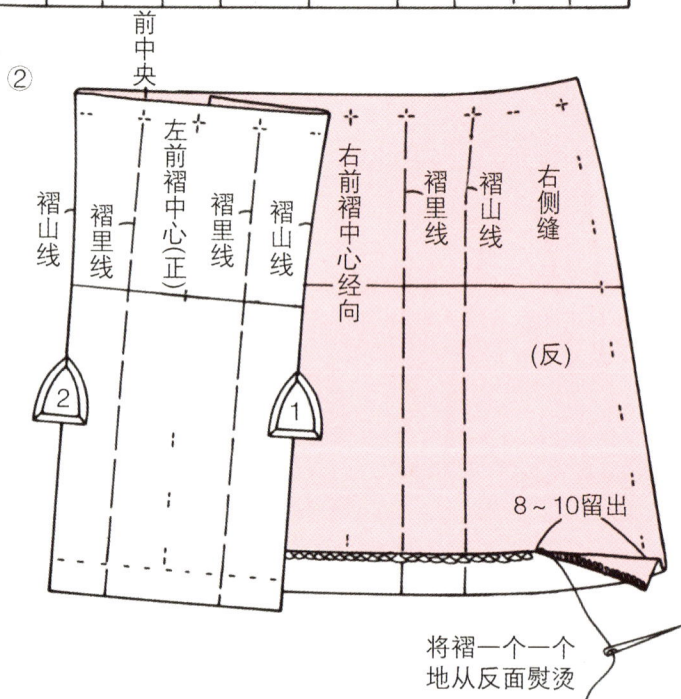

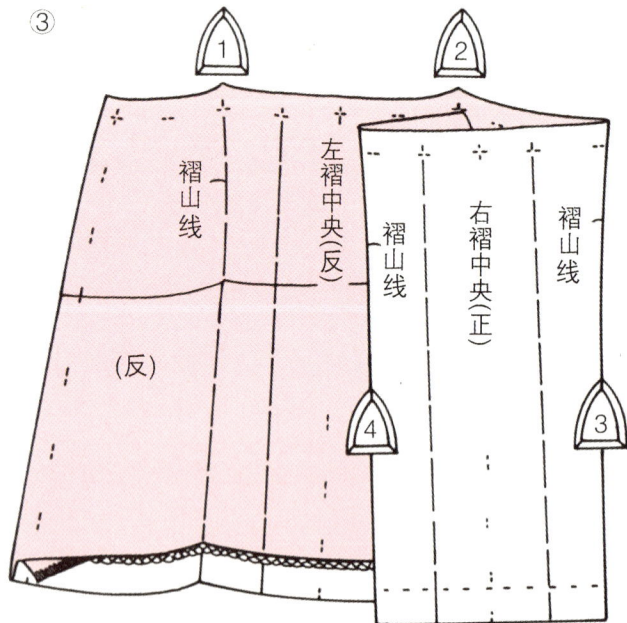

①

前中心

3　　2　　(反)　1

褶山线　褶里线　褶里线　褶山线　褶山线　裙子面　褶山线　褶里线　褶里线　褶山线

4　　3　　2　　1

8 ~ 10

前中央

②

前中央

褶山线　褶里线　左前褶中心(正)　褶里线　褶山线　右前褶中心经向　褶里线　褶山线　右侧缝

2　　1

(反)

8 ~ 10留出

将褶一个一个地从反面熨烫

③

1　　2

褶山线　左褶中央(反)　褶山线　右褶中央(正)　褶山线

(反)

4　　3

162

2-2 照下图，将2-1中折叠的褶山与褶山对接，熨烫，并用斜向疏缝对褶山加以固定。

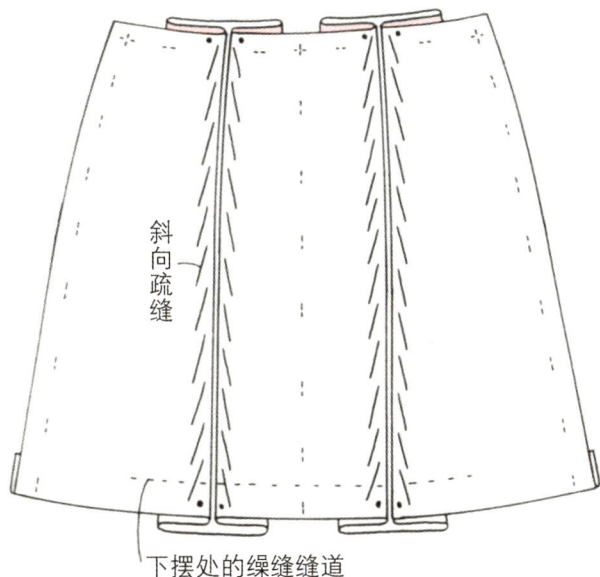

斜向疏缝

下摆处的缲缝缝道

2-3 照图中所示，从反面对所有褶里进行熨烫。

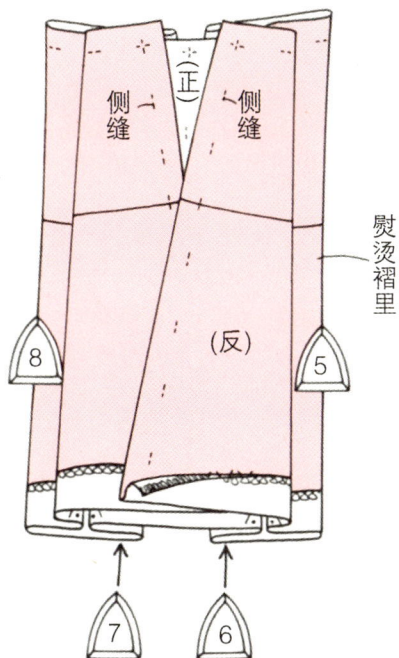

侧缝 （正） 侧缝

熨烫褶里

（反）

8 5

7 6

2-4 从反面看到的图。

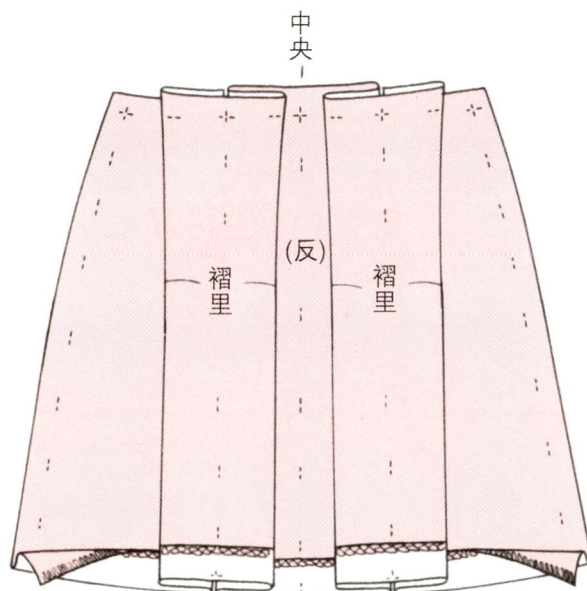

中央

（反）

褶里 褶里

3　缝侧缝

劈开缝头，在左侧缝做开口。参照第151页。

4　做口袋

在右侧缝做口袋，参照第157页抽褶裙。

5　装腰带

装腰带。参照第151、152页。

6　处理没缝到的下摆

7　装背带

做背带，并暗缲装在前后腰装背带的位置。背带的做法参照第123、124页。周围不缉线。

短茄克

这是一款既可用作上学服，又可用作运动服的适用范围很广的茄克，是儿童在任何季节都必需的服装之一，日常生活、上学、运动、旅行等任何场合都可穿用。

请根据季节、目的、年龄选择材料，从薄型的到厚型的、皮革和绗缝布料都可使用。

这种款式是：前开口装分开式拉链、插肩袖。放松量和衣长可根据穿着目的、材料来选择。制图中以身高 120 cm 为例，下表中列出了与任何年龄相对应的尺寸的算法。

这里以少年穿的、身高 120 cm 为例来说明。在制作少女穿的短茄克时，以少女尺寸（第 165 页）为基础来计算。

尺寸的算法和参考数值　　　　　身高 120 cm（少年）　单位 /cm

大身	a			$\dfrac{胸部放松量－原型胸部放松量（8）}{4}$	3	
	b			$\dfrac{背长}{8}$	3.8	
	上衣长			背长 × 1.5	45	
	贴边宽（从前中心开始）			$\dfrac{胸宽}{3}$	4.3	
	裥量			$\dfrac{胸围＋放松量（20）}{4}－\dfrac{臀部＋放松量（6）}{4}$	3	
插肩袖	c			$(袖长－袖山高 (d)) × \dfrac{1}{5}$	约 5.7	根据大衣原型袖窿画法变化
	d			原型前 × 0.3	约 9.5	
	e	袖宽	前	原型前 + a	约 19.5	
	f		后	原型前 + a	约 18	
	g	袖口		掌围 × 1.5	26	
腰带·克夫	h	腰带宽		$= \dfrac{背长}{7}$	4.3	
	i	克夫宽		腰带宽 −0.5	3.8	
	j	领宽				
	k	腰带		臀围 + 放松量（6）	68	
	m	克夫长		掌围 + 2	19	

— 120 cm 衣片原型
放松量　B+20
x 为规定尺寸

$$裥量＝\frac{B+20}{4}－\frac{H+6}{4}$$

口袋的画法

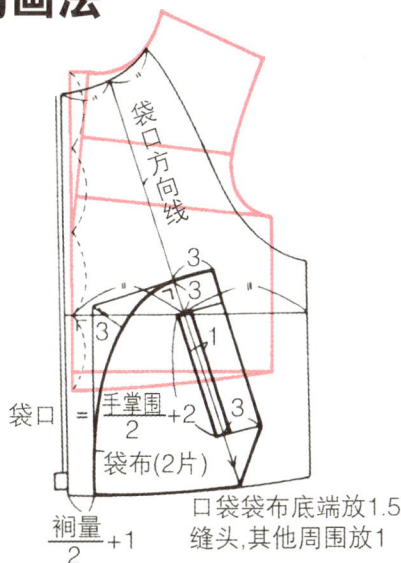

袋口方向线

袋口 = $\dfrac{手掌围}{2}$ +2

袋布(2片)

$\dfrac{裥量}{2}$ +1

口袋袋布底端放1.5缝头,其他周围放1

茄克的参考尺寸

单位 /cm

1	身高		80	90	100	110	120	130	140	150	160
5	胸围(B)	婴儿	48	50							
7		女			48	52	56	60	64	68	74	80
		男								70	76	83
11	臀围(H)	女		47	52	58	61	63	68	73	83	88
		男						62	67	71	77	83
14	背长	女		20	22	24	26	28	30	32	34	37
		男			23	25	28	30	32	34	37	42
16	袖长	女		25	28	31	35	38	41	45	48	52
		男							42	46	49	52
19	掌围	女		13	14	15	16	17	18	19	20	21
		男							19	20	21	22

各部位的解说在第16~17页

纸样的做法

1 确定身高,画前后衣片原型。后片原型照原样画,中心放出 1 cm 作为里面穿衣服而产生的抬高量,重新画后中央线。在前片原型中,将原型倾倒 1.5 cm(倾倒方法参照第 204 页),作为抬高量,中央放 1 cm,重新画中心线。

2 胸部放松量定为 20 cm。由于原型中已有 8 cm 的放松量,把差值的 1/4,即 3 cm(a)在胸围线上水平放出,并从此处画原型侧缝线的水平线,一直画到腰围线以下。

后衣片

3 画插肩线的基准线。从颈点取原型领圈尺寸的 1/3,与背宽线上从袖窿向里挖进 $\dfrac{背宽}{6}$ 的点用直线连结。并把此点与侧缝线胸围线向下 $\dfrac{背长}{8}$,即 3.8cm(b)的点用直线相连。把这条线作为插肩线的基准线。

4 把 3 中画的衣片插肩线的基准线在背宽线以上的部分放出 0.2 ~ 0.3 cm 的膨起量,用曲线画装袖线直到背宽线,从此处用侧缝用下挖曲线画装袖线。

5 从原型腰围线将后中央线向下延长 $\dfrac{背长}{2}$,向侧缝画直角线,与侧缝线相连,作为下摆线。

6 从后中心下摆线向上标出 $\dfrac{背长}{7}$(h),画下摆线的平行线,并标出腰带长 k/4,画腰带。从后片装腰带线的侧缝向侧缝方向延长裥量,与侧缝线上的 b 点相连。画裥。

7 延长肩线,标出袖长。从肩点向袖长方向标出袖山高(d)。在袖长点画袖山线的垂线,在此垂线上标出从袖山高到袖长点之间距离的 1/5(c),作为倾斜量,把此点与肩点用直线相连作为袖山基准线。从肩点开始重新测量袖长。从袖长点画袖山基准线的直角线,标出袖口尺寸(g)。在袖山基准线上从肩点重新测量(d),并从此点向下画直角线,标出袖宽(f)。用直线连结袖口线和袖宽线,挖进 0.5 ~ 1 cm,画袖底线。从大身袖窿线和背宽线的交点向袖宽方向画插肩线。调节大身和袖的弯曲度,使两者尺寸相等。

将颈点和肩点上抬 0.5 cm,作为抬高量,重新画肩线。并与在袖山高(d)点抬高 1 cm 的点用曲线连结。延长袖山线,放出 1 cm 作为宽松量,用曲线重新画袖口线,画袖口开衩。画后片领圈贴边线。

前衣片

8 在前中心线上标出从领圈线到胸宽线的 1/3,下挖领圈,用连结圆顺的线重新画领圈线。

9 与后衣片相同地画前衣片、袖山线、插肩线。

10 在下摆线上在前中心向右标出贴边宽,并画前中心线的平行线直到胸围线,把此点与从颈点向右 $\dfrac{肩宽}{3}$ 的点用曲线连结,作为贴边线。

11 画袖克夫。克夫宽(I)为腰带宽 -0.5 cm。

12 画领。领宽(j)与克夫宽相同。

13 画前腰带和裥量。与 6 中画的后腰带及前腰带连在一起来画。

14 画口袋。从腰围线向上标出原型前长的 1/4,从此处到侧缝画直角线。把这条线的 1/2 点与大身领圈的 1/2 点相连,作为口袋方向线。在方向线上,参照图示,标出 $\dfrac{掌围}{2}$ + 2 cm 作为袋口宽。参照口袋袋布图画袋布线。袋布 A 兼作装拉链时的贴边布,袋布 B 兼作垫袋布。

放缝和裁剪方法

将前后袖片在袖山线位置连在一起裁剪。裁剪前后领圈贴边时，在插肩线位置连接大身和袖片，连在一起进行裁剪。缝头：大身侧缝、下摆、前中央、袖窿 1.5 cm，大身领圈、袖片的袖底线、装袖线、领圈、袋布的底端 1.5 cm，其他 1 cm。袋布 A 用与面布同色的电光棉缎或厚型里料，袋布 B 与面布布料相同。

缝制顺序和要领

1   黏贴黏合衬

在所有的贴边、领、腰带、克夫反面黏贴黏合衬。

2   做领

参照基础篇做领。

3   在袖口位置装克夫

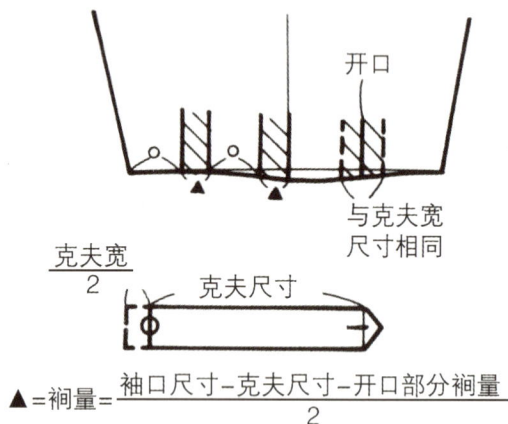

$$▲ = 裥量 = \frac{袖口尺寸 - 克夫尺寸 - 开口部分裥量}{2}$$

3-1　将贴边布放在袖口开衩处，在 0.2 ~ 0.3 cm 宽处缉线并打刀眼。

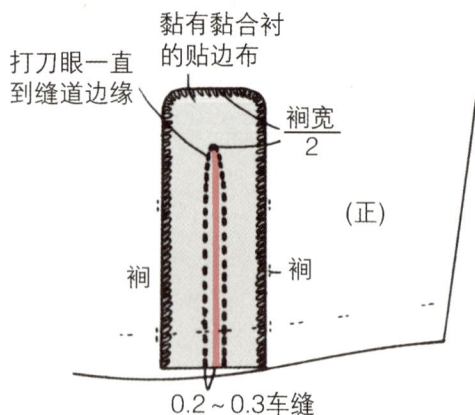

3-2　将贴边布翻向袖片反面，在开口周围进行边缝。

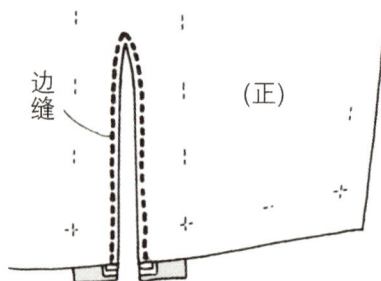

3-3　将记号位置折叠成裥，缝袖底，对缝头边缘锁边。

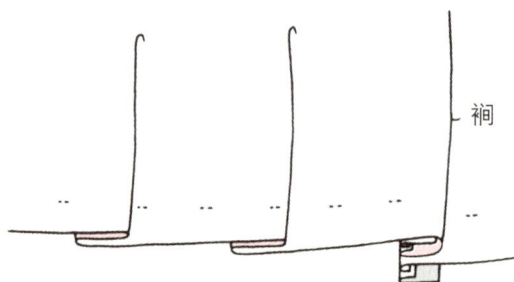

3-4　在袖口装克夫。

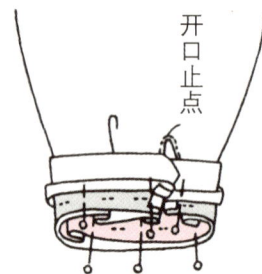

4   做口袋

4-1　在口袋的袋布 A 上黏贴黏合衬，并正面朝里与衣片正面重叠。

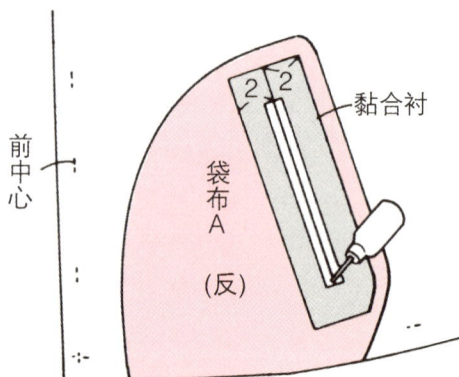

4–2 对口袋周围缉线，并照图所示，对缝道端点打刀眼。

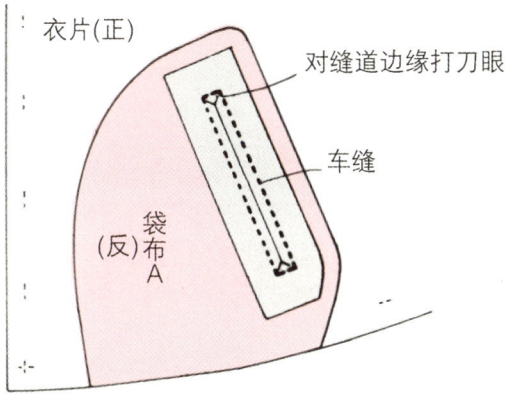

衣片(正)

对缝道边缘打刀眼

车缝

袋布A(反)

4–3 将袋布A翻向反面，熨烫。照下图那样，放上拉链，加以车缝固定。

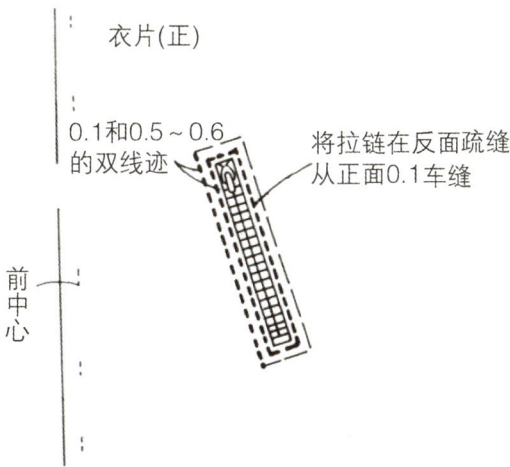

衣片(正)

0.1和0.5～0.6的双线迹

将拉链在反面疏缝从正面0.1车缝

前中心

4–4 将袋布B正面朝里放在袋布A的上面，并对其周围进行疏缝。

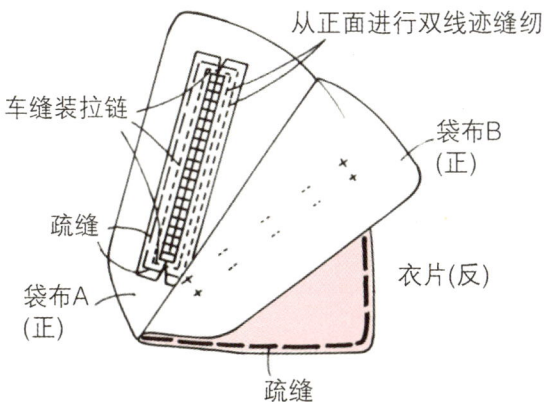

从正面进行双线迹缝纫

车缝装拉链

袋布B(正)

疏缝

袋布A(正)

衣片(反)

疏缝

4–5 缝合袋布A、B，对其周围2片一起锁边。

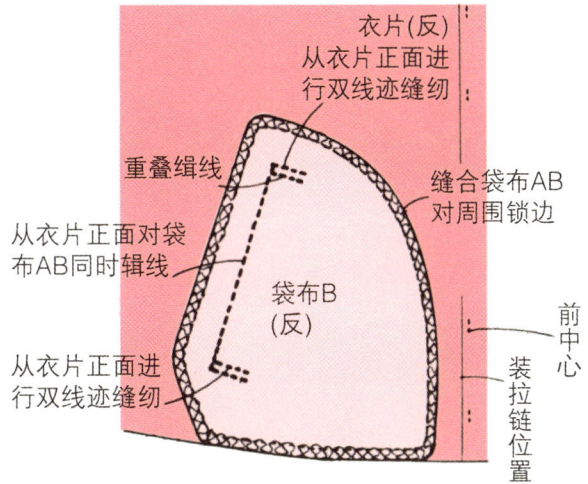

衣片(反)

从衣片正面进行双线迹缝纫

重叠缉线

缝合袋布AB对周围锁边

从衣片正面对袋布AB同时辑线

袋布B(反)

从衣片正面进行双线迹缝纫

前中心

装拉链位置

5　在前开口装开口拉链

参照基础篇

6　缝侧缝

缝侧缝，女孩的话缝头向前倒，对男孩缝头向后倒。

7　缝插肩线

将大身和袖片正面朝里对叠，装袖。对缝头边缘锁边，将缝头倒向大身，缉 0.5 ～ 0.8 cm 宽的线。

8　装领

参照基础缝纫篇领里在完成线记号向外 0.1 cm 处折叠、疏缝，并从正面进行漏落缝。缉距周围 0.5 ～ 0.6 cm 宽的线。

9　装腰带

将前后衣片腰部折成裥，与袋布底端的缝头重叠、并疏缝，用与装领相同的方法装腰带，并车缝。

10　完成

在领、腰带、袖口门襟挖圆头锁眼的扣眼（参照基础篇），在里襟位置装钮扣。

马甲

马甲是儿童必备的衣服之一,春夏秋冬各个季节都可穿上它来调节气温变化。将前开口装拉链,再装上里布,便能适合秋冬季穿,在左胸或腰部装贴袋,将领圈挖成圆形等,就变成适合儿童成长款式了。

对处在长胖期的儿童,可增加胸部放松量,对处在长高期的儿童,可加大衣长。增加衣长时可将中央做成开衩,既适合运动,穿着也方便。

纸样的做法

1　画身高 120 cm 的衣片原型。后片原型照原样画。考虑到马甲里面穿衣服的厚度,将原型倾倒 1 cm 来画前片原型(原型的倾倒方法参照第 204 页)。

2　胸部放松量定为 12 cm。由于原型中已有 8 cm 的放松量,把其差值的 1/4(即 1 cm)在前后片胸围线上放出,重新画前后片侧缝线直到腰围线。

前衣片

3　将前领圈在颈点向外放 0.5 cm,沿领圈画曲线直到领圈的 1/3,并用直线与叠门止口相连作为前领圈线。叠门止口在原型的 $\frac{前长}{2}$ 向外放出 $\frac{胸宽}{7}$ 的位置。

4　在前肩线上标出肩宽 ×0.8,作为肩宽。在侧缝线上从上面标出原型侧缝长的 1/3,与肩宽用曲线连接作为袖窿弧线。

5　向下延长前中心线,从腰围线开始标出臀高记号,并从此点画直角线,作为臀围线。在臀围线上标出 $\frac{臀围 + 12}{4}$ 与腰围线上侧缝位置用直线连结作为侧缝线。

6　从前腰围线向下标出的原型 $\frac{前长}{3}$,并从此点画直角线直到侧缝,作为下摆基准线。在这条线上,从中心标出 1/3 处。标出原型腰围线到下摆基准线的中点,延长叠门线直到这点,画 V 形的下摆线直到侧缝线。

7　画贴边线,标出钮扣位置。

后衣片

8　与前衣片相同地画后衣片领圈、袖窿、侧缝线、下摆线、贴边线。

前领圈线 0.5
肩宽 ×0.8
将原型倾倒 1
贴边宽为肩宽 ×0.3
前中心线
胸宽线
叠门止口
胸围线
叠门宽 = $\frac{胸宽}{7}$
前腰围线
从领圈到腰围的 $\frac{1}{3}$ =
身高 120 cm 衣片原型
放松量 B+12 H+12
臀腰距 = 上裆 ×0.7
臀围线
下摆基准线
$\frac{H+12}{4}$

0.5
肩宽 ×0.8
肩宽 ×0.3
胸围线
后
腰围线
臀围线
$\frac{H+12}{4}$
臀腰距 = 上裆 ×0.7

放缝和裁剪方法

　　肩部、侧缝、后中心 0.5 ~ 2 cm，下摆 3 ~ 4 cm，其他 1 cm。后片领圈贴边布在后中心呈圆形裁剪。

缝制顺序和要领

1　缝大身

　　缝前后片肩、侧缝，及后中心左右片，劈开缝头，对缝头边缘锁边。

2　在贴边布上黏贴黏合衬

2-1　在贴边布反面黏贴黏合衬。

2-2　在倾斜部分和弯曲部分的完成线上黏贴 0.7 ~ 1 cm 宽的防止延伸的黏合衬。

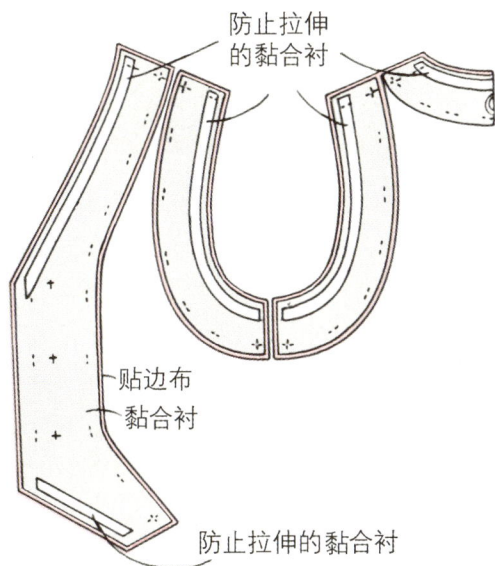

防止拉伸的黏合衬

贴边布
黏合衬

防止拉伸的黏合衬

3　装贴边布

3-1　在肩部缝合前后片领圈贴边布。对贴边边缘锁边。

3-2　在肩部和侧缝缝合前后片袖窿贴边布。对贴边边缘锁边。

3-3　将面布和贴边布正面朝里对叠，面布比记号线向外 0.1 cm，贴边布比记号线向里 0.1 cm，正面朝里对叠，并用大头针固定，疏缝后加以车缝。对弯曲部分的缝头打刀眼。

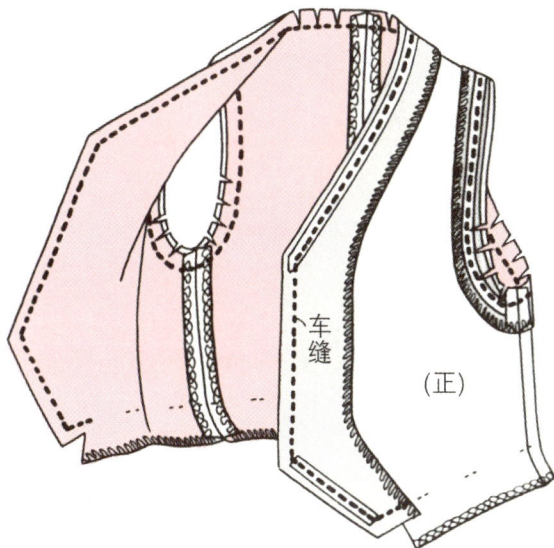

车缝

（正）

3-4　翻向正面，用熨斗修整形状。在领圈、叠门止口、下摆、袖窿处缉 0.6 ~ 0.8 cm 宽的线。线迹宽随身高、布料厚度而变化。对贴边布边缘进行暗缲。

4　完成

　　在门襟上挖平圆头锁眼的扣眼，里襟装钮扣。参照基础篇（上）。

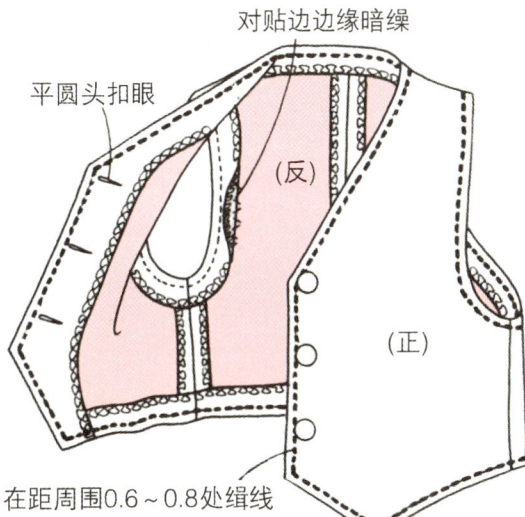

对贴边边缘暗缲

平圆头扣眼

（反）

（正）

在距周围 0.6 ~ 0.8 处缉线

参考尺寸表

单位 /cm

1	身高		90	100	110	120	130	140	150	160
5	胸围	女	48	52	56	60	64	68	74	80
7	胸围	男						70	76	83
9	胸围	女	45	48	51	52	55	57	58	62
10	（下胴围）	男			52	53	57	60	65	68
11	臀围	女	52	58	61	63	68	73	83	88
		男				62	67	71	77	83
13	肩宽		8.2	8.5	8.9	9.6	10.3	11	11.7	12.4
24	上裆	女	10.5	17	18	19	20	22	24	25
		男		16	16	17	18	20	22	23
	臀腰距 = 上裆 ×0.7	女	10.5	11.9	12.6	13.3	14	15.4	16.8	17.5
		男		11.2	11.2	11.9	12.6	14	15.4	16.1
	马甲肩宽 = 肩宽 ×0.8		6.6	6.8	7.1	7.7	8.2	8.8	9.4	9.9

套头披肩

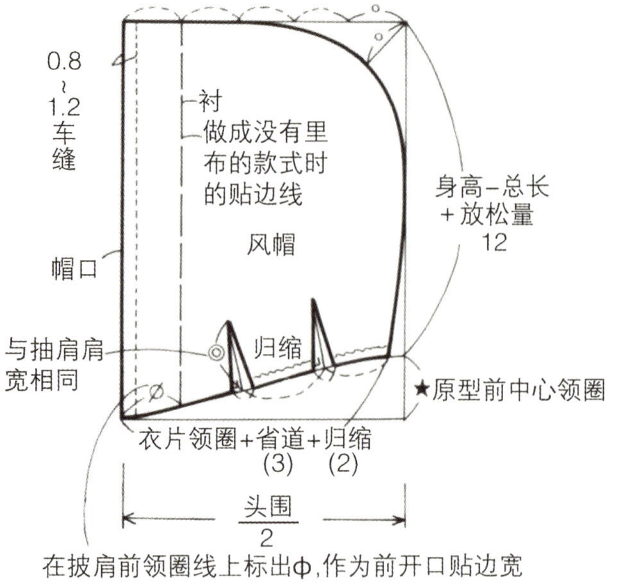
0.8
~
1.2
车缝
衬
做成没有里
布的款式时
的贴边线
风帽
身高-总长
+放松量
12
帽口
与抽肩肩
宽相同
归缩
★原型前中心领圈
衣片领圈+省道+归缩
(3) (2)
头围
2
在披肩前领圈线上标出φ,作为前开口贴边宽

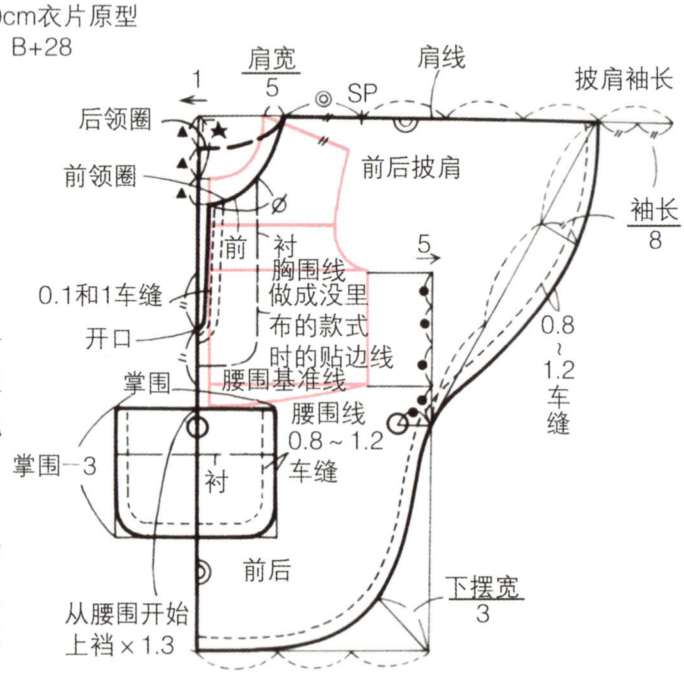
身高90cm衣片原型
放松量 B+28
1
肩宽
5
SP
肩线
披肩袖长
后领圈
前领圈
前后披肩
袖长
8
前
衬
胸围线
做成没里
布的款式
时的贴边线
5
0.1和1车缝
开口
掌围
腰围基准线
腰围线
0.8 ~ 1.2
车缝
0.8
~
1.2
车缝
掌围-3
衬
前后
从腰围开始
上裆×1.3
下摆宽
3

这种披肩从头部套进，穿着轻便，儿童若拥有一件会非常方便。为了便于运动，可将袖长缩短，请根据实际需要确定袖长和衣长。这种披肩在背双肩背包或书包时也很方便。为适合身高 60 ~ 160 cm 的儿童，我们以上裆尺寸为基准来确定披肩长。

左图是用穿着轻便的起绒粗呢做的适合少女穿的披肩。袖长、衣长、口袋和开口可根据喜好来加以变化。

确定好儿童身高后，请算出各部位尺寸。这里以身高 90 cm 为例来制图。

参考尺寸表 单位 /cm

1	身高		50	60	70	80	90	100	110	120	130	140	150	160
30	头围		33	41	45	47	49	50	51	51	52	53	54	55
15	总长	女	--	–	56	64	73	82	92	92	110	120	128	137
		男											129	140
16	袖长	女	–	18	21	25	28	31	35	38	41	45	48	52
		男	–								42	46	49	52
24	上裆	女		(13)	14	15	16	17	18	19	20	22	24	25
		男						16	16	17	18	20	22	23
19	掌围（a）	女		11	12	13	14	15	16	17	18	19	20	21
		男									19	20	21	22

纸样的做法

除领圈外，前后片样板基本相同，因此这里只画前片大身。

1 在前中心平行放出 1 cm 的放松量，过颈点画中心线的直角线，作为肩线。

2 重新画领圈。在前中心线上，标出直角线的上端与前片原型领圈中点，作为后中心领圈点，用曲线连结这点与横线上离颈点$\frac{肩宽}{5}$的点，作为后领圈线。

在前中心线上，从原型领圈向下标出后领圈尺寸，并与肩线上后领圈相连，作为前领圈线。

3　在肩线上，从原型颈点向右标出肩宽、袖长。将袖长的 3/4 作为披肩的袖长。

4　胸部放松量定为 8 cm，由于原型中已有 8 cm 的放松量，把差值的 1/4 即 5 cm 从原型中放出，画侧缝线。在这条线上标出原型侧缝长，并将原型侧缝长的 1/3 从腰围向下延长，与袖中线端点用直线连结。向下延长侧缝。

5　在前中心从腰围线向下标出上裆 ×1.3，作为披肩长，并从此点画水平线直到侧缝，作为下摆线的基准线。下摆宽的 1/3 作为下摆圆弧深，从袖口到下摆线画曲线。

6　在前中心线上，标出胸围线到腰围基准线的中点，作为前开口。在腰围线以下画口袋。

7　在前开口周围缉 0.1 和 1 cm 宽的线，在口袋周围和披肩四周缉 0.8 ～ 1.2 cm 宽的线。线迹宽根据材料、身高而变化。

8　画风帽。纵向量取根据身高算出的尺寸，横向取头围 /2，画长方形。参照图示，画大身领圈和装领线、省道及顶部的圆弧。

放缝和裁剪方法

大身、口袋、风帽面布和里布 2 片一起裁剪。缝头都取 1 cm。

做成不装里的布情况

前开口处贴边另外裁剪，袋口贴边布与口袋连在一起裁剪，帽子脸口贴边布与帽子连在一起裁剪。

缝制顺序和要领

1　黏贴黏合衬

面布和里布都黏贴黏合衬的部分为侧缝的钮扣与扣眼位置。面布反面黏贴黏合衬的部分为披肩袋口加固布部分。里布反面黏贴黏合衬的部分为披肩前开口周围和袋口、风帽脸口处。

2　做口袋

做口袋（参照第 108 页），在面布上装袋位置缉 0.8 ～ 1.2 cm 宽的线，装上口袋。

3　做风帽

3–1 分别缝风帽面布和里布中心，劈开缝头。

3–2 缝省道，缝头向前倒。把装领线抽成领圈尺寸。

3–3 将面布与里布在帽口正面朝里对叠，车缝帽口，翻向正面，用熨斗修整形状。

4　做前开口

4–1 在面布正面装带子。带子的做法参照基础篇。

4–2 与里布正面朝里对叠，车缝开口周围后翻向正面，在开口周围缉线。

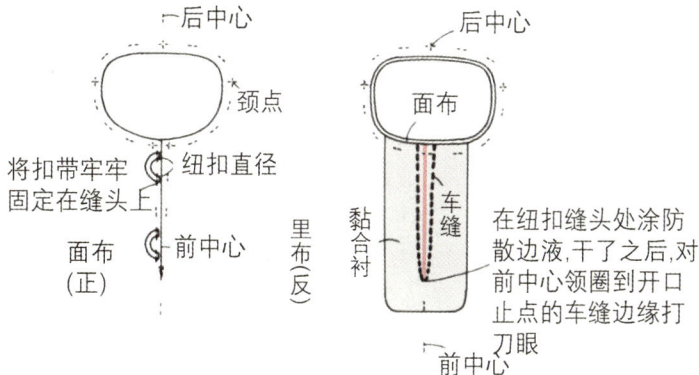

将扣带牢牢固定在缝头上

纽扣直径

面布（正）

前中心

后中心

颈点

里布（反）

后中心

面布

黏合衬

车缝

前中心

在纽扣缝头处涂防散边液，干了之后，对前中心领圈到开口止点的车缝边缘打刀眼

5　缝合周围

缝合披肩周围。参照下图。对弯曲部分打刀眼，从领圈翻向正面，用熨斗修整形状，距周围 0.8 ～ 1.2 cm 处缉线。

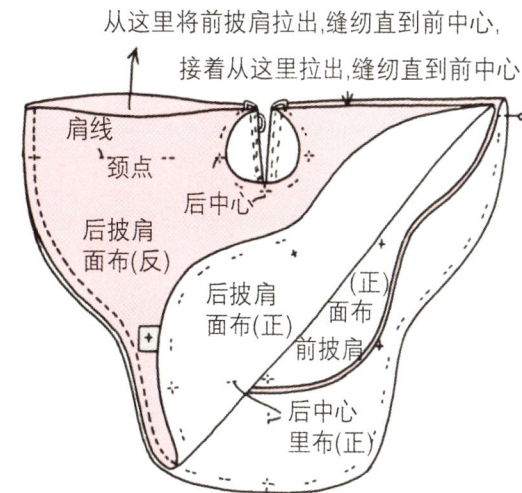

从这里将前披肩拉出，缝纫直到前中心，接着从这里拉出，缝纫直到前中心

肩线
颈点
后披肩面布（反）
后中心
后披肩面布（正）
（正）面布
前披肩
后中心里布（正）

6　装风帽

6–1 在披肩面布领圈反面黏贴防止拉伸的黏合带。

6–2 装风帽。对弯曲部分的缝头打刀眼，缝头倒向帽子，翻折帽里缝头，将其缲缝在领圈处。在风帽周围缉线。

7　完成

在前侧缝和口袋处挖扣眼，后侧缝反面装钮扣。前中心里襟装钮扣。

短外套

这是一款便利的、女孩穿的上衣。既可用作第146～161页各种裙子的上衣，又可穿在第142页背带裙的外面。选择不同的材料，一年四季皆可穿着。还可通过装上口袋或增减衣长等来随意设计各种变化款。对于胸高的女孩，可参照成年人服装纸样，加上胸省。

纸样的做法

前衣片

1　画前衣片时将原型倾倒 1 cm。胸部放松量定为 20 cm。由于原型中已有 8 cm 的放松量，把其差值的 1/4 即 2 cm 在胸围线上放出，重新画侧缝线。从前中心放出叠门宽，画叠门线。将前中心领圈下降 0.5 cm，重新画领圈线。

2　在侧缝线上标出胸围线向下 1 cm，重新画袖窿线。测量袖窿尺寸（测量方法参照第 24 页的袖原型），水平放出原型腰围线直到侧缝线，标出放出量的 1/2，并把此点与下挖袖窿侧缝用直线连结，作为侧缝线。

3　在贴边线、钮扣位置标出 0.7～1 cm 的缉线宽（可根据身高而变化）

后衣片

4　画后衣片原型。与前片相同地在胸围线放出 2 cm，放出肩部归缩量 1 cm，下挖侧缝，画袖窿线和侧缝线。在下摆标出 0.7～1 cm 的缉线宽。测量袖窿尺寸。

5　以 2 和 4 中测量的袖窿尺寸为基础，参照第 24 页袖原型的画法，画袖原型。确定袖口尺寸，在肘线上将后袖剪开 1 cm。剪开方法参照第 205 页。

6　领的画法参照下图。周围画 0.7～1 cm 的缉线宽。

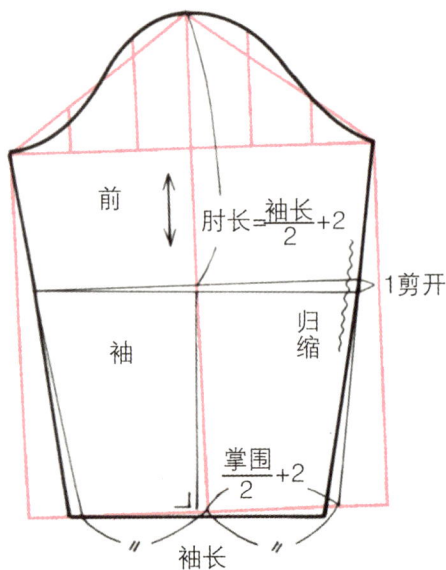

身高 140 cm 衣片原型·袖原型
放松量 B+20

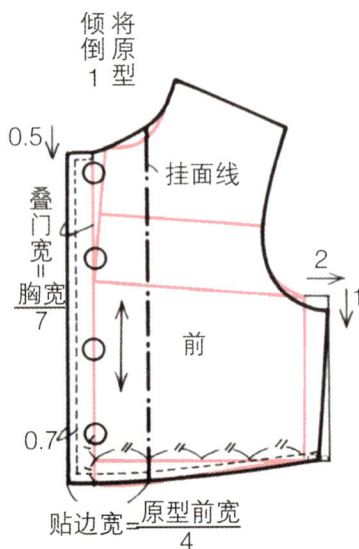

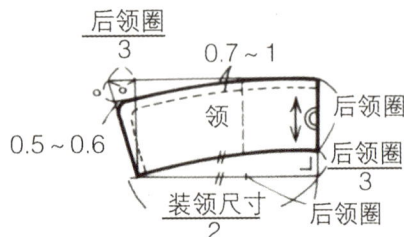

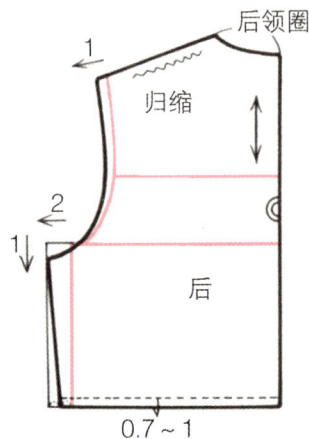

后领圈/3　0.7～1　领　后领圈
0.5～0.6　装领尺寸/2　后领圈/3　后领圈

前
肘长=袖长/2+2
1剪开
归缩
袖
掌围/2+2
袖长

倾倒原型 将原型
0.5↓
叠门宽=胸宽/7
挂面线
2
1
前
0.7↓
贴边宽=原型前宽/4
原型前宽

后领圈
1　归缩
2
1
后
0.7～1

放缝和裁剪方法

肩、侧缝、领圈、袖底、袖山 1.5 cm 下摆、袖口 4 ~ 5 cm，其他 1 cm。前叠门贴边与面布连在一起裁剪。

里布放缝下摆、袖口、装袖位置 3 ~ 4 cm，其他与面布相同。

缝制顺序和要领

1　黏贴黏合衬

在叠门贴边、袖口缝头、领里黏贴黏合衬。

2　做领

归缩后肩、缝肩及侧缝，劈开缝头，熨烫。

3　做大身面布

4　做大身里布

4–1　归缩里布后肩，缝肩，缝头倒向前片。

4–2　前后片侧缝正面朝里，疏缝，在记号线以外 0.2 ~ 0.3 cm 位置进行车缝。

此记号线在完成后拆去。

5　缝合贴边和里布，装领

参照 176 ~ 177 页插肩袖外套，在贴边反面装里布，并装领。

6　将大身面布与里布中间固定

参照基础篇。

7　处理下摆

参照基础篇，处理下摆。

8　做袖、装袖

8–1　归缩后片袖底。

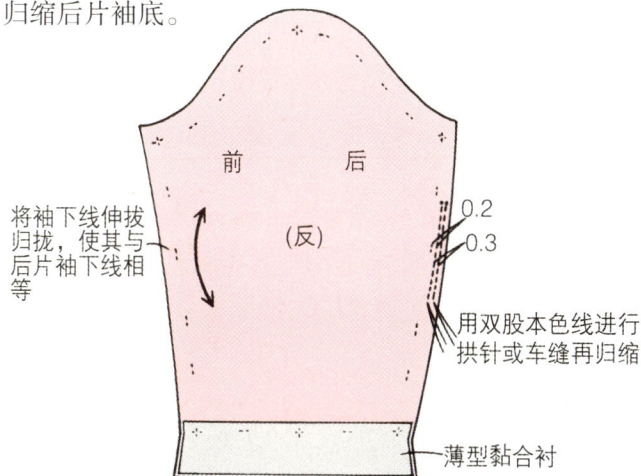

将袖下线伸拔归拢，使其与后片袖下线相等

前　后
（反）

0.2
0.3

用双股本色线进行拱针或车缝再归缩

薄型黏合衬

8–2　缝袖底，抽袖山，处理袖口。袖口的处理方法参照第 177 页。

8–3　把袖面和袖里中间固定。

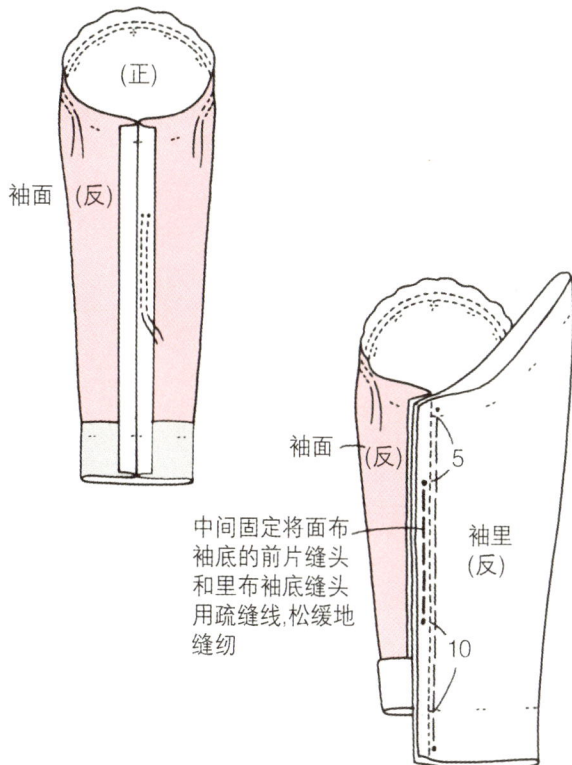

（正）

袖面（反）

袖面（反）　5

中间固定将面布袖底的前片缝头和里布袖底缝头用疏缝线,松缓地缝纫

袖里（反）

10

8–4　参照第 77 页婴儿裙，将袖面装在衣片上。袖里在袖长方向应有足够的放松量，在装袖线外侧进行细密地拱针，再车缝，抽成袖窿尺寸，在装袖缝道边缘用细密的针眼缲缝。

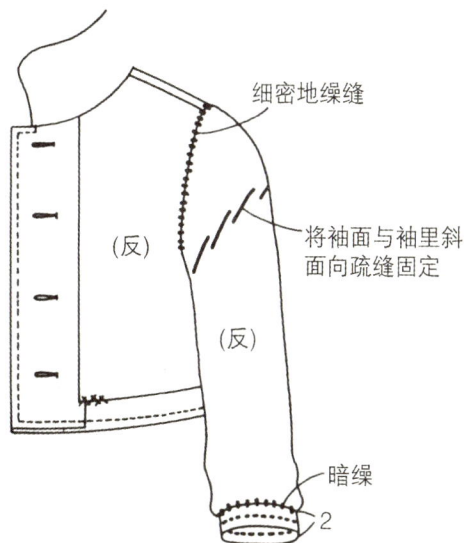

细密地缲缝

（反）

将袖面与袖里斜面向疏缝固定

（反）

暗缲

2

插肩袖外套

选择不同的材料，这种外套可在雨季时穿，也可在严寒季节套在衣服外面。

由于将袖窿降低、衣片胸部放松量加得较多，对那些处在成长期的儿童来说，这种外套第二年仍可继续穿。第178页是将其衣长缩短的款式，选择不同的材料，上学、运动、休闲时穿都很方便。

—— 身高 140 cm 衣片原型
放松量 B+20
✗ 为规定尺寸

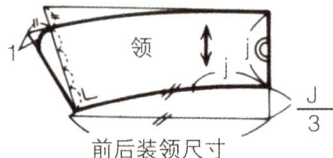

领
J/3
前后装领尺寸

插肩基准线
将袖山对接前后片裁剪
对准记号
领圈线
装袖线
前袖宽=e
口袋方向线
将原型倾倒 1
贴边和黏合衬
前
口袋袋布
外套长－背长 = 52

叠门宽 = 原型胸宽 / 5

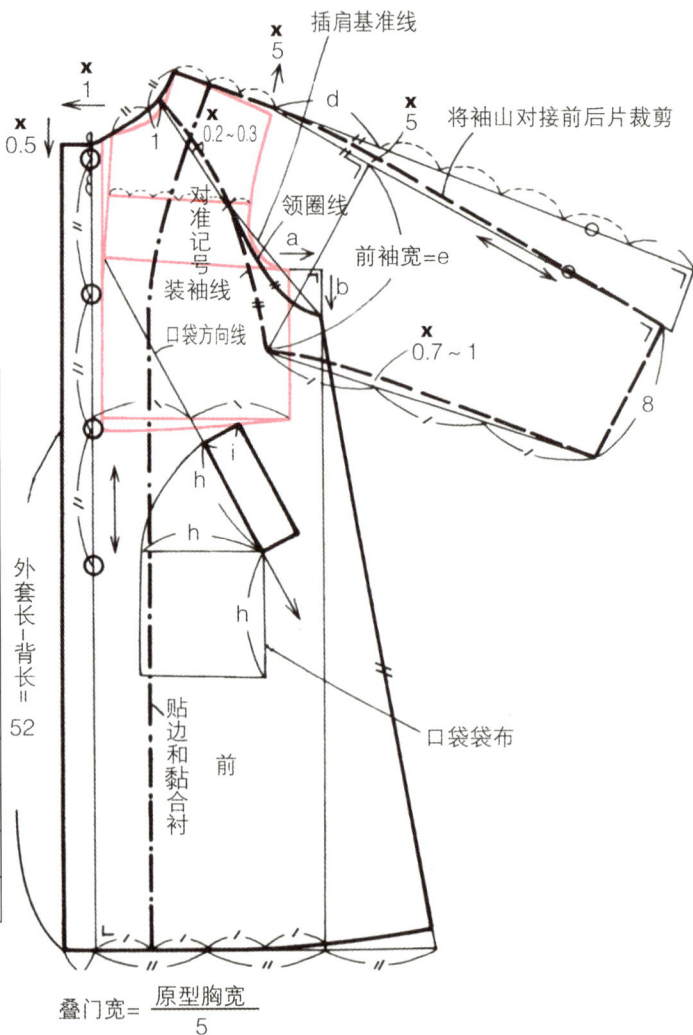

尺寸算法和参考数值律　身高 140 cm　少女单位 /cm

		裙长	腰高 － 膝高	50
		外套长	背长 + 腰高 － 膝高 + 2	84
●	a	胸部放松量调整	$\dfrac{\text{胸部放松量}-\text{原型胸部放松量（8）}}{4}$	3
×	b	袖窿调整量	$\dfrac{\text{背长}}{7}$	4.6
★	c	袖山线倾斜量	$\dfrac{\text{袖长}-d}{5}$	约 6.9
★	d	袖山高	大身原型前后袖窿 ×0.3	约 10.5
★	e	袖宽	前	前大身原型袖窿 + a	约 20.8
★	f		后	后大身原型袖窿 + a	约 20.2
	g	袖口	$\dfrac{\text{掌围}}{2}×1.6$	15.2
	h	袋口	$\dfrac{\text{掌围}}{2}+4$	13.5
	i	袋宽	$\dfrac{\text{袋口}}{4}$	3.4
☆	j	后领宽	后装领尺寸（后领围）	约 7.3

★根据原型袖窿画法变化

☆根据原型领圈画法变化

●根据胸部放松量变化 × 根据款式、布料厚度变化

纸样的做法

参照第68页插肩袖的画法，确定身高，画纸样。

前衣片

1. 将原型倾倒1cm画前片大身。并在前中心放出1cm的抬高量，重新画中心线。在中心线上，从腰围线向上标出衣长–背长，并从这点垂直地画下摆线并延长。

2. 胸部放松量定为20cm。由于原型中已有8cm的放松量，把其差值的1/4即3cm（a）在胸围线上水平放出，并从此点画垂直线直到下摆。把此下摆宽的1/2向右延长作为下摆宽，与侧缝处胸围线向下$\frac{背长}{7}$（即4.6cm）的点（b）用直线连结，作为侧缝线。

3. 在前中心标出领圈到胸宽线的1/5，画领圈线。从这条线向右标出叠门宽。叠门宽定为$\frac{原型胸宽}{5}$（即2.9cm）。画叠门止口线直到下摆。

4. 将领圈2等分，沿领圈标出等分点向上1cm处，把这点与胸宽线上袖窿收进$\frac{胸宽}{6}$的点用直线连结。再与侧缝线上的b用直线连结，作为插肩基准线。

5. 将肩点上抬0.5cm作为宽松量，与颈点用直线相连，作为肩线。延长此肩线，作为袖山线，标出袖长。从肩点开始在袖山线上标出袖原型的袖山高（d）。从袖中线端点画直角线并标出袖的倾斜量（c），与肩点用直线连结，重新画袖山线，标出袖长。在新画的袖山线上从肩点标出袖山高(d)，从袖山高画垂直线，并标出袖宽（e）。在袖宽线上从袖中线端点画直角线，标出袖口尺寸（g）。将袖宽和袖口用直线连结，在靠近袖宽的1/3处挖进0.7~1cm，画袖底线。将4中画的插肩线基准线在胸宽线以上部分挖进0.2~0.3cm，胸宽线以下部分画曲线，画大身插肩线、袖片插肩线，使大身袖窿与袖片装袖尺寸相同。在距离肩点（d）处挖进0.5cm，重新画袖山线。

6. 画口袋。将大身原型前中心线与胸围线的交点，与腰围基准线的中点用直线连结，延长此直线，作为口袋方向线。参照图示，画箱型口袋和袋布线。

7. 画贴边线，标出钮扣位置。

后衣片

8. 画后衣片原型，在后中心放出1cm，作为抬高量，重新画后中心线。与前衣片相同地画后片大身、插肩线。在前侧缝线上标出后侧缝长，重新画前片下摆线。

9. 参照图示画领。

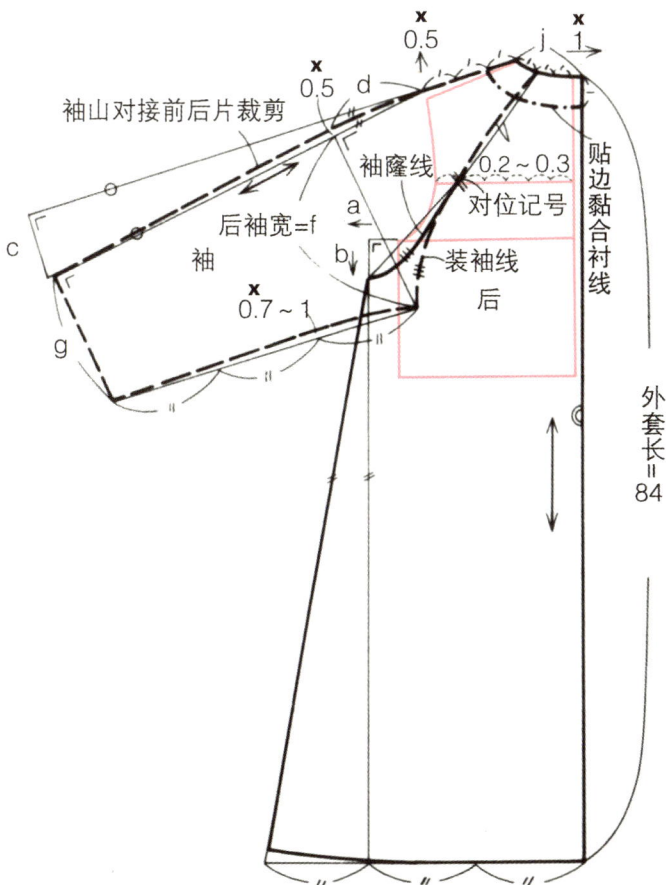

外套的参考尺寸表　　　　　　　　　　　单位/cm

1	身高		80		100	110	120	130	140	150	160
5 7	胸围	女	48		52	56	60	64	68	74	80
		男							70	76	83
14	背长	女	22		24	26	28	30	32	34	37
		男			25	28	30	32	34	37	42
13	肩宽		7.5		8.5	8.9	9.6	10.3	11	11.7	12.4
16	袖长	女	25		31	35	38	41	45	48	52
		男						42	46	49	52
19	掌围	女	13		15	16	17	18	19	20	21
		男						19	20	21	22
26	腰高	女	45		59	66	73	80	87	94	100
		男			58	64	71	78	85	92	98
27	膝高	女	19		25	28	31	34	37	40	42
		男									43
	裙长	女	48		60	66	72	78	84	90	97
背长+腰高–膝高+2		男			60	66	72	78	84	91	99

关于各部位的解说在第16、17页

放缝和裁剪方法

1   将前后袖片在袖山线上对接来裁剪袖片。将前后片插肩线连在一起裁剪领圈贴边。

在袖山线上对接前后袖片,裁剪

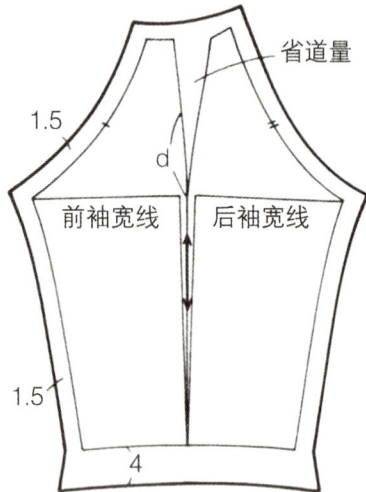

省道量

1.5

d

前袖宽线   后袖宽线

1.5

4

2   为使外套第二年仍能继续穿,将面布袖口缝头比一般的缝头多放 3 cm,即面布袖口缝头定为 4 cm。(如身高增加 7、8 cm,假定颈围增加 0.2 ~ 0.3 cm,肩宽增加 0.5 cm,袖长增加 2 cm,使其具有松量)同样,为了来年仍能继续穿用,下摆也比通常多放 2 ~ 3 cm 的缝头,即放 5 cm 的缝头。(身高增加 7、8 cm,则总长增加 6 ~ 7cm,外套长则有 3 ~ 4 cm 的不足量,但由于缝头加得太多,穿起来不方便,因此比起通常的 5 cm,多放 2 ~ 3 cm 的缝头较为合适)。领圈、装袖、口袋袋布放 1.5 cm,其他放 1 cm。装全夹里的放缝方法为:袖口 1 cm、下摆 1 cm(如果为了来年仍能继续穿,里布也与面布放相同的缝头),其他 1.5 ~ 2 cm。

缝制顺序和要领

1   黏贴黏合衬

在前衣片贴边部分和装口袋位置周围、后领圈贴边反面黏贴黏合衬。

2   缝领

在领里黏贴黏合衬,将领面与领里正面朝里在记号点(A—E)处对叠,领面比记号线向外 0.1 cm,领里比记号线向里 0.1 cm,缝合周围,翻向正面,加以熨烫。

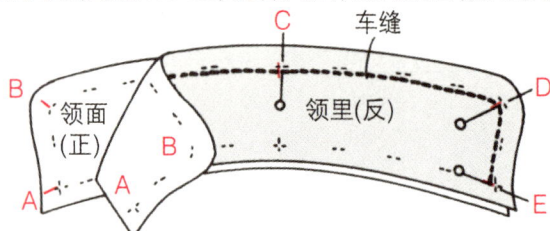

3   做口袋

参照基础篇。

4   缝侧缝

缝侧缝,劈开缝头,熨烫。

5   缝袖

缝合前后片对接裁好的袖片肩部,对于缝头,女孩的话向前倒,男孩的话向后倒,熨烫。缝袖底,劈开缝头。

6   装袖

将衣片与袖片在对叠记号及袖底位置正面朝里对叠,疏缝后加以车缝,劈开缝头。注意不要使袖底弯曲部分的缝头受到拉伸。

7   缝里布

7–1   疏缝前后片侧缝,在缝头向外 0.2 ~ 0.5 cm 处进行车缝。对于女孩,缝头向前倒,男孩的话,缝头向后倒,熨烫。

7–2   缝肩。对于女孩,缝头向前倒,男孩的话,缝头向后倒,进行熨烫。

7–3   在插肩线处缝合大身和袖片,缝头倒向大身。

8   缝贴边布

缝合贴边布的肩,劈开缝头,并熨烫。

9   装领

9–1   将前片贴边在叠门止口处正面朝里对叠,装领。照下图所示,用面布和贴边布将领夹在中间,进行装领。

9–2   缝合贴边布下摆部分。

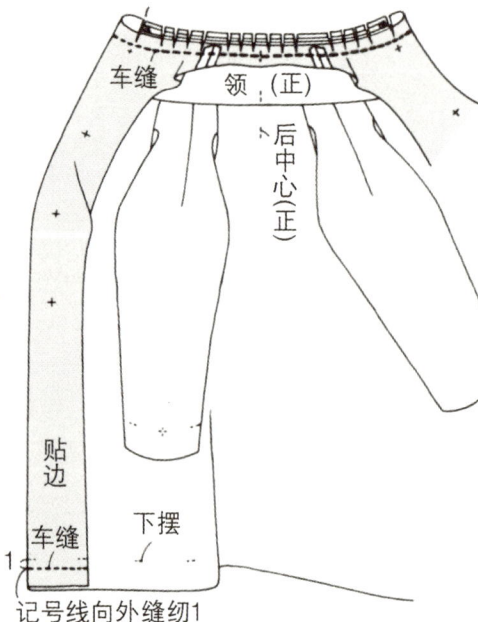

9-3 翻向正面、熨烫。

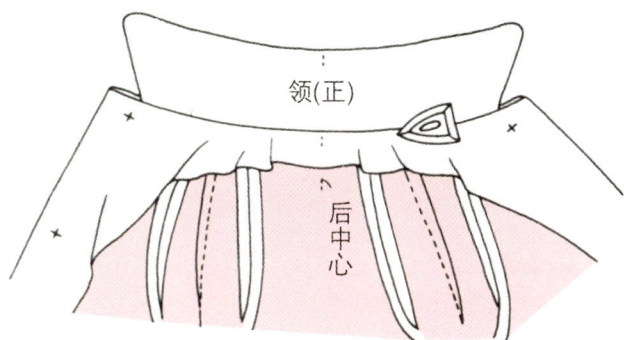

领(正)

后中心

10 装里布

10-1 将里布和贴边布在贴边线位置正面朝里对叠，疏缝、车缝到下摆2～3 cm以上。缝头倒向里布，熨烫。

10-2 将面布和里布侧缝处的缝头中间固定。对插肩线以下2～3 cm到下摆以上10 cm之间用疏缝线中间固定，不要使里布受到拉伸。

11 处理下摆

11-1 在完成线位置翻折下摆，对弯曲部分的缝头边缘疏缝后再对其缩缝，用熨斗对下摆弯曲部分整形后，将缝头修齐之后再锁边、暗缲。

11-2 将里布固定在面布上，并挂在人台或有一定厚度的衣架上，在下摆向上10 cm处用在大头针将面布与里布固定。

11-3 将衣片从人台上脱下，放在平台上，疏缝用大头针固定的部分，取下大头针。将里布折三次，使里布下摆线比面布下摆线短2～3 cm，对弯曲部分边打细褶边车缝。

11-4 参照图示，将面布与里布用线襻固定。

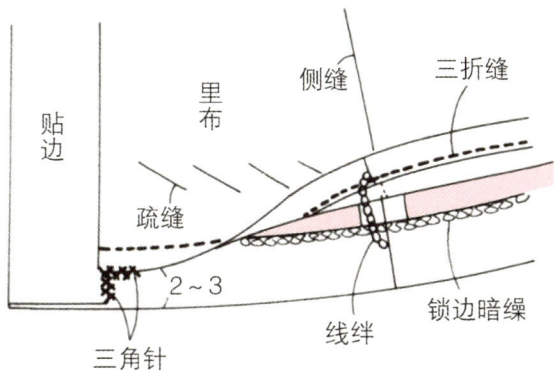

贴边　里布　侧缝　三折缝
疏缝
2～3　锁边暗缲
三角针　线襻

12 处理袖口

12-1 将面布的袖口按照完成线记号折叠，疏缝后再进行暗缲。

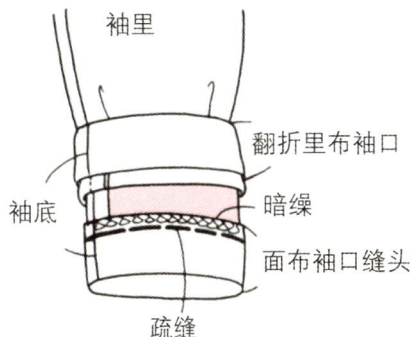

袖里
翻折里布袖口
袖底　暗缲
面布袖口缝头
疏缝

12-2 将袖里在退进袖面2 cm处折叠，再疏缝。

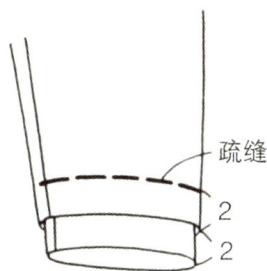

疏缝
2
2

12-3 将袖子面布袖口处的缝头进行暗缲固定。

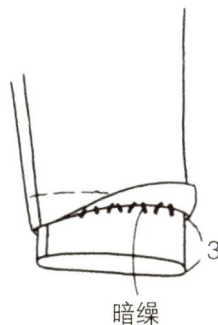

3
暗缲

防寒短外套

这是一款插肩袖、衣长刚好盖住臀部的轻便型外套。里面加入尼龙等合成纤维的棉絮，就可用作寒冷季节、寒冷地方的上学服、日常装、观看运动比赛时的服装。请根据中间所加棉絮的厚度、里面所穿衣服的厚度确定胸部放松量，最多定为 30 cm。袖口折成克夫确定袖长。为了便于中间加入棉絮，将领子与贴边连在一起来裁剪。面布使用经纬缝加工的布料，里布与面布使用相同颜色的布料。

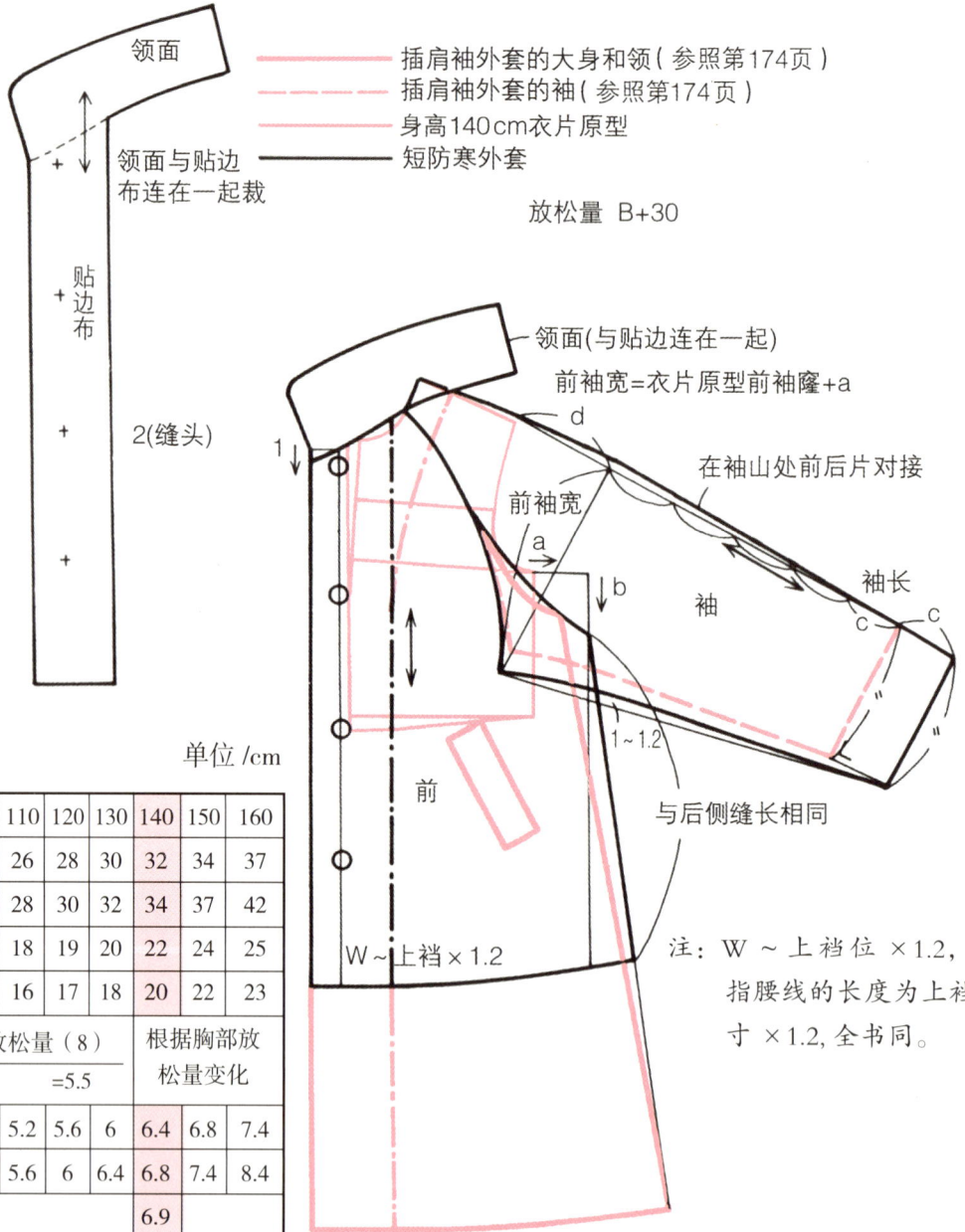

领面

领面与贴边布连在一起裁

贴边布

2(缝头)

―――――― 插肩袖外套的大身和领（参照第174页）

― ― ― ― 插肩袖外套的袖（参照第174页）

―――――― 身高140cm衣片原型

―――――― 短防寒外套

放松量 B+30

领面(与贴边连在一起)

前袖宽=衣片原型前袖窿+a

在袖山处前后片对接

前袖宽

袖

袖长

前

W~上裆×1.2

1~1.2

与后侧缝长相同

注：W ~ 上裆位 ×1.2，是指腰线的长度为上裆尺寸 ×1.2，全书同。

参考尺寸表

单位 /cm

1	身高		70	80	90	100	110	120	130	140	150	160
14	背长	男			22	24	26	28	30	32	34	37
		女		20	23	25	28	30	32	34	37	42
24	上裆	男	14	15	15	17	18	19	20	22	24	25
		女				16	16	17	18	20	22	23
a	胸部放松量（30）－原型胸部放松量（8） 　　　　　　　　4　　　　　　=5.5									根据胸部放松量变化		
b	背长／S	男	3.6	4	4.4	4.8	5.2	5.6	6	6.4	6.8	7.4
		女			4.6	5	5.6	6	6.4	6.8	7.4	8.4
c	（袖长 −d）× $\frac{1}{5}$									6.9		
d	袖山高 = 大身原型前后袖窿 ×0.3											

纸样的做法

与第174页的插肩袖外套基本相同。在此添加了不同部分的制图方法，请参考。

1 由于衣长刚好盖住臀部，以上裆尺寸为基准来确定。

2 根据布料厚度将胸部放松量定为30cm。

3 袖窿尺寸（b）定为 $\frac{背长}{5}$。

4 延长大身装领止点直到叠门止口，与领面装领线在大身领圈叠门止口和贴边线处对接，画纸样。（参照图示）领里与贴边连在一起裁剪。

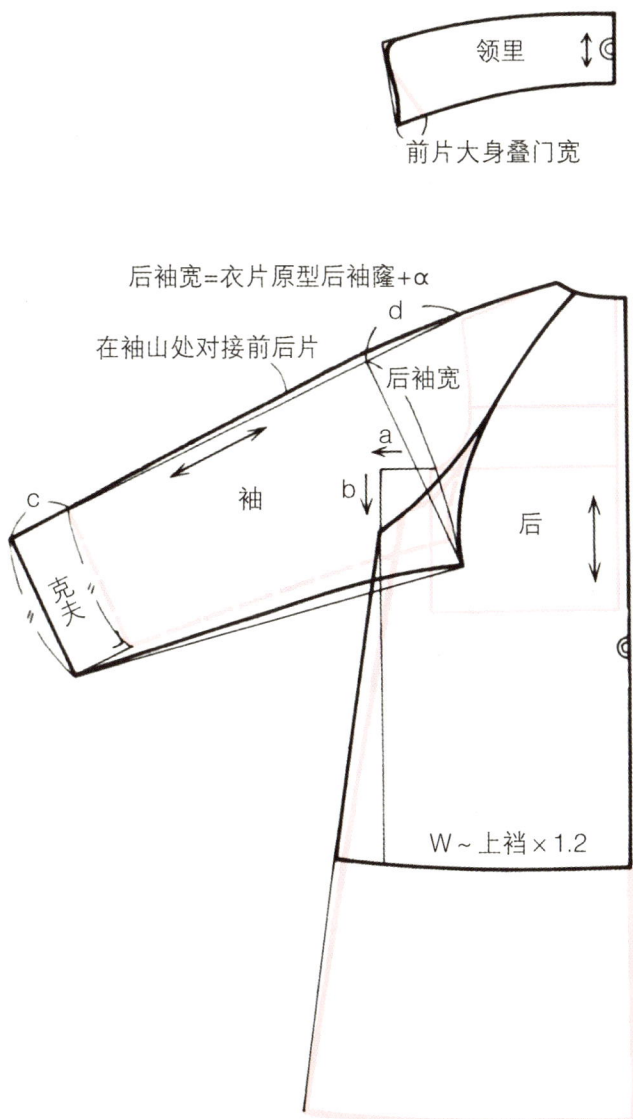

5 克夫与袖中线端点连在一起。

领里 ↕⊙

前片大身叠门宽

后袖宽=衣片原型后袖窿+α

在袖山处对接前后片

d

后袖宽

a

袖

b

后

c

克夫

W～上裆×1.2

放缝与裁剪方法

袖口里布1cm，为使面布包出缝头，面布3cm。装领面一侧放2～3cm。其他1.5～2cm。

缝制顺序和要领

1 做口袋

参照基础篇中箱型口袋的做法。

2 分别缝面布和里布

分别缝面布和里布的肩、袖底、侧缝、装袖。

3 装领

3-1 缝合与贴边布连在一起裁剪的领面后中心，劈开缝头。

3-2 将黏有黏合衬的领里正面朝里与衣片领圈对叠，装领。对缝头打刀眼。

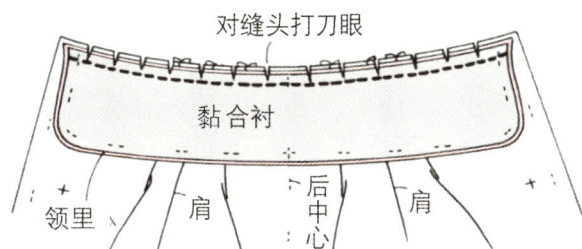

对缝头打刀眼

黏合衬

领里　肩　后中心　肩

3-3 劈开缝头，在领圈和装领一侧用边缝压住缝头。

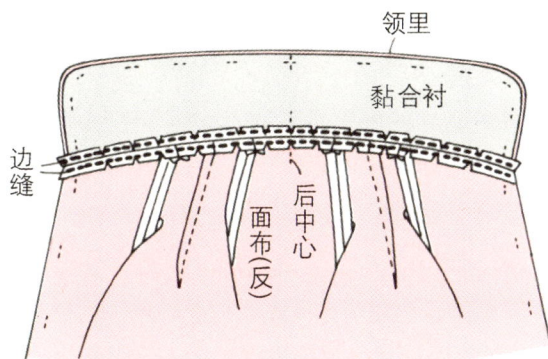

领里

黏合衬

边缝

后中心

面布（反）

3-4 从门襟叠门到领子外围、里襟叠门，连续缝合面布与贴边布。

4 装里布

4-1 缝合贴边布与里布，到领圈处为止，缝头倒向里布。

4-2 将面布和里布在侧缝线上从袖底到袖片20cm的位置到袖底到大身20cm的位置中间固定。

5　缝下摆

将面布与里布正面朝里在下摆处对叠，考虑到中间所加棉絮的厚度，在记号线向外 0.2 cm 处车缝，从领圈翻向正面。

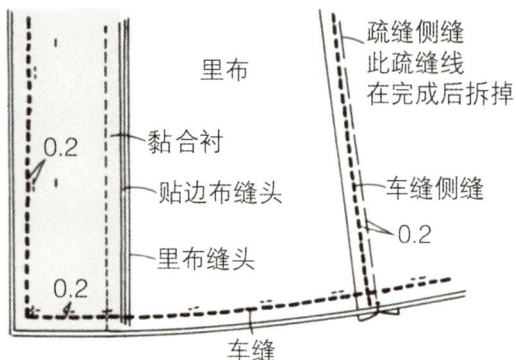

里布

疏缝侧缝
此疏缝线
在完成后拆掉

0.2

黏合衬

贴边布缝头

车缝侧缝
0.2

里布缝头

0.2

车缝

6　绱领圈

6-1　将里布的领圈记号线重叠在装领线缝道上，疏缝固定，在缝头弯曲的部分打刀眼。

6-2　其上再放置与贴边连在一起的领面，用大头针暂时固定，离开装领线记号 0.5 cm（根据中间所加棉絮的厚度进行调节），将缝头翻向反面并疏缝。

与贴边连在一起的领面

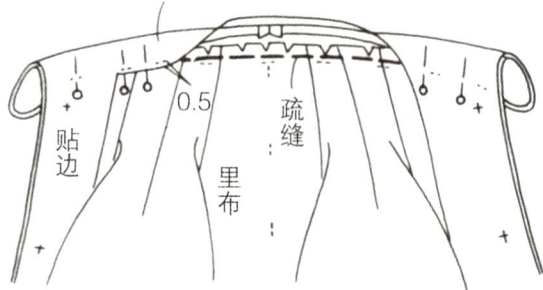

贴边

0.5

疏缝

里布

6-3　从衣片正面对装领线边缘进行漏落缝。

6-4　从叠门开始，对领子外围、下摆进行疏缝，注意不要使面布和里布产生错位，再缉 1 ~ 1.2 cm 宽的线。

6-5　在门襟挖平圆头锁眼的扣眼（参照基础篇），里襟装钮扣，装上圆扣子。

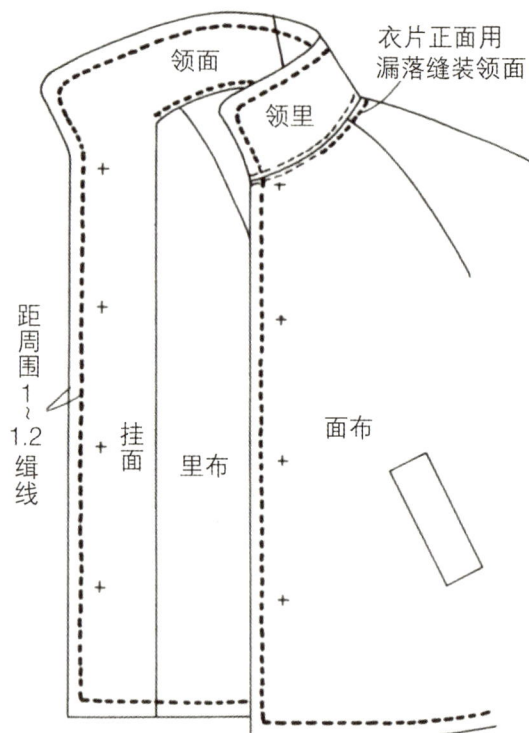

领面

衣片正面用
漏落缝装领面

领里

距周围 1~1.2 缉线

挂面

里布

面布

7　处理袖口

7-1　将包住缝头部分的棉絮取出。

7-2　将里布疏缝固定。

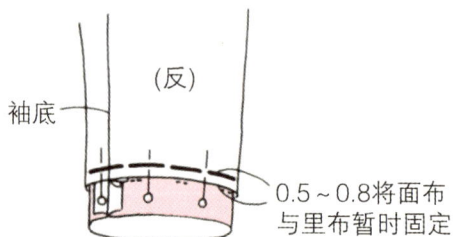

袖底

（反）

0.5 ~ 0.8 将面布
与里布暂时固定

7-3　将袖口翻折成 1.5 cm 宽，从反面缉 1 ~ 1.2 cm 宽的线。

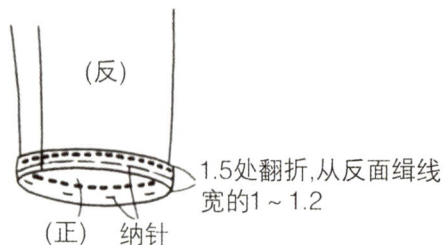

（反）

1.5 处翻折,从反面缉线
宽的1 ~ 1.2

（正）　纳针

少女紧身裤

身高 120 cm
放松量　W+6
x 为规定尺寸

用富有伸缩性的材料做成紧身裤最适合少女穿着。冬季用防寒材料、夏季用薄型材料做成的紧身裤，是爱运动的少女时代不可缺少的服装之一。可选择纵向有延伸性的材料，也可选择横向有延伸性的材料，还可选用纵向、横向都有延伸性的材料，根据所选材料的伸缩性，调节放松量来制作样板。当腰臀差为20 cm、腰部装松紧带还不能伸长到臀围尺寸时，可在侧缝或前中央做开口。同样，如脚踝位置很合体，穿脱时裤口与脚趾头及脚后跟裹得很紧时，也可在裤口位置做开口。

纸样的作法

参照第 46 页少年穿的裤子。

缝制方法

参照第 104 页的幼儿裤子。

使用有伸缩性的材料：

A 为 0~3 cm，根据纵向伸缩性变化；

B 为 0.9~1 cm，根据横向伸缩性变化。

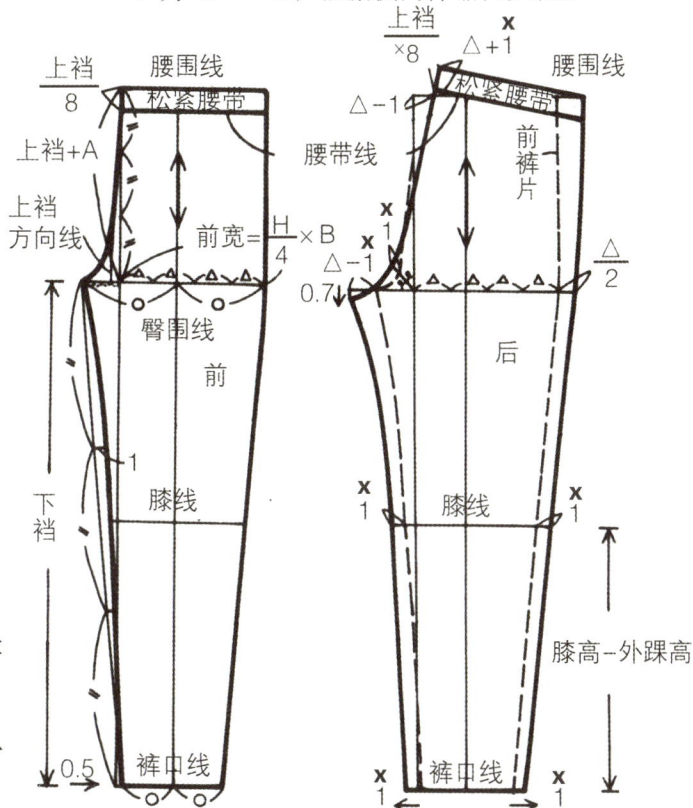

少女穿裤子、裙裤、紧身裤参考尺寸表　单位 /cm

1	身高	90	100	110	120	130	140	150	160
9	腰围	45	48	51	52	55	57	58	62
11	臀围	52	58	61	63	68	73	83	88
24	上裆	16	17	18	19	20	22	24	25
25	下裆	32	38	43	49	54	59	63	68
	膝长（膝高 - 外踝）	18	21	23	26	28	31	33	35
27	膝高（从膝盖到地面）	22	25	28	31	34	37	40	42
28	外踝高（从踝骨到地面）	4	4	5	5	6	6	7	7
21	大腿根围	30	32	34	37	40	43	48	51
22	小腿最大围	20	22	23	25	27	29	32	34
19	掌围 (a) 包含拇指	14	15	16	17	18	19	20	21
	腰带宽（上裆/8）上裆	2	2.1	2.3	2.4	2.5	2.8	3	3.1

幼儿短裤 A

纸样的做法

身高定为 100 cm，参照第 51 页少年穿裤子的画法，臀部放松量定为 6 cm，制图。

由于幼儿期的儿童从裤口小便的较多，前后片裤口尺寸与大腿根围有 8 ~ 12 cm 的差是必要的。不足此值时，可将纸样在前裤缝线和后裤缝线上剪开。

—— 身高 100 cm
放松量 H+6
x 为规定尺寸
△ 为 $\dfrac{前宽}{4}$

大腿根围较大的幼儿纸样的剪开方法

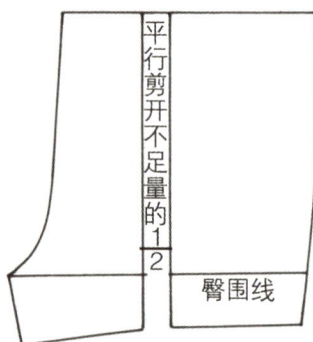

平行剪开不足量的 $\dfrac{1}{2}$

臀围线

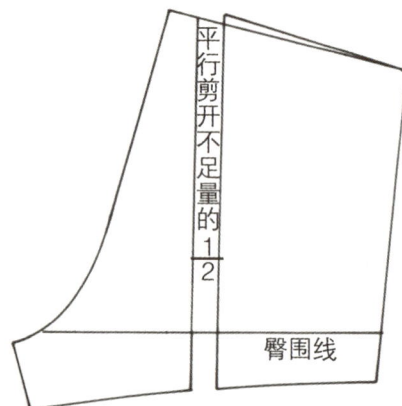

平行剪开不足量的 $\dfrac{1}{2}$

臀围线

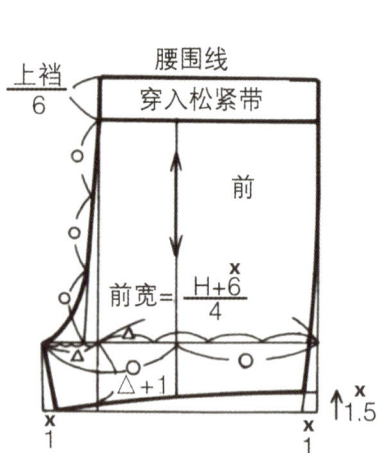

腰围线

上裆 $\dfrac{}{6}$

穿入松紧带

前

前宽 = $\dfrac{H+6}{4}$

△+1

x ↑1.5

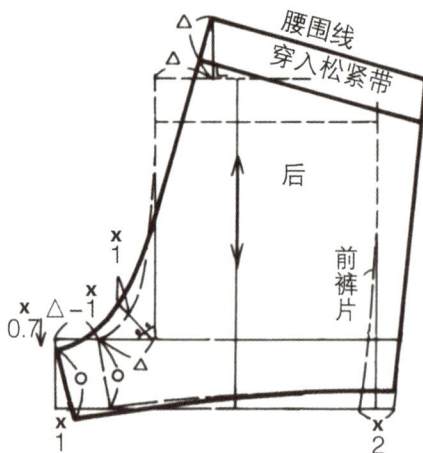

△

腰围线

穿入松紧带

后

前裤片

x1

x △−1

0.7

x1

x2

男孩尺寸 　　　　　　　单位 /cm

1	身高		80	90	100	110
8	（腹围）	幼	45			
10	腰围下胴围			45	48	52
11	臀围		47	52	58	61
24	上裆		15	15	16	16
19	掌围 (a)		13	14	15	16
21	大腿根围		27	31	31	33

放缝和裁剪方法

　　侧缝、上裆、下裆放 1.5 cm，裤口放 2.5 ~ 3 cm。由于腰部装松紧带，腰部放 4 cm 的缝头作为贴边量。

　　为了使腰部侧缝和下摆翻折后不会吊起，照图示那样裁剪。

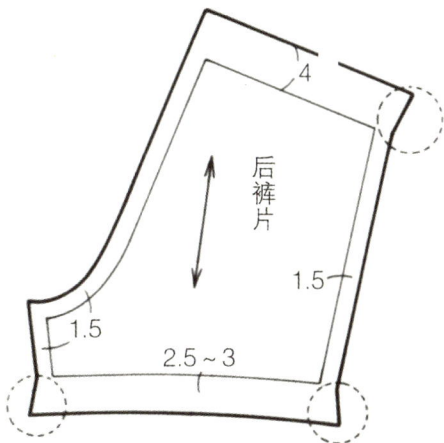

后裤片
4
1.5
1.5
2.5 ~ 3

缝制顺序和要领

1　缝上裆、下裆、侧缝

1-1　缝前片上裆，留出腰部到贴边部分穿松紧带的口。劈开缝头，对缝头锁边。

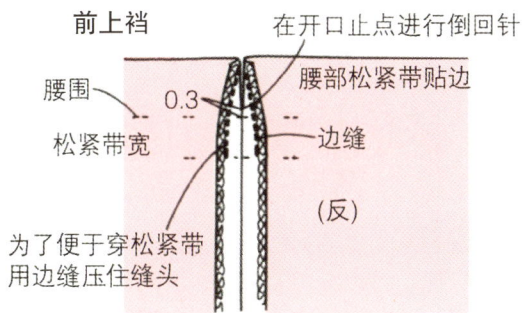

前上裆
在开口止点进行倒回针
腰围
0.3
松紧带宽
腰部松紧带贴边
边缝
（反）
为了便于穿松紧带用边缝压住缝头

1-2　缝后片上裆、下裆、两边侧缝、劈开缝头、对缝头锁边。

侧缝及后上裆

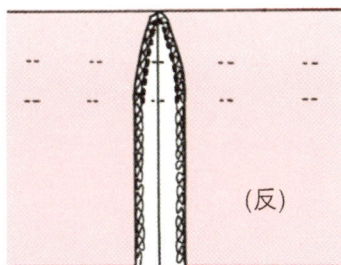

（反）

2　腰部装松紧带时

2-1　将腰部折三次，边缝。

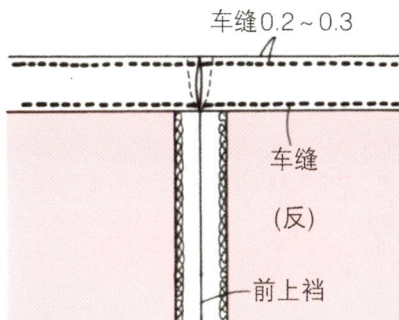

车缝 0.2 ~ 0.3
车缝
（反）
前上裆

2-2　穿松紧带。缝合松紧带头端，使其与腰围尺寸相同。将松紧带放入缝头中间。

穿入 1 条宽松紧带时

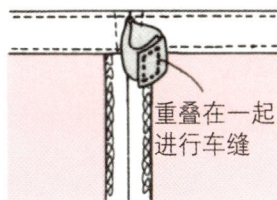

重叠在一起，进行车缝

穿入 2 条宽松紧带时

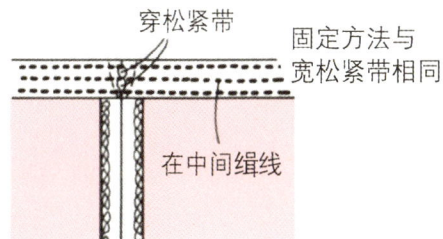

穿松紧带
固定方法与宽松紧带相同
在中间缉线

3　完成下摆

3-1　为使裤口贴边平整，用熨斗修整其形状，折三次，用线迹缝纫。

3-2　将盖布装在裆部缝道相重叠的部分，作为加固布。

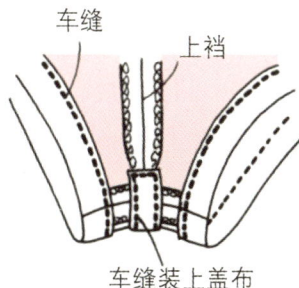

车缝
上裆
车缝装上盖布

幼儿短裤 B

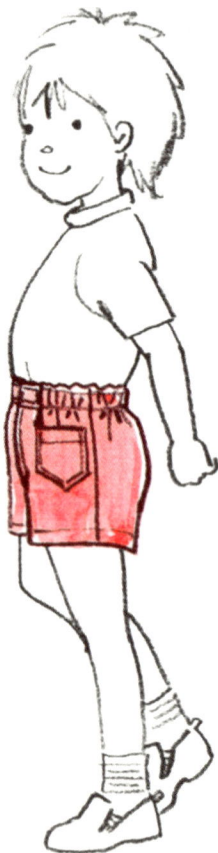

外形与幼儿穿的短裤 A 相同。由于这个时期的幼儿希望像大人一样穿前开口的裤子，因此，我们就为其制作一条简单的、开口位置装拉链的裤子。

纸样的作法

身高定为 100 cm，与幼儿短裤 A（参照第 182~183 页）相同地来制图。

前裤片

从裤缝线开始，在腰围线上标出 2 cm 作为褶裥量。在褶裥靠近侧缝一方装松紧带。

在裤缝线上从松紧腰带向下标出 2 cm，并标出袋口位置（掌围 + 2 cm），在纵线上量出相同的尺寸，画正方形。在口袋下方各挖 1.5 cm 的角，画口袋。

后裤片

后裤片使用基本型原样。根据腰部完成尺寸与腰围尺寸相同这一点来确定松紧带长度。参照第 182 页的尺寸表。

缝制顺序和要领

1 黏贴黏合衬

在前腰部分黏贴黏合衬直到贴边。对褶裥中央打刀眼，一直到腰围线。

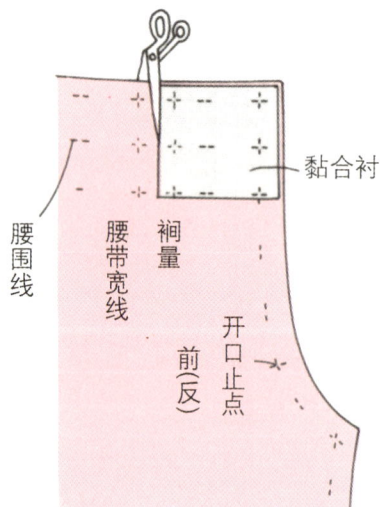

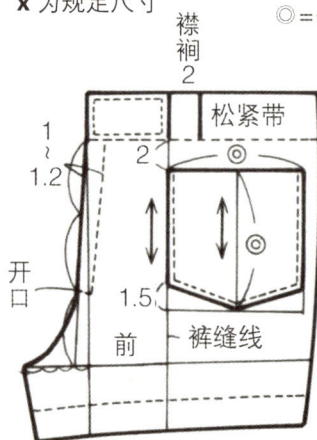

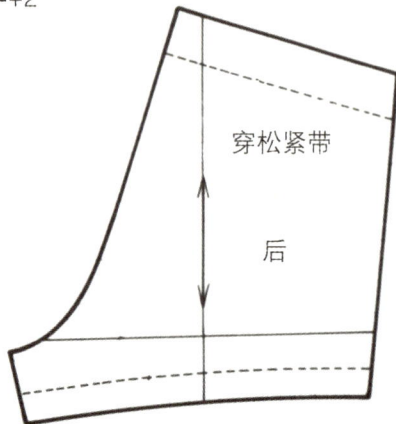

2 缝后片上档、侧缝

2-1 缝后片上档，缝头向左倒，用双线迹缝纫。

2-2 缝侧缝，缝头向后倒，用双线迹缝纫。

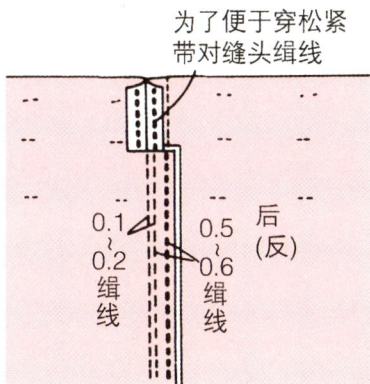

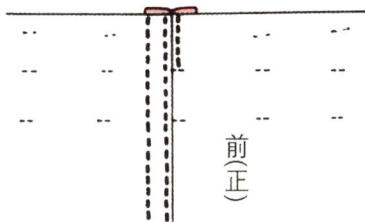

为了便于穿松紧带对缝头缉线

0.1~0.2 缉线

0.5~0.6 缉线

后（反）

前（正）

3 装拉链

3-1 缝上档，直到开口止点，劈开缝头。在前开口装拉链（参照第151页在裙片侧缝装拉链的方法）。

3-2 缝褶裥，一直缝到腰带线，缝头倒向中心。

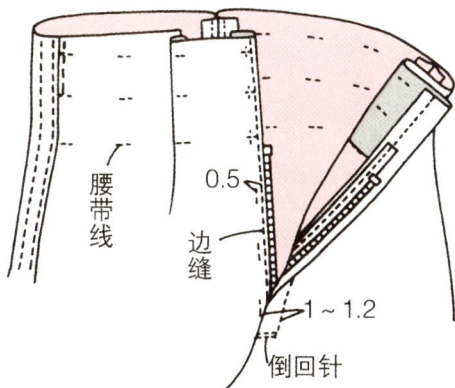

腰带线

0.5

边缝

1~1.2

倒回针

4 做口袋、装口袋

参照第189页少年穿长裤。

5 穿松紧带

5-1 将腰部折三次，并边缝。

5-2 穿松紧带，使其腰部完成尺寸与腰围尺寸相同，将松紧带边缘暂时固定在腰围线上，用前腰带包住松紧带边缘，缉线。

5-3 在前腰带周围进行边缝。

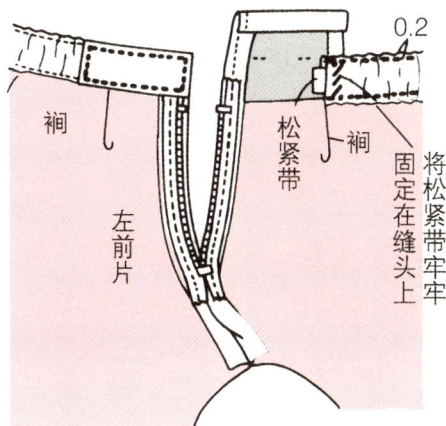

0.2

裆

左前片

松紧带

裆

将松紧带牢牢固定在缝头上

6 缝下摆

与第183页的幼儿短裤相同地进行缝纫。

7 完成

在前腰带处装裤钩。

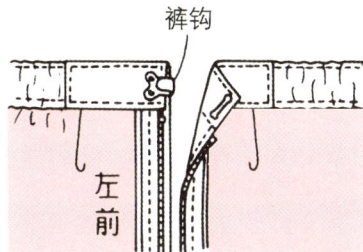

裤钩

左前

少年长裤

儿童腰围在饭前、饭后有 5 cm 的变化。因此在后腰装松紧带来调节腰围。根据儿童体形和成长中的个体差异来调节放松量大小。

对于材料，如用作日常装，可选用牛仔或丝光卡其等棉布，如用作活动服，可选用羊毛或羊毛、涤纶混纺的材料，如用作防寒，可选用灯芯绒或起毛的厚型棉材料。

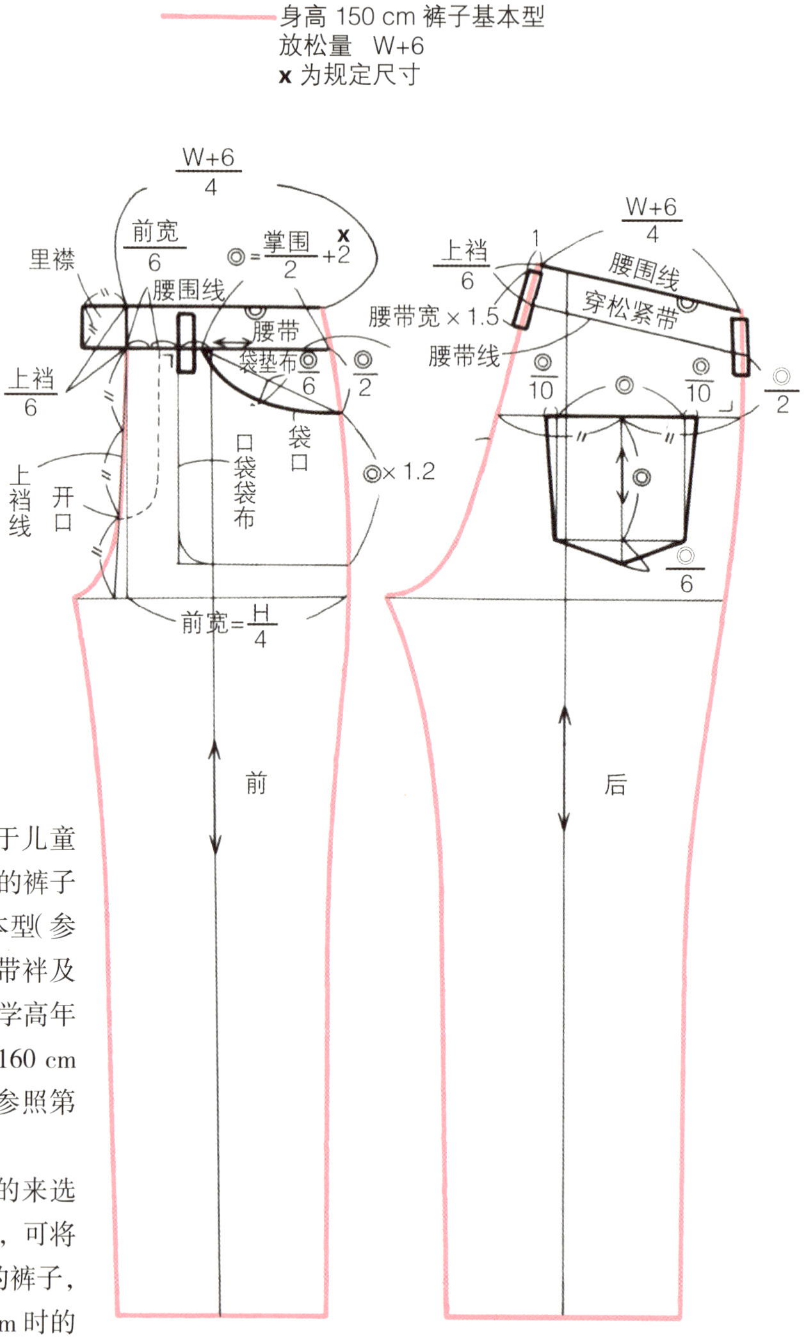

身高 150 cm 裤子基本型
放松量　W+6
x 为规定尺寸

长裤是少年一年中都必需的衣服。由于儿童体形存在个体差异，未必要使每一成长阶段的裤子都合体。这里制作了符合儿童尺寸的裤子基本型（参照第 45 页），还在此基础上对装口袋、皮带袢及前开口的作法进行了说明。虽将身高定为小学高年级中较多的 150 cm，制图时还参照了 90 ~ 160 cm 的少年用尺寸表中各部位的尺寸。尺寸表参照第 190 页。

前裤片和后裤片都装口袋，请根据目的来选用合适的口袋。如将其作为日常服穿的裤子，可将裤长做成刚好合适，如用作活动或外出时穿的裤子，为了使来年仍能继续使用，将身高增长 10 cm 时的下裆尺寸作为裤口缝头。

纸样的做法

画身高 150 cm 的少年穿的裤子基本型。

前裤片

1　从腰围线向下标出$\frac{上裆}{6}$，作为腰带宽，与腰围线平行地画腰带线。

2　在腰带线上从侧缝标出$\frac{掌围}{2}$ + 2 cm= ◎。

3　在侧缝线上从腰带线向下标出$\frac{◎}{2}$，与 2 中标出的点用直线连结，并挖进$\frac{◎}{6}$，画袋口。画口袋袋布。

4　标出前开口止点。画开口里襟宽（$\frac{前宽}{6}$），与前上裆线平行地画贴边宽（$\frac{前宽}{6}$）。

后裤片

1　从腰围线向下标出$\frac{上裆}{6}$，作为腰带宽，与腰围线平行地画腰带线。

2　画口袋。在侧缝线上标出腰带线向下$\frac{◎}{2}$，画水平线直到上裆线。在此线下方参照图示画口袋。

放缝和裁剪方法

上裆、下裆、侧缝 1.5 cm，下摆 3 ~ 4 cm、后片袋口 3 cm，其他 1 cm，前腰带里与腰带面连在一起裁剪。后腰带与裤片连在一起裁剪，成为腰带里的贴边量也在此连在一起裁剪。

对前开口里襟布和贴边布、及垫袋布和袋布照图示那样，放缝，裁剪。

里襟布(右裤片用)
面布·里布2片

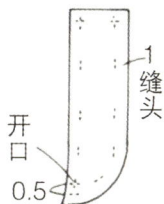

贴边布(左裤片用)
1片

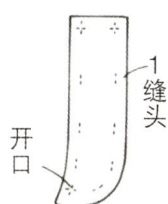

开口　缝头
0.5

开口　缝头

袋垫布
面布左右2片

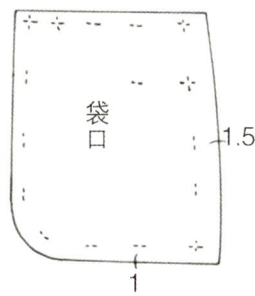

袋布
里布左右2片

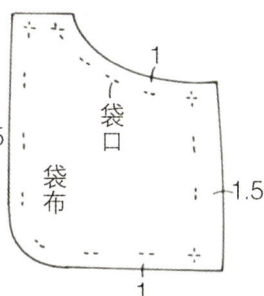

袋口

袋口　袋布

1.5

1.5

1

1

缝制顺序和要领

1　做侧缝处口袋

1-1　将袋布正面朝里与前裤片对叠，车缝袋口。退进一点缝袋布。将袋布比记号线向里 0.1 cm，裤片比记号线向外 0.1 cm，进行缝合。

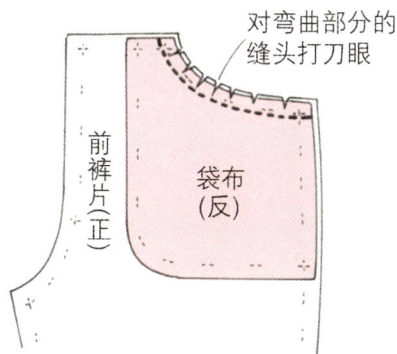

对弯曲部分的缝头打刀眼

前裤片(正)　袋布(反)

1-2　将袋布翻向前裤片反面，车缝袋口位置。

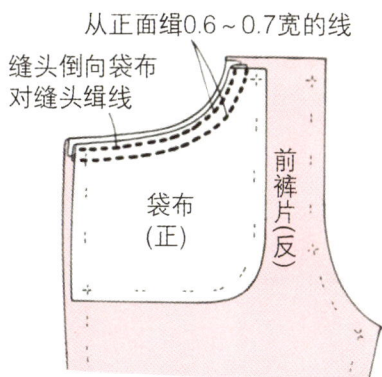

从正面缉0.6~0.7宽的线

缝头倒向袋布
对缝头缉线

袋布(正)　前裤片(反)

1-3　将垫袋布与袋布正面朝里对叠，缝合袋布周围。

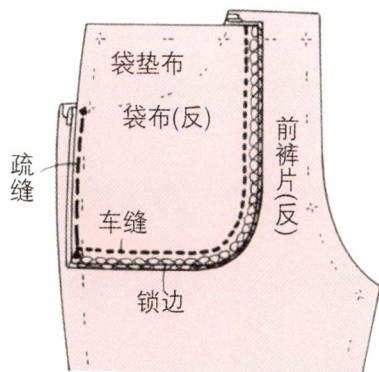

袋垫布　袋布(反)　前裤片(反)

疏缝　车缝　锁边

2　做前开口

2-1　正面朝里对叠里襟，照图那样，缝合周围。

2-2　在左裤片上装贴边布。

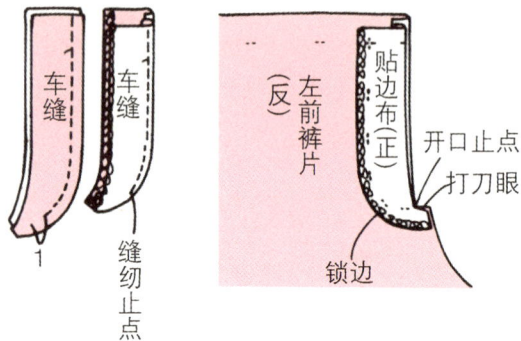

车缝　车缝

1

缝纫止点

贴边布（正）

左前裤片（反）

开口止点

打刀眼

锁边

2-3　缝合前片上裆，直到开口止点，劈开缝头。

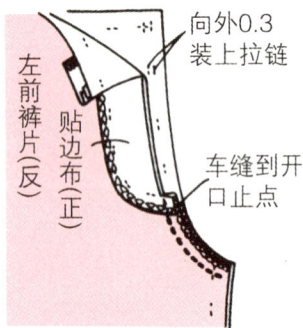

左前裤片（反）

贴边布（正）

向外0.3装上拉链

车缝到开口止点

2-4　在右裤片上裆装拉链。

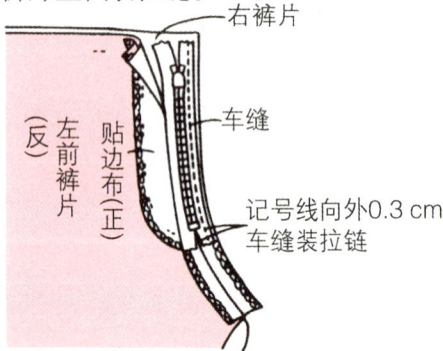

右裤片

车缝

左前裤片（反）

贴边布（正）

记号线向外0.3 cm车缝装拉链

2-5　拉链的缝头倒向反面，将里襟布重叠在拉链里面，并边缝。

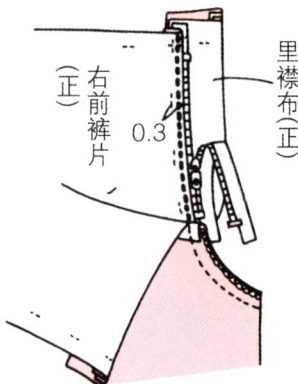

右前裤片（正）

0.3

里襟布（正）

2-6　拉上拉链，将左前裤片与右前裤片的完成线记号重叠，用大头针固定。

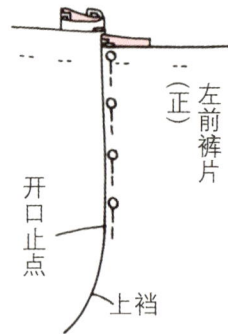

左前裤片（正）

开口止点

上裆

2-7　将拉链只车缝固定在贴边布上。

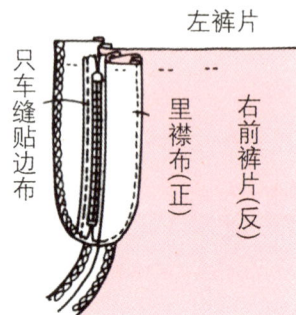

左裤片

只车缝贴边布

里襟布（正）

右前裤片（反）

2-8　从正面对贴边布进行车缝。

从反面看到的图

从正面对贴边布缉线

左前裤片（反）

里襟布（正）

从正面看到的图

不要缝到里襟

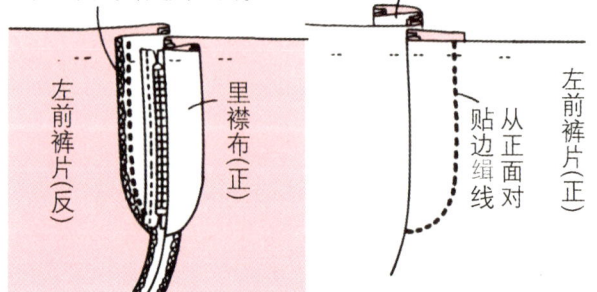

贴边布缉线

从正面对

左前裤片（正）

2-9　对开口止点处倒回针。

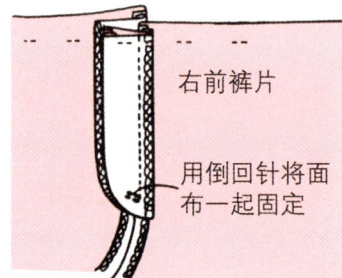

右前裤片

用倒回针将面布一起固定

188

3 做后开口、并装袋

3-1 在后袋口贴边黏贴黏合衬，进行三折缝。

3-2 将口袋周围从记号处翻向反面，用 0.5 ~ 0.7 cm 的缉线装口袋。

4 缝后片上裆

将后片上裆缝两次，劈开缝头，并锁边。为了便于穿松紧带，对穿松紧带部分的缝头进行边缝。参照第 183 页。

5 装前腰带

5-1 在前腰带反面全部黏贴黏合衬。

前中央　黏合衬　　　侧缝

5-2 将前裤片与腰带正面朝里对叠车缝。

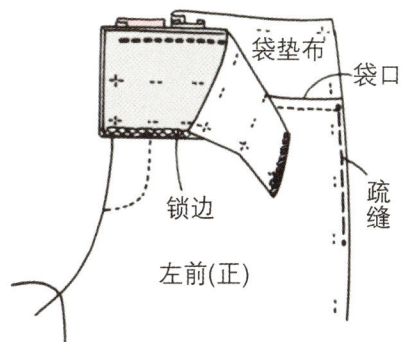

袋垫布
袋口
锁边
疏缝
左前(正)

5-3 缝侧缝，从腰围线一直到下摆，对缝头边缘锁边。对腰围线的缝头打刀眼，一直剪到侧缝处，腰围线以下的缝头向后倒，腰围线以上的缝头向前倒。对贴边边缘锁边。

5-4 从腰部将贴边向反面翻折。将后片贴边车缝固定在腰围线处。对后腰进行边缝。

5-5 在后腰处穿松紧带，对松紧带边缘加以固定。

5-6 用前腰带包住后腰带缝头，并疏缝前腰带。

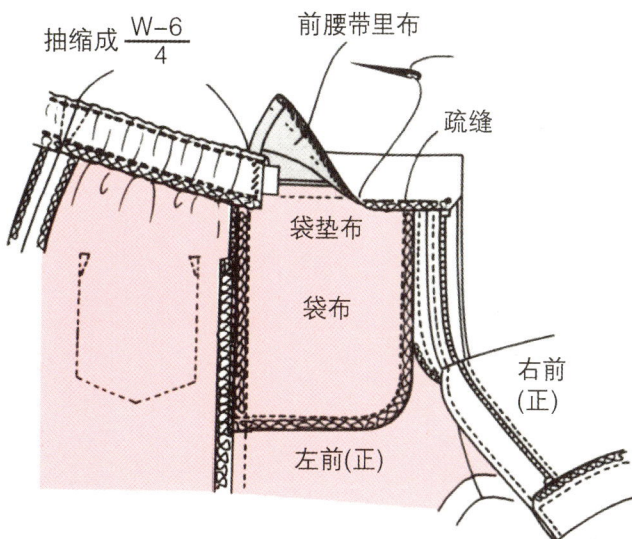

抽缩成 $\frac{W-6}{4}$　前腰带里布
疏缝
袋垫布
袋布
右前(正)
左前(正)

5-7 从正面对装前腰带边缘进行漏落缝，并对腰带边缘连续进行边缝。

(从正面看到的图)

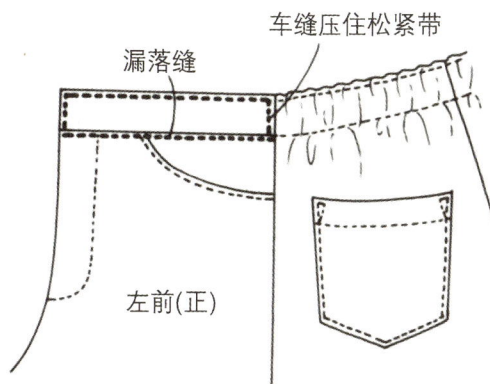

漏落缝　　车缝压住松紧带
左前(正)

(从反面看到的图)

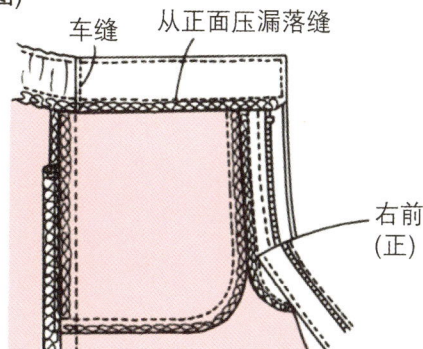

车缝　从正面压漏落缝
右前(正)

189

6　缝下裆

缝左右片下裆，缝两次，劈开缝头。对缝头边缘锁边。在裆部缝道相重叠的部分装上盖布作为加固布。参照第 183 页。

7　处理下摆

将下摆进行三折缝。

8　装皮带袢

照图示那样，做皮带袢，装皮带袢。

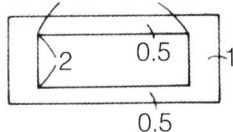

① 皮带袢长=腰带宽×1.5

2　0.5　1

0.5

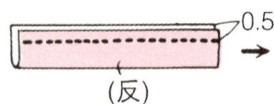

② 0.5

（反）

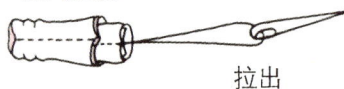

③ 劈开缝头
翻向正面

拉出

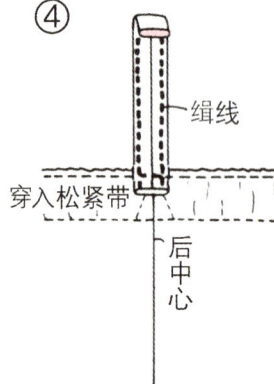

④ 缉线

穿入松紧带

后中心

⑤

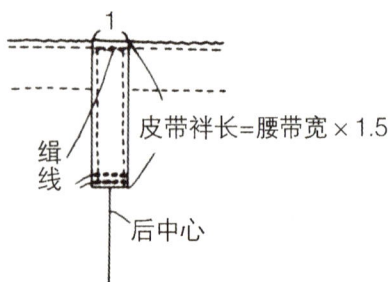

1

缉线

皮带袢长=腰带宽×1.5

后中心

9　完成

在腰带前中心装裤钩。

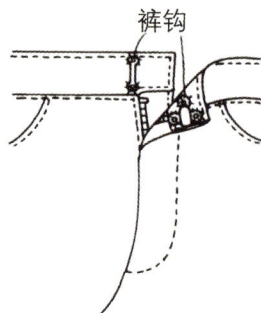

裤钩

少年穿裤子尺寸算出尺寸　　单位 /cm

		90	100	110	120	130	140	150	160
1	身高	90	100	110	120	130	140	150	160
10	腰围（W)(下胴围）	45	48	53	53	57	60	65	68
11	臀围	52	58	62	62	67	71	77	83
19'	掌围（b）	12	13	15	15	16	17	18	19
21	大腿根围	29	31	36	36	39	41	44	48
24	上裆	15	16	17	17	18	20	22	23
25	下裆	32	38	49	49	54	59	63	68
	袋口 ◎ $=\frac{掌围}{2}+\frac{×}{2}$	8	8.5	9.5	9.5	10	10.5	11	11.5
	腰带宽 $=\frac{上裆}{6}$	2.5	2.6	2.7	2.8	3	3.3	3.6	3.8
	前腰带长 $=\frac{W+4}{4}$	12.3	13	14.3	14.3	15.3	16	17.3	18

长裤身高 150 cm
短裤身高 120 cm

少年短裤

纸样的作法

画身高 120 cm 的少年穿短裤的基本型。

前裤片

1 在腰围线上标出 $\dfrac{W+8}{4}$，画侧缝。

2 从腰围线向下标出 $\dfrac{上裆}{6}$，作为腰带宽，与腰围线平行地画腰带线。

3 在前上裆线上标出从腰带下端到臀围距离的 2/3，作为开口止点，并画 $\dfrac{前宽}{6}$ 作为开口贴边宽。

4 在腰带线上，从侧缝向内侧标出 $\dfrac{手掌围}{2}+2$（◎），在侧缝线上从腰部向下标出 $\dfrac{◎}{2}$，用斜线连接这两点，挖进 $\dfrac{◎}{6}$，作为袋口。参照图示，画袋布、皮带袢。

后裤片

1 在腰围线上标出 $\dfrac{W+8}{4}$，重新画侧线。

2 从腰围线开始向下标出前腰带宽，与腰围线平行地画腰带线。画皮带袢。

放缝和裁剪方法

前腰带面和里连在一起裁剪。

上裆、下裆、侧缝 1.5 cm、对于后腰处放腰带宽 + 1 cm，作为贴边量，下摆 3 ~ 4 cm，其他 1 cm。前开口贴边布、里襟布、口袋袋布与第 187 页的图示相同。

缝制顺序和要领

与少年穿长裤同样地进行车缝。(参照第 186 ~ 190 页)

将下摆缝头向反面翻折，用熨斗对弯曲部分的缝头边缘进行拉伸，使缝头宽度相同、并锁边。疏缝缝道边缘，从正面进行车缝。

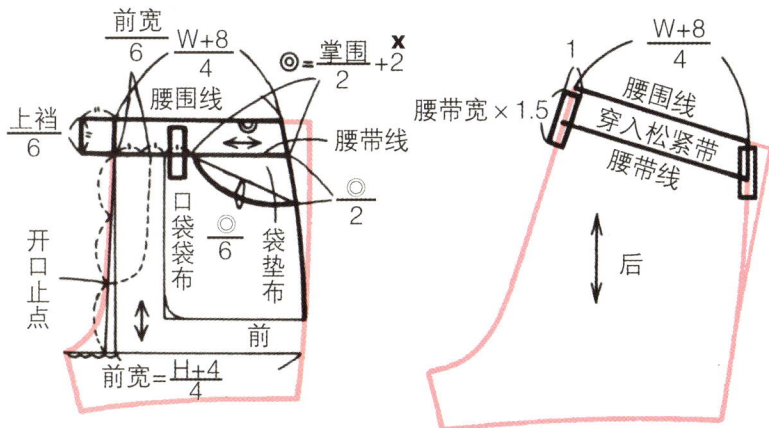

身高 120 cm 短裤基本型
放松量　W+8
　　　　H+4
x 为规定尺寸

191

裙裤 A（幼儿）

裙裤在法语中是短裤、有裆的裙子之意。中心有褶裥，看上去是裙子，但由于有裆，又像裤子一样便于活动。

A 适合幼儿期的儿童穿着，在腰部装一条松紧带，穿着方便。当腰臀差超过 10 cm 时，就可象 B 那样做上开口，穿脱便利、外形也漂亮。

A 和 B 都将前中心做成褶裥，便于活动。基本型的制图请参照第 53 ~ 55 页。

少女穿裤子·裙裤·紧身裤参考尺寸表 单位 /cm

		90	100	110	120	130	140	150	160
1	身高	90	100	110	120	130	140	150	160
9	腰围	45	48	51	52	55	57	58	62
11	臀围	52	58	61	63	68	73	83	88
24	上裆	16	17	18	19	20	22	24	25
25	下裆	32	38	43	49	54	59	63	68
27	膝长（膝高 − 外踝高）	18	21	23	26	28	31	33	35
27	膝高（从膝盖到地面）	22	25	28	31	34	37	40	42
28	外踝高（从踝骨到地面）	4	4	5	5	6	6	7	7
21	大腿根围	30	32	34	37	40	43	48	51
22	小腿根围	20	22	23	25	27	29	32	34
19	掌围 (a) 包含拇指	14	15	16	17	18	19	20	21
	腰带宽（$\frac{上裆}{8}$）	2	2.1	2.3	2.4	2.5	2.8	3	3.1

A 的纸样做法

身高定为 90 cm 进行制图。照图示，剪开褶量。

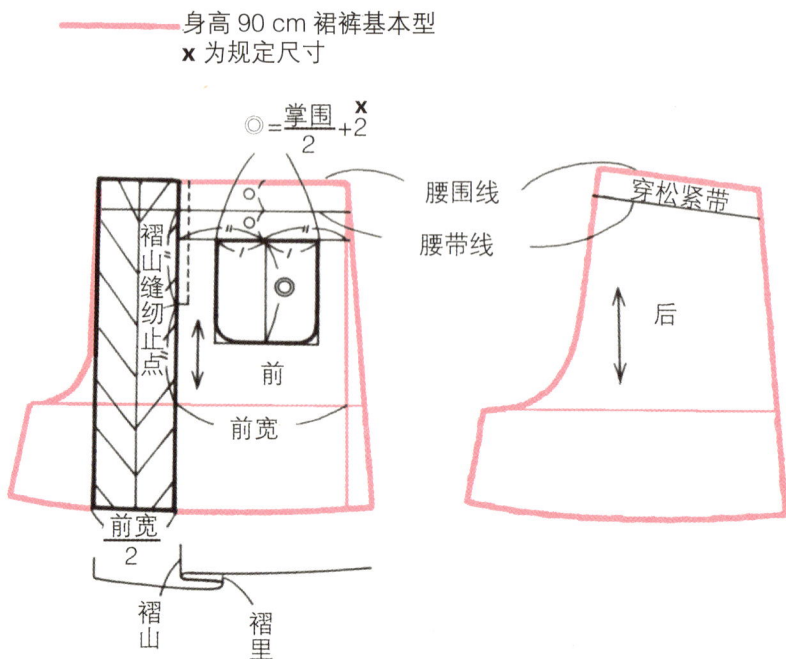

身高 90 cm 裙裤基本型
x 为规定尺寸

$$◎=\frac{掌围}{2}+\overset{x}{2}$$

腰围线
腰带线
穿松紧带
褶山缝纫止点
前
前宽
后
前宽 / 2
褶山
褶里

放缝和裁剪方法

腰部放缝：腰带宽 + 1 cm 的缝头，作为腰带贴边量，袋口、下摆 4 cm，其他放 1.5 cm 的缝头。

缝制顺序和要领

1 装口袋

在口袋贴边黏贴黏合衬、进行三折缝。口袋周围参照第 106 页中婴儿套装口袋的缝法，将口袋底部做成圆形，在装口袋位置的反面放上加固布，缉 0.5 ~ 0.7 cm 宽的线。

2 缝下裆

缝合前后片下裆，劈开缝头，并对缝头锁边。

3 缝侧缝

缝侧缝，劈开缝头，并对缝头锁边。

4 缝上裆

缝上裆，留出后面穿松紧带的口，缝合前后片，劈开缝头，对缝头锁边。穿松紧带口的处理方法请参照第 183 页婴儿短裤 A。

5 处理下摆

将下摆折三次，分别为 1 cm 和 3 cm 宽，车缝。

6 折叠褶裥

6-1 缝合前中心褶裥的褶山，直到车缝止点，剪掉与贴边重叠的褶里部分。

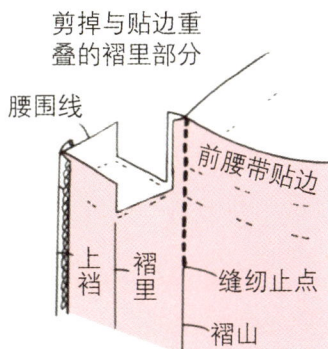

6-2 从车缝止点开始，将褶山和褶里熨烫牢固。

6-3 车缝固定腰带部分的褶里缝头。

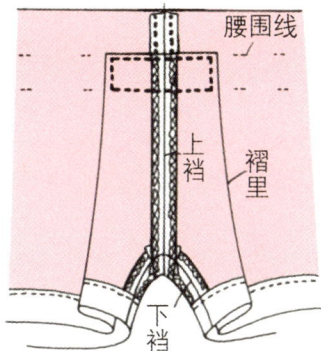

6-4 在褶山缉 0.5 ~ 0.7 cm 宽的线，直到车缝止点。对贴边边缘锁边。

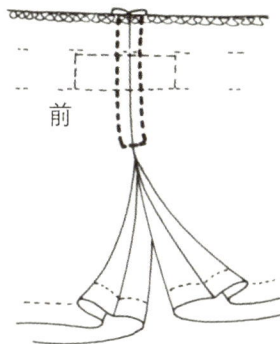

7 在腰部穿松紧带

将腰部折两次，车缝、穿松紧带。参照第 183 页幼儿短裤 A 的缝纫方法。

裙裤 B（少女）

身高150cm
裙裤基本型

—— 前
- - - 后

前宽 $\frac{H+4}{4}-22$

前宽
10

上裆
8

与前宽尺寸相同

○ -1   ○ -1

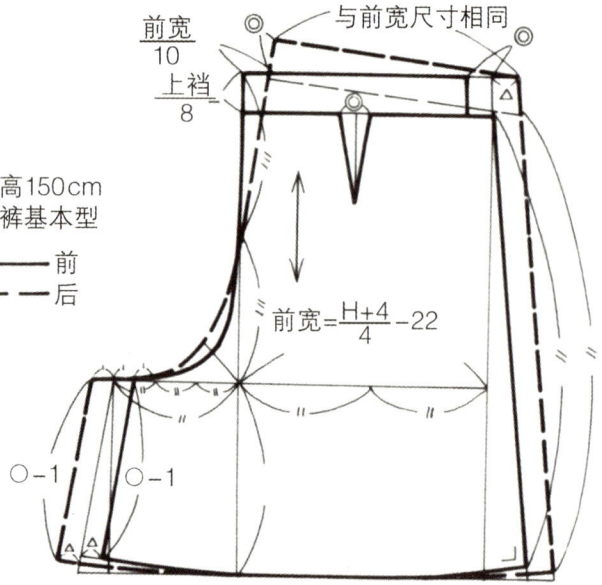

B 的纸样的作法

画基本型。前片：在腰围线上重新测量腰带长，画腰带的侧缝线。在腰带线上标出腰带长 + 省道量，重新画侧缝线。重新测量侧缝长，重新画下摆线。剪开褶山。在前中心线平行地剪开 $\frac{前宽}{6}$，作为裥量。

后片：在腰围线上标出腰带长，并在这点垂直地重新画腰带的侧缝线。从这条线与腰带线的交点向下重新测量侧缝长，画侧缝线，并重新画下摆线。

画口袋。在腰带的左侧缝画里襟。

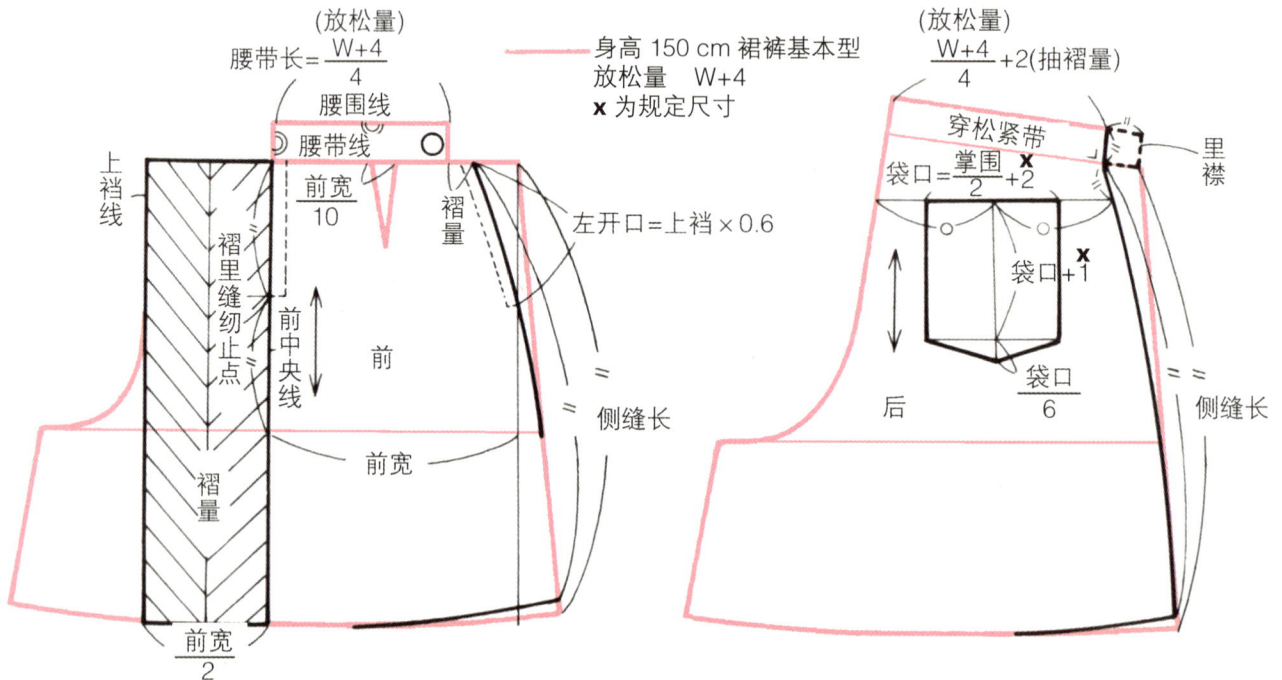

（放松量）
腰带长 $=\frac{W+4}{4}$
腰围线
腰带线

—— 身高 150 cm 裙裤基本型
放松量　W+4
x 为规定尺寸

上裆线

褶里缝纫止点

前宽
10

前中央线

前

褶量

褶量

前宽
2

前宽

左开口=上裆×0.6

侧缝长

（放松量）
$\frac{W+4}{4}+2$（抽褶量）

穿松紧带

里襟

袋口 $\frac{掌围}{2}+2$ **x**

袋口+1 **x**

后

$\frac{袋口}{6}$

侧缝长

放缝和裁剪方法

前腰 1.5 cm，前腰带周围 1 cm，其他与第 193 页的裙裤 A 相同。

缝制顺序和要领

1　缝省道

缝前片省道，缝头倒向中央。

2　装口袋

参照第 189 页。

3　缝下裆、上裆

与 A 相同地进行缝合，缝合后片上裆时，不必留出穿松紧带的口。

4　缝褶裥

缝前中心褶裥的褶山，用熨斗熨烫褶山和褶里，从正面缉 1 cm 宽的线对褶山和上裆加以固定。

5　缝腰和侧缝

5–1　在左侧缝的后腰装里襟布，劈开缝头。

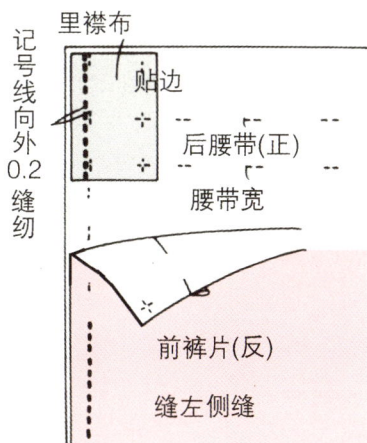

5–2　在前腰装上黏有黏合衬的腰带。

5–3　从裤片到腰带对右侧缝进行连续缝合，缝头向前倒，并对缝头锁边。

5–4　缝合左侧缝，直到开口止点，分别对前后片缝头锁边。装拉链。按照第 155 页半窄裙 A 中装拉链的方法。对后腰贴边边缘锁边。

5–5　为使腰部整体尺寸与腰围尺寸相符，测出松紧带长，将松紧带疏缝在后腰带位置，并将松紧带头端牢牢固定在两侧缝的缝头位置。

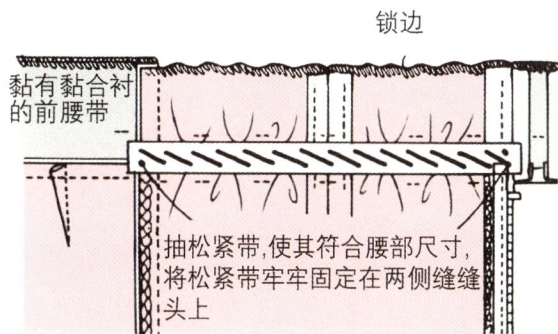

5–6　将后腰贴边从腰部向反面翻折，并疏缝。从正面对装腰带缝道边缘进行漏落缝，腰带周围进行边缝。

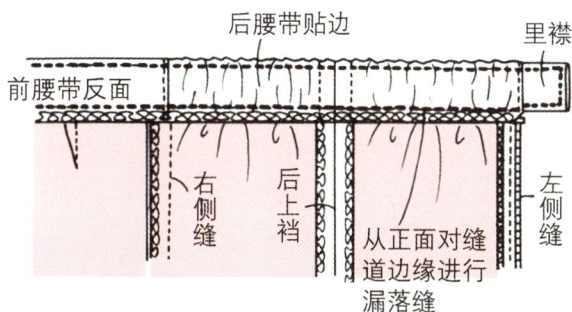

6　处理下摆

将下摆折三次，缉线。

7　完成

7–1　将褶山和褶里熨烫牢固。

7–2　在前腰左侧挖平头锁眼的扣眼，在后腰里襟装钮扣。

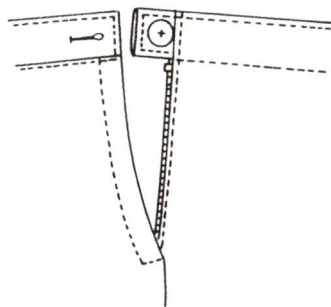

睡衣 A（男女兼用）

A 是男女兼用的宽松型睡衣。

B 是少女穿的长上衣和裤口装松紧带的裤子的组合。A 与 B 都将上衣和裤子做成宽松型，肩宽也做的较大，这样便于穿着。

A 款用作少女穿着时，使用 B 中裤子的制图方法。根据季节，可将袖长定为 3 分袖、5 分袖、7 分袖、长袖等。

选择材料时，夏季可选透气性好的棉布，秋冬季节可选皮埃拉法兰绒或棉卡其，寒冷地区可选用起毛粗呢等经过起毛加工的针织面料，既暖和又舒适。

睡衣 A 的纸样作法

参照第 198 页的尺寸表和算出的尺寸表。

前衣片

1. 画大身原型，在胸围线上放出胸部放松量的调整量（3.5 cm），画侧缝基准线。放出肩宽宽松量 1 cm，并与侧缝线上胸围线向下 1 cm 的点用曲线连结，重新画袖窿线。

—— 身高 120 cm 衣片原型袖
  放松量　B+22
  x 为规定尺寸

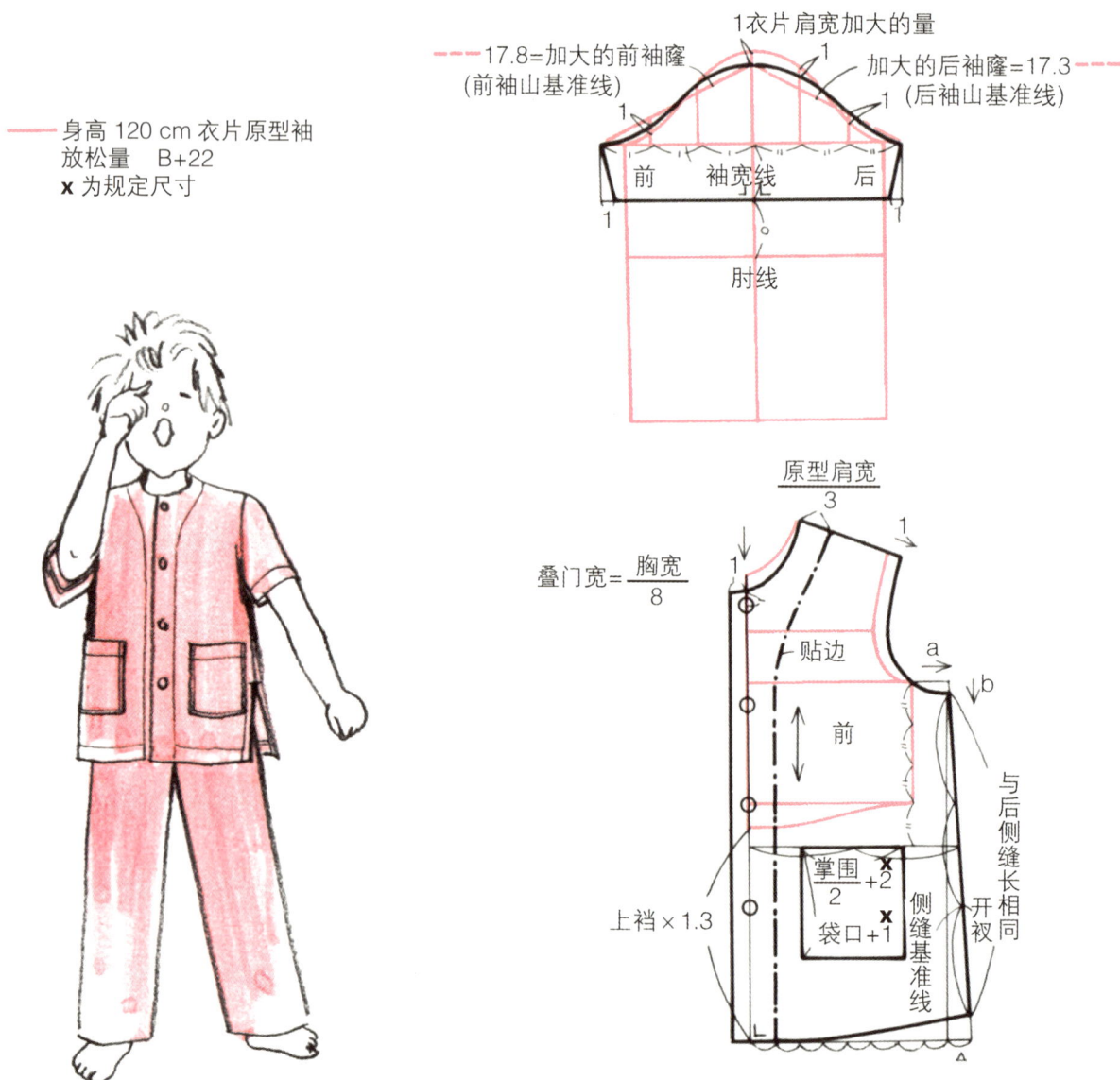

196

2　从腰围线向下标出上裆×1.3，作为上衣长。从此点画直角线，与侧缝线的延长线相连，画下摆线。在侧缝将下摆线延长，延长量为下摆宽的1/8，重新画侧缝线。

3　将领圈中心下降1 cm，重新画领圈。标出叠门宽，画叠门止口线。

4　在肩线上从颈点标出 $\frac{原型肩宽}{3}$，作为贴边宽，在下摆处从中心标出下 $\frac{下摆宽}{8}$，与叠门平行地画贴边线。与这条线相连续地画领圈贴边线。

5　画口袋

后衣片

1　与前片大身相同地画肩线、袖窿线、侧缝线、下摆线。在重新画的侧缝线上标出侧缝基准线长，用曲线重新画下摆线。在前片大身2中画的前侧缝线上标出后侧缝基准线长，并从此点向前中央方向重新画下摆线。

2　在侧缝线上从下端向上标出1/3处，作为开衩止点。同样，在前侧缝线上标出开衩止点。

袖

1　参照第24页袖原型的画法画袖原型。分别测量挖大了的、重新画的前后袖窿，修正袖原型。

2　从袖原型的袖山点向下标出在大身中加大的肩宽量1 cm，并从此点向前袖宽线的延长线方向标出前袖窿尺寸，在后袖宽线的延长线上取后袖窿尺寸，画前后袖山基准线。参照图示，画袖山线。

3　确定袖长，画袖口线。

4　在袖口线上将袖底收进0.5～1 cm，重新画袖底线。

裤片

参照第46页裤子的画法画裤片。由于身高不同，上裆和下裆尺寸也不同，男女存在差异，先把两者确定好，再制图。确定上裆尺寸时，要考虑使其具有放松量，再参照算出的尺寸表来决定。

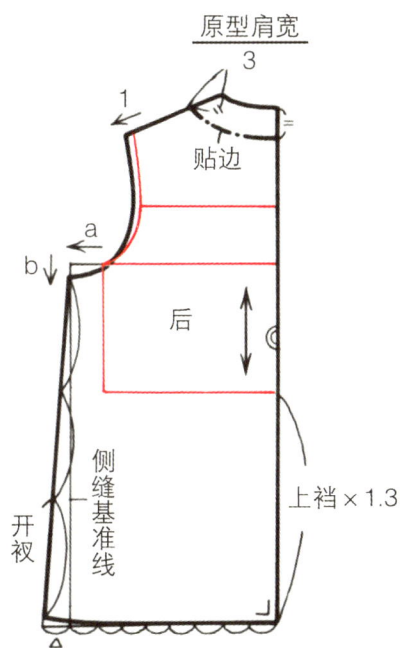

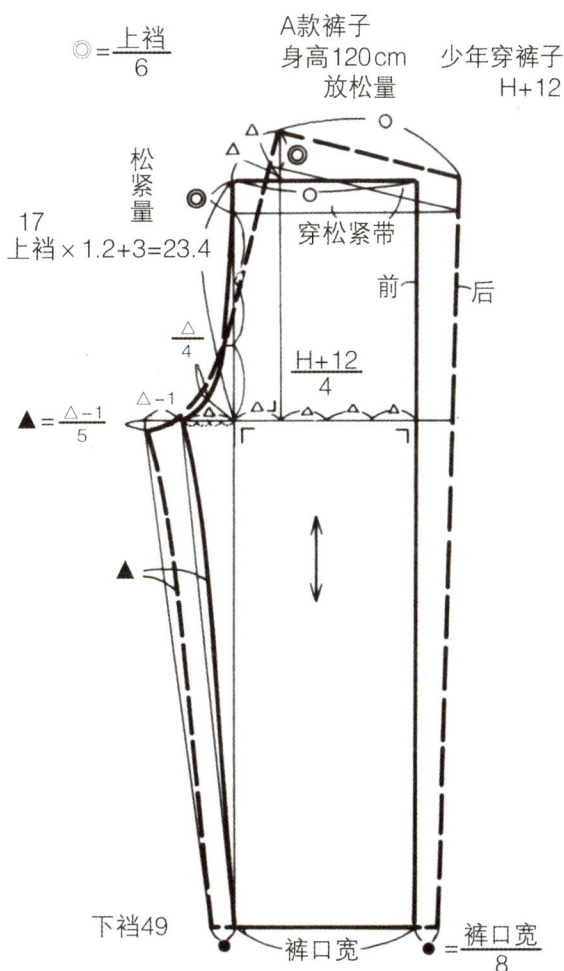

做睡衣的必要尺寸表 单位 /cm

	项目	性别	60	70	80	90	100	110	120	130	140	150	160
1	身高		60	70	80	90	100	110	120	130	140	150	160
5	胸围	乳儿	42	45	48	50	54				68	74	80
				45	48	48	52	56	60	64			
7	胸围	男									70	76	83
9	腰围	乳幼女	40	42	45	47					57	58	62
							45	48	51	52	55		
10	下胴围	男					45	48	52	53	57	65	68
											60		
11	臀围	女		41	44	47	52	58	61	63	73	83	88
		男								62	67	71	77	83
13	肩宽		6.1	6.8	7.5	8.2	8.5	8.9	9.6	10.3	11	11.7	12.4
14	背长	女	(16)	(18)	20	22	24	26	28	30	32	34	37
		男				23	25	28	30	32	34	37	42
16	袖长	女		18	21	25	28	31	35	38	41	45	48	52
		男									42	46	49	52
19	掌围	女		11	12	13	14	15	16	17	18	19	20	21
		男									19	20	21	22
24	上裆	乳儿	(13)	14	15	16					22	24	25
		女				(15)	17	18	19	20			
		男					16	16	17	18	20	22	23
25	下裆		(17)	22	27	32	38	43	49	54	59	63	68
26	腰高	女		39	45	52	59	66	73	80	87	94	100
		男					58	64	71	78	85	92	98
27	膝高	女		17	19	22	25	28	31	34	37	40	42
		男											43
28	外踝高		3	3	4	4	5	5	6	6	7	7

( )内为推算尺寸

睡衣尺寸算法 单位 /cm

身高			120
a(胸部放松量的调整)		胸部放松量 (22)– 原型胸部放松量 (8) / 4	3.5
b(袖窿调整量)		根据身高 , 款式 , 变化	1
袖原型的袖山高	女	大身原型前后袖窿 ×1.3	8.9
	男		9.3
前袖窿	女	大身胸部放松量定为 22 cm, 侧缝处下降 1 cm 的袖窿	17.1
	男		17.8
后袖窿	女		16.8
	男		17.3
上衣长（上下分开式睡衣）	女	从腰围开始上裆 ×0.3	25
	男		22
上衣长 (少女穿睡衣)	女	从腰围开始的胴高 $-\dfrac{膝高}{2}$	57.5
叠门宽		$\dfrac{胸宽}{8}$	1.6
裤子上裆	女	上裆 ×1.2 + 3	25.8
	男		23.4

放缝和裁剪方法

上衣的肩、侧缝、袖窿、袖山、袖底 1.5 cm，对于侧缝，距开衩 3 cm 以上 1.5 cm，从此点到下摆为 3 cm。下摆、袖口、袋口 3.5 cm，前贴边与大身连在一起裁剪。口袋周围、贴边布周围放 1 cm。裤腰放 4 cm，侧缝、上裆 1.5 cm，下摆 3 cm。

准备好贴边、袋口要用的黏合衬。

缝制顺序和要领

1 黏贴黏合衬

在袋口、前叠门贴边、后领圈贴边黏贴黏合衬。

2 装口袋

对袋口进行三折缝，对其周围进行翻折，缉 0.5 ~ 0.7 cm 宽的线装在大身相应位置。

3 缝衣片

缝合前后片肩部、缝头向后倒（女孩向前倒），对缝头锁边。缝合前后片侧缝直到开衩位置，劈开缝头，对缝头锁边。缝开衩部分的下摆。

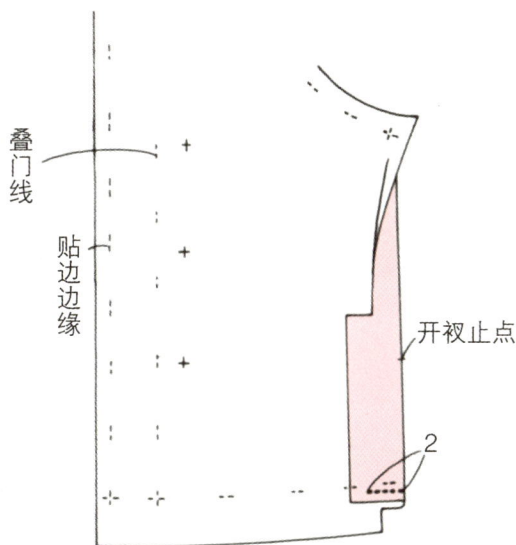

叠门线

贴边边缘

开衩止点

2

4 装贴边

4-1 缝合前叠门贴边与后领圈贴边布的肩，劈开缝头，将缝头剪成 0.7 ~ 1 cm 宽。

4-2 将贴边与衣片正面朝里对叠，在领圈黏贴 0.8 ~ 1 cm 宽的防止拉伸的黏合带，缝领圈。

4-3 对弯曲部分的缝头细密地打刀眼，翻向正面，熨烫。

4-4 同样将叠门下摆正面朝里对叠，缝合面布与贴边，翻向正面。

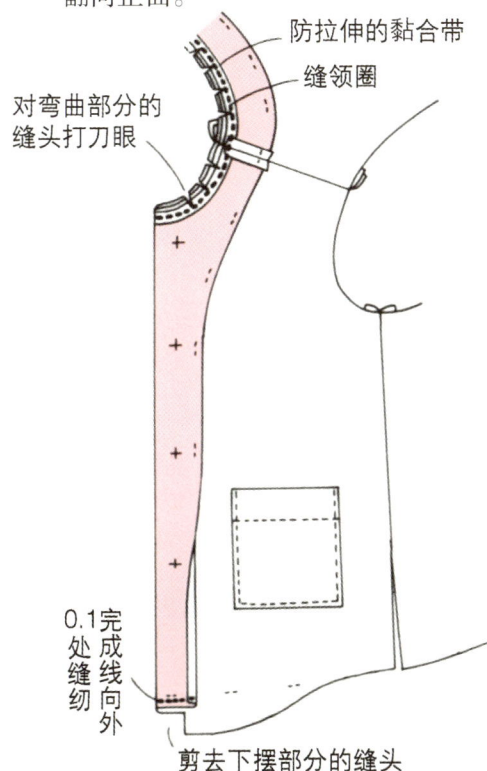

防拉伸的黏合带

缝领圈

对弯曲部分的缝头打刀眼

0.1 处缝纫

完成线向外

剪去下摆部分的缝头

5 缝袖

5-1 缝袖底，缝头倒向与大身相反的一侧，对缝头锁边。

5-2 对袖口进行三折缝。

6 装袖

6-1 将袖山抽成大身袖窿尺寸，并与大身袖窿正面朝里对叠。将袖的袖山点和袖底点用大头针分别与大身肩点和侧缝相固定，疏缝后进行车缝。

6-2 缝头倒向袖片，将袖山处的缝头修齐成 1.3 ~ 1.5 cm，袖底处的缝头修齐成 1 cm，对缝头锁边。

7 完成

7-1 将下摆到开衩贴边的缝头折三次，缉线。

7-2 对折贴边边缘的缝头，车缝固定在大身上。

7-3 在门襟上平圆挖锁眼的扣眼，里襟上装钮扣。参照基础篇。

裤片

1 缝上裆、侧缝、下裆

1-1 缝合左右片上裆、缝头在前片向左倒，后片向右倒，对缝头锁边。腰部穿松紧带部分的缝法参照第 183 页幼儿短裤 A。
男孩有必要做前开口时，请参照第 122 页。

1-2 缝合前后片侧缝，缝头向后倒（女孩向前倒）。为便于穿松紧带，对腰部缝头缉线。

1-3 缝合前后片下裆。缝头向后倒（女孩向前倒），对缝头锁边。像第 183 页 3-2 那样，在裆部缝头装盖布。

2 处理下摆

对下摆进行三折缝。

3 完成

将腰部折三次，缉线，参照第 183 页穿松紧带。

睡衣 B

身高 120 cm 衣片原型·袖原型
放松量　B+22
x 为规定尺寸

120cm 女孩袖原型

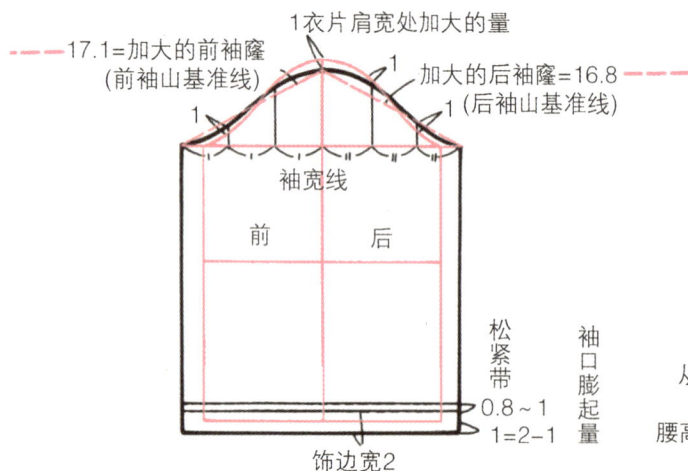

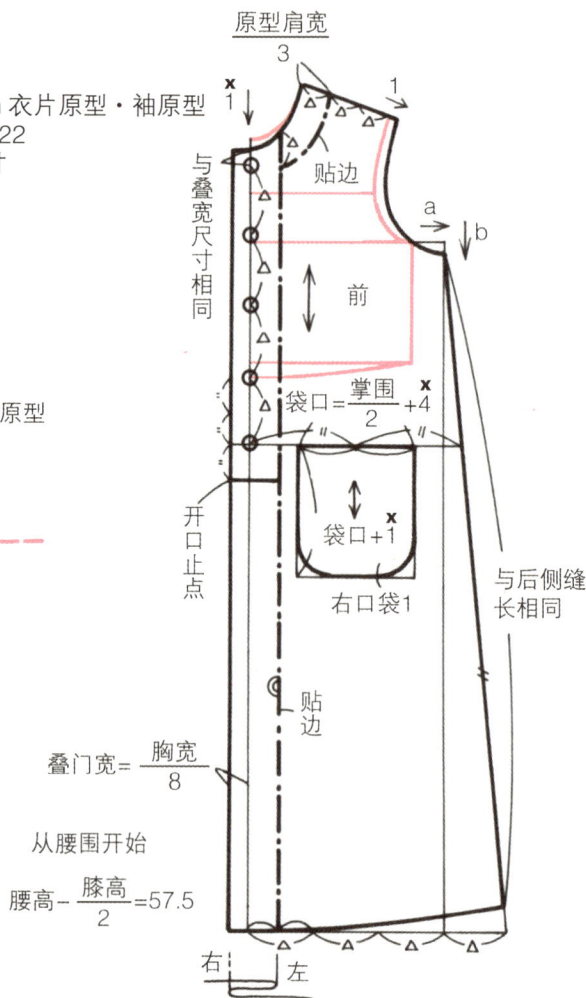

17.1=加大的前袖隆
（前袖山基准线）

1衣片肩宽处加大的量

加大的后袖隆=16.8
1（后袖山基准线）

袖宽线

前　　后

松紧带
0.8～1
1=2-1

袖口膨起量

饰边宽2

睡衣 B 纸样的做法

前衣片

1　画前衣片原型。在胸围线上放出胸部放松量的调整量 3.5 cm（a），重新画侧缝基准线。在肩线上放出 1 cm 作为宽松量，与侧缝处胸围线下降 1 cm（b）的点用曲线连结，作为袖隆线。

2　从腰围线向下标出 57.5 cm（身长 - $\frac{膝高}{2}$），作为衣长。并从这点向右画直角线，与侧缝线的延长线相连，作为下摆线。在侧缝延长下摆线，延长量为下摆宽的 1/3，重新画侧缝线。

3　将原型领圈中心下降 1 cm，重新画领圈。从前中心平行地放出 $\frac{胸宽}{8}$，作为叠门宽，画叠门止口线。标出下摆宽的 1/8，作为贴边宽，与叠门线平行地画贴边线，直到领圈处。从颈点标出肩宽的 1/3，画领圈贴边线。

原型肩宽
3

x
1

贴边

与叠门宽尺寸相同

前

a
b

袋口=$\frac{掌围}{2}$+4

开口止点

袋口+1

右口袋1

与后侧缝长相同

叠门宽=$\frac{胸宽}{8}$

贴边

从腰围开始

腰高 - $\frac{膝高}{2}$=57.5

右｜左

200

在前中心线上从领圈标出叠门宽，作为第一颗钮扣位置。前中心线与腰围线的交点作为第四颗钮扣位置，将这之间的距离3等分，分别作为第二、三颗钮扣位置，从腰围线向下标出与此相同的间隔，作为第五颗钮扣的位置。从第五颗钮扣位置向下标出钮扣间隔的1/2，作为开口止点。从第五颗钮扣位置画水平线直到侧缝，参照图示，在此线的下面画口袋。只在右片大身装口袋。

后衣片

1 画后衣片原型。与前衣片相同地画肩宽、袖窿、侧缝线、下摆线。在重新画的侧缝线上标出后片侧缝基准线长，重新画下摆线。在前衣片2中画的前侧缝线上标出后侧缝基准线长，重新画前片下摆线。

2 在后领圈标出 $\frac{原型肩宽}{3}$ ，作为贴边宽，与领圈平行地画贴边线。

袖

1 参照第24页袖原型的画法画袖原型。分别测量挖大了的、重新画的前后袖窿，修正袖原型。

2 从袖原型的袖山点向下标出在衣片中加大的肩宽量1 cm，并从这点向前袖宽线的延长线方向标出前袖窿尺寸，在后袖宽线的延长线上量取后袖窿尺寸，画前后袖山基准线。参照图示，画袖山线。

3 与袖底线平行地延长加大的前后袖宽线直到袖口，在袖口放1 cm的膨起量，重新画袖口线。画荷叶边宽和穿松紧带线。

裤片

使用少女用尺寸、参照制图画裤片。与裤口线平行地画荷叶边宽和穿松紧带线。

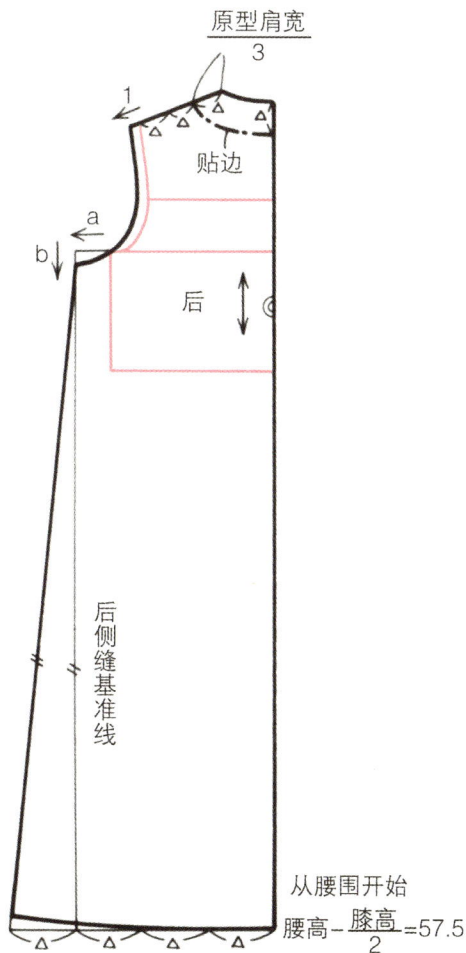

$\frac{原型肩宽}{3}$

贴边

1

a

b

后

后侧缝基准线

从腰围开始

$\frac{腰高-膝高}{2}=57.5$

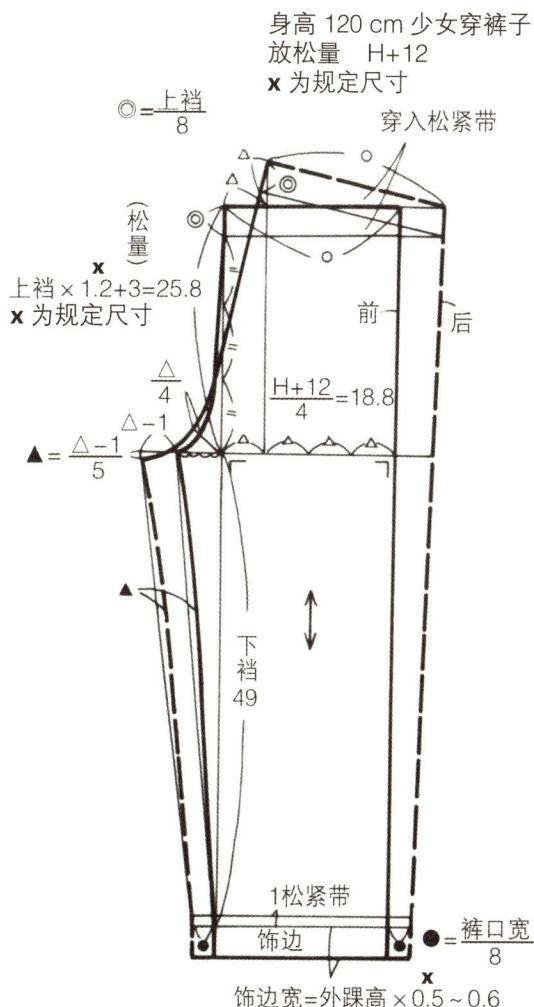

身高120 cm 少女穿裤子
放松量　H+12
x 为规定尺寸

◎=$\frac{上裆}{8}$

穿入松紧带

（松量）

x

上裆×1.2+3=25.8
x 为规定尺寸

前　　后

$\frac{△}{4}$

$\frac{H+12}{4}=18.8$

△-1

▲=$\frac{△-1}{5}$

▲

下裆
49

1松紧带

饰边

●=$\frac{裤口宽}{8}$

x

饰边宽=外踝高×0.5~0.6

缝制顺序和要领

除衣片前叠门部分与袖口、裤口外，与 A 相同。

前叠门的作法

1 照图那样，配上褶量、叠门、贴边，裁前片大身。

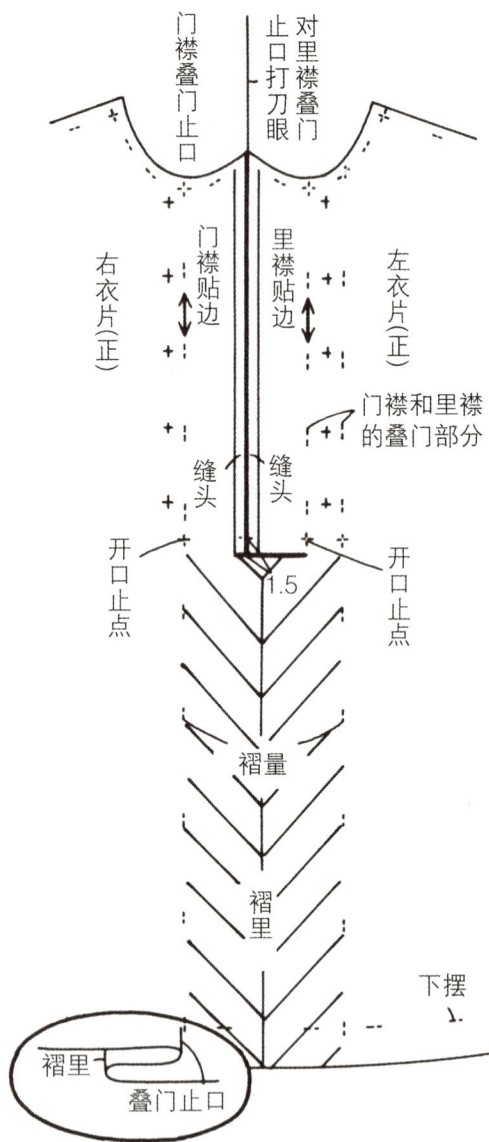

2 将褶里正面朝里对叠，缝合褶里到开口止点部分。

门襟叠门止口
对里襟叠门止口打刀眼

右衣片(正)
门襟贴边
里襟贴边
左衣片(正)

门襟和里襟的叠门部分

缝头
缝头

开口止点
1.5
开口止点

褶量

褶里

下摆

褶里
叠门止口

从门襟一侧看到的图

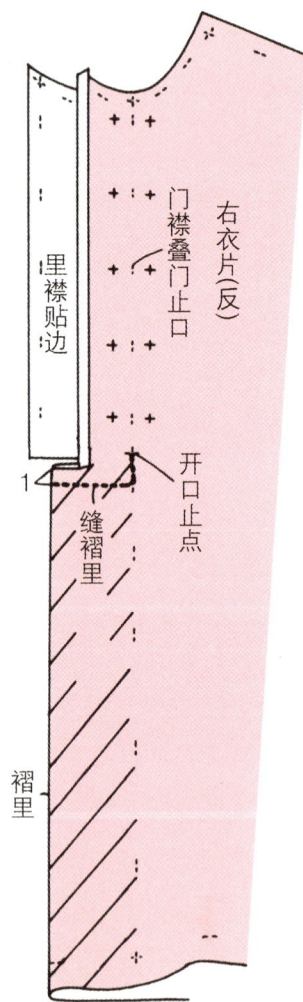

里襟贴边
门襟叠门止口
右衣片(反)

1
缝褶里
开口止点

褶里

3 在领圈装贴边。

4 对折叠门到领圈贴边边缘，边缝装在大身上。在开口止点用双线迹缝纫。

5 衣片袖口和裤片裤口的缝法参照第 140 页。

从里襟一侧看到的图

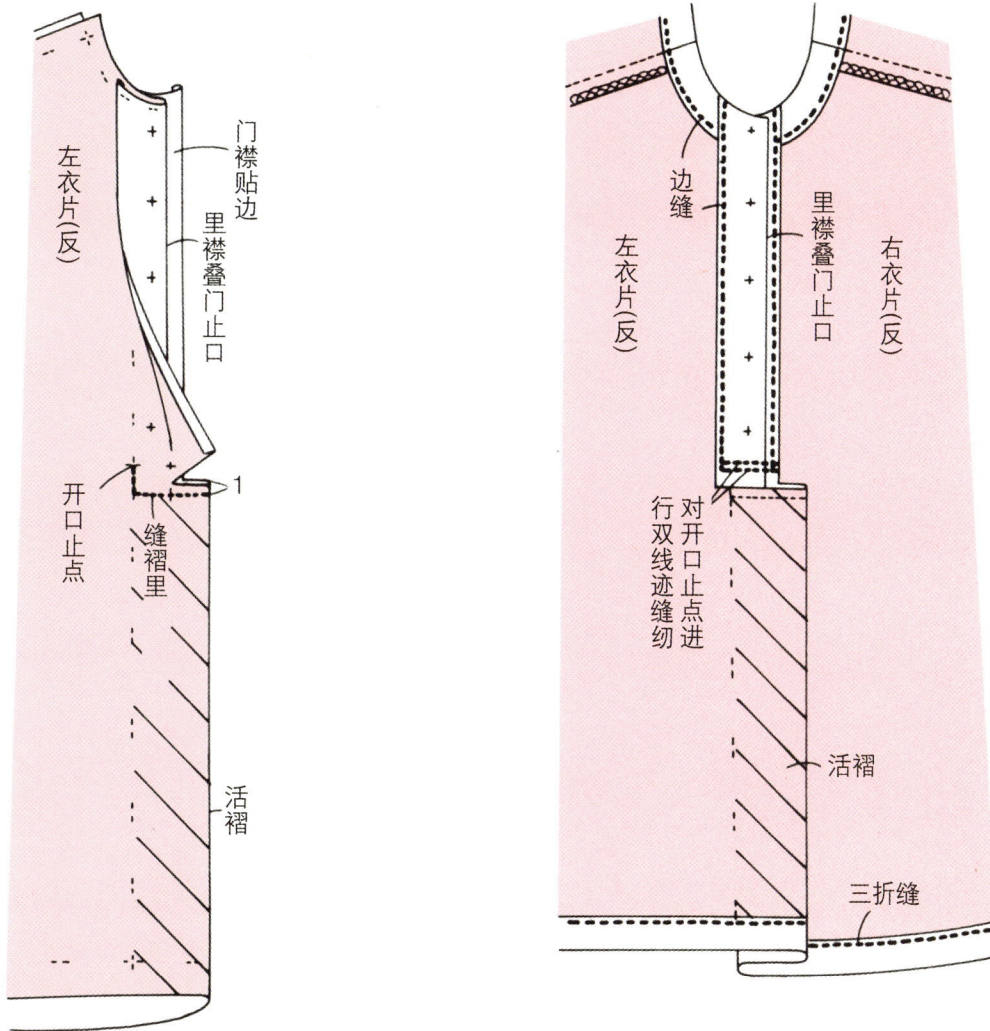

左衣片(反)

门襟贴边

里襟叠门止口

开口止点

缝褶里

活褶

1

左衣片(反)

边缝

里襟叠门止口

右衣片(反)

对开口止点进行双线迹缝纫

活褶

三折缝

基础知识
原型倾倒方法
倾倒理由

　　小孩子的体型在婴幼儿时期是近于圆筒形的，长至少女或少年阶段，他们的胸部、肩部的厚度都会发生变化。这个原型的前中长是足够的，但根据上衣、外套等里面所穿衣服的厚度，或者在B体型、E体型等肥胖体型的情况下，前中长和前领圈就会不足。为了补充这个不足，需要将原型倾倒。

倾倒方法

1　画一条垂直线A作为基准线，按住前中长的中点，将原型往右侧倾倒，然后描出从前中线中点到袖窿处的外轮廓线，并画出胸宽线和胸围线。

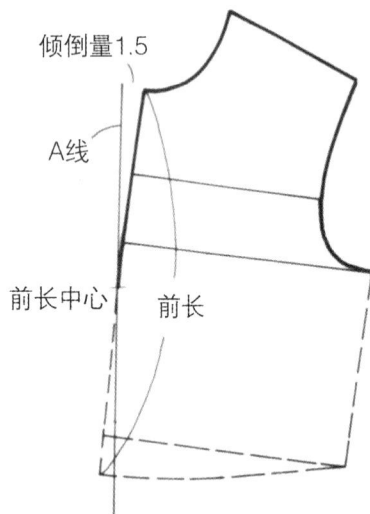

倾倒量1.5

A线

前长中心　　前长

2　按住B点将原型扶起，与A线垂直，画出侧缝线。从侧缝线画一条与A线垂直的线。称此线为C线。

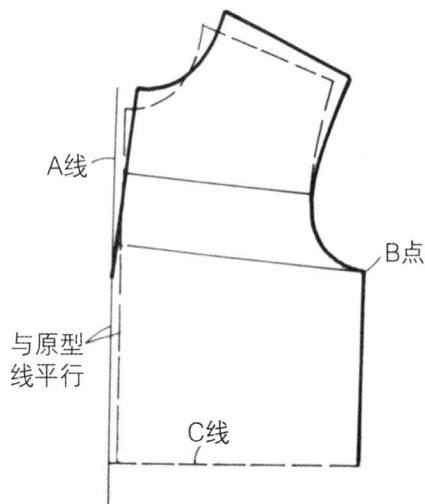

A线

B点

与原型线平行

C线

3　从C线下降原型前下移量的1/2，如图画出腰围弧线。

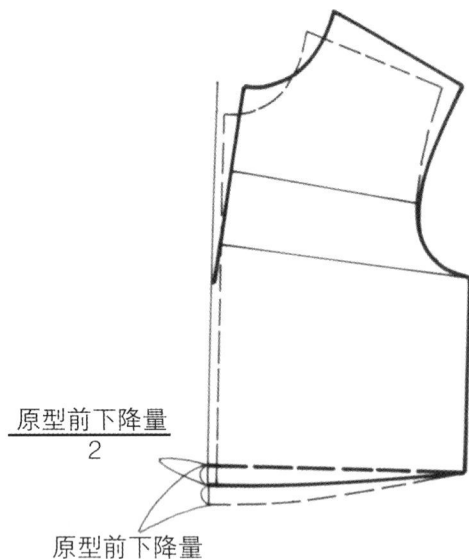

$$\frac{原型前下降量}{2}$$

原型前下降量

4　完成。

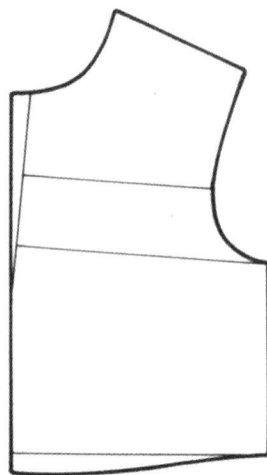

※　倾倒量、前下降量根据体型、服装种类、款式等可以有所增减。

一片袖的袖肘线画法

1　在袖山线上，量取袖肘长（$\frac{袖长}{2}$ + 2 cm），做一条与袖山线垂直的直线作为袖肘线，将袖肘线作为展开线。

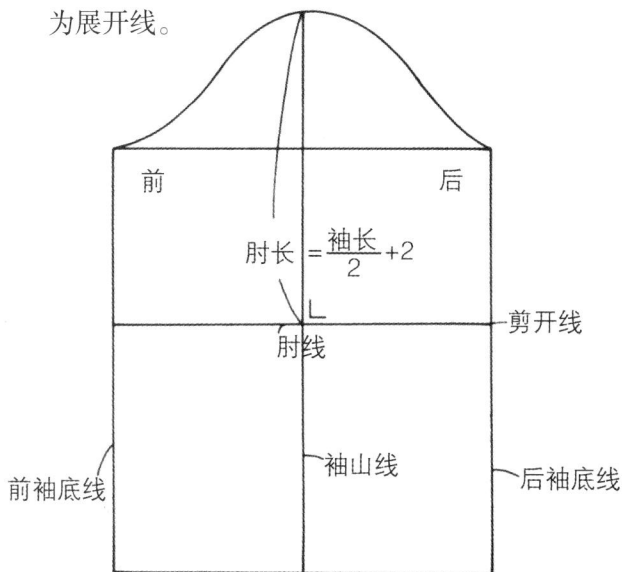

2　在展开线上后袖侧的袖底线处展开 0.8 ~ 1.5 cm（根据服装种类、面料、身长可以有所增减），半前后袖底线画圆顺。

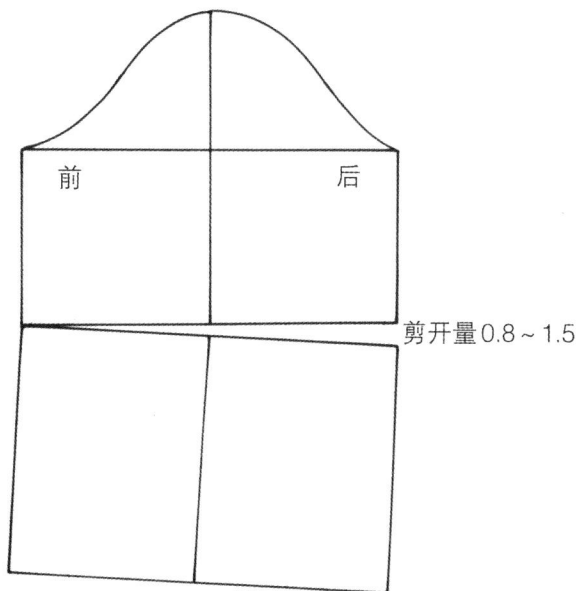

前　后

肘长 = $\frac{袖长}{2}$ +2

剪开线

肘线

前袖底线

袖山线

后袖底线

前　后

剪开量0.8 ~ 1.5

本书中出现的裁剪术语和同义词的解说

术语

制图	以所做服装的必要部位的采寸为基础所画的纸样图。
参考尺寸	制作婴儿装、童装所需要的尺寸。身高增加 10 cm 各个部位的尺寸表示。
计算尺寸	以身高 120 cm 为例对原型及基本型的说明。适合于全部身高孩子的制图过程中各部位尺寸的求法。 例1）裙长是以膝高为基准计算出来的。 例2）上衣片是以上裆尺寸为基准计算出来的。
原型	是对衣片原型和袖原型的说明。以原型为基础，进行各种服装的纸样制作。
基本型	是婴儿装、童装基本服装的纸样。对下列服装的基本型进行了说明。 ・连衣裙 两种 ・婴儿裙、婴儿裤、婴儿灯笼短裤 ・裙子 ・裤子 少年穿裤子、少年穿短裤、少女穿裤裙
缝制方法图	是缝制时的图解
裁剪方法图	面料裁剪时的图解

同义词

	同义词	简称
胸围 胸围线	胸围	B B.L
下胴围	少年的腰围线	
袖窿线 前袖窿线 后袖窿线		A.H F.A.H B.A.H
	臀围 臀围线	H H.L
领圈线	领围线	N.L
	颈点 肩点	N.P S.P
	腰围 腰围线	W W.L
纸样	样板	

布料整理

关于面料

布边

面料布幅两边称为布边。布边上通常印有制造厂、织物的名称等。布边较硬，而且颜色也较浓。根据布边可以区分面料的正反面。

面料经向

面料的经向、纬向织纹称为"布纹"。面料的经线方向称为"经向"。由于经向纱不容易拉伸（弹性面料除外），因此裁剪时常常以它为基准。常有"沿布纹方向"或"与布纹平行"的说法。制图、纸样中画的箭头标记↕、↔、↗、↘ 的方向都表示面料经向，任何情况下面料经向都要和箭头方向符合。

面料纬向

面料的纬线方向称为"纬向"。一般面料纬向比经向容易拉伸（弹性面料除外）。

面料斜向

与布纹成 45° 角的称"正斜纹"。面料斜向非常容易拉伸，因此在裁剪时要特别注意。

幅宽

在面料布幅上，从布边到布边的横向尺寸称为"幅宽"。

裁边

面料裁剪过的边缘都称为裁边。

校正布纹的方法

面料经向和纬向不成直角时需要将其校正。抽出一根纬向。容易撕开的面料也可以将其沿纬向撕开。

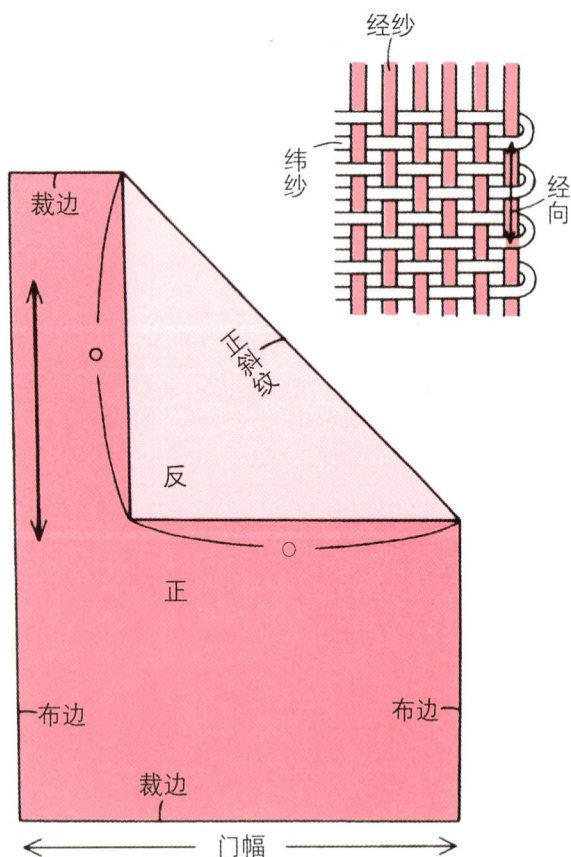

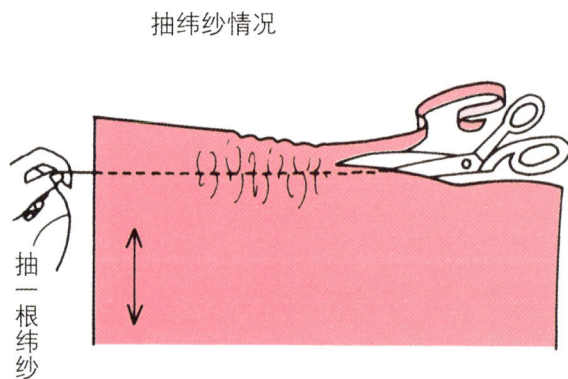

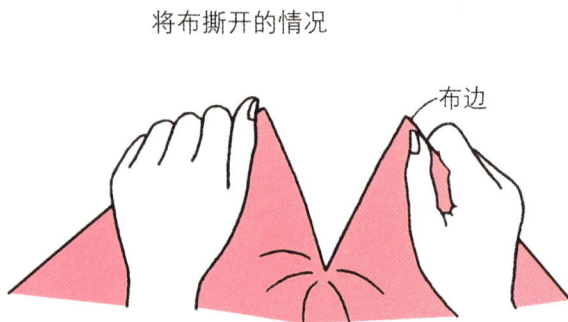

抽纬纱情况

将布撕开的情况

布料整理方法

在面料织造过程中会产生布纹歪斜和收缩的情况，在裁剪前将其纠正的操作称为布料整理。如果不进行布料整理，西服做好后，在洗涤时尺寸会缩小，穿着时容易变形，因此，布料整理是非常重要的。可是，最近出现了经过防缩加工的面料，因此在购买时应弄清楚。

毛料

1 将面料正面朝里对折。从反面将面料全部喷湿。

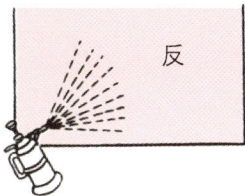

2 面料轻轻折叠，将其放入塑料袋中，使湿气全部浸透面料。

3 将面料放在平台上，用直角尺检查是否有纬斜存在。

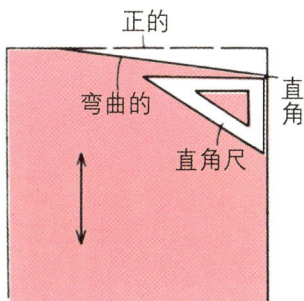

4 沿斜向拉伸面料，分多次慢慢地校正布纹。

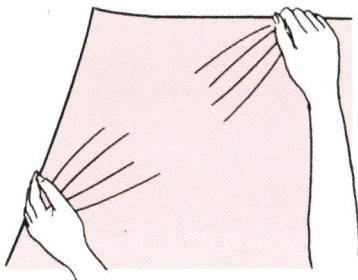

5 在面料反面用蒸汽熨斗熨烫，以消除皱纹、折痕等。一边纠正布纹，一边沿经向、纬向熨烫，注意不要熨烫面料斜向。

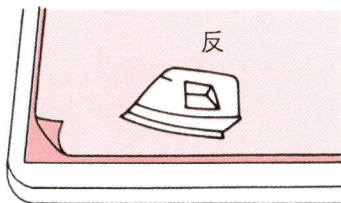

棉、麻料

1 将未经防缩加工的面料在水中浸 1h 左右，使水分完全浸透。如果是印染面料，可先将布边沾点水看其是否会褪色。
经过防缩加工的面料可以不要浸水。

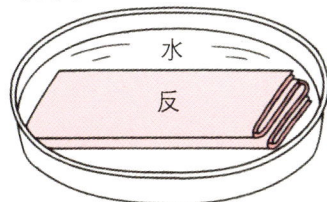

2 将面料正面朝里时拉伸皱褶，展平晾干。必须阴干。避免用脱水机或手绞，否则会留下皱褶。

3 干至 80% 左右，将面料展放在平台上，再用直角尺检查一下纬斜。

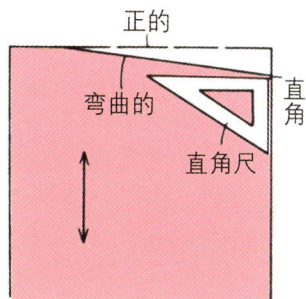

4　若有纬斜，在面料对角线上拉伸面料，一点一点地校正布纹。

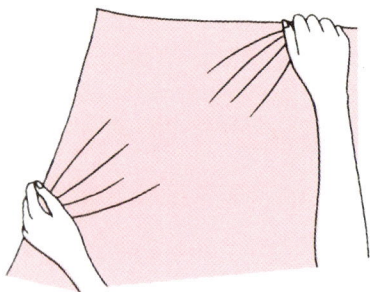

5　在反面用蒸汽熨斗熨烫，消除皱褶和折痕。纠正布纹，同时沿面料经向和纬向熨烫，注意不要熨烫面料斜向。

真丝

真丝耐热性差，而且遇水容易留下水渍，因此在反面干烫。熨烫温度以刚刚能消除皱褶为好。

有绒毛的面料

有绒毛的面料（如天鹅绒、丝绒、灯心绒、海豹绒等），在布料整理过程中要注意不要熨倒绒毛。将面料正面朝里，使绒毛处于相互穿插状态，或者使用针板，沿绒毛方向（面料绒毛排列状态）将皱褶轻轻熨烫消去。有绒毛的面料喷水后会出现绒毛倒伏、无光泽的现象，因此应要加以注意。

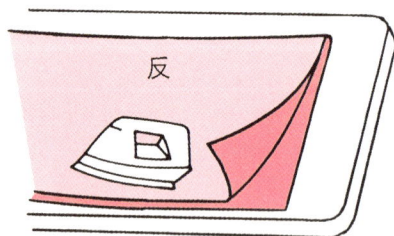

*针板　是天鹅绒等有绒毛的面料熨烫时使用的专用烫台。细密的针状物可防止熨倒绒毛。

化学纤维面料

化学纤维遇水大多不会收缩，而且耐热性差，因此要根据面料选择合适的熨烫温度，在面料反面进行干烫。

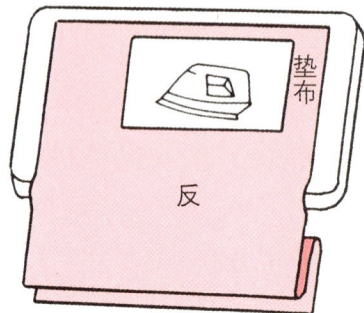

格子花纹和条纹面料

如果不将弯曲、歪斜的花纹纠正，裁剪时和制成后会出现花纹无法对合的情况。用熨斗对弯曲和歪斜的花纹进行校正，根据面料不同，可干烫或使用蒸汽。

纤维名称及温度

纤维名称		温度/℃
麻		160～200
棉		150～180
毛		140～160
丝		120～150
化纤	人造丝	110～150
	铜氨纤维	
	涤纶	
	醋酯纤维	
	尼龙	110～130
	维纶纤维	
	丙纶纤维	90～110
	聚氯乙烯纤维	60℃以下或不用熨烫
	聚丙氯乙稀纤维	

关于衬布

衬布的种类和目的

　　将衬布按大的方面分类，可分为与面料黏合的类型和不与面料黏合的类型。与面料黏合的那一类特称为黏合衬。其它类型的都称呼它们各自的名称，主要有毛衬、麻衬、棉衬（轧光斜纹棉布等）、胖哔叽、纱罗、蝉翼沙。衬布使用目的大概汇总如下：

1　面料贴衬，可以做出漂亮的造型。
2　防止穿着时和洗涤时服装变形。
3　使部分地方具有厚度和硬度，增加牢度。
4　防止容易伸长的面料和部位伸长，易于缝制。
5　使难以缝制的面料更容易缝制。

关于黏合衬

　　黏合衬是在基布背面涂上黏合树脂制成的，用熨斗加热后可以在需要的地方黏贴。黏合衬根据基布和黏合方式、黏合树脂的形状进行分类。

按基布分类

机织物
具有优良的保湿性。可防止面料伸长、与面料有良好的融合性。斜向可以伸长。

针织布
具有伸缩性，经向稳定性较好。沿纬向黏贴，身骨较好。

无纺布
不易起皱。通气性较好。具有优良的保型性。洗涤时不会缩水。

复合布
经向尺寸比较稳定，纬向有一定的拉伸性，有弹性。

按黏合方式分类

完全黏合方式　黏合力较强，广泛用于维持西装的形状，耐干洗。

暂时黏合方式　黏合力较弱，在洗涤时黏时黏合衬会剥落，因此它并不用于保型。它是以暂时黏合为目的的类型，主要用于使面料安定，容易缝制，或袋口等部位补强用。

按黏合树脂的形状分类

		形　状	特　征
完全黏合	点网		黏合树脂成点网形状的黏合力较好 点网有大有小 大颗粒的点网形状适合厚型面料 小颗粒的点网形状适合中厚型面料 极小颗粒的点网形状适合簿面料
	扁平网		黏合树脂像蛛网状，家庭用的熨斗也能很好的黏合 黏合力好，能与面料很好的贴合
	蜘蛛网		没有基布的树脂，像蜘蛛网一样，能双面黏合，底边的固定，双面织物缝头的固定等
假性黏合	颗粒粉状		黏合的树脂像粉沫状 这样的形状黏合力差，缝头固定时用

黏合衬的选择

　　根据黏合衬种类、黏合部位、目的来选择黏合衬。黏合衬是由基布和黏合树脂的形状、黏合方式来分类的，因此在选用黏合衬时应注意以下几点。

1　弄清是完全黏合衬合方式还是暂时黏合方式。
2　基布（机织物、针织物、无纺布、复合布）的特征。
3　黏合树脂的形状和特征。
4　制成后想变硬还是变软。

　　选择时注意与面料颜色相配也是非常必要的。特别是面料较薄的情况，可选择与面料同色的或比面料稍稍深色的黏合衬。一般黏合衬比面料要薄一点。

　　在实际面料进行黏合时，考虑到是否与面料颜色相配或黏合后面料风格变化等情况，先试贴进行确认，这是非常必要的。

黏合衬使用方法

衬布整理

基布在不织布的情况下无需整理，在机织物、编织物的情况下要检查布纹是否弯曲，如果存在弯曲，就要在斜向拉扯对其进行纠正。因为有黏合树脂，因此不能用熨斗熨烫，直接用手操作。还有，如果布边有牵吊现象，可在布边上打刀口。有折痕的地方可进行喷雾，将其弄平整后再使用。

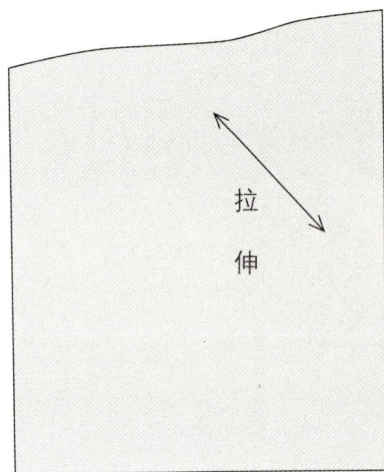

裁剪方法

原则上黏合衬的布纹要和面料布纹相同。
裁剪时将附有黏合树脂的那一面朝里折叠，进行裁剪。
黏合范围较广的情况下，制图时要记录黏合位置，并做黏衬纸样，然后进行裁剪。领子和克夫等小部件也可以使用面料裁剪纸样进行裁剪。

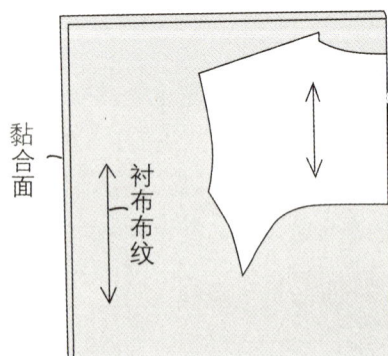

试贴

在正式黏合之前，要先进行试贴，检查以下几个方面。

1　检查黏合后面料的手感、弹性、硬度是否适当。
2　检查面料是否变色、黏合树脂否渗出、风格是否发生变化，贴黏合衬的部位和未贴的部位是否有大的差异。
3　检查贴黏合衬的部位是否产生收缩，或者是否弯曲起翘。
4　用力拉一下面料，看黏衬是否剥落，是否有未黏合的地方。
　　如果不存在以上几点问题，就可以在实物上进行黏贴。

黏合衬黏贴方法

1　将面料反面朝上放在较硬的烫台上。

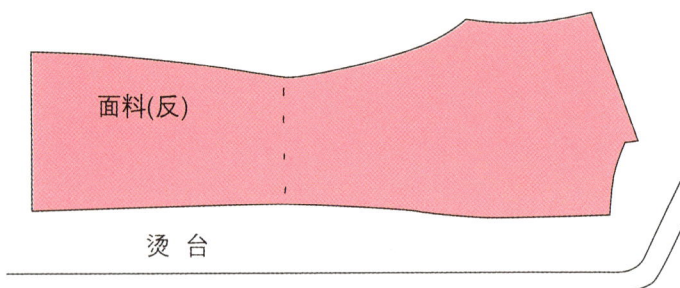

2　将黏合衬有黏合树脂的那一面（以下通称反面）安放于面料的反面。

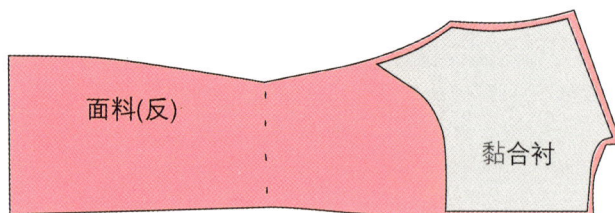

3　在垫布上喷雾，覆盖在两片之上。真丝、人造丝之类不能沾水的面料可少喷点水。

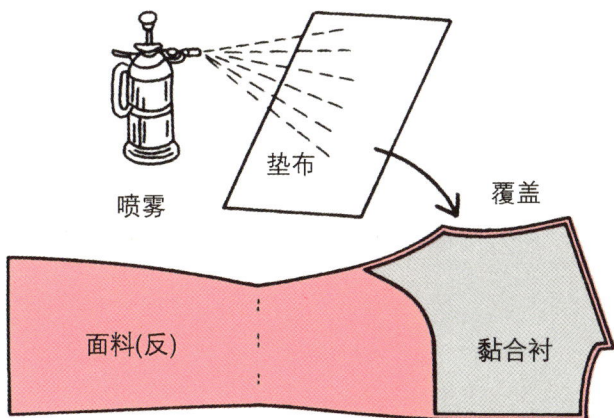

喷雾　　　垫布　　　覆盖

面料（反）　　　黏合衬

4　用熨斗在垫布上压烫，烫干水分，每一处烫 10 ~ 15 s 左右。也有不喷雾直接用蒸汽熨斗的。熨烫温度以 140℃ 为基准，根据面料再调整一下熨烫温度和时间。

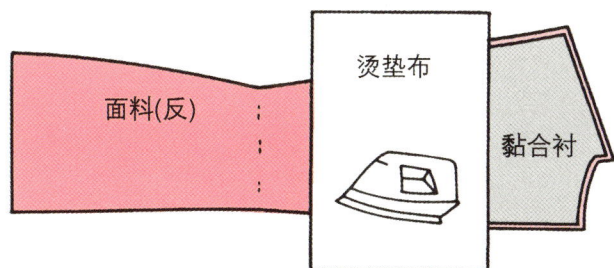

面料（反）　　　烫垫布　　　黏合衬

5　不要漏烫，进行全面熨烫。

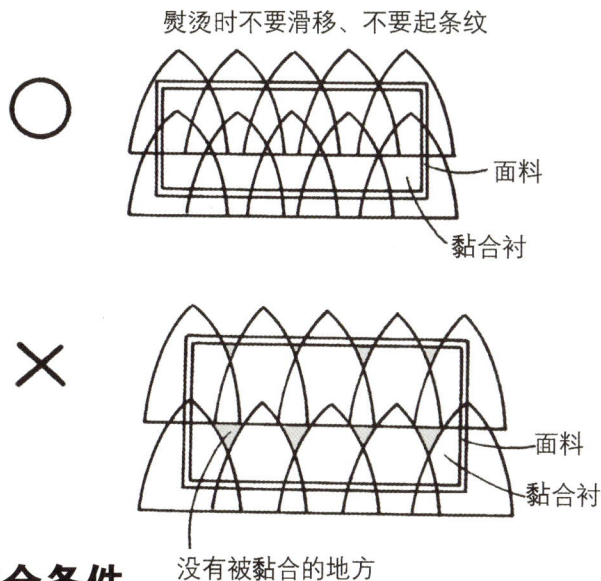

熨烫时不要滑移、不要起条纹

○

面料

黏合衬

×

面料

黏合衬

没有被黏合的地方

黏合条件

黏合温度（使黏合树脂熔化）、压力（使黏合树脂渗透到面料上）、时间（提高温度和压力的效果）是黏合的三个必要条件，如果不具备这三个条件，就会出现种种问题。

温度	过高	树脂熔融过度，黏合力降低 树脂渗出面料和衬布
	过低	树脂不能充分熔融
压力 时间	过大 过长	面料风格变差 黏合位置在正面区分明显
	过小 过短	黏合衬和面料不能黏合

面料黏贴时的注意事项

- 要先对布料进行整理。如果不进行布料整理，黏合时会发生收缩现象。
- 衬布的布纹原则上与面料布纹方向相同。
- 注意在面料和衬布之间不要混入线头或面料碎料等。
- 衬布放到面料上时，检查是否有松皱的情况。
- 黏合后做线钉标记。如果在线钉线或疏缝线上贴衬，线钉线就没法拿掉。

做记号的方法

在裁剪时布料，要按照纸样做上记号。做记号的方法根据纤维的性质和织法不同也有所变化，因此应选择适合布料的方法。

棉

织纹比较紧密的棉布用复写纸和点线器做记号。用点线器时如果过于用力会破坏面料，因此动作要轻。

复写纸采用遇水能够消去的类型。还有，浅色面料最好使用浅色的复写纸。面料较薄的情况下可使用刮刀做记号。如果用力过大有可能会割破面料，还会留下痕迹，因此因注意。

用复写纸做记号的情况

将面料反面朝里叠合，并在上面放上纸样。在记号内侧用大头针或文镇固定。布料与布料之间夹入复写纸，然后用点线器做完成线等记号。

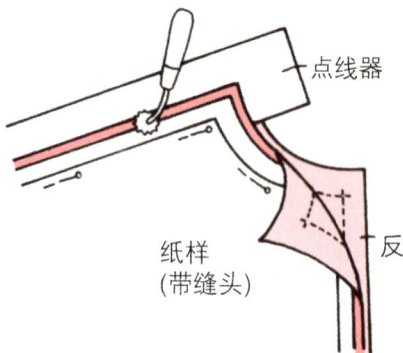

点线器

纸样
（带缝头）

反

用刮刀做记号的情况

将纸样放于布料上，在纸样边缘（完成线）用刮刀做记号。

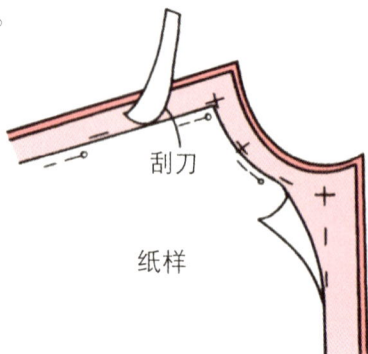

刮刀

纸样

真丝

在面料较薄的情况下，细绗缝线、真丝绗缝线、细支的缝纫线等很难拔去，可使用不会破坏面料的线。

使用刮刀做记号时，注意不要破坏面料。还有，打线钉时，记号很容易拔去，因此可一片一片地做绗缝记号。

做绗缝记号的情况

是用于薄型面料和有绒毛的面料做记号的方法。将纸样放于面料上，用大头针和文镇固定。使用丝绗缝线、纺绸线或者根据面料选用细绗缝线一片一片地做制成线记号。

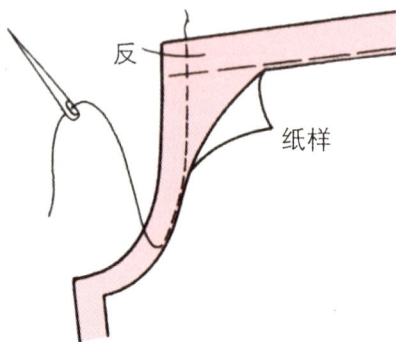

反

纸样

化学纤维

与棉布相似的面料采用与棉布相同的记号方法复写纸或者刮刀）。真丝风格的面料可采用与真丝相同的记号方法（绗缝或者刮刀）。

里料

用刮刀或者复写纸做记号。

衬

虽然没有特别做记号的必要，但在腰围线位置做上记号会比较方便。

羊毛

毛料可使用划粉等，按照纸样划上正确的轮廓线记号和对位记号。面料颜色较浅的情况下，注意不要使用深色的划粉。然后用双股本色线沿划粉记号打线钉。面料特别厚的情况下，注意上下记号不要错位。或者不用划粉，直接按照纸样做线钉记号。

做线钉记号的情况

毛料或者厚型面料中使用的做记号的方法

1　将面料正面朝里叠合，在上面放纸样，然后用划粉做轮廓线记号和对位记号。拿掉纸样，用双股绗缝线进行放置式绗缝。在弧线部位针脚密一点，角部缝成十字形。线稍稍松一点。

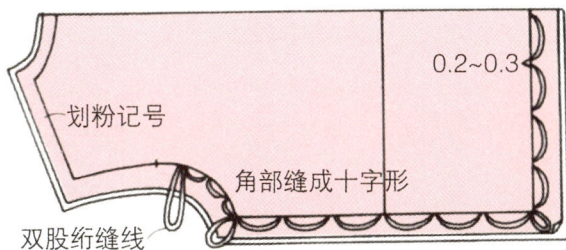

划粉记号

0.2~0.3

角部缝成十字形

双股绗缝线

2　缝制结束后，用剪刀将缝道线的中间全部剪断。

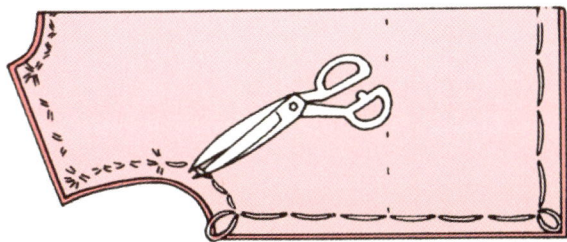

3　注意不要将线拔出，将上层面料掀起，将两层面料之间连着的线剪断。

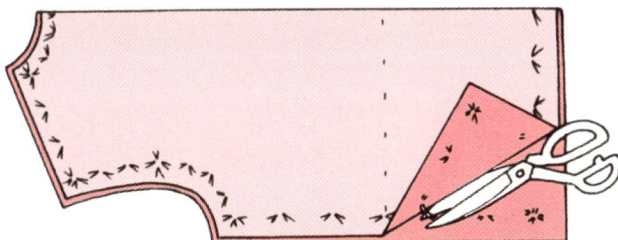

剪断两层之间的线

4　然后将面料线头剪短至根部。最好将剪刀放平进行剪切，注意不要剪到面料。

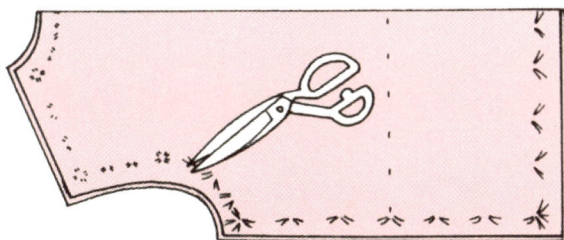

5　用熨斗压烫线头。这样线钉线就不容易拔出了。

用熨斗压烫

扣眼

扣眼有很多制作方法，有用线锁的扣眼和用布挖的双开线扣眼、切口式扣眼等。这些都要与服装款式和面料相匹配，以及根据当时的流行等因素而变化。锁式扣眼感觉比较低档和牢固，主要用于以实用性为主的服装和休闲服装，双开线扣眼多用于感觉比较柔和、考究的服装。

扣眼大小确定方法

扣眼大小是由钮扣直径加上钮扣厚度来决定的。但是，由于钮扣的形状和材料种类很多，因此在确定钮眼大小时有必要先试验一下。

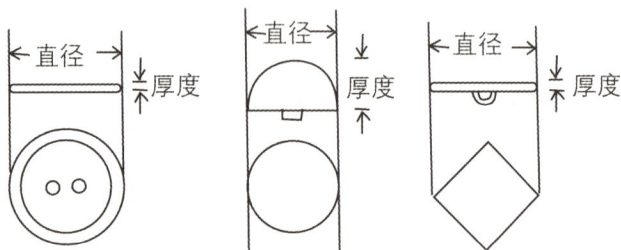

扣眼的尺寸=钮扣的直径+钮扣的厚度

扣眼位置确定方法

扣眼有与门襟开门相垂直的横扣眼和与之平行的直扣眼。横扣眼较为多见，根据款式不同也可以做直扣眼。门襟原则上是女性右片在上，男性左片在上，男女通用的一般是左片在上较多。要注意扣眼和钮扣正确对位，注意上片和下片不要错位。

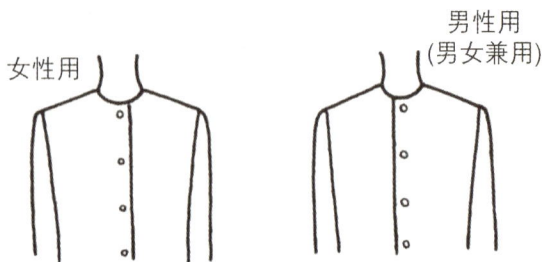

女性用

男性用
（男女兼用）

扣眼（横钮眼）的情况

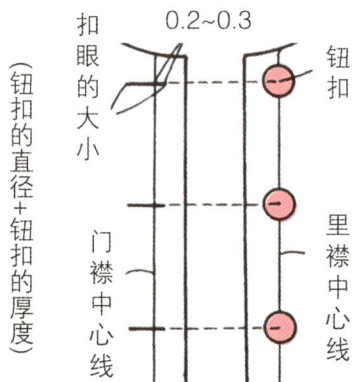

0.2~0.3

（钮扣的直径+钮扣的厚度）

扣眼的大小

钮扣

门襟中心线

里襟中心线

门襟前中心线往叠门止口方向伸出 0.2 ~ 0.3 cm 处开始量取扣眼尺寸。

扣眼（直扣眼）的情况

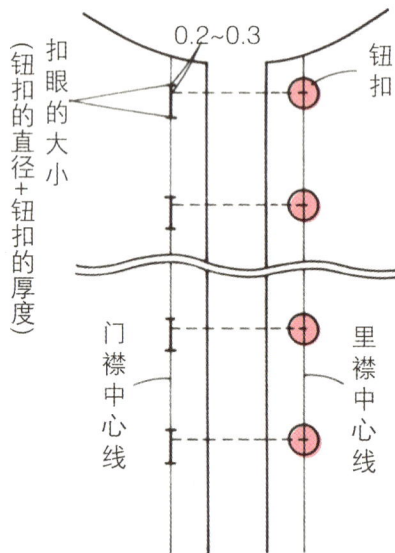

0.2~0.3

扣眼的大小

（钮扣的直径+钮扣的厚度）

钮扣

门襟中心线

里襟中心线

扣钮扣位置往上 0.2 ~ 0.3 cm 处开始往下量取钮扣尺寸。

扣眼（直扣眼·B）的情况

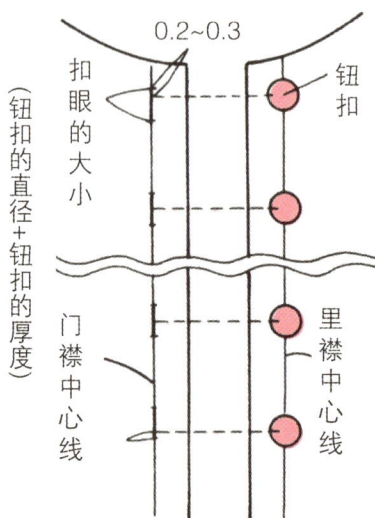

0.2~0.3

扣眼的大小

（钮扣的直径+钮扣的厚度）

钮扣

门襟中心线

里襟中心线

最上面是从钉扣位置往上延长 0.2 ~ 0.3 cm 处开始往下量取扣眼尺寸，最下面是在钉扣位置往下延长 0.2 ~ 0.3 cm 处开始往上量取扣眼尺寸。

在这中间的扣眼是以钉扣位置为中心，上下量取扣眼尺寸。

扣眼制作方法

圆头扣眼

棉、麻、薄毛料、丝织物等比较薄型的面料中用得比较多。线的长度为扣眼大小的 25 ~ 30 倍。

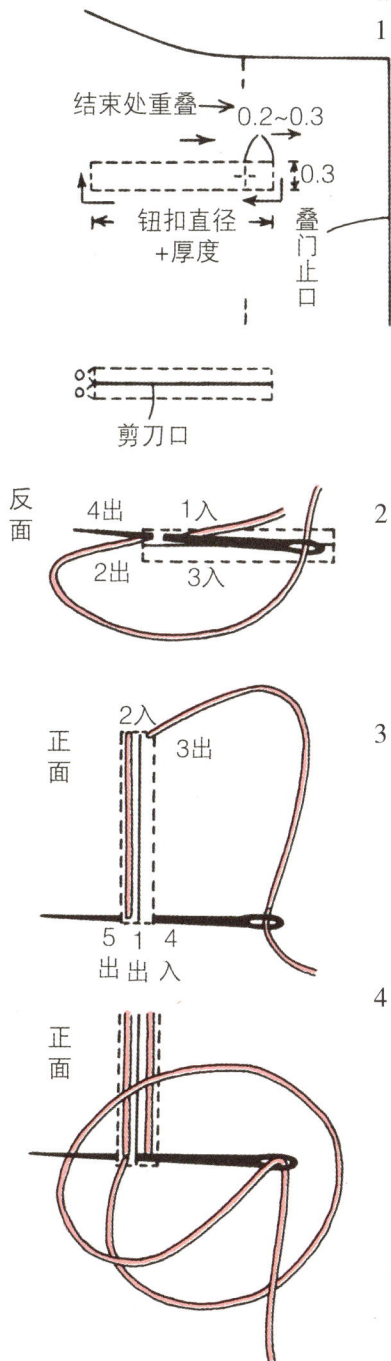

结束处重叠 → 0.2~0.3
0.3
钮扣直径+厚度
叠门止口

剪刀口

反面
4出　1入
2出　3入

正面
2入　3出
正面
5　1　4
出　出　入

正面

1 在扣眼线周围用很细的针脚缉缝一周。如图，在长方形中间开始缝制，沿箭头方向到转角处转弯，最后重叠 2 ~ 3 针。容易散边的面料单单缝一周还不够，还要在中间缝制几道，在中心处剪刀口。

2 缝头不打结，在反面细细地回针缝固定。称此为暂缝线。

3 从正面出针，在周围缝道内侧拉两条衬线。

4 在切口处从下面进针，在缝道外侧出针，将针尾的线由跟前绕向针尖，向斜上方拉线。拉线时稍稍用力，使拉线后缝线在扣眼位置锁结。

5 这样重复操作，缝至转角处为止。

正面

6 锁至转角处，锁线要呈放射状，锁至另一侧。

正面
挑起最初的锁缝线

7 锁至最后，挑起最初的锁缝线拉紧，从切口之间至最后锁缝道边出针。

正面
1出

8 横向对齐钮眼宽，平行拉两条线。

3出　4入
1出　2入

9 从扣眼处出针，纵向缝两针，在反面出针。

正面
往反面出针
固定后完成图

10 如图将针从缝线下穿过，倒回针缝 2 ~ 3 针固定，将线剪短。

反面
线头处理
从底下穿过

平头扣眼

多用于棉、麻、薄毛料、丝织物等比较柔软的面料和薄型面料。缝线长度为扣眼大小的 25 ~ 30 倍。

1 在扣眼线周围用很细的针脚绲缝一周。如图，按长方形在中间开始缝制，沿箭头方向到转角处转弯，最后重叠 2 ~ 3 针。容易散边的面料只缝一周还不够，还要在中间缝制几道，在中心处剪刀口。

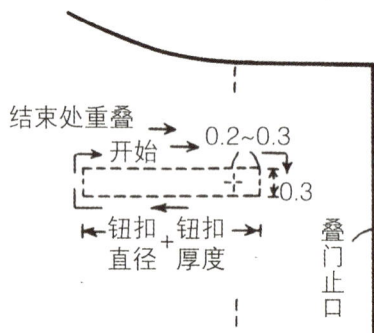

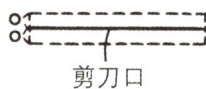

2 线头不打结，在反面细细地缝两道固定。称此为暂缝线。

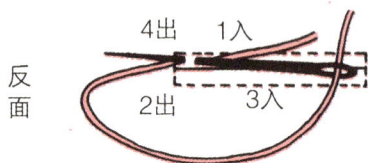

3 紧贴缝道内侧拉衬线。

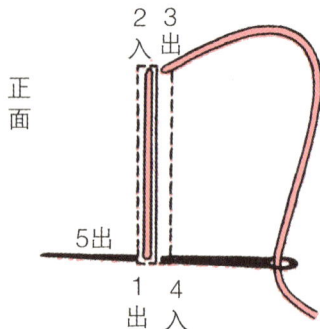

4 在切口处从下面进针，在缝道外侧出针，将针尾线由跟前绕向针尖，向斜上方拉线。拉线时稍稍用力，使拉线后的缝线在扣眼位置锁结。

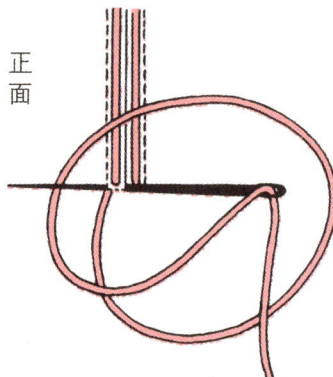

5 这样重复操作，缝至转角处为止。

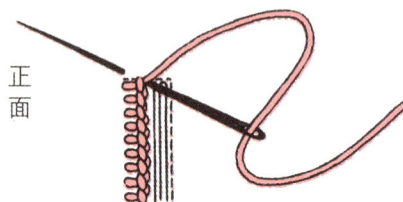

6 锁至转角处，横向对齐钮眼宽，平行拉两条衬线。

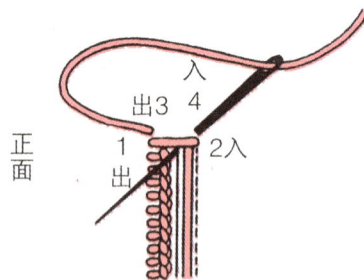

7 然后与横向衬线垂直地再拉两条纵线。

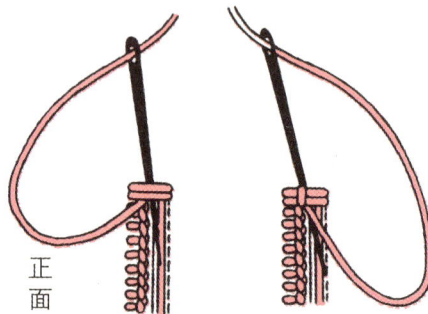

8　在转角锁缝缝道处将缝针从正面进针，拔出。

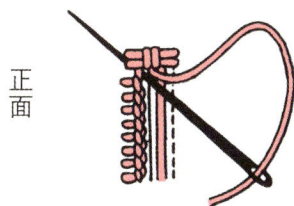

正面

9　将缝针从所拉的纵线下穿过。

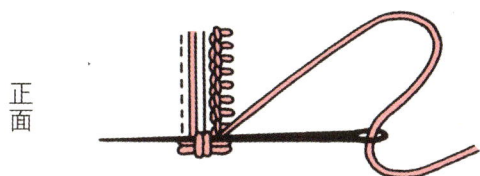

正面

10　拉出缝线，在另一侧锁缝。

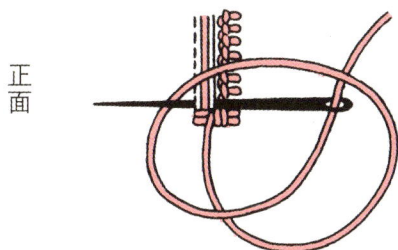

正面

11　锁至最后，挑起最初的锁缝线拉紧，从切口之间
　　到最后锁缝道边出针。

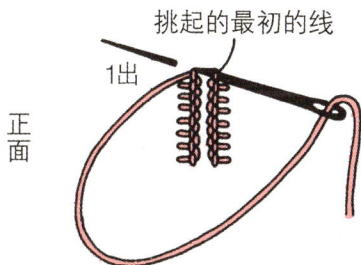

挑起的最初的线

1出

正面

12　锁至转角处，横向对齐钮眼宽，平行拉两条衬线。

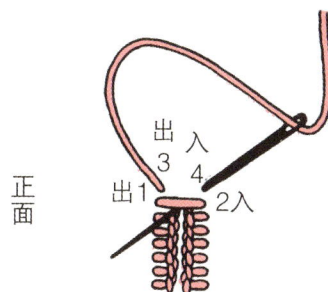

正面

出3　入4
出1　2入

13　从扣眼处出针，纵向拉两条线，至反面出针。

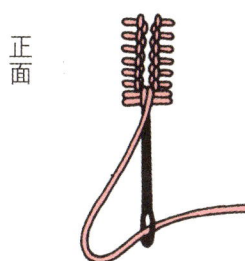

正面

14　如图将针从缝线下穿过，倒回针缝 2 ~ 3 针固定，
　　将线剪短。

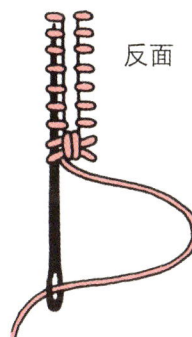

反面

钉钮扣

钉扣方法

钉扣时，为了使钮扣稳定，留叠门厚度长的线脚。所谓线脚，就是钮扣和面料之间的缝纫线。

1. 缝针穿双股线后从正面进针，不打结，细细的回两针后固定，称此为暂缝线。根据面料厚薄，也可以用单股线。

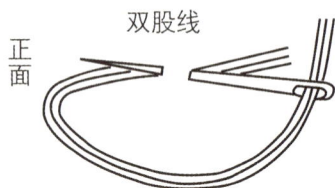

正面
双股线

2. 从钮扣反面进针，再将针刺入面料。此时，要考虑门襟厚度留出线脚。

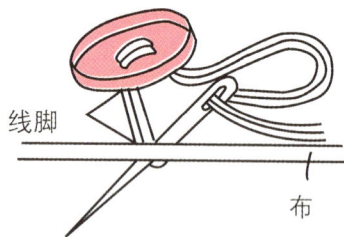

线脚
布

3. 和2同样重复操作3~4次。
   线脚根部不要太粗。由于面料挑起的部分很小，要注意不要将面料拉破。

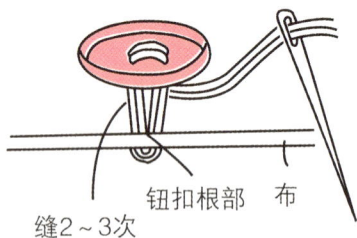

钮扣根部　布
缝2~3次

4. 在线脚处从上到下绕线，增加线脚硬度。为防止钉扣开始处暂缝线头散出，将其和线脚一齐绕进去。

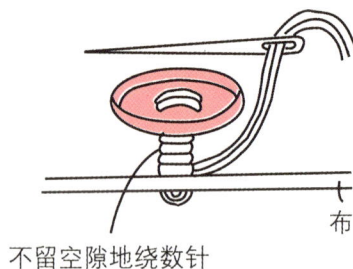

不留空隙地绕数针
布

5. 将线拉到反面，牢牢固定。

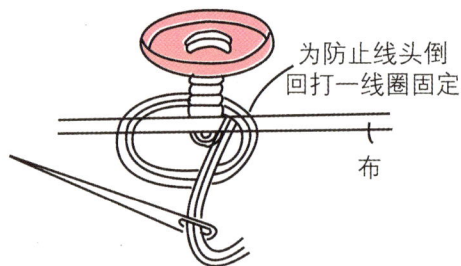

为防止线头倒回打一线圈固定
布

6. 从反面出针，细细地回2 ~ 3针（挑起固定），将线剪短。

在反面挑起固定

有柄钮扣的钉扣方法

钮扣反面有穿线的凸出物的钮扣称为"有柄的钮扣"。如牢牢钉住,钮扣很难移动,要固定钮扣比较困难,所以要稍稍留点线脚。面料不是很厚的情况下也可以不留线脚。

双股线

正面

1 从正面进针,细细地回两针(暂缝线)固定。

2 将线穿过扣洞,针穿过面料。此时,要稍稍留点线脚。

3 将2的动作重复2~3次。

布的厚度

4 在线脚上纵向绕2~3圈。

绕数圈

5 线拉至反面,为了线头不逃出,将其绕一个环后固定。

6 向反面出针,细细地回2~3针(挑起固定)后将线剪短。

反面挑起固定

装饰扣钉扣方法

钉装饰扣时,如果留线脚的话,由于钮扣的重量会使钮扣下垂,因此不用留线脚。钮扣穿线方式和其它钮扣钉扣方法相同。

缝有衬扣的情况

在厚料上钉扣时,为了不损坏面料,通常在反面一起钉一颗小钮扣(衬扣)。

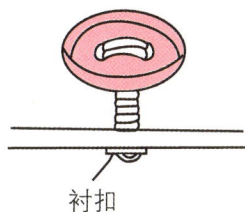

衬扣

四眼钮扣的穿线方式

四眼钮扣有各种穿线方式。一般的是用双股线平行地穿线。也可以交叉穿线。

钉按扣的方法

按扣比钮扣容易扣上或解开。将按扣的凸粒钉于门襟反面，凹粒钉于里襟的正面。

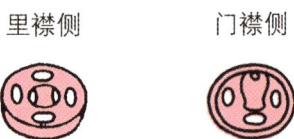

里襟侧　　门襟侧

1　缝线打结后在钉按扣中心位置缝一小针。

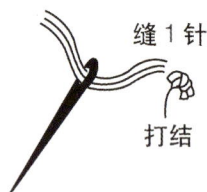

缝1针
打结

2　如图缝若干回。缝线整齐地排列。

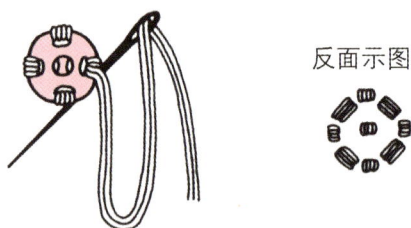

反面示图

3　在所有的圆孔周围都缝好后，在按扣边上出针，缝线打结。

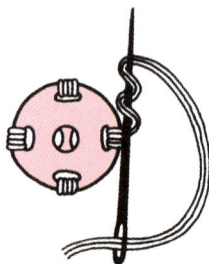

4　缝针穿过按扣，将线拉至另一侧，将线结藏在按扣底下。按扣凸粒亦同样方法缝钉，注意在门襟正面不露针迹。

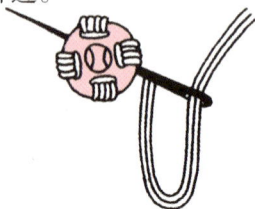

按扣包布的情况

如果不希望按扣的金属材质太显眼，可以使用薄料或透明布料等。可以用和面料同色的里料等薄型布料将按扣包一下。

1　布料如图裁剪，并在布料周围拱针一圈，布料中心用锥子打一圆孔。

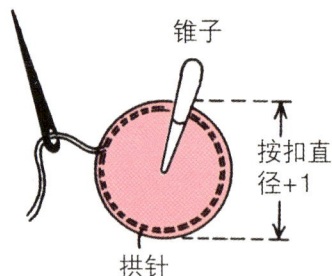

锥子
按扣直径+1
拱针

2　将按扣凸粒的凸出部分从圆孔中伸出，凹粒下凹的部位和圆孔对合。

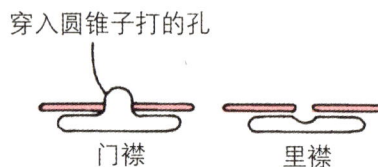

穿入圆锥子打的孔
门襟　　里襟

3　将拱针线拉向反面抽缩。

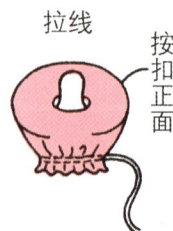

拉线
按扣正面

4　钉按扣时，布料的厚份往往容易浮起，应注意。

钉钩袢的方法

钩袢有用金属板做的较大的一种和用金属丝做的较小的一种。用金属板做的一般叫做"裤钩袢"。重叠时，在上片（门襟）上钉钩、下片（里襟）上钉袢。

裤钩袢（大）的钉法

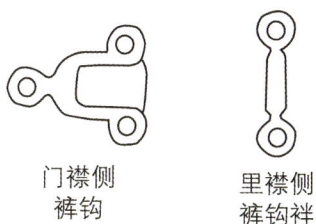

门襟侧　　　　里襟侧
裤钩　　　　　裤钩袢

1　用双股线进行缝制，从正面进针。线头不打结，细细地回两针固定。

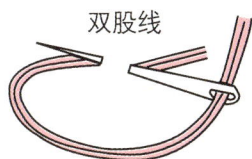

双股线

2　将裤钩袢放于回针线上，挑起面料进行卷绕缝纫，使缝线密密包住金属。

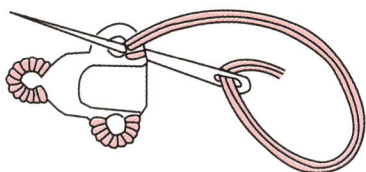

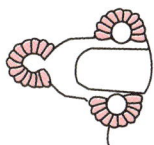
在正面不要露出针脚

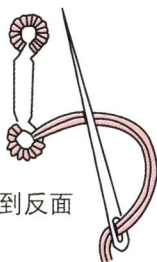
穿到反面

风纪扣（小）的钉法

门襟侧　　　　里襟侧
风纪钩　　　　风扣袢

　小风纪扣与大风纪扣的钉法一样。如果只将圆孔部分缝住，稳定性不是很好，因此要如图在横向也用线固定。

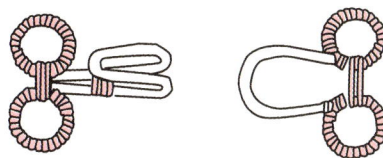

　风纪袢也可用下面所讲的线袢来代替。线袢的长度为风纪钩的宽度加 0.3 cm。

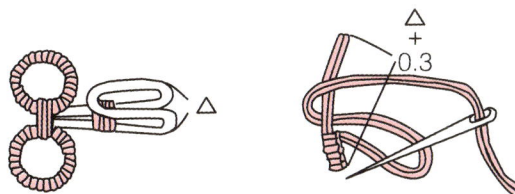

$\frac{\triangle}{+}$ 0.3

斜条的制作方法

所谓斜条就是将面料按与布纹线呈 45°角裁剪成条状。准备时的斜条宽要比完成后的宽度在一些。

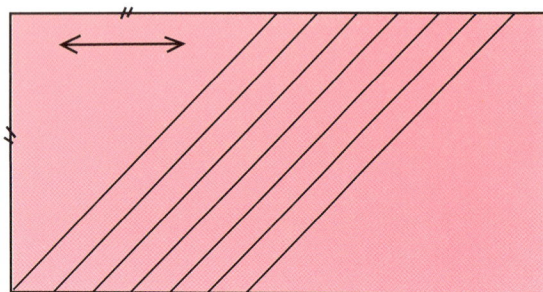

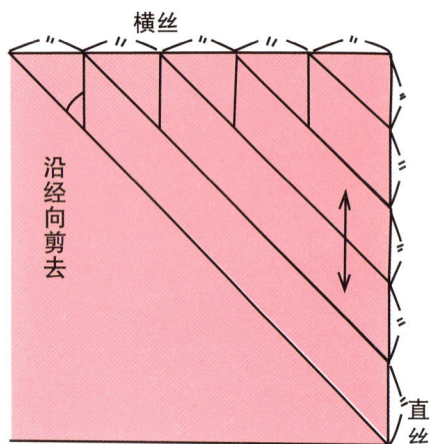

横丝

沿经向剪去

直丝

缝接斜条时，正确对合布纹缝合，缝合结束后，将宽度方向吐出的部分剪齐。

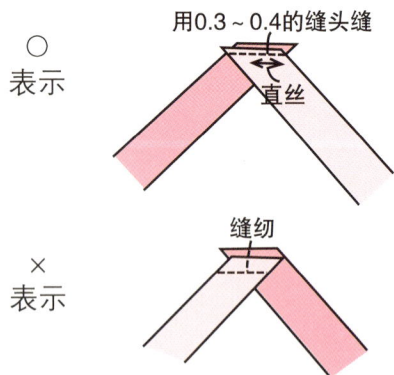

○ 表示

用0.3~0.4的缝头缝

直丝

分烫拼接缝

× 表示

缝纫

没有对准

长斜条的制作方法

做长斜条时，首先在面料上画斜条宽线，错开一根斜条宽缝合。然后，沿斜条宽线剪开。

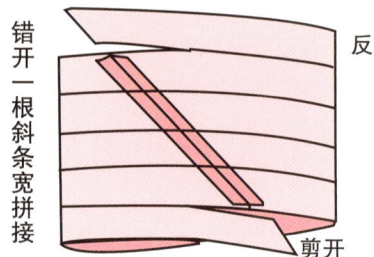

错开一根斜条宽拼接

反

剪开

斜条使用方法

斜条在使用之前先用熨斗稍稍拔伸，完成后其宽度就比较整齐，比较漂亮，但要注意不要拉得太过头。如图在镶边等操作时，可使用厚纸板或布条折叠工具等折边比较方便。

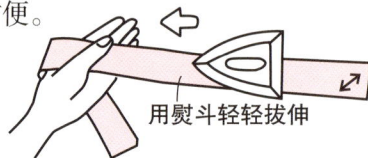

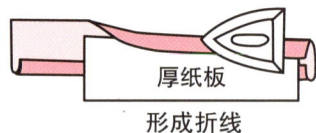

用熨斗轻轻拔伸

厚纸板

形成折线

使用布条折叠道具的情况

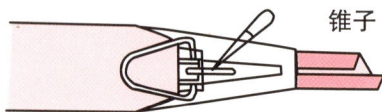

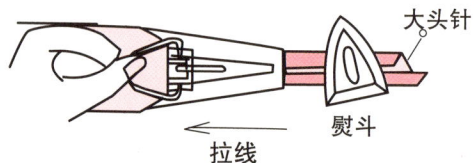

锥子

大头针

熨斗

拉线

布祥的制做和缝制

1　布祥制作

1-1　将以斜丝裁剪的面料正面朝里对折，疏缝后进行细密车缝，注意不要使面料扭曲。将所用长度的布祥做成一整条，然后根据使用长度剪短分开。

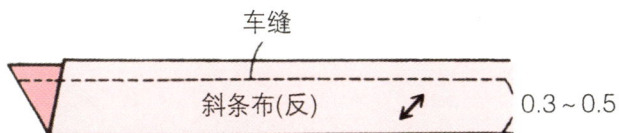

车缝

斜条布(反)　　　0.3~0.5

1-2　将缝头修窄。在布祥一端缝一根线。

剪掉

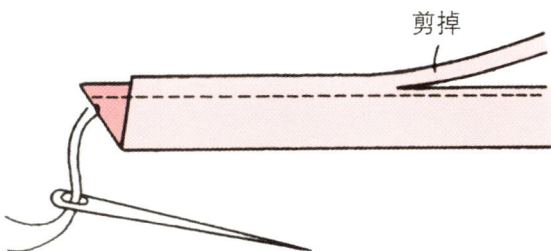

1-3　从布祥一端将针的针眼从布祥中穿出至另一端。

1-4　牵拉面料，将布祥翻至正面。使用市场上卖的翻布祥工具会比较方便。

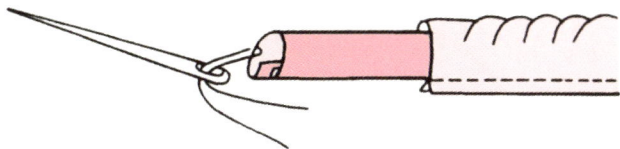

1-5　按照布祥的各个长度进行裁剪。将缝道放于里侧烫出弧度。

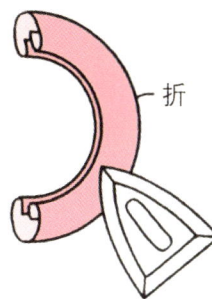

折

2　在上前衣片（正）上钉布祥

布祥里侧尺寸和钮扣直径相符合，布祥里侧离开叠门止口 0.2 cm 放置，疏缝固定。

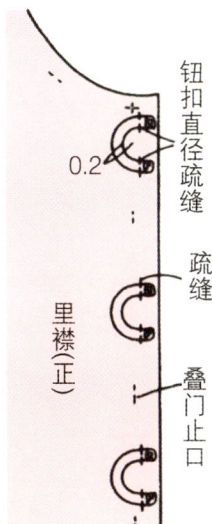

钮扣直径疏缝

0.2

疏缝

里襟(正)

叠门止口

斜插口袋

这是袋口布斜向安装的箱型袋。常用于外套和上衣中，箱型袋的大小倾斜度及布纹可以有所变化。

在此说明袋口布布纹和衣片对齐制做的情况。

1　面料裁剪

1-1　如图裁剪袋口布和袋布。袋口布的布纹和衣片对齐。

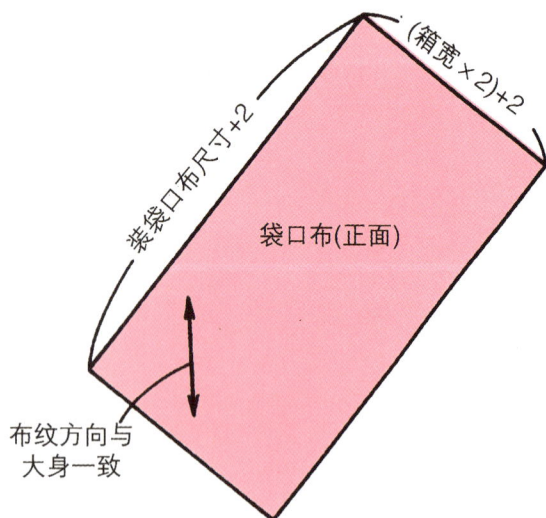

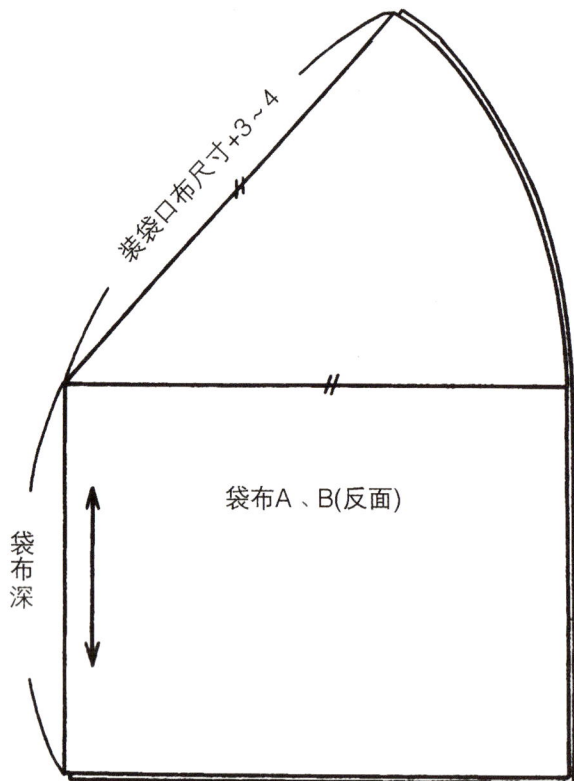

装袋口布尺寸+3~4

袋布A、B(反面)

袋布深

装袋口布尺寸+2

(箱宽×2)+2

袋口布(正面)

布纹方向与大身一致

1-2　在衣片反面黏贴黏合衬。黏合衬的经向布纹和衣片装袋位置平行。

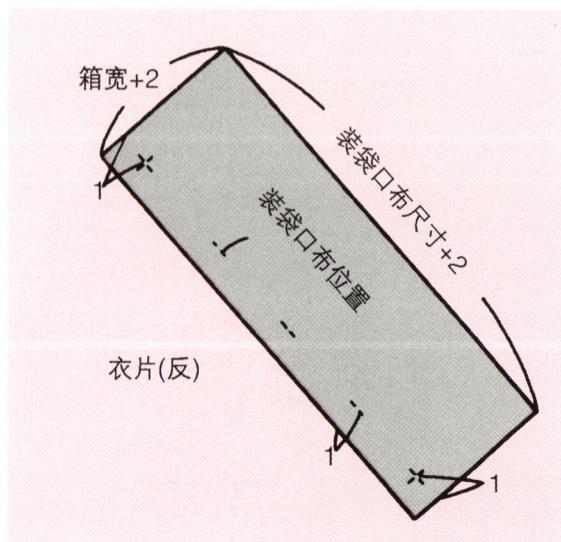

箱宽+2

装袋口布尺寸+2

装袋口布位置

衣片(反)

1

1–3　在袋口布反面黏贴黏合衬、做记号。黏合衬布纹和袋口布布纹对齐裁剪。或者也可以沿袋口方向的经向进行裁剪。

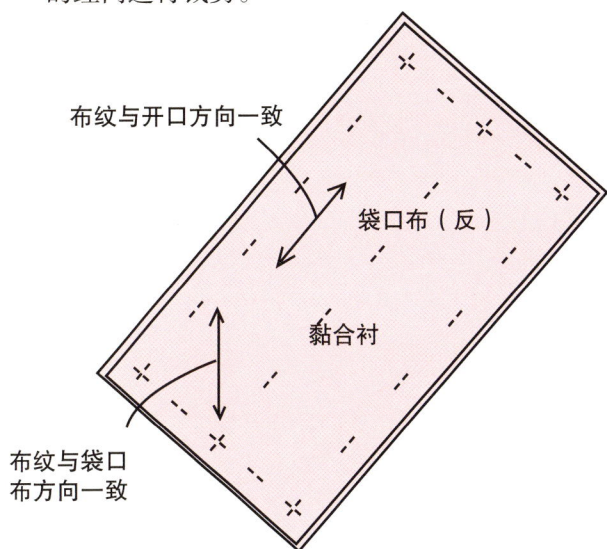

布纹与开口方向一致

袋口布（反）

黏合衬

布纹与袋口布方向一致

2　做袋口布

2–1　将袋口布一边正面朝里叠放于衣片装口袋位置（缝头 1 cm），两端缝至制成线净印处。袋布 A 平行离开装袋位置 1 cm，以 0.5 cm 的缝头缝制，两端比装袋口布尺寸短 0.4 cm 左右。袋布另一边（缝头 1 cm）和袋布 B（缝头 0.5 cm）缝合，两端比袋口尺寸短 0.4 cm 左右。

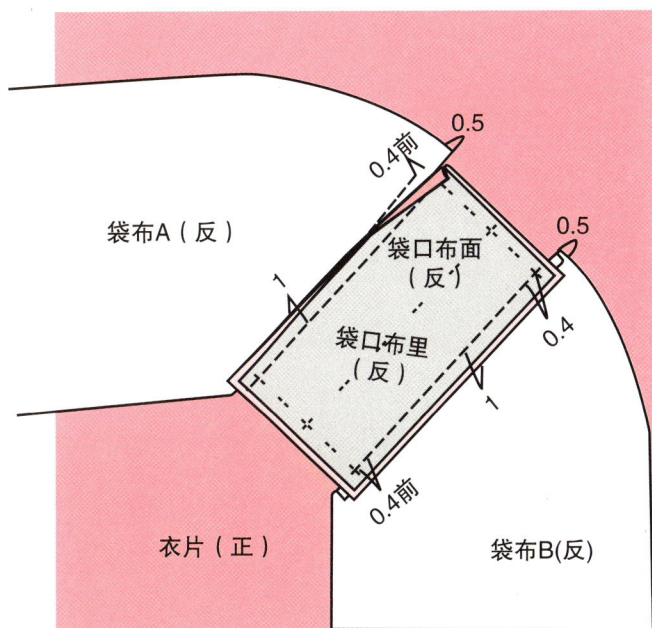

2–2　在两道缝道之间剪刀口。两端剪至袋布缝道末端。袋口布侧（较长的缝道一边）对着缝道末端将衣片斜向剪刀口，袋布侧（较短的缝道一边）对着缝制止点垂直地将袋布和衣片两片一起剪刀口。

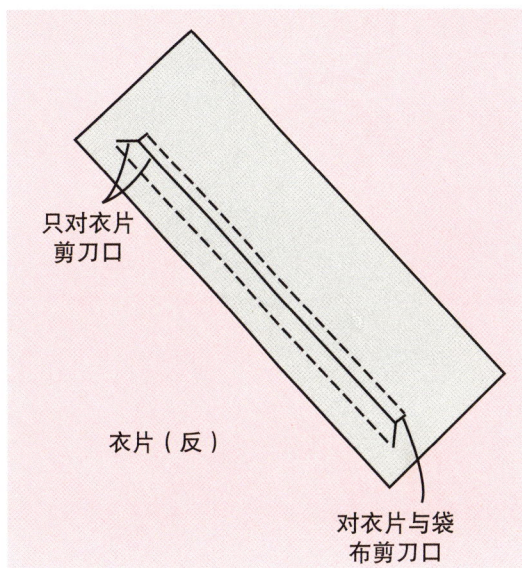

只对衣片剪刀口

衣片（反）

对衣片与袋布剪刀口

2–3　将袋口布和袋布 B 从切口处拉向反面。

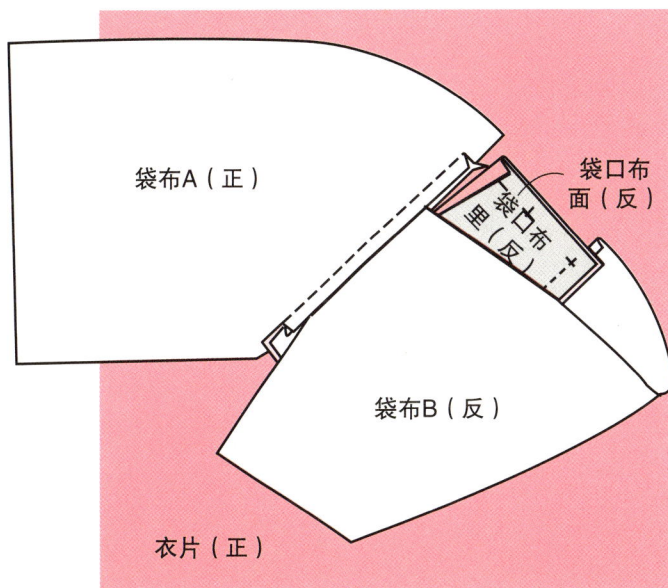

0.5
0.4前

袋布A（反）

0.5

袋口布面（反）

袋口布里（反）

0.4

衣片（正）

0.4前

袋布B(反)

袋布A（正）

袋口布面（反）

袋口布里（反）

袋布B（反）

衣片（正）

2-4 如图修剪袋口布里，劈开衣片和袋口布安装缝头。

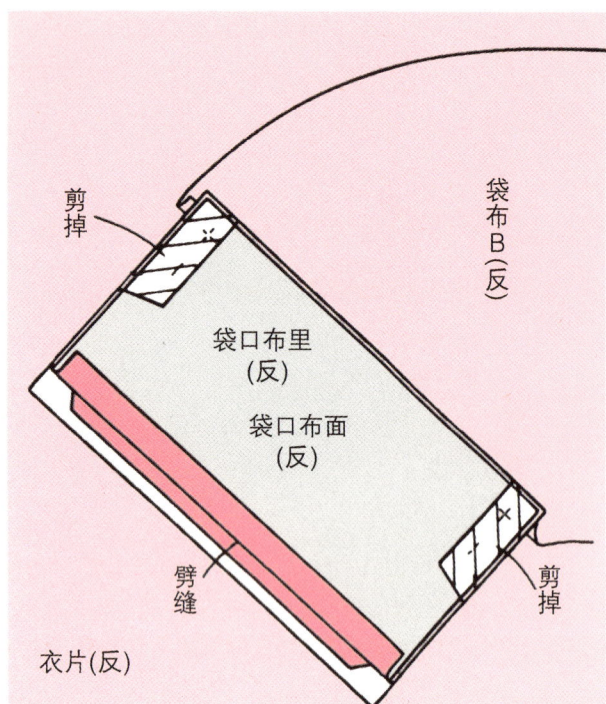

2-6 将装袋口布劈开的缝头和装了袋布的袋口布里缝头中间固定。或者在正面进行漏落缝。

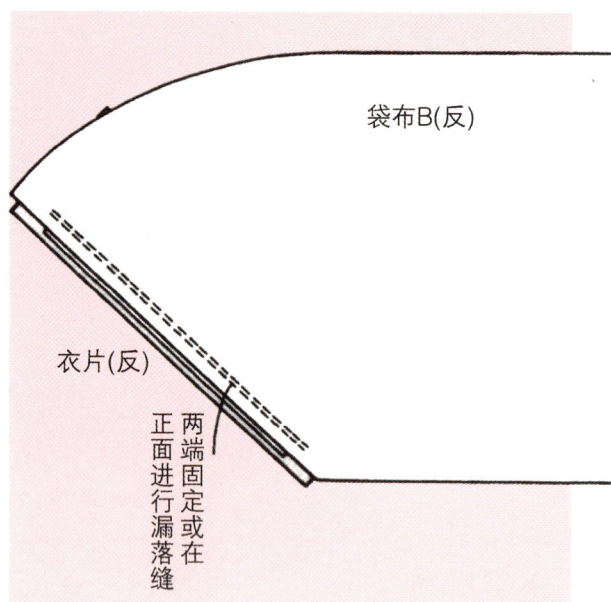

剪掉

袋布B（反）

袋口布里（反）

袋口布面（反）

劈缝

剪掉

衣片（反）

袋布B（反）

衣片（反）

两端固定或在正面进行漏落缝

2-5 将袋口布两侧缝头折向反面，并将袋口布里沿折线折下重叠在缝头上面，整理袋口布形状并锁缝固定。

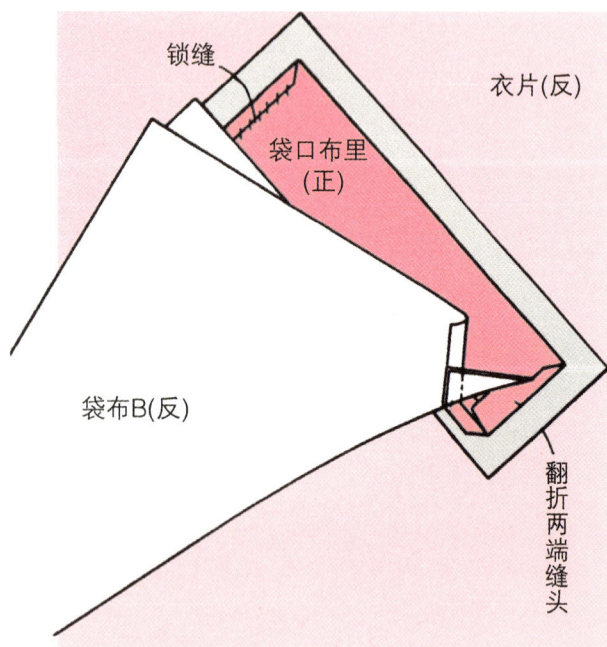

2-7 将做好的袋口布从袋口处拉至正面。袋布 A 拉至反面，缝头倒向袋布侧。袋布两端从切口位置拉至衣片侧。

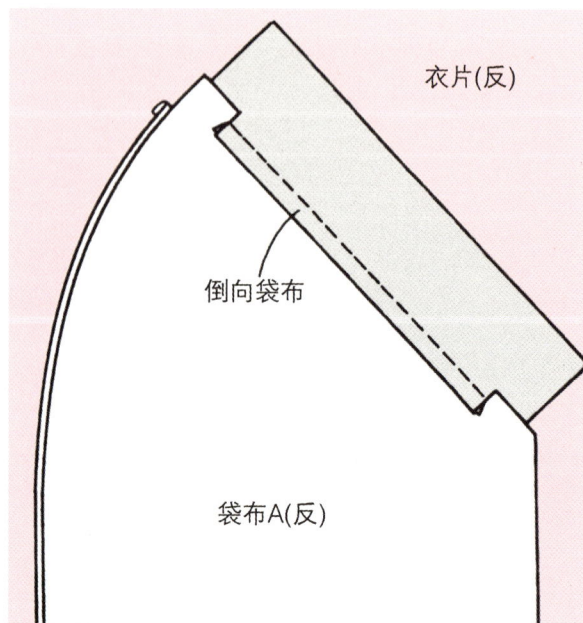

锁缝

衣片（反）

袋口布里（正）

袋布B（反）

翻折两端缝头

衣片（反）

倒向袋布

袋布A（反）

2-8 将袋口布疏缝固定于衣片上。

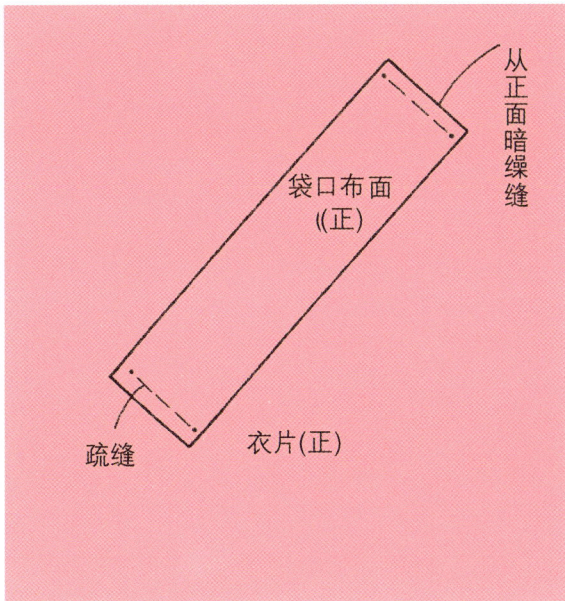

从正面暗缲缝

袋口布面
(正)

衣片(正)

疏缝

2-9 在袋口布两端进行暗缲缝，并在 0.6 cm 内侧回针缝。根据装袋口布位置和装袋布 A 的位置之间的尺寸的不同，袋布 A、B 的错位情况也会不一样。最终要将袋布 A、B 两片叠在一起剪齐（左右和底部的错位）。

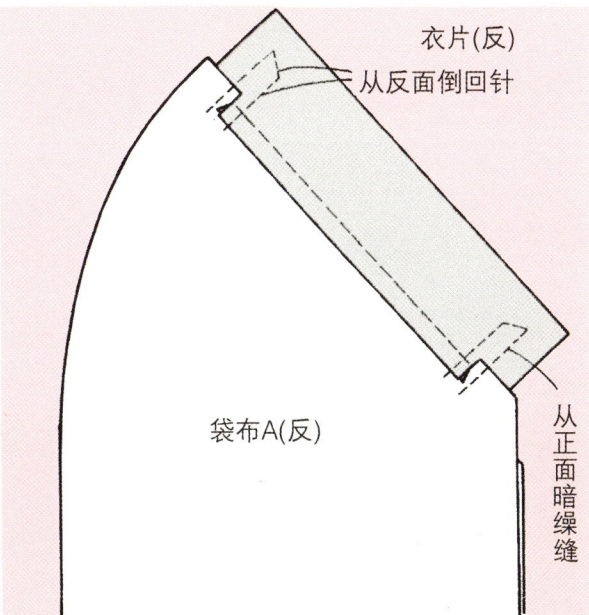

衣片(反)
从反面倒回针

袋布A(反)

从正面暗缲缝

3 缝袋布

3-1 在袋布周围车缝两道。

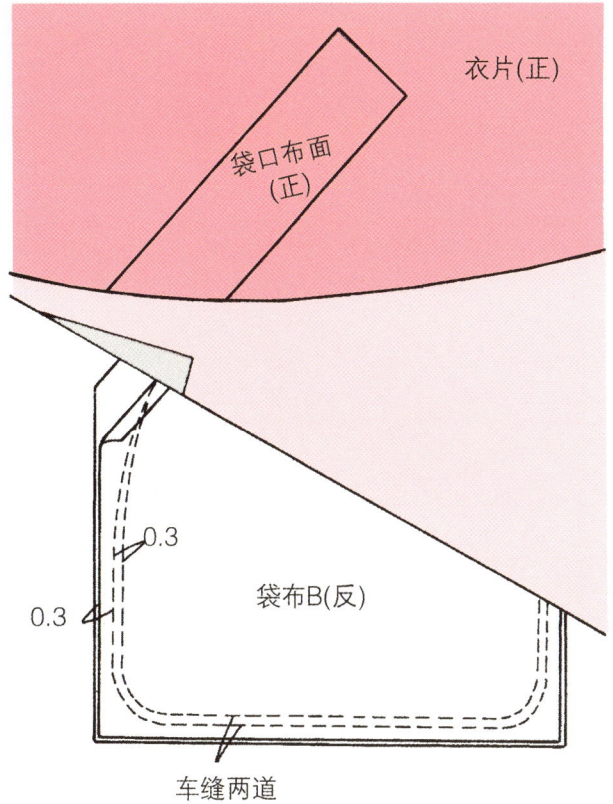

衣片(正)

袋口布面
(正)

0.3

0.3

袋布B(反)

车缝两道

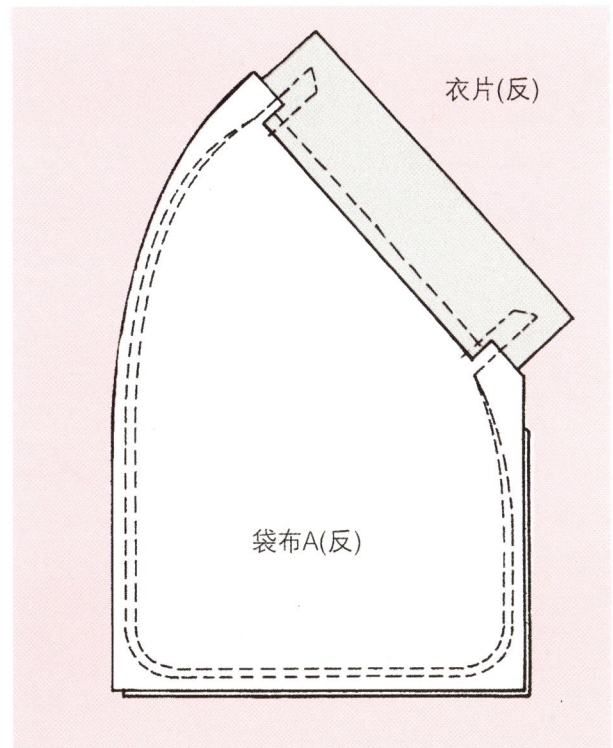

衣片(反)

袋布A(反)

立领

是所有笔直立起不翻下的领子的总称。这里介绍了夹装立领的做法。

1 立领裁剪

1-1 领面缝头为 1 cm、领里缝头为 0.8 cm（装领线缝头为 1 cm）。

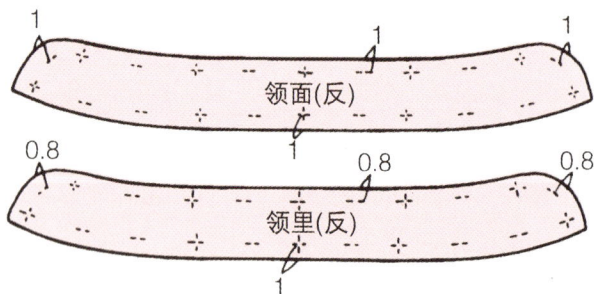

1-2 在领面上贴黏合衬，做记号。黏合衬布纹和领面相同。

★ 也可以根据款式、面料不同而在领里上贴黏合衬。或者也可以按照领子完成尺寸黏贴黏合衬。

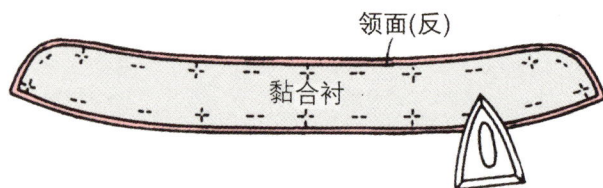

2 车缝领子外围线

2-1 将领面和领里正面朝里对叠，对齐对位记号和裁边，沿领面记号线进行疏缝。

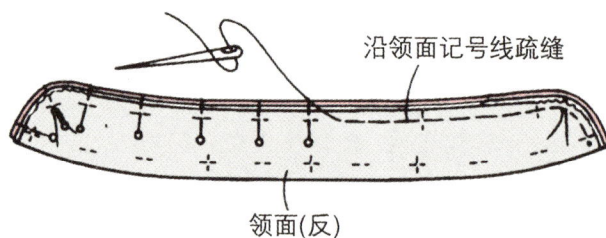

2-2 在疏缝线外 0.1 cm 处进行车缝。根据面料不同离开量可以有所增减。

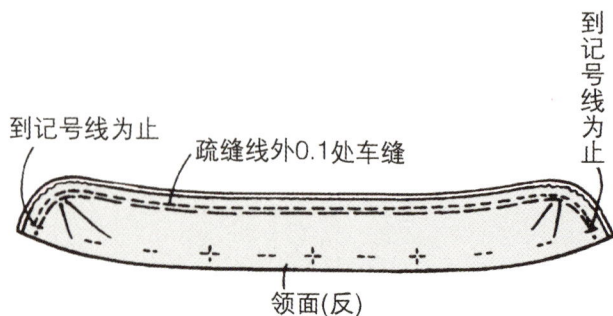

2–3 将领子外围缝头（装领面缝头除外）修窄，用熨斗烫折至领里侧或者劈开。也可以将缝头修剪至阶梯状。

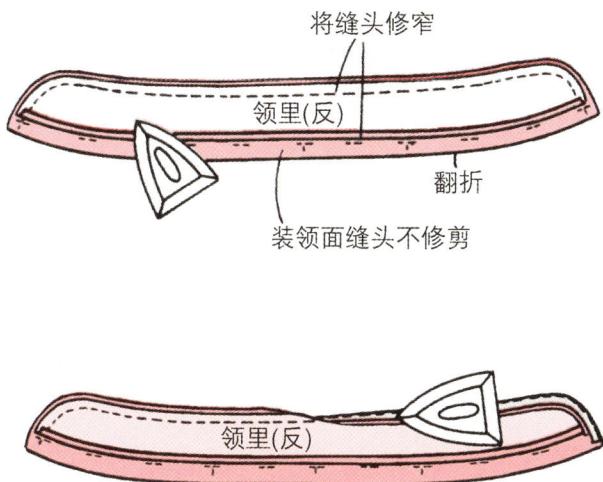

4　装领

4–1 将领面和衣片正面朝里叠合，在左右装领止点间疏缝，然后车缝。

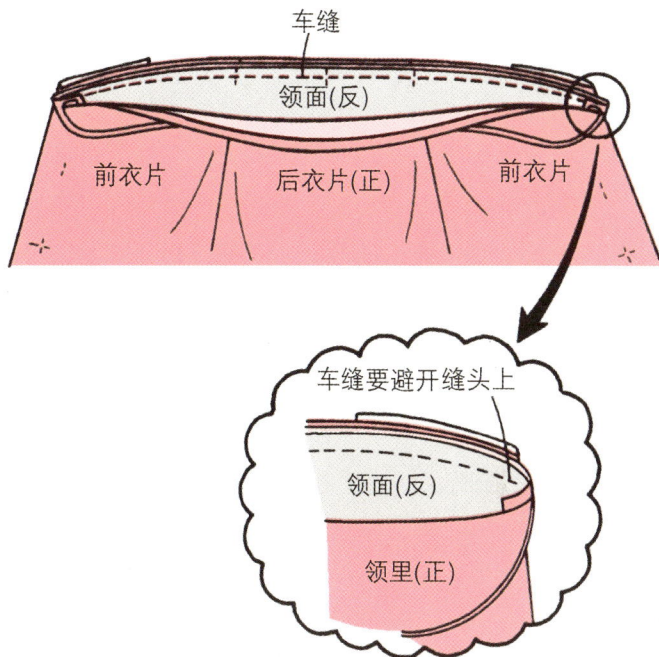

将缝头修窄

领里(反)

翻折

装领面缝头不修剪

领里(反)

车缝

领面(反)

前衣片　后衣片(正)　前衣片

车缝要避开缝头上

领面(反)

领里(正)

3　将领子翻至正面

3–1 从领里侧将领里退进一点熨烫。

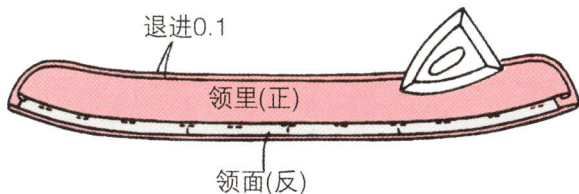

4–2 将装领缝头修窄，在弧度大的部位打剪刀口。也可以将缝头修剪至阶梯状。

4–3 将领里叠合在装领缝道上，缲缝固定，注意不要在衣片正面露出针脚。

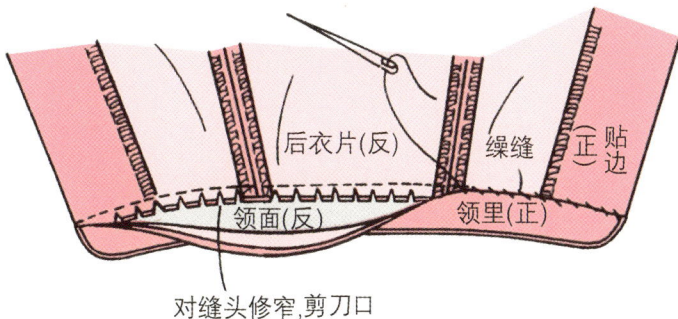

退进0.1

领里(正)

领面(反)

后衣片(反)　缲缝　贴边(正)

领面(反)　领里(正)

对缝头修窄,剪刀口

暗拉链开口

缝后衣片中心线、装拉链

1　将左右衣片正面相对叠合，从开口止点缝至下摆，
　劈开缝头。

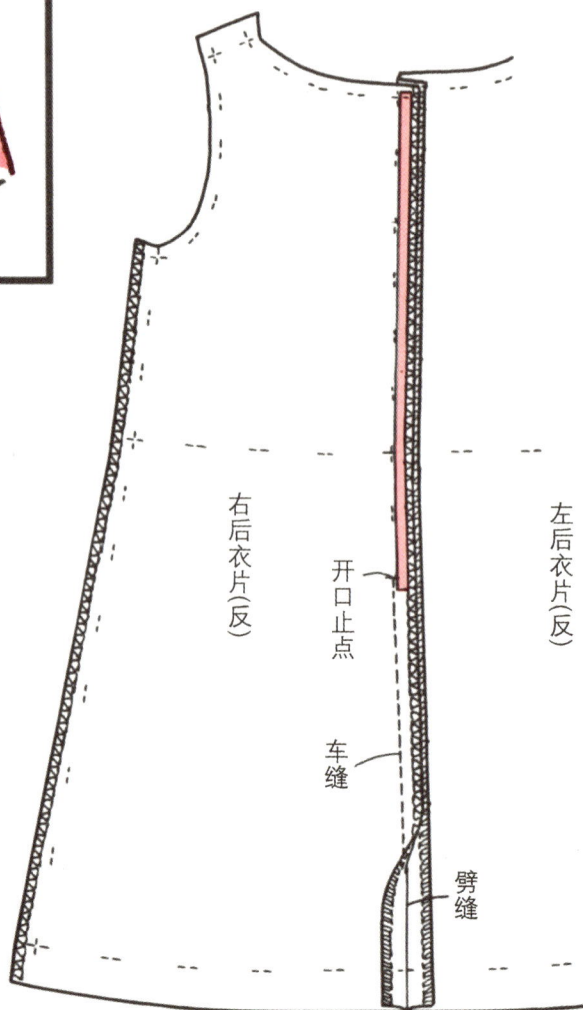

右后衣片(反)

左后衣片(反)

开口止点

车缝

劈缝

2 左后片缝头从记号线向外 0.3 cm 处折向反面，至开口止点以下 1 cm 处，熨烫定型。探出 0.3 cm 的缝头自然地消失至劈开的缝头处。

3 将右后片缝头沿记号线翻折。

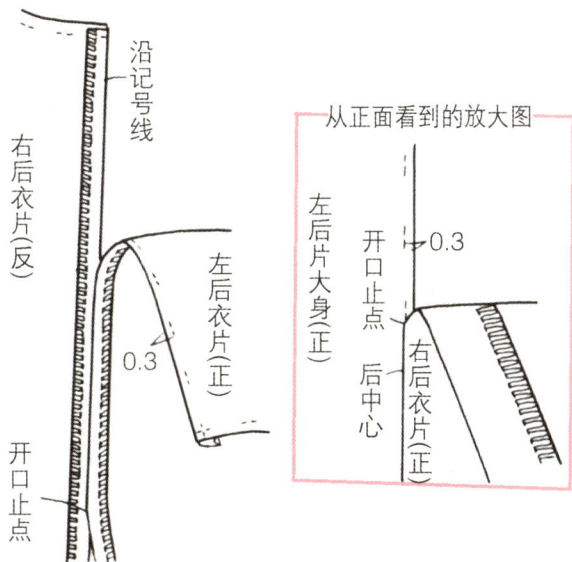

从正面看到的放大图

沿记号线

右后衣片（反）

左后衣片（正）

开口止点

左后片大身（正）

开口止点

后中心

右后衣片（正）

0.3

0.3

4 将拉链叠合在左后片开口上下净印之间，以不妨碍拉头活动为原则，将拉链牙离开折线一点疏缝固定。

5 避开右衣片，在左后衣片折线上进行压缉缝，缝至开口止点以下 1 cm。

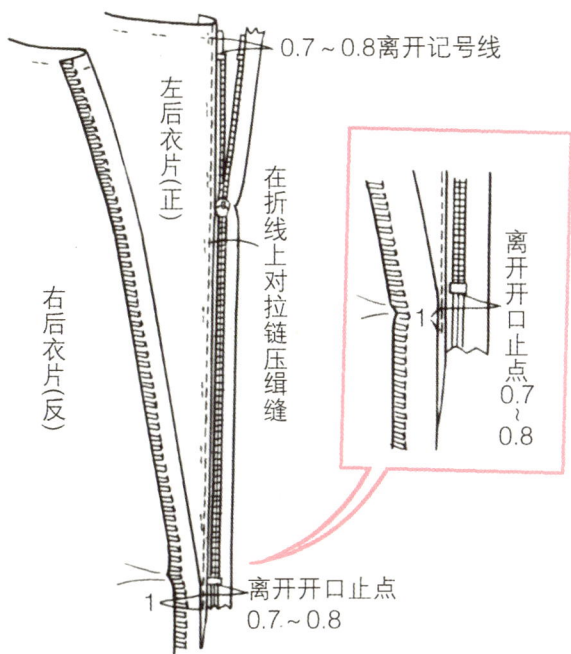

0.7～0.8 离开记号线

左后衣片（正）

在折线上对拉链压缉缝

离开开口止点 0.7～0.8

右后衣片（反）

离开开口止点 0.7～0.8

1

1

6 闭合拉链，将右后片折线叠合于左后片记号线上，注意平衡，疏缝固定。

7 在离开折线 1 cm 宽的位置进行车缝。缝至快到开口止点处，对着开口止点斜向车缝，并倒回针。车缝线拉至反面打结。

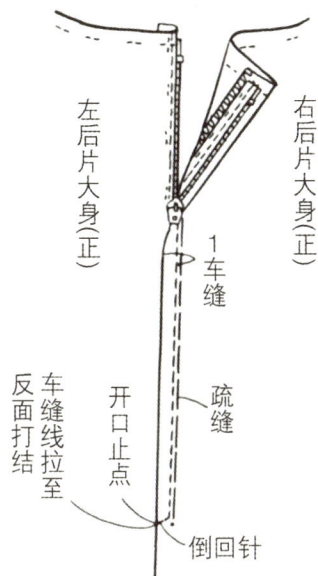

左后片大身（正）

右后片大身（正）

车缝线拉至反面打结

开口止点

1 车缝

疏缝

倒回针

8 将拉链两端缲缝固定于缝头上，拉链布带的下端用三角针固定于缝头上。装里子的情况下，就不用缲缝和三角针缝。

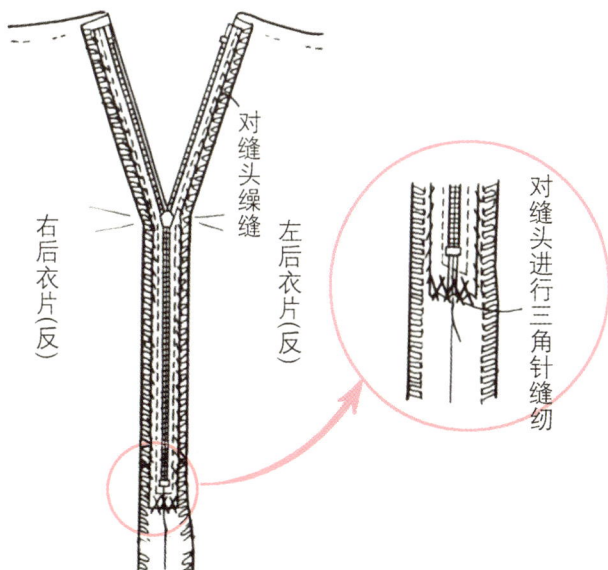

右后衣片（反）

左后衣片（反）

对缝头缲缝

对缝头进行三角针缝纫

明拉链开口

是将拉链做为设计重点的装拉链方法。

1 裁贴边和衣片

1–1 前中心线往里 0.5 ~ 0.6 cm 处做为装拉链线，从
此线取 1 cm 的缝头。

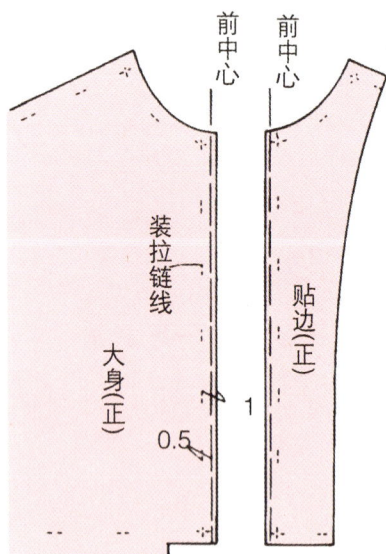

前中心

前中心

装拉链线

贴边(正)

大身(正)

装拉链线

1

0.5

2 在贴边上贴黏合衬

2–1 在贴边反面贴黏合衬。

2–2 不装里子的情况下在贴边内侧锁边。

贴边(反)

3 装拉链

3–1 将衣片和拉链正面朝里疏缝固定。

3–2 拉链上下止点分别离开完制线 0.5 cm。

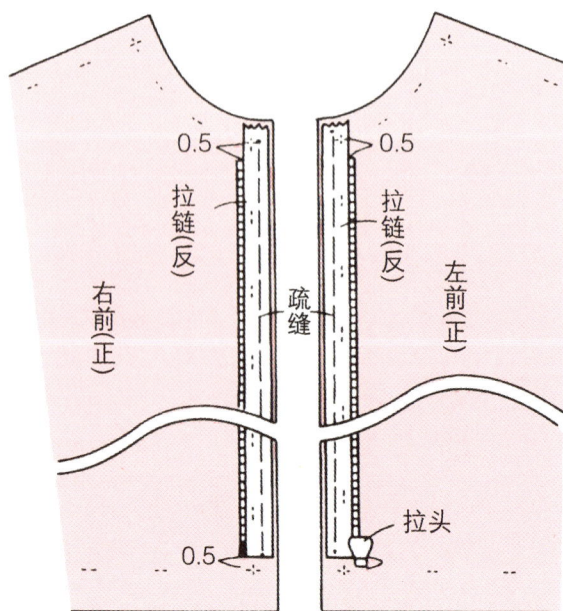

0.5

0.5

右前(正)

拉链(反)

疏缝

拉链(反)

左前(正)

0.5

拉头

4 装贴边

4-1 将贴边和衣片正面相对叠合。

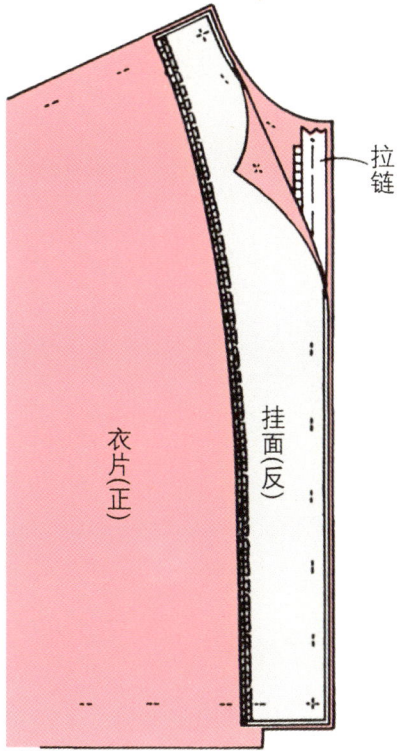

衣片（正）

挂面（反）

拉链

4-2 在装拉链线和下摆贴边宽度上车缝。

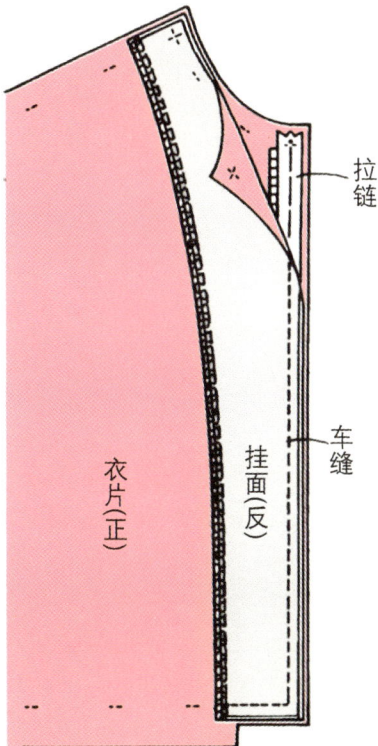

衣片（正）

挂面（反）

拉链

车缝

5 翻转贴边

5-1 将贴边翻至衣片反面，整理其形状，在装拉链边上疏缝固定。

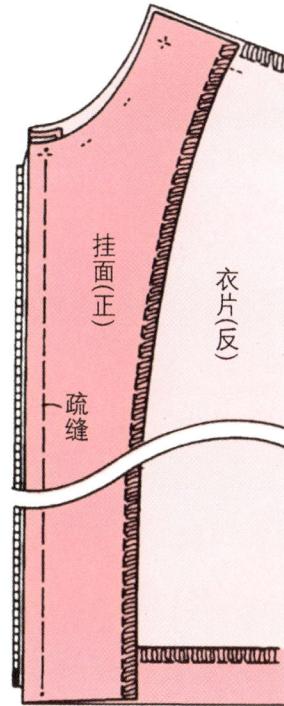

挂面（正）

衣片（反）

疏缝

6 缉明线

6-1 从正面在拉链上压明线。

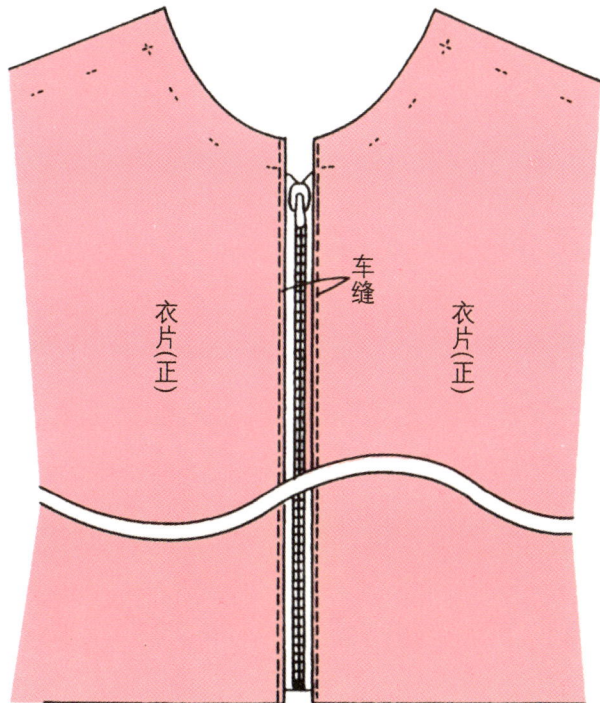

衣片（正）

衣片（正）

车缝

里料处理

侧缝线中间固定的缝法

　　将衣片面子和衣片里子的侧缝线缝头叠合，中间固定。袖窿处留 7~8 cm，下摆处留 10 ~ 12 cm，取双股本色线松松固定。

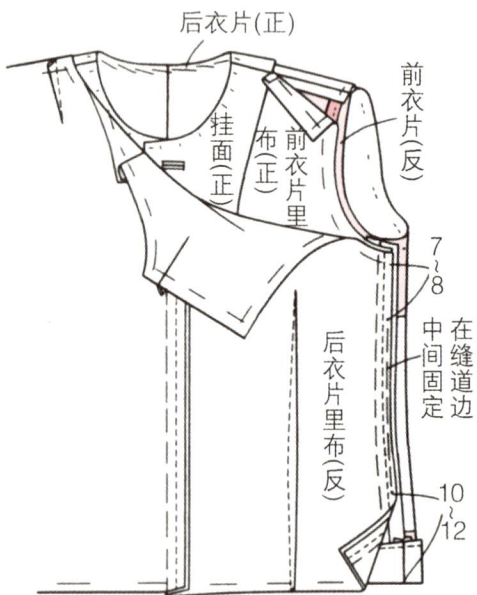

后衣片(正)

挂面(正)　前衣片里布(正)　前衣片(反)

7~8

在缝道边中间固定

后衣片里布(反)

10~12

衣片里子下摆处理缝法

1　衣片里子下摆离开衣片面子下摆 2.5 cm 折转，折边以上 2 cm 处疏缝固定。

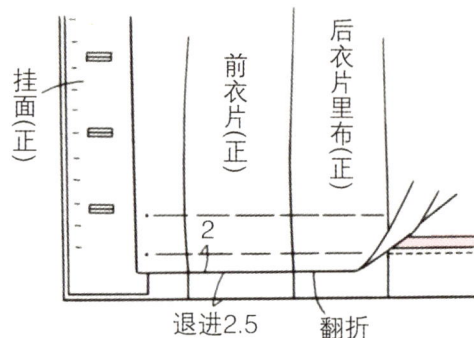

挂面(正)　前衣片(正)　后衣片里布(正)

2

退进2.5　翻折

2　掀起里子衣片下摆，在 1 ~ 1.5 cm 内侧暗缲缝。

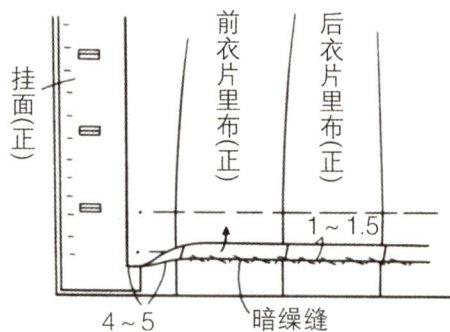

挂面(正)　前衣片里布(正)　后衣片里布(正)

1 ~ 1.5

4 ~ 5　暗缲缝

3　将贴边内侧裁边用三角针固定于下摆缝头上，衣里子片下摆也用三角针固定 3 cm。

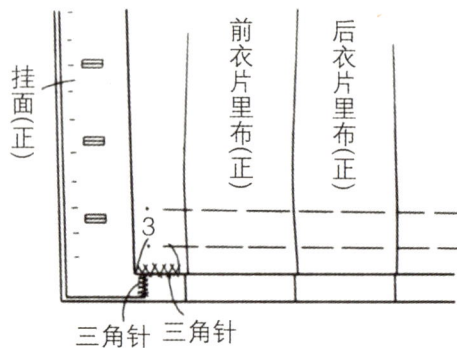

挂面(正)　前衣片里布(正)　后衣片里布(正)

3

三角针　三角针